考证与竞赛系列

UG 12.0 数控编程实例教程

詹建新　主　编

魏向京　叶金虎　副主编

電子工業出版社
Publishing House of Electronics Industry
北京 · BEIJING

内 容 简 介

本书以参加数控铣考证、竞赛的读者为主要对象，以 UG 12.0 为载体，详细讲解每个实例的建模、数控编程过程及数控加工工艺。

本书内容分五篇：UG 12.0 编程入门篇、中级工考证篇、高级工考证篇、技师考证篇、数控竞赛篇。本书把 UG 12.0 的一些基本命令穿插到实例中讲解，有利于读者理解。本书提供模型素材，读者可登录以下网址免费获取：http://www.hxedu.com.cn（华信教育资源网）。全书结构清晰，内容详细，案例丰富，知识点深入浅出，重点突出，着重培养学生的动手操作能力。

图书在版编目（CIP）数据

UG 12.0 数控编程实例教程 / 詹建新主编. —北京：电子工业出版社，2022.3
ISBN 978-7-121-42974-3

Ⅰ. ①U…　Ⅱ. ①詹…　Ⅲ. ①数控机床－加工－计算机辅助设计－应用软件－高等学校－教材
Ⅳ. ①TG659.022

中国版本图书馆 CIP 数据核字（2022）第 028031 号

责任编辑：郭穗娟
印　　刷：北京虎彩文化传播有限公司
装　　订：北京虎彩文化传播有限公司
出版发行：电子工业出版社
　　　　　北京市海淀区万寿路 173 信箱　　邮编　100036
开　　本：787×1 092　1/16　印张：17.5　　字数：451.2 千字
版　　次：2022 年 3 月第 1 版
印　　次：2024 年 7 月第 5 次印刷
定　　价：69.80 元

凡所购买电子工业出版社图书有缺损问题，请向购买书店调换。若书店售缺，请与本社发行部联系，联系及邮购电话：(010)88254888，88258888。

质量投诉请发邮件至 zlts@phei.com.cn，盗版侵权举报请发邮件至 dbqq@phei.com.cn。

本书咨询联系方式：(010)88254502，guosj@phei.com.cn。

前　言

近些年，国家非常重视职业技能竞赛，各类竞赛层出不穷，但不少学校参赛队伍的领队老师反映，现有的UG类图书中，没有系统介绍3D造型和草绘过程，对一些复杂的工件，没有详细讲解造型过程，导致学生对3D造型与草绘不熟练，软件的应用能力较差。针对这些实际情况，编者研究了历年数控铣考证与竞赛的案例，并结合编者多年的教学经验与模具工厂一线岗位的工作实践，编写了这本操作性强的指导书。

在2017年，编者曾出版了《UG 10.0数控编程实例教程》一书。不少学校把该书选为数控与模具专业的教材，这些学校的任课教师在使用该书后，提出了很多宝贵意见。在充分听取各位教师意见的基础上，编者对该书内容做了大幅度调整，去掉了其中偏难的章节，补充了很多简单、实用的案例，并把书名改为《UG 12.0数控编程实例教程》。

编者曾在模具工厂工作20多年，从事产品造型、模具设计与数控加工的编程与操作，在运用UG软件进行产品造型、模具设计与数控加工编程方面积累了相当多的经验。后来编者转行从事高校教学工作，从事UG造型、模具设计与数控加工课程教学，所编写的教材贴近教学要求，配合很多数控铣考证、竞赛实例，在多年的实际教学中深受学生欢迎。

本书共10个项目，分五篇：UG 12.0编程入门篇、中级工考证篇、高级工考证篇、技师考证篇、数控竞赛篇，详细介绍各种典型工件的建模与数控编程过程，帮助读者提高工件建模与数控编程、数控加工工艺能力。

本书所选实例都是编者精心挑选出来的，非常实用，适合课堂教学。所有实例都经过上机验证，读者可以用自己的方法进行编程，然后与本书中的程序进行对比，找出差异，再上机床练习，可以起到事半功倍的作用。

本书第1～2章由广东省华立技师学院詹建新老师编写，第3～7章由重庆三峡职业学院魏向京老师编写，第8～10章由罗定职业技术学院叶金虎老师编写，全书由詹建新老师统稿。

由于编者水平有限，书中疏漏、欠妥之处在所难免，敬请广大读者批评指正。作者联系方式：QQ648770340。

编　者

2021年9月

目　录

UG 12.0 编程入门篇

项目 1　简单工件…………3

1. 加工工序分析图…………3
2. 建模过程…………4
3. 设置工件坐标系位置…………8
4. 数控编程过程…………9
5. 仿真模拟…………23
6. 装夹方式…………24
7. 加工程序单…………25

项目 2　曲面工件…………26

1. 加工工序分析图…………26
2. 建模过程…………26
3. 数控编程过程…………30
4. 刀路仿真模拟…………40
5. 装夹方式…………40
6. 加工程序单…………41

项目 3　斜度工件…………42

1. 加工工序分析图…………42
2. 建模过程…………43
3. 移动实体…………46
4. 数控编程过程…………47
5. 装夹方式…………61
6. 加工程序单…………62

项目 4　带凸台的工件…………63

1. 加工工序分析图…………63
2. 建模过程…………63

3. 数控编程过程 …………………………………………………… 66
4. 装夹方式 …………………………………………………… 77
5. 加工程序单 …………………………………………………… 77

项目 5 带缺口的工件 …………………………………………………… 78

1. 加工工序分析图 …………………………………………………… 78
2. 建模过程 …………………………………………………… 78
3. 数控编程过程 …………………………………………………… 81
4. 装夹方式 …………………………………………………… 91
5. 加工程序单 …………………………………………………… 91

中级工考证篇

项目 6 五角板 …………………………………………………… 95

1. 第 1 面加工工序分析图 …………………………………………………… 95
2. 第 2 面加工工序分析图 …………………………………………………… 96
3. 建模过程 …………………………………………………… 96
4. 加工工艺分析 …………………………………………………… 102
5. 第 1 次装夹的数控编程 …………………………………………………… 102
6. 加载钻孔工序子类型 …………………………………………………… 111
7. 第 2 次装夹的数控编程 …………………………………………………… 111
8. 第 1 次装夹工件 …………………………………………………… 121
9. 第 2 次装夹工件 …………………………………………………… 122

高级工考证篇

项目 7 弯凸台 …………………………………………………… 125

1. 工件 1 的第 1 面加工工序分析图 …………………………………………………… 126
2. 工件 1 的第 2 面加工工序分析图 …………………………………………………… 126
3. 工件 2 的第 1 面加工工序分析图 …………………………………………………… 127
4. 工件 2 的第 2 面加工工序分析图 …………………………………………………… 127
5. 工件 1 的建模过程 …………………………………………………… 127
6. 工件 1 第 1 次装夹的编程过程 …………………………………………………… 132
7. 工件 1 第 2 次装夹的编程过程 …………………………………………………… 135
8. 工件 2 的建模过程 …………………………………………………… 143

9. 工件2第1次装夹的编程过程……146
10. 工件2第2次装夹的编程过程……149
11. 工件1第1次加工工艺……152
12. 工件1第2次加工工艺……153
13. 工件2第1次加工工艺……153
14. 工件2第2次加工工艺……154

技师考证篇

项目8 凸凹板……157

1. 加工工序分析图……157
2. 建模过程……158
3. 数控编程过程……162
4. 装夹方式……178
5. 加工程序单……179

数控竞赛篇

项目9 梅花板……183

1. 工件1的第1面加工工序分析图……184
2. 工件1的第2面加工工序分析图……184
3. 工件2的第1面加工工序分析图……184
4. 工件2的第2面加工工序分析图……185
5. 工件1的建模过程……185
6. 工件1第1次装夹的数控编程过程……192
7. 工件1第2次装夹的数控编程过程……196
8. 工件2的建模过程……204
9. 工件2第1次装夹的数控编程过程……208
10. 工件2第2次装夹的数控编程过程……218
11. 工件1第1次装夹方式……223
12. 工件1第1次装夹的加工程序单……223
13. 工件1第2次装夹方式……223
14. 工件1第2次装夹的加工程序单……224
15. 工件2第1次装夹方式……224
16. 工件2第1次装夹的加工程序单……224

17. 工件2第2次装夹方式……224
18. 工件2第2次装夹的加工程序单……224

项目10 同心板……225

1. 工件1的第1面加工工序分析图……226
2. 工件1的第2面加工工序分析图……226
3. 工件2的第1面加工工序分析图……226
4. 工件2的第2面加工工序分析图……226
5. 工件1的建模过程……227
6. 工件1第1次装夹的数控编程过程……232
7. 工件1第2次装夹的数控编程过程……241
8. 工件2的建模过程……246
9. 工件2第1次装夹的数控编程过程……253
10. 工件2第2次装夹的数控编程过程……261
11. 工件1第1次装夹方式……269
12. 工件1第1次装夹的加工程序单……269
13. 工件1第2次装夹方式……270
14. 工件1第2次装夹的加工程序单……270
15. 工件2第1次装夹方式……270
16. 工件2第1次装夹的加工程序单……270
17. 工件2第2次装夹方式……270
18. 工件2第2次装夹的加工程序单……271

UG 12.0 编程入门篇

项目1 简单工件

本项目以1个简单的工件为例，详细介绍UG 12.0建模和数控编程的一般过程。该工件的材料为铝件，所用刀具为普通立铣刀，工件结构图如图1-1所示。

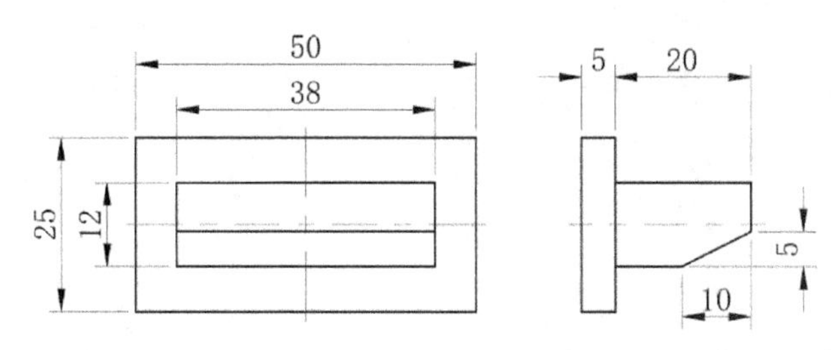

图1-1　工件结构图

1．加工工序分析图

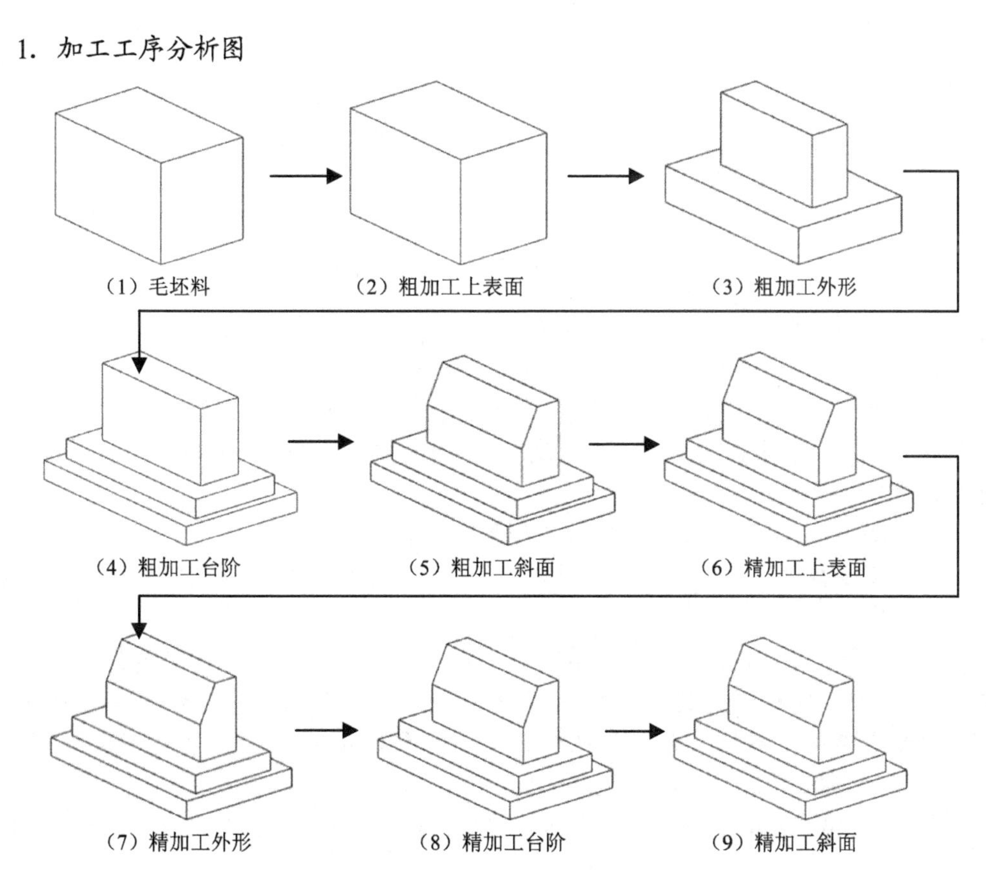

2. 建模过程

（1）启动 UG 12.0，单击“新建”按钮，在弹出的【新建】对话框中单击“模型”选项卡，把“单位”设为“毫米”，选择“模型”模板，把“名称”设为“EX1.prt”、“文件夹”路径设为“E:\UG12.0 数控编程\项目 1”，如图 1-2 所示。

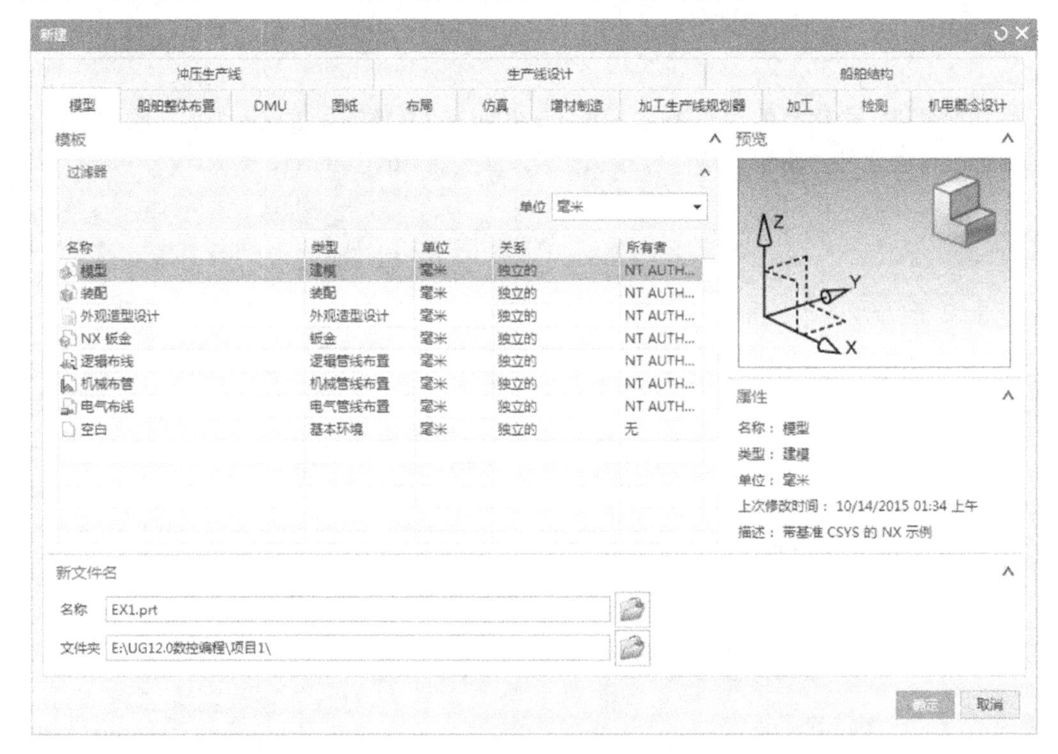

图 1-2　设置【新建】对话框

（2）单击“确定”按钮，进入建模环境。此时，工作界面呈灰色，这是系统默认的颜色。

（3）单击“菜单｜首选项｜背景”命令，在【编辑背景】对话框中，对“着色视图”选择“◉ 纯色”单选框、“线框视图”选择“◉ 纯色”单选框、“普通颜色”选择“白色”选项，如图 1-3 所示。

（4）单击“确定”按钮。此时，工作界面变成白色。

（5）单击“拉伸”按钮，在弹出的【拉伸】对话框中单击“绘制截面”按钮，如图 1-4 所示。

（6）在弹出的【创建草图】对话框中，对“草图类型”选择“在平面上”选项、“平面方法”选择“新平面”选项、“指定平面”选择“XC-YC 平面”图标、“参考”选择“水平”选项、“指定矢量”选择 X 轴图标、“原点方法”选择“指定点”选项，把“指定点”坐标设为（0，0，0），如图 1-5 所示。

（7）工作区出现动态坐标系。此时，动态坐标系与基准坐标系重合，如图 1-6 所示。

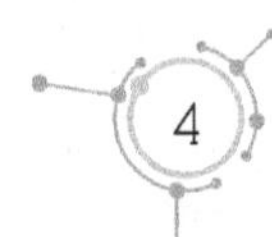

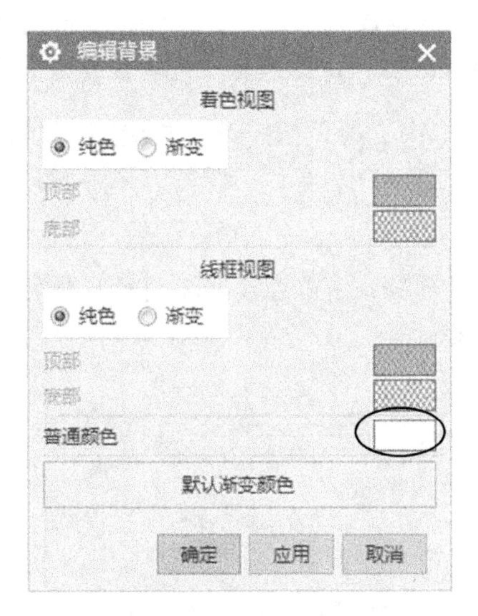

图 1-3　设置【编辑背景】对话框参数

图 1-4　单击“绘制截面”按钮

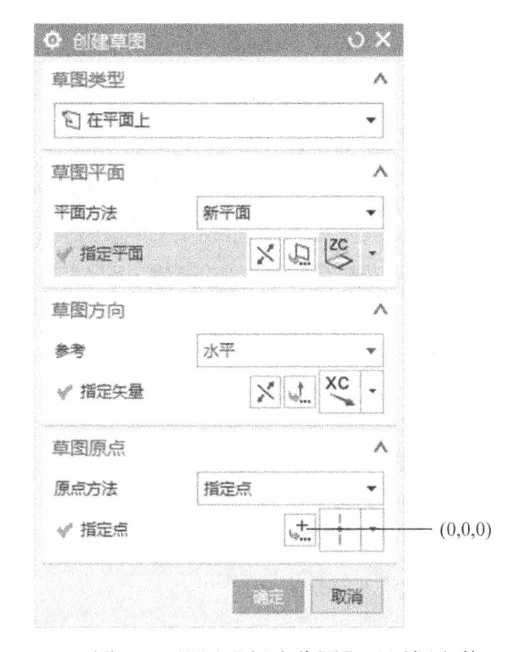

图 1-5　设置【创建草图】对话框参数

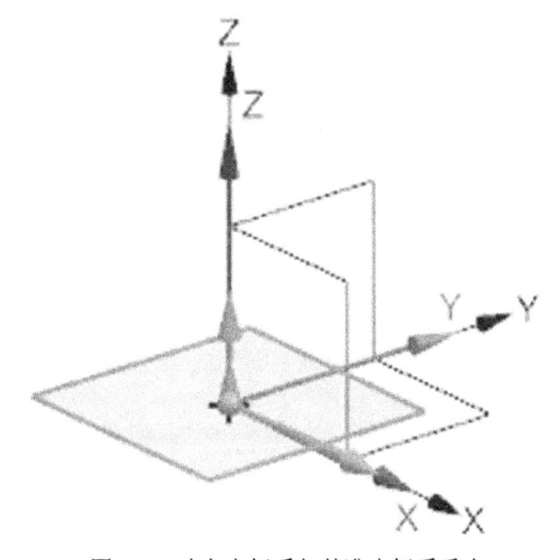

图 1-6　动态坐标系与基准坐标系重合

（8）单击“确定”按钮，工作区的视图方向切换至草绘方向。

（9）在菜单栏中单击“矩形”按钮，任意绘制第 1 个矩形截面，如图 1-7 所示。

（10）在快捷菜单中单击“图示草图约束”按钮，隐藏草图中的约束符号。

（11）在快捷菜单中单击“设为对称”按钮，先选择直线 *AB*，再选择直线 *CD*，最后选择 *Y* 轴作为对称轴，使直线 *AB* 与直线 *CD* 关于 *Y* 轴对称。

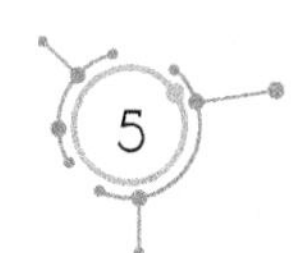

提示： 此时，水平方向的标注可能变成红色，这是因为在水平方向存在多余的尺寸标注。可选择其中 1 个红色标注，按键盘上的 Delete 键，该红色标注即可恢复成蓝色。

（12）再次在【设为对称】对话框中单击“选择中心线”按钮，先选择 *X* 轴作为对称轴，再选择直线 *AD*，最后选择直线 *BC*，使直线 *AD* 与直线 *BC* 关于 *X* 轴对称。对称效果如图 1-8 所示。

提示： 因为系统默认上一组对称的中心线为对称轴，所以在设置不同对称轴的对称约束时，应先选择对称轴，再选择其他的对称图素。

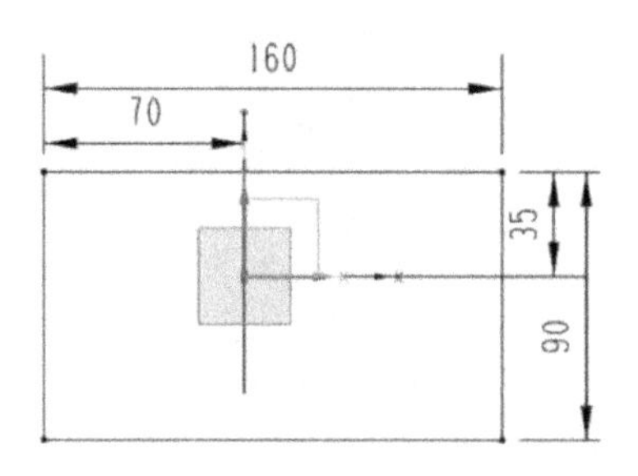

图 1-7　绘制第 1 个矩形截面

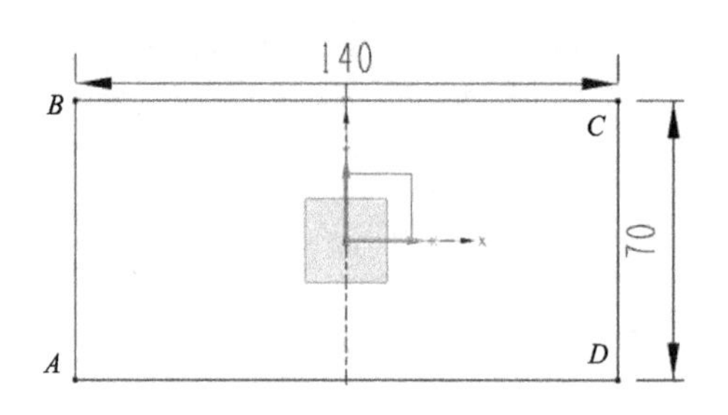

图 1-8　对称效果

（13）双击尺寸标注，把尺寸标注改为 50mm×25mm，如图 1-9 所示。

（14）单击“完成”按钮，在弹出的【拉伸】对话框中，对“指定矢量”选择“ZC↑”选项，在“开始”栏中选择“值”选项，把“距离”值设为 0mm；在“结束”栏中选择“值”选项，把“距离”值设为 5mm，对“布尔”选择“无”选项，如图 1-10 所示。

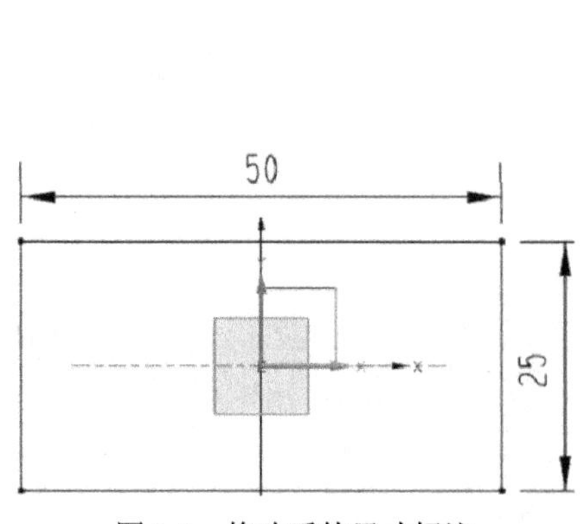

图 1-9　修改后的尺寸标注

图 1-10　设置【拉伸】对话框参数

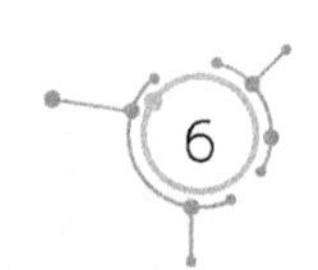

（15）单击“确定”按钮，创建第 1 个拉伸特征，该特征的颜色呈系统默认的棕色。

（16）在工作区上方单击“正三轴测图”按钮，切换视图后的第 1 个拉伸特征如图 1-11 所示。

（17）单击“菜单｜编辑｜对象显示”命令，选择实体后，单击“确定”按钮。在【编辑对象显示】对话框中，把“图层”值设为 10，对“颜色”选择黑色、“线型”选择“实线”选项，把“线宽”值设为 0.50mm，如图 1-12 所示。

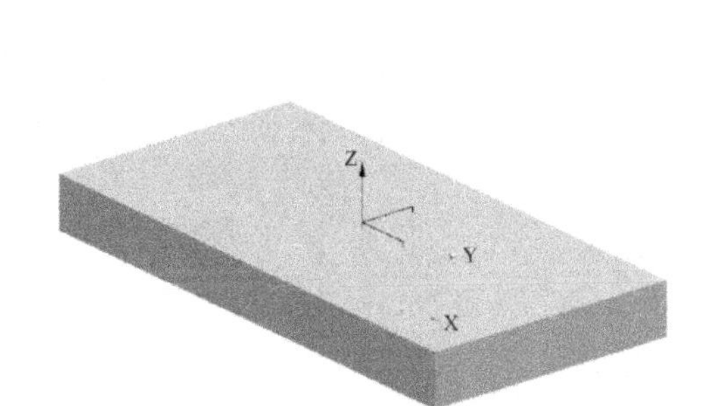

图 1-11 切换视图后的第 1 个拉伸特征

图 1-12 设置【编辑对象显示】对话框参数

（18）单击“确定”按钮后，特征从工作区的屏幕消失。

提示：这是因为特征移到第 10 层，而第 10 层没有打开。

（19）单击“菜单｜格式｜图层设置”命令，在【图层设置】对话框中勾选“✓10”选项，显示第 10 层的图素。此时，工作区显示实体，实体的颜色变为黑色。

（20）在工作区的上方单击“带有隐藏边的线框”按钮，如图 1-13 所示。

（21）此时，实体以线框（线条为实线，线宽为 0.5mm）的形式显示。

（22）单击“拉伸”按钮，在弹出的【拉伸】对话框中单击“绘制截面”按钮，以实体的上表面为草绘平面、*X* 轴为水平参考线，把草图原点坐标设为（0，0，0），按照绘制第 1 个矩形截面的步骤绘制第 2 个矩形截面，如图 1-14 所示。

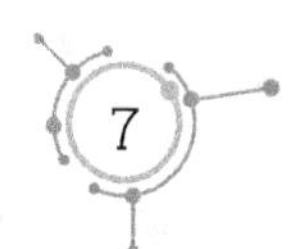

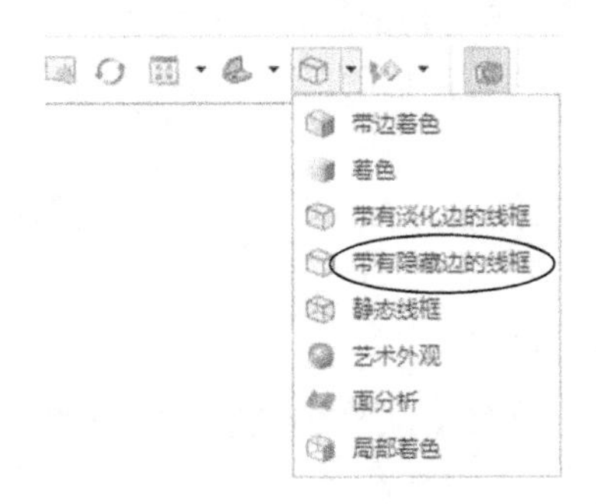

图 1-13 单击“带有隐藏边的线框”按钮

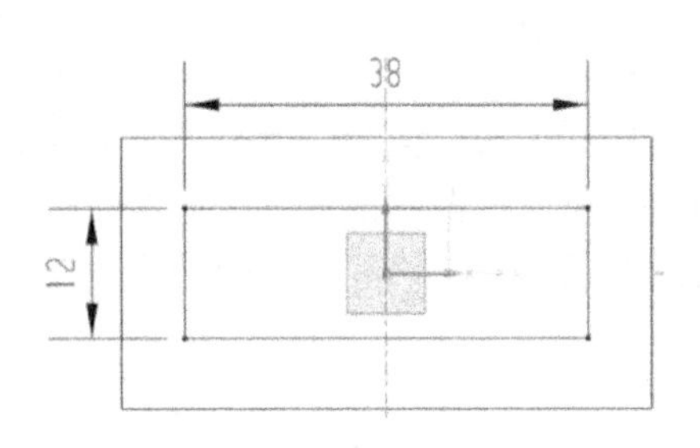

图 1-14 绘制第 2 个矩形截面

（23）单击“完成”按钮，在弹出的【拉伸】对话框中，对“指定矢量”选择“ZC↑”选项，在“开始”栏中选择“值”选项，把“距离”值设为 0mm；在“结束”栏中选择“值”选项，把“距离”值设为 20mm，对“布尔”选择“求和”选项。

（24）单击“确定”按钮，创建第 2 个拉伸特征，如图 1-15 所示。

（25）单击“倒斜角”按钮，在弹出的【倒斜角】对话框中，对“横截面”选择“非对称”选项，把“距离 1”值设为 5mm、“距离 2”值设为 10mm。

（26）单击“确定”按钮，创建倒斜角特征，如图 1-16 所示。

提示：如果所创建的特征与图不相符合，可在【倒斜角】对话框中单击“反向”按钮。

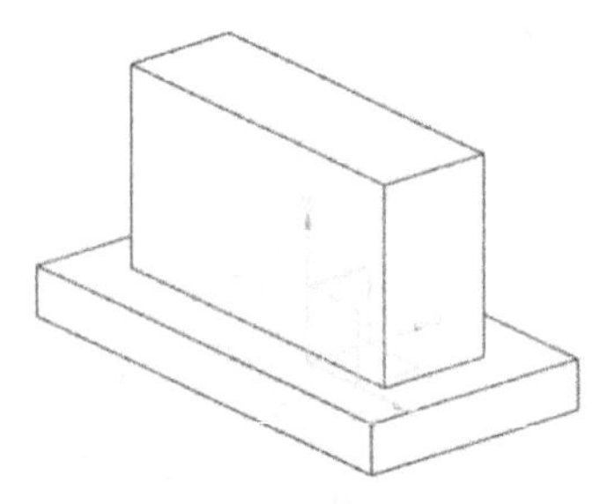

图 1-15 创建第 2 个拉伸特征

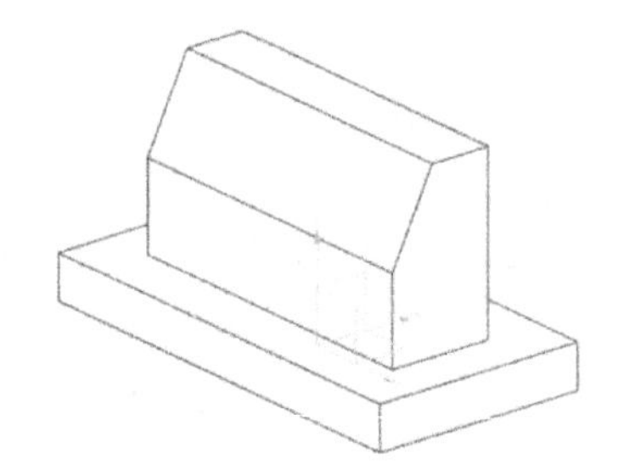

图 1-16 创建倒斜角特征

3. 设置工件坐标系位置

在本例中，基准坐标系在工件下底面的中心，但在实际操作中，对较小的工件，一般是以其上表面的中心为工件坐标系的原点。现在把上表面的中心设置为工件坐标系原点，步骤如下。

（1）单击“菜单｜编辑｜移动对象”命令，在【移动对象】对话框中，对“运动”选择“距离”选项，对“指定矢量”选择“ZC↑”选项，把“距离”值设为-25mm，对“结果”选择“◉移动原先的”单选框。

（2）单击“确定”按钮，实体往下移动 25mm。

4. 数控编程过程

1）进入加工环境

（1）在横向菜单中先单击“应用模块”选项卡，再单击“加工”按钮，如图 1-17 所示。

图 1-17 单击“加工”按钮

（2）在【加工环境】对话框中选择“cam_general”选项和“mill_planar”选项，如图 1-18 所示。单击“确定”按钮，进入加工环境。此时，实体上出现两个坐标系：基准坐标系（在实体的下表面）和工件坐标系（在实体的上表面），如图 1-19 所示。

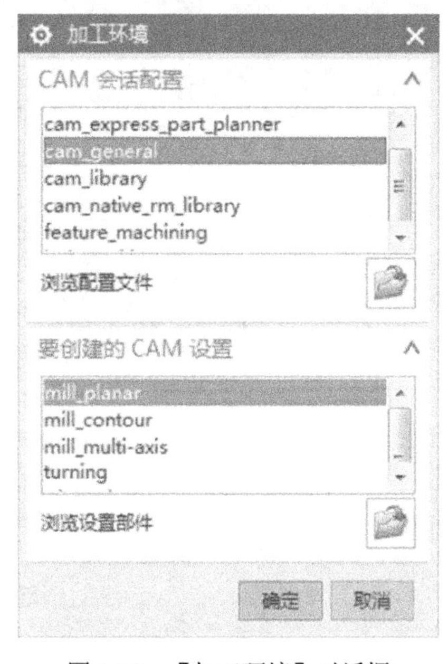

图 1-18 【加工环境】对话框

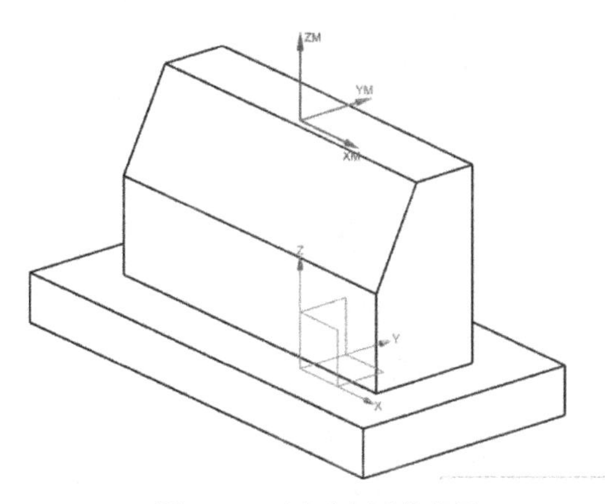

图 1-19 两个坐标系的位置

（3）单击“菜单｜插入｜几何体”命令，在【创建几何体】对话框中，对“几何体子类型”选择“MCS”图标，对“几何体”选择“GEOMETRY”选项，把“名称”设为 A，如图 1-20 所示。

（4）单击“确定”按钮，在【MCS】对话框中，对“安全设置选项”选择“自动平面”选项，把“安全距离”值设为 10.0000（单位：mm），如图 1-21 所示。

（5）单击“确定”按钮，创建几何体。

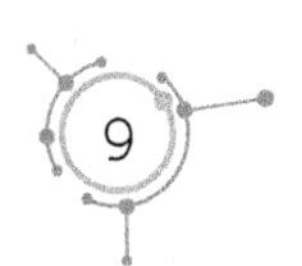

图 1-20　设置【创建几何体】对话框参数

图 1-21　设置【MCS】对话框参数

（6）在辅助工具条中单击“几何视图”按钮，如图 1-22 所示。在“工序导航器”中添加所创建的几何体 A，如图 1-23 所示。

图 1-22　单击“几何视图”按钮

（7）单击“菜单｜插入｜几何体”命令，在【创建几何体】对话框中，对“几何体子类型”选择“WORKPIECE”图标，对“几何体”选择 A，把“名称”设为 B，如图 1-24 所示。

（8）单击“确定”按钮，在【工件】对话框中单击“指定部件”按钮，如图 1-25 所示。在工作区选择整个实体，单击“确定”按钮，把实体设置为工作部件。

（9）在【工件】对话框中单击“指定毛坯”按钮，在【毛坯几何体】对话框中，

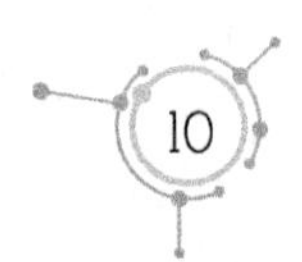

对“类型”选择“包容块”选项，把“XM-”、“YM-”、“XM+”和“YM+”值都设为1.0000（单位：mm），把“ZM+”值设为2.0000（单位：mm），如图1-26所示。

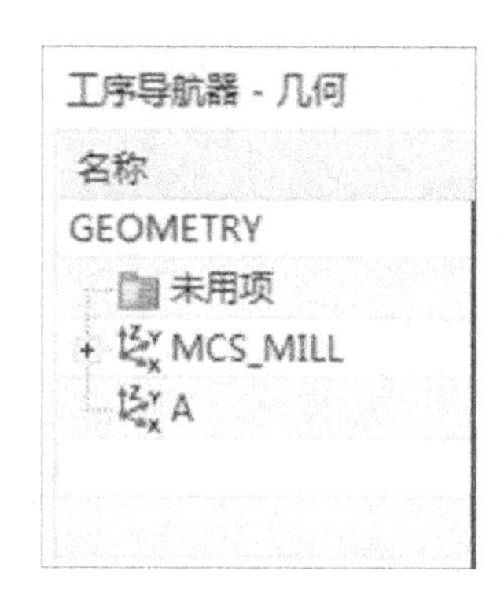

图1-23 添加几何体A

图1-24 设置【创建几何体】对话框参数

图1-25 设置【工件】对话框参数

图1-26 设置【毛坯几何体】对话框参数

（10）连续两次单击“确定”按钮，创建几何体B。在“工序导航器”中展开 + A 的下级目录，可以显示几何体B，如图1-27所示。

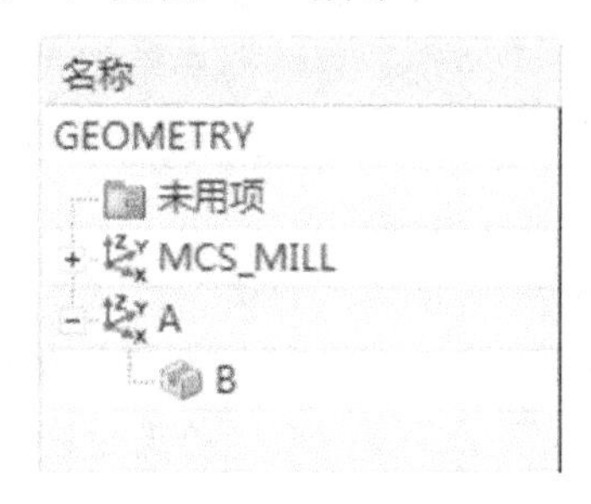

图1-27 显示几何体B

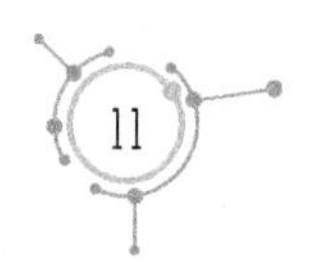

2）创建刀具

（1）单击“创建刀具”按钮，在【创建刀具】对话框中，对“刀具子类型”选择“MILL”图标，把“名称”设为D10R0，如图1-28所示。

（2）单击“确定”按钮，在【铣刀-5参数】对话框中把“直径”值设为10.000（单位：mm）、“下半径”值设为0.0000（单位：mm），如图1-29所示。

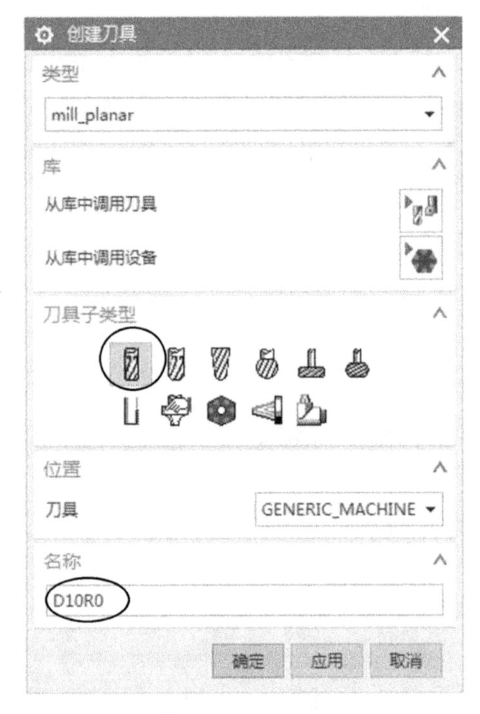

图1-28 设置【创建刀具】对话框参数

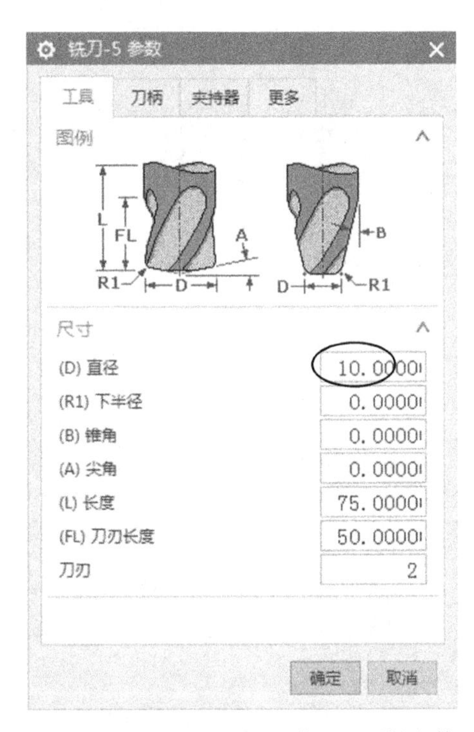

图1-29 设置【铣刀-5参数】对话框参数

3）创建边界面铣刀路（粗加工程序）

（1）单击“菜单｜插入｜工序”命令，在【创建工序】对话框中，对“类型”选择“mill_planar”选项。在“工序子类型”列表中单击“带边界面铣”按钮，对“程序”选择“NC_PROGRAM”选项、“刀具”选择“D10R0（铣刀-5参数）”选项、“几何体”选择“B”选项、“方法”选择“METHOD”选项，如图1-30所示。

（2）单击“确定”按钮，在【面铣】对话框中单击“指定面边界”按钮。在【毛坯边界】对话框中，对“选择方法”选择“面”选项，如图1-31所示。然后，选择实体的台阶面，如图1-32所示。

（3）在【毛坯边界】对话框中，对“刀具侧”选择“内侧”选项、“平面”选择“指定”选项，勾选“✓余量”复选框。单击“指定平面”按钮，选择实体的顶面，把“距离”值设为0mm，如图1-33所示。设置完毕，单击“确定”按钮。

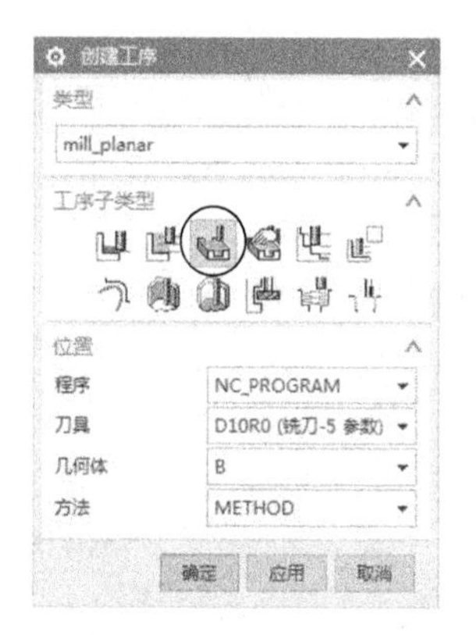

图 1-30　设置【创建工序】对话框参数

图 1-31　设置【毛坯边界】对话框参数

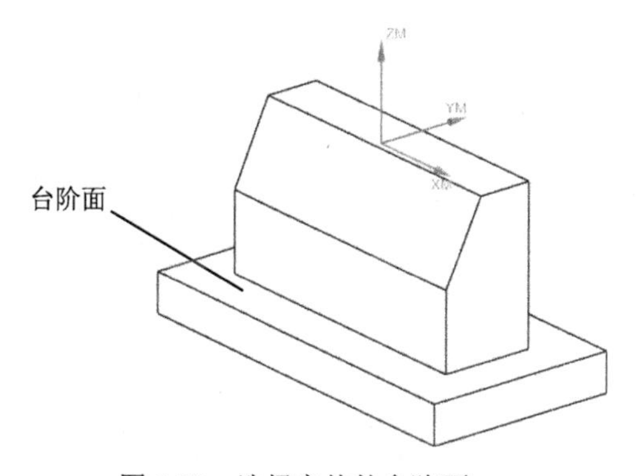

图 1-32　选择实体的台阶面

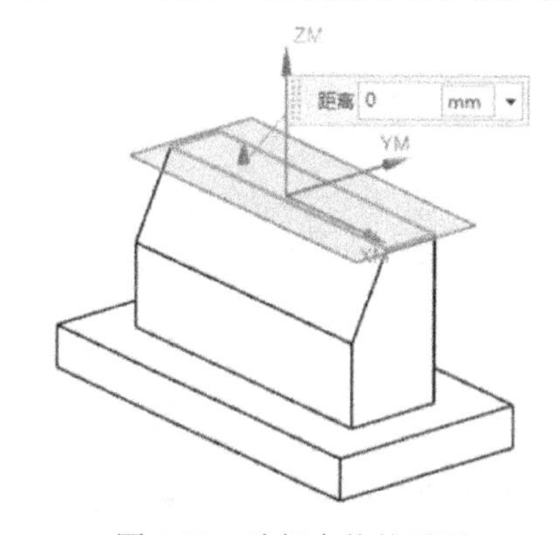

图 1-33　选择实体的顶面

（4）在【面铣】对话框中进行刀轨设置，具体设置如下：对“方法”选择“METHOD”选项、“切削模式”选择“⊟往复”选项、“步距”选择“%刀具平直”选项；把“平面直径百分比”值设为 75.0000（%）、“毛坯距离”值设为 3.0000（单位：mm）、“每刀切削深度”值设为 0.5000（单位：mm）、“最终底面余量”值设为 0.2000（单位：mm），如图 1-34 所示。

（5）单击“切削参数”按钮，在弹出的【切削参数】对话框中单击“策略”选项卡，对“切削方向”选择“顺铣”选项、“剖切角”选择“指定”选项，把“与 XC 的夹角”值设为 90. 0000（单位：°），如图 1-35 所示。

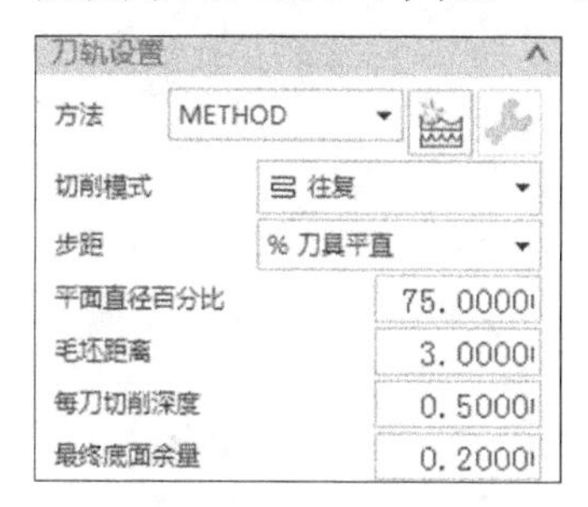

图 1-34　刀轨设置

图 1-35　在【切削参数】对话框中设置切削方向

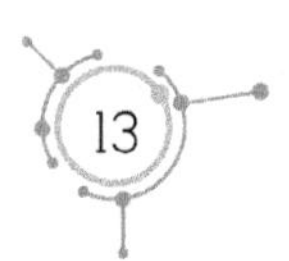

（6）单击“非切削移动”按钮，在弹出的【非切削移动】对话框中单击“进刀”选项卡。具体设置如下：在“开放区域”列表中，对“进刀类型”选择“线性”选项；把“长度”值设为8.0000mm、“高度”值设为3.0000mm、“最小安全距离”值设为8.0000mm，如图 1-36 所示。

（7）继续在【非切削移动】对话框中单击“起点/钻点”选项卡，把“重叠距离”值设为 10.0000mm；对“默认区域起点”选择“中点”选项、“指定点”选择“端点”图标，如图 1-37 所示。

图 1-36 设置“进刀”选项卡参数

图 1-37 设置“起点/钻点”选项卡参数

（8）单击“进给率和速度”按钮，在弹出的【进给率和速度】对话框中，把主轴速度值设为 1000.000（单位：r/min）、切削速度值设为 1500.000（单位：mmpm，即 mm/min），如图 1-38 所示。

（9）单击“生成”按钮，生成的面铣刀路如图 1-39 所示。

图 1-38 设置【进给率和速度】对话框参数

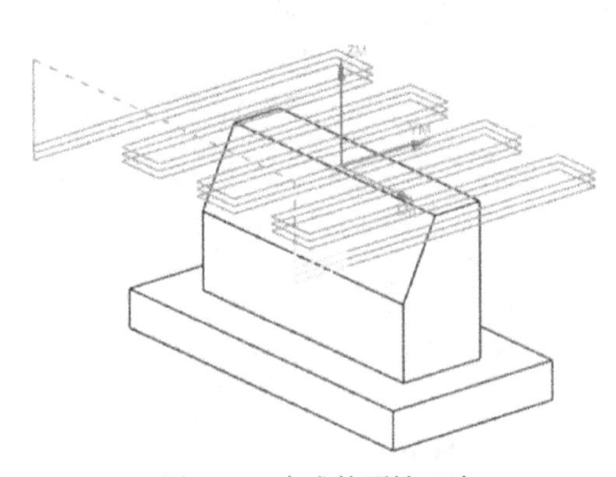

图 1-39 生成的面铣刀路

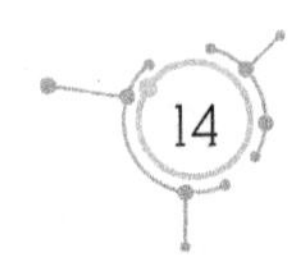

提示：若在【切削参数】对话框中，把“切削方向”与“与 XC 的夹角”值都设为 0°，则生成的面铣刀路如图 1-40 所示。

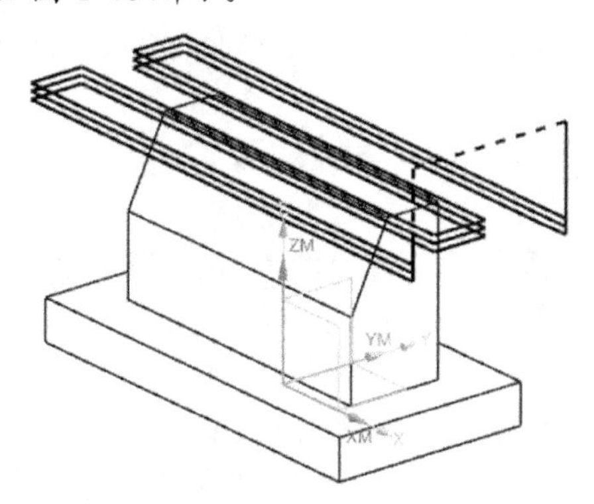

图 1-40　把“切削方向”与“与 XC 的夹角”值都设为 0° 时的面铣刀路

4）创建精铣壁刀路（外形粗加工程序）

（1）单击“菜单｜插入｜工序”命令，在【创建工序】对话框中，对“类型”选择“mill_planar”选项。在“工序子类型”的栏中，单击“精铣壁”按钮。具体设置如下：对“程序”选择“NC_PROGRAM”选项、“刀具”选择“D10R0（铣刀-5 参数）”、“几何体”选择“B”选项、“方法”选择“METHOD”选项，如图 1-41 所示。

（2）单击“确定”按钮，在【精铣壁】对话框中，单击“指定部件边界”按钮。在弹出的【部件边界】对话框中，对“选择方法”选择“曲线”选项、“边界类型”选择“封闭”选项、“刀具侧”选择“外侧”选项、“平面”选择“指定”选项，如图 1-42 所示。

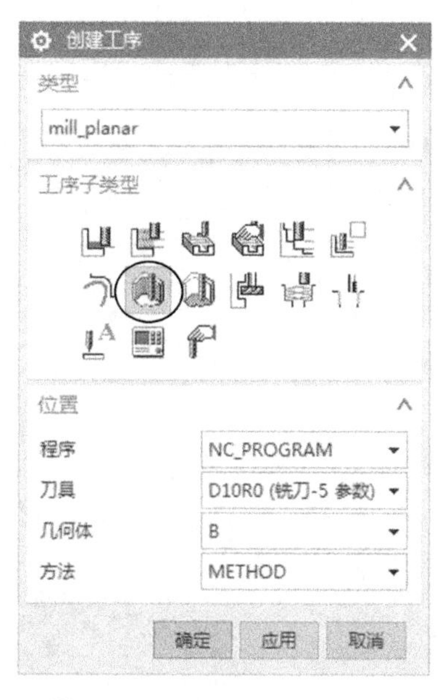

图 1-41　设置“精铣壁”参数

图 1-42　设置【部件边界】对话框参数

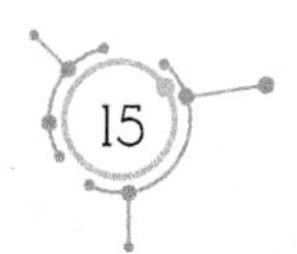

（3）在【部件边界】对话框中单击“选择曲线”按钮，选择实体台阶面的内边线，如图1-43所示。

（4）在【部件边界】对话框中单击“指定平面”按钮，选择实体的顶面，把“距离”值设为0mm，如图1-44所示。

（5）在【精铣壁】对话框中单击“指定底面”按钮，选择实体的台阶面，把“距离”值设为0mm。

（6）单击“切削层”按钮，在弹出的【切削层】对话框中，对“类型”选择“恒定”选项，把“公共”值设为0.5000（单位：mm），如图1-45所示。设置完毕，单击“确定”按钮。

（7）单击“切削参数”按钮，在弹出的【切削参数】对话框中，单击“策略”选项卡。具体设置如下：对“切削方向”选择“顺铣”选项、“切削顺序”选择“深度优先”选项，如图1-46所示。

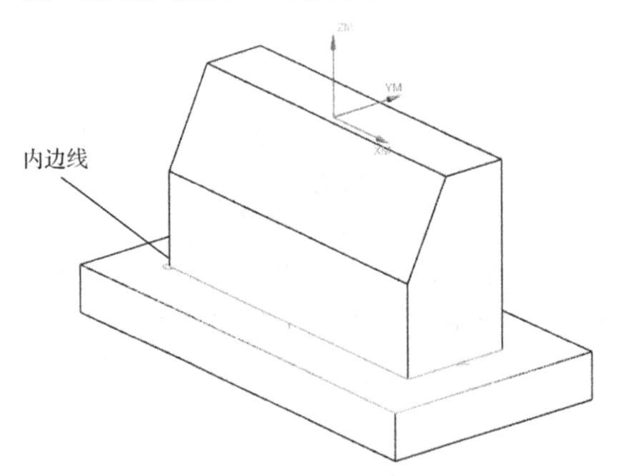

图1-43 选择实体台阶面的内边线

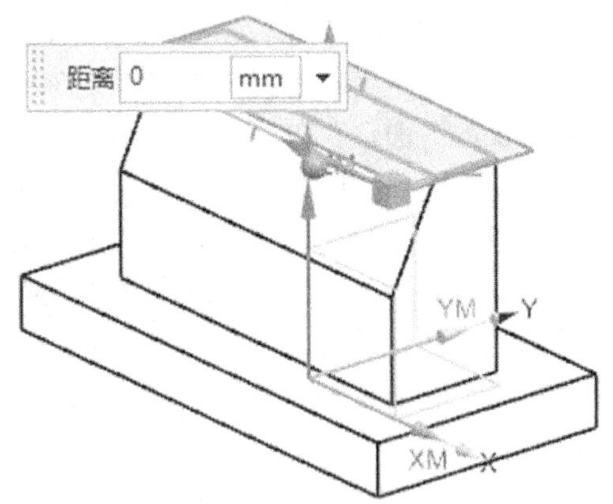

图1-44 选择实体的顶面

图1-45 设置“公共”值

图1-46 设置“策略”选项卡参数

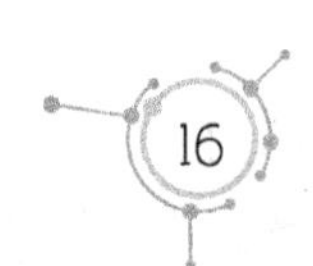

（8）单击“余量”选项卡，把“部件余量”值设为 0.3000（单位：mm）、“最终底面余量”值设为 0.1000（单位：mm）、“内公差”值和“外公差”值都设为 0.0100（单位：mm），如图 1-47 所示。

（9）单击“非切削移动”按钮，在弹出的【非切削移动】对话框中，单击“转移/快速”选项卡。具体设置如下：在“区域之间”列表中，对“转移类型”选择“安全距离-刀轴”选项；对“区域内”的“转移方式”选择“进刀/退刀”选项、“转移类型”选择“直接”选项，如图 1-48 所示。

（10）单击“进刀”选项卡，在“封闭区域”对“进刀类型”选择“与开放区域相同”。在“开放区域”列表中，对“进刀类型”选择“圆弧”选项，把“半径”值设为2.0000mm（进刀半径）、“圆弧角度”值设为 90. 0000（单位：°）、“高度”值设为 5.0000mm（提刀高度）、“最小安全距离”值设为 3.0000mm（直线进刀长度），如图 1-49 所示。然后，单击“退刀”选项卡，对“退刀类型”选择“与进刀相同”选项。

图 1-47　设置“余量”参数

图 1-48　设置“转移/快速”参数

（11）单击“进给率和速度 ”按钮，在弹出的【进给率和速度】对话框中，把主轴速度值设为 1000r/min、切削速度值设为 1200mm/min。

（12）设置【精铣壁】对话框中的“刀轨设置”选项卡参数，对“切削模式”选择“轮廓”选项、“步距”选择“恒定”选项；把“最大距离”值设为 8.0000mm、“附加刀路”值设为 1，如图 1-50 所示。

（13）单击“生成”按钮，在生成的精铣壁刀路中，每层刀路都有 2 圈刀路，如图 1-51 所示（基本刀路为 1 圈，附加刀路为 1 圈，共 2 圈；每圈刀路的间距为 8mm，每层刀路的间距为 0.5mm）。

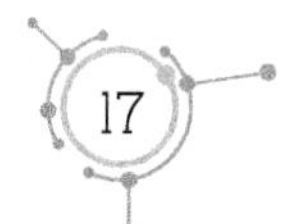

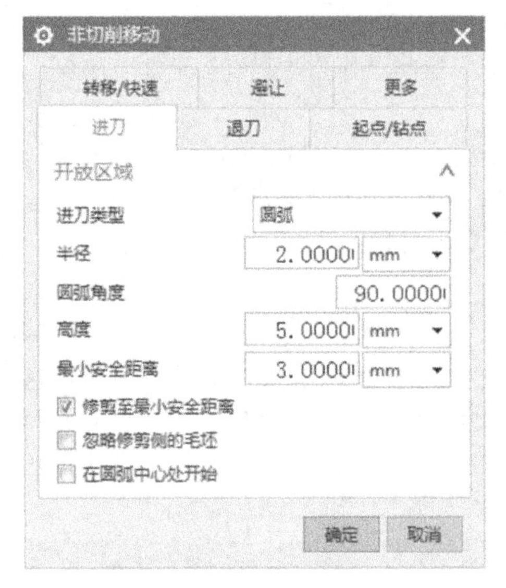

图 1-49 设置“进刀”参数

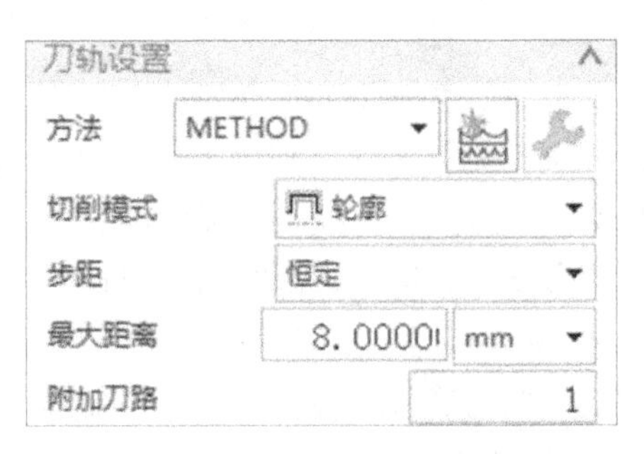

图 1-50 设置“刀轨设置”选项卡参数

（14）在“工序导航器”中选择 FINISH_WALLS 选项，单击鼠标右键，在快捷菜单中单击“复制”命令。再次选择 FINISH_WALLS 选项，单击鼠标右键，在快捷菜单中单击“粘贴”命令，复制的“FINISH_WALLS_COPY”刀路如图 1-52 所示。

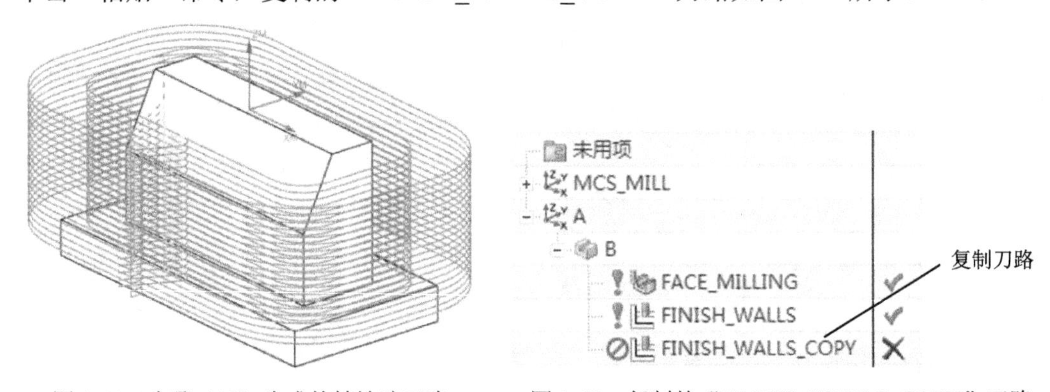

图 1-51 步骤（13）生成的精铣壁刀路

图 1-52 复制的“FINISH_WALLS_COPY”刀路

（15）双击 FINISH_WALLS_COPY 选项，在【精铣壁】对话框中单击“指定部件边界”按钮，在【部件边界】对话框中单击“移除”按钮。选择实体的台阶面，单击“确定”按钮。此时，实体台阶面的外边线颜色被加深显示，表示已被选中，如图 1-53 所示。然后，单击“确定”按钮。

（16）在【部件边界】对话框中，对“平面”选择“指定”选项，选择实体的台阶面。

（17）在【精铣壁】对话框中单击“指定底面”按钮，选择实体的底面。

（18）在【精铣壁】对话框中，把“附加刀路”值改为 0。

（19）单击“生成”按钮，生成的精铣壁刀路如图 1-54 所示。

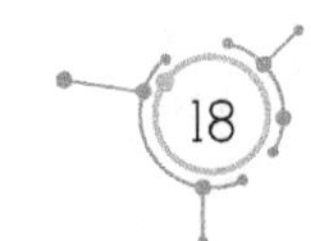

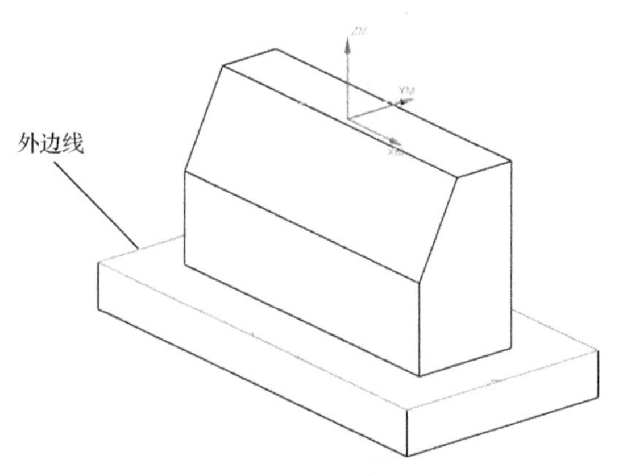

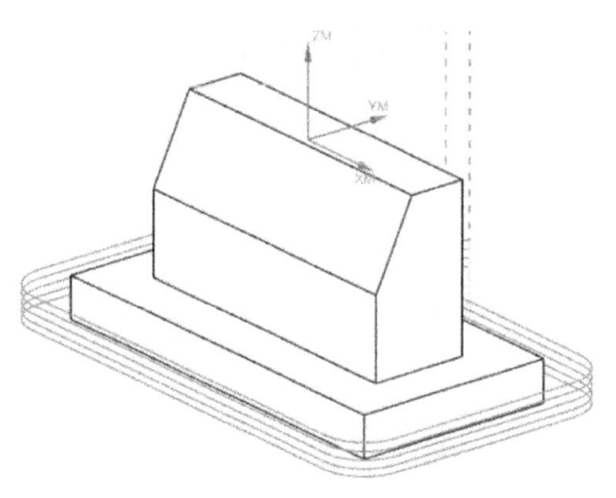

图 1-53 选择实体台阶面的外边线

图 1-54 步骤（19）生成的精铣壁刀路

5）创建等高铣刀路（粗加工程序）

（1）单击“创建工序”按钮，在弹出的【创建工序】对话框中，对“类型”选择“mill_contour”选项、“工序子类型”选择“深度轮廓铣”图标、“程序”选择“NC_PROGRAM”选项、“刀具”选择“D10R0（铣刀-5 参数）”选项、“几何体”选择“B”选项、“方法”选择“MEHTOD”选项，如图 1-55 所示。设置完毕，单击“确定”按钮。

（2）在【深度轮廓铣】对话框中单击“指定切削区域”按钮，选择实体的斜面，单击“确定”按钮。

（3）单击“切削层”按钮，在弹出的【切削层】对话框中，对“范围类型”选择“用户定义”选项、“公共每刀切削深度”选择“恒定”选项，把“最大距离”值设为 0.5mm。

（4）单击“切削参数”按钮，在弹出的【切削参数】对话框中，单击“策略”选项卡，对“切削方向”选择“混合”选项；单击“余量”选项卡，取消“使底面余量与侧面余量一致”复选框中的✓，把“部件侧面余量”值设为 0.3 mm、“部件底面余量”值设为 0.2 mm，把“内公差”值和“外公差”值都设为 0.01mm。

（5）单击“非切削移动”按钮，在弹出的【非切削移动】对话框中，单击“转移/快速”选项卡，在“区域内”，对“转移类型”选择“直接”选项。单击“进刀”选项卡，在“开放区域”列表中，对“进刀类型”选择“线性”选项；把“长度”值设为 8mm、“高度”值设为 3mm。单击“退刀”选项卡，对“退刀类型”选择“与进刀相同”选项。

提示：为加深理解，读者可以自行修改这些参数的大小，重新生成刀路。然后，观察刀路的变化。

（6）单击“进给率和速度”按钮，在弹出的【进给率和速度】对话框中，把主轴速度值设为 1000 r/min、切削速度值设为 1200 mm/min。

（7）单击“生成”按钮，生成的深度轮廓铣刀路如图 1-56 所示。

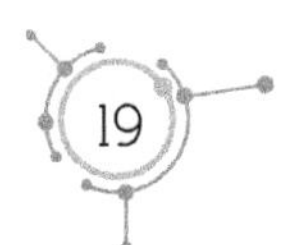

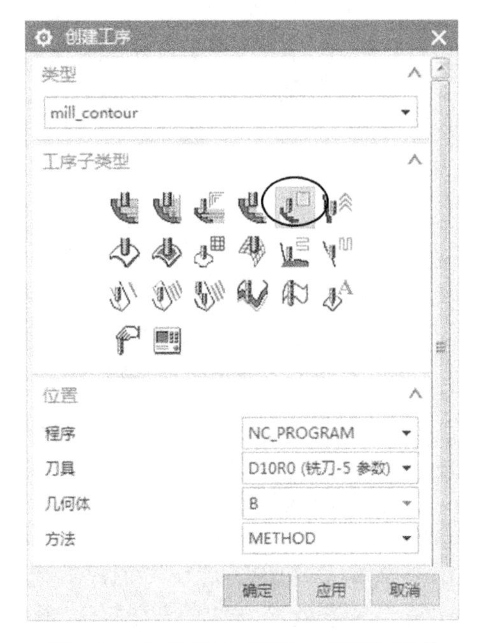

图 1-55　设置【创建工序】对话框参数

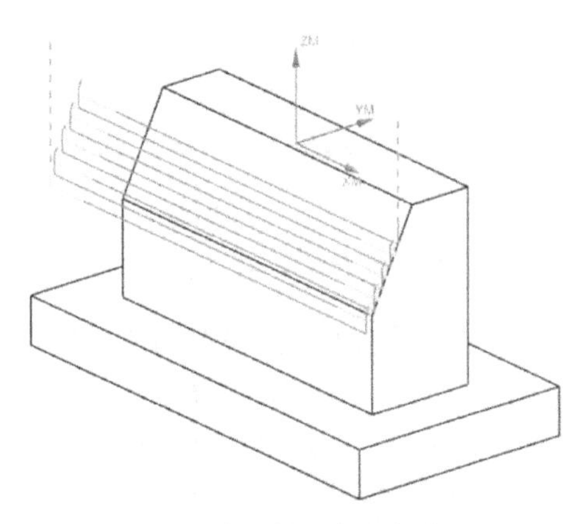

图 1-56　生成的深度轮廓铣刀路

6）创建粗加工程序组

（1）在辅助工具条中单击“程序顺序视图”按钮，如图 1-57 所示。

图 1-57　单击“程序顺序视图”按钮

（2）在“工序导航器”中，先把“PROGRAM”文件夹名称改为 A1，再把所创建的 4 个刀路程序移到 A1 中，如图 1-58 所示。

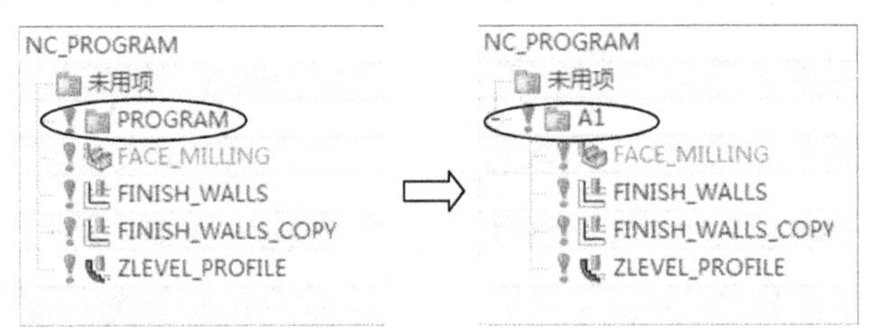

图 1-58　把所创建的 4 个刀路程序移到 A1 中

7）创建精加工程序组

（1）单击“菜单｜插入｜程序”命令，在【创建程序】对话框中，对“类型”选择“mill_contour”选项、“程序”选择“NC_PROGRAM”选项，把“名称”设为 A2，如图 1-59 所示。

（2）单击“确定”按钮，创建 A2 程序组，如图 1-60 所示。此时，A1 与 A2 都在 NC_PROGRAM 的下级目录中。

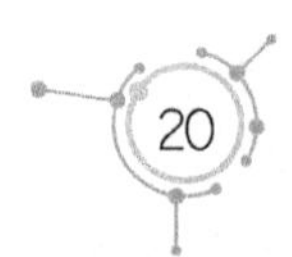

图 1-59 设置【创建程序】对话框参数

图 1-60 创建 A2 程序组

（3）在“工序导航器”中，依次选择 FACE_MILLING、FINISH_WALLS、FINISH_WALLS_COPY 和 ZLEVEL_PROFILE 4 个刀路程序。单击鼠标右键，在快捷菜单中单击“复制”命令。

（4）在“工序导航器”中，选择 A2。单击鼠标右键，在快捷菜单中单击“内部粘贴”命令，把 FACE_MILLING、FINISH_WALLS、FINISH_WALLS_COPY 和 ZLEVEL_PROFILE 4 个刀路程序粘贴到 A2 程序组，如图 1-61 所示。

（5）在“工序导航器”中双击 FACE_MILLING_COPY 选项，在【面铣】对话框中单击“指定面边界”按钮。在【毛坯边界】对话框的列表栏中单击“移除”按钮，移除前面步骤所选择的平面后，再选择实体的顶面，如图 1-62 所示。对“平面”选择 “指定”选项，选择实体的顶面，然后单击“确定”按钮。

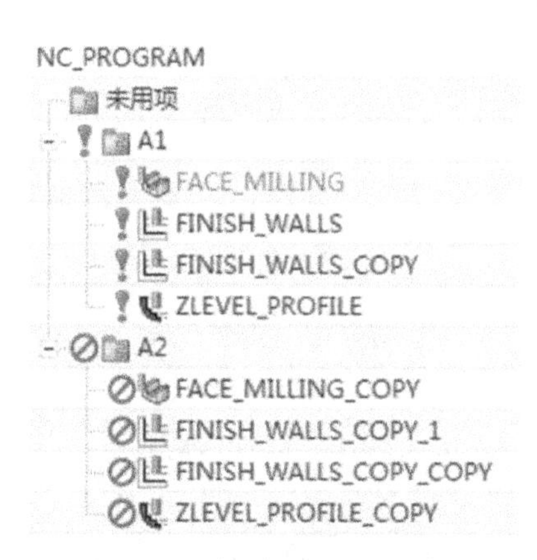

图 1-61 粘贴 4 个刀路程序

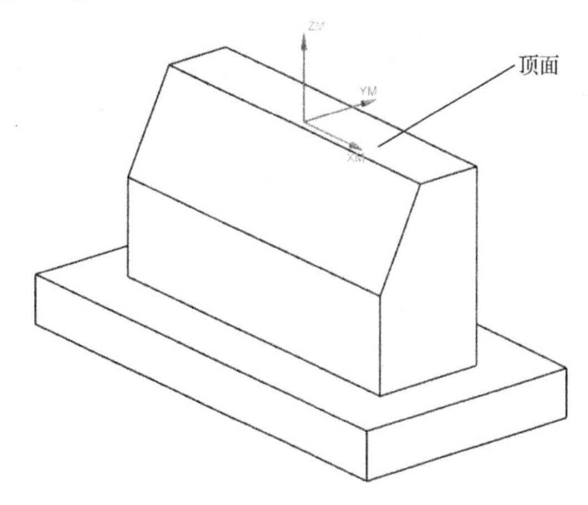

图 1-62 选择实体的顶面

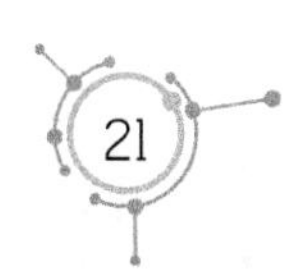

（6）在【面铣】对话框中，修改“刀轨设置”选项卡参数。具体如下：把“毛坯距离”值改为 0.0000（单位：mm）、“每刀切削深度”值改为 0.0000（单位：mm）、“最终底面余量”值改为 0.0000（单位：mm），如图 1-63 所示。

（7）单击“切削参数”按钮，在弹出的【切削参数】对话框中，单击“策略”选项卡，把“与 XC 的夹角”值改为 0°。

（8）单击“进给率和速度”按钮，在弹出的【进给率和速度】对话框中，把主轴速度值设为 1200 r/min、切削速度值设为 500 mm/min。

（9）单击“生成”按钮，生成的精加工面铣刀路如图 1-64 所示。

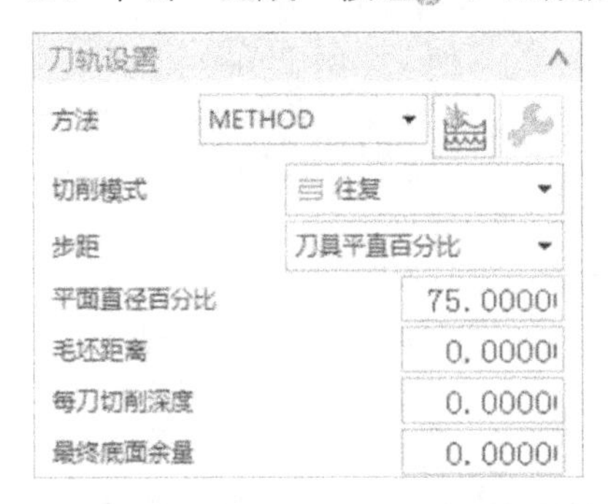

图 1-63　修改“刀轨设置”选项卡参数

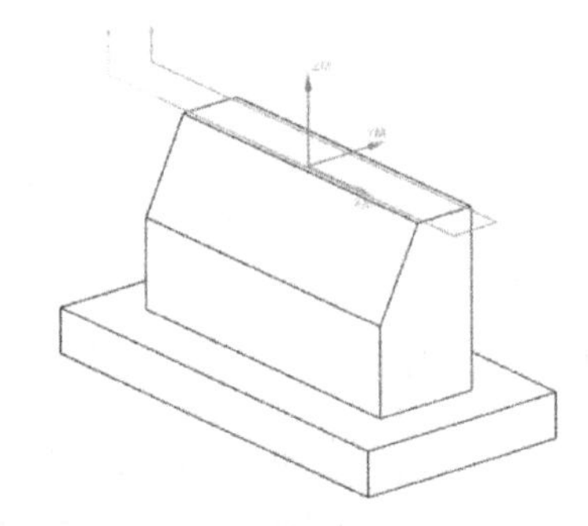

图 1-64　生成的精加工面铣刀路

（10）双击 FINISH_WALLS_COPY_1选项，在【精铣壁】对话框中，对“步距”选择“恒定”选项；把“最大距离”值设为 0.1mm、“附加刀路”值设为 3。单击“切削层”按钮，在弹出的【切削层】对话框中，对“类型”选择“仅底面”选项。单击“切削参数”按钮，在弹出的【切削参数】对话框中，单击“余量”选项卡，把“部件余量”值设为 0（单位：mm）、“最终底面余量”值设为 0（单位：mm）。

（11）单击“进给率和速度”按钮，在弹出的【进给率和速度】对话框中，把主轴速度值设为 1200 r/min、切削速度值设为 500 mm/min。

（12）单击“生成”按钮，生成的精铣壁刀路如图 1-65 所示。

（13）按上述方法修改 FINISH_WALLS_COPY_COPY 刀路程序，修改后的精铣壁刀路如图 1-66 所示。

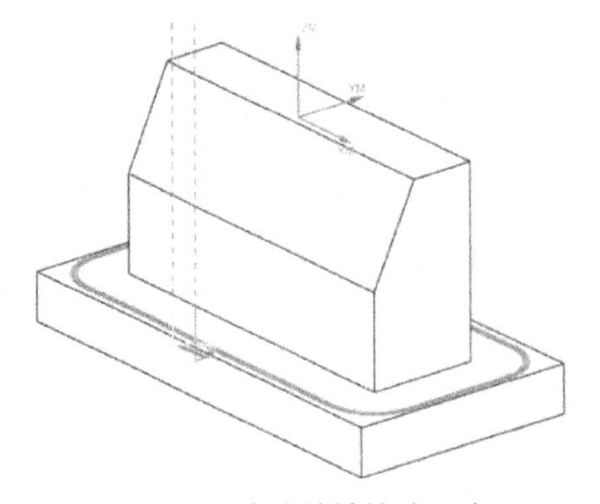

图 1-65　生成的精铣壁刀路

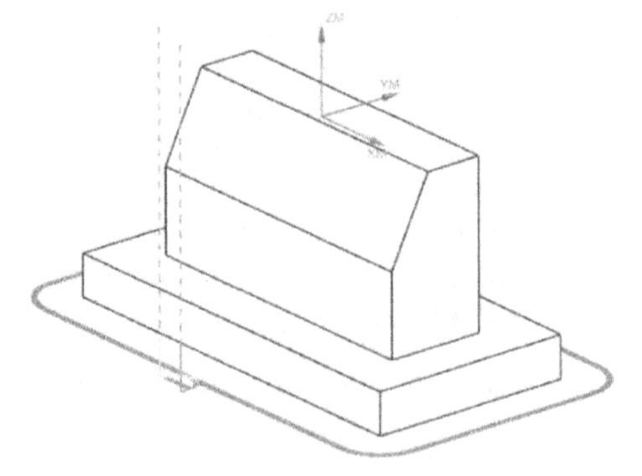

图 1-66　修改后的精铣壁刀路

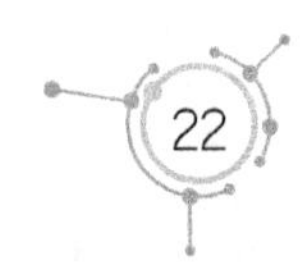

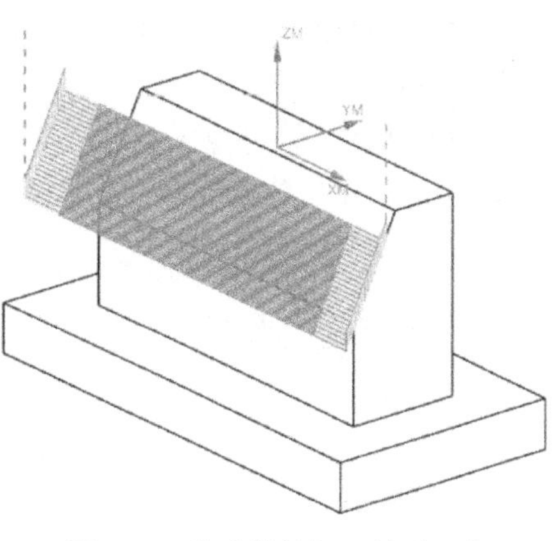

图 1-67 生成的精加工斜面刀路

（14）双击 ZLEVEL_PROFILE_COPY 选项，在【深度轮廓铣】对话框中单击“切削层”按钮。在弹出的【切削层】对话框中，把“最大距离”值改为 0.1mm。单击“切削参数”按钮，在弹出的【切削参数】对话框中，单击“余量”选项卡，把“部件余量”值设为 0（单位：mm）、“最终底面余量”值设为 0（单位：mm）。

（15）单击“进给率和速度 ”按钮，在弹出的【进给率和速度】对话框中，把主轴速度值设为 1200 r/min、切削速度值设为 500 mm/min。

（16）单击“生成”按钮，生成的精加工斜面刀路如图 1-67 所示。

5. 仿真模拟

（1）在第 1 次进行仿真模拟前，应先执行下列设置。

单击“文件 | 实用工具 | 用户默认设置 | 加工 | 仿真与可视化”命令，在【用户默认设置】对话框中勾选“✓显示静态页面”和“✓显示 2D 动态页面”复选框，如图 1-68 所示。然后，重新启动 UG 12.0，即可进行仿真模拟。

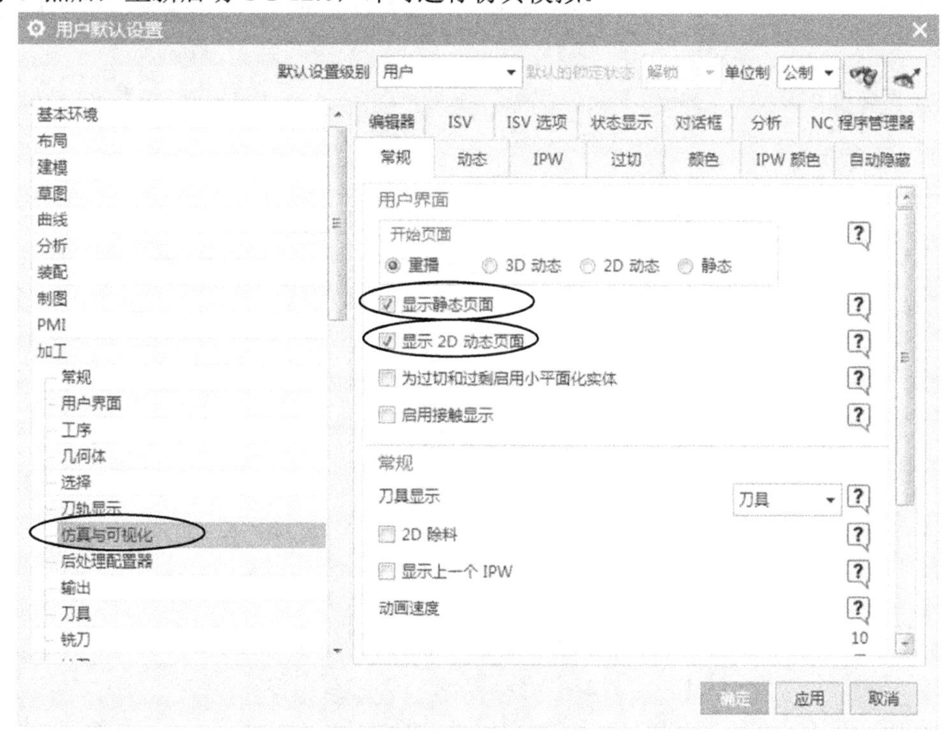

图 1-68 设置【用户默认设置】对话框参数

（2）按住键盘上的 Ctrl 键，先在“工序导航器”中选择所有刀路，再单击“确认刀轨”按钮。

（3）在【刀轨可视化】对话框中先单击“2D 动态”按钮，再单击“播放”按钮▶，如图 1-69 所示，仿真模拟结果如图 1-70 所示。

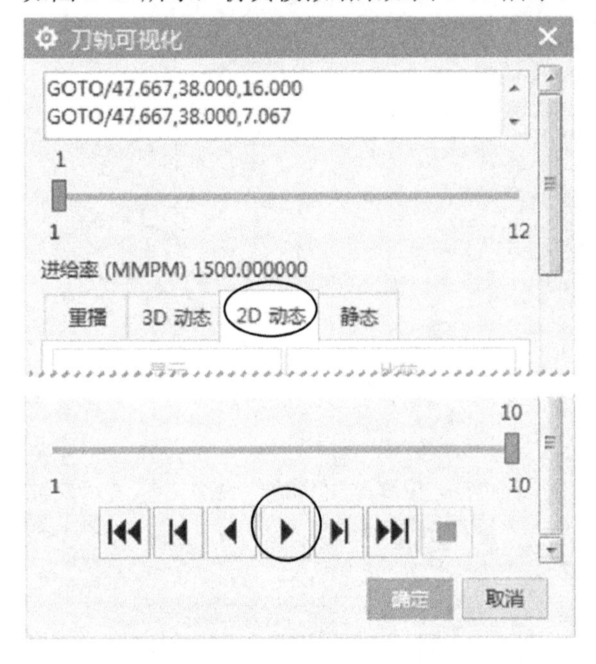

图 1-69　先单击“2D 动态”按钮，再单击“播放”按钮▶

图 1-70　仿真模拟结果

6. 装夹方式

（1）用台钳装夹工件时，要求工件的上表面至少高出台钳平面 25mm。

（2）对工件采用四边分中，把其上表面设为 Z0，即把工件坐标系设在其上表面中心。工件的装夹方式如图 1-71 所示。

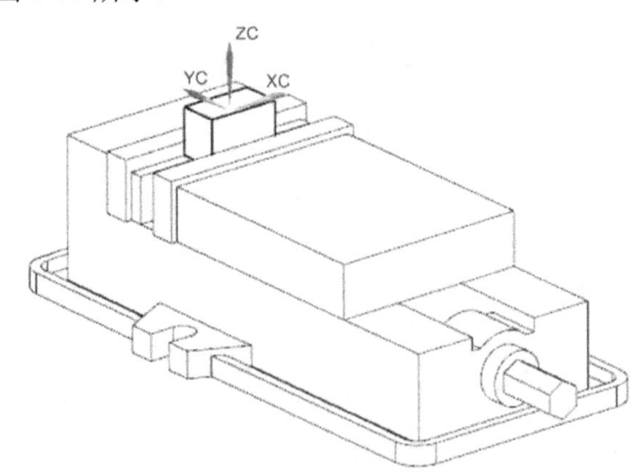

图 1-71　工件的装夹方式

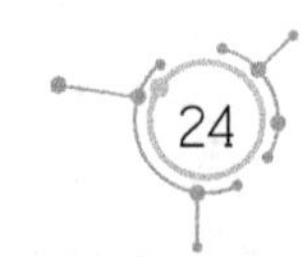

7. 加工程序单

加工程序单见表 1-1。

表 1-1 加工程序单

序号	刀具	加工深度	备注
A1	ϕ10 平底刀	25mm	粗加工
A2	ϕ10 平底刀	25mm	精加工

项目2 曲面工件

本项目以 1 个带曲面的工件为例，详细介绍曲面的数控编程方法。该工件的材料为铝材，工件结构图如图 2-1 所示。

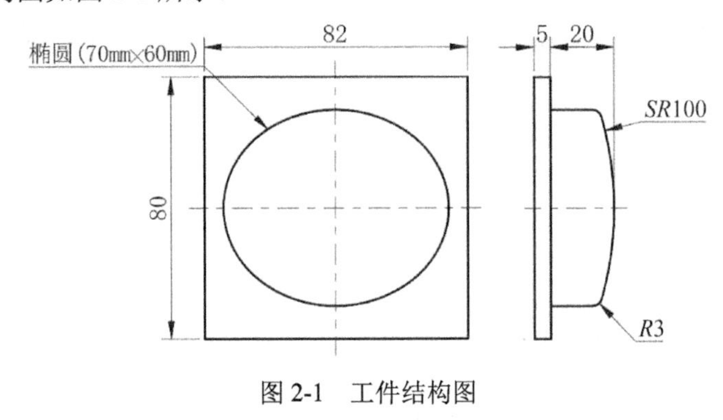

图 2-1 工件结构图

1. 加工工序分析图

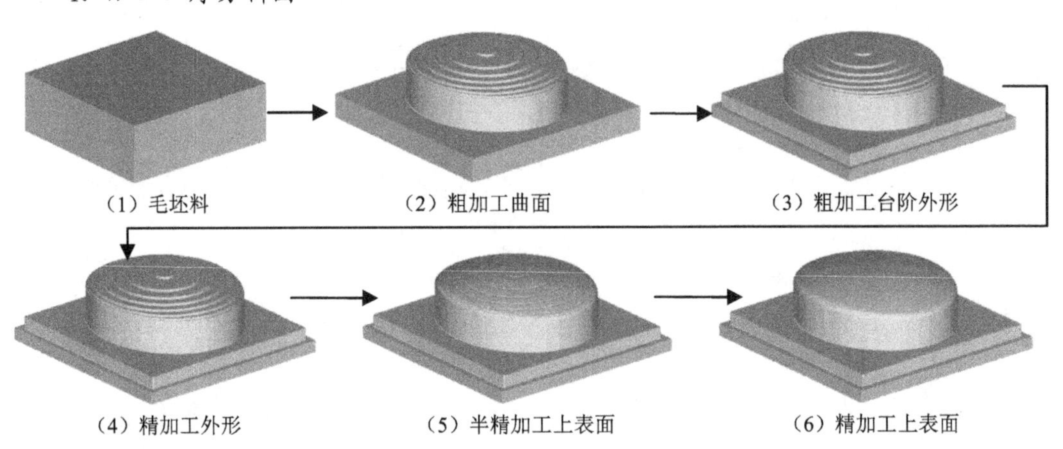

2. 建模过程

(1) 启动 UG 12.0，单击“新建”按钮。在弹出的【新建】对话框中，单击“模型”选项卡。在模板框中把“单位”设为“毫米”，选择“模型”模板，把“名称”设为“EX2.prt”、“文件夹”路径设为“E:\UG12.0 数控编程\项目 2”。

(2) 单击“确定”按钮，进入建模环境。

(3) 单击“拉伸”按钮，在弹出的【拉伸】对话框中单击“绘制截面”按钮。

(4) 在弹出的【创建草图】对话框中，对“草图类型”选择“在平面上”选项、“平面方法”选择“新平面”选项；对“指定平面”选择“*XC-YC* 平面”图标、“参考”选择“水平”选项、“指定矢量”选择 *X* 轴图标、“原点方法”选择“指定点”选项，把“指定点”坐标设为（0，0，0）。

（5）工作区出现 1 个工件坐标系（基准坐标系与工件坐标系重合）。

（6）单击“确定”按钮，工作区的视图方向切换至草绘方向。

（7）在快捷菜单中单击“矩形”按钮，在工作区任意绘制 1 个矩形。

（8）在快捷菜单中单击“图示草图约束”按钮，隐藏草图中的约束符号。

（9）在快捷菜单中单击“设为对称”按钮，把两条竖直边线设置成关于 *Y* 轴对称。

（10）再在【设为对称】对话框中单击“选择中心线”按钮，先选择 *X* 轴，再把两条水平边线设置成关于 *X* 轴对称。

（11）修改尺寸标注，把尺寸改为 82mm×80mm，所绘制的矩形截面如图 2-2 所示。

（12）单击“完成”按钮，在弹出的【拉伸】对话框中，对“指定矢量”选择“ZC↑”选项。在“开始”栏中选择“值”选项，把“距离”值设为 0；在“结束”栏中选择“值”选项，把“距离”值设为 5mm，对“布尔”选择“无”选项，具体设置参考图 1-10。

（13）单击“确定”按钮，创建 1 个拉伸特征（矩形实体）。该实体的颜色是系统默认的棕色。

（14）单击“正三轴测图”按钮，切换视图方向后的矩形实体如图 2-3 所示。

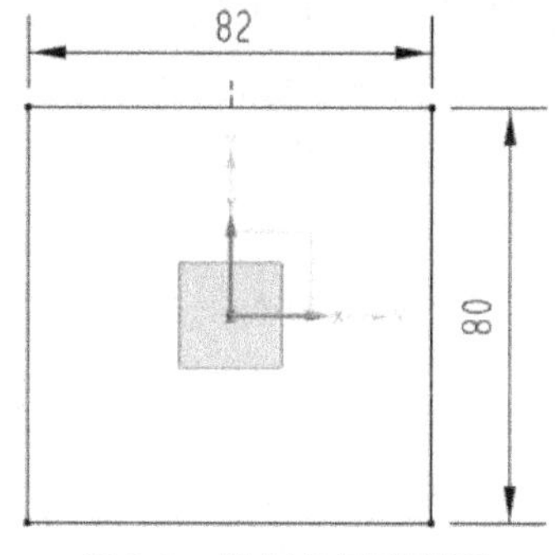

图 2-2 绘制的矩形截面

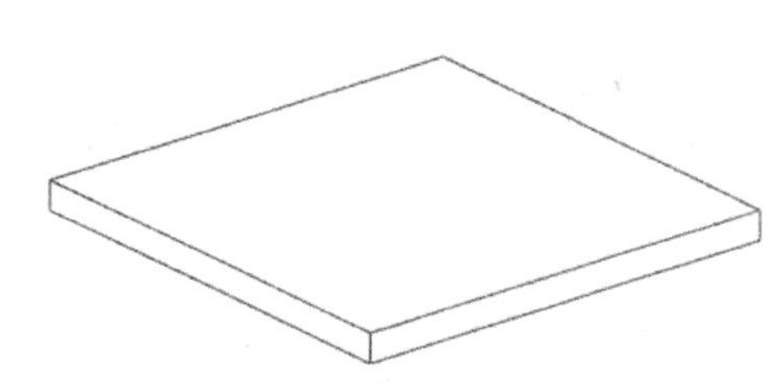

图 2-3 切换视图方向后的矩形实体

（15）单击“拉伸”按钮，在弹出的【拉伸】对话框中单击“绘制截面”按钮。

（16）在【创建草图】对话框中，对“草图类型”选择“在平面上”选项、“平面方法”选择“新平面”选项、“参考”选择“水平”选项。

（17）选择矩形实体的上表面作为草绘平面，选择 *X* 轴作为水平参考线，把草图原点坐标设为（0，0，0）。此时，工作区出现 1 个工件坐标系（基准坐标系与工件坐标系重合）。

（18）单击“确定”按钮，工作区的视图方向切换至草绘方向。

（19）单击“根据中心点和尺寸创建椭圆”按钮，在【椭圆】对话框中单击“中心”区域的“指定点”按钮。在【点】对话框中输入中心点坐标（0，0，0），把“大半径”值设为 35mm、“小半径”值设为 30mm、“旋转角度”值设为 0°，如图 2-4 所示。

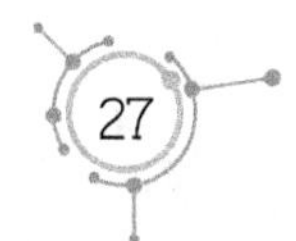

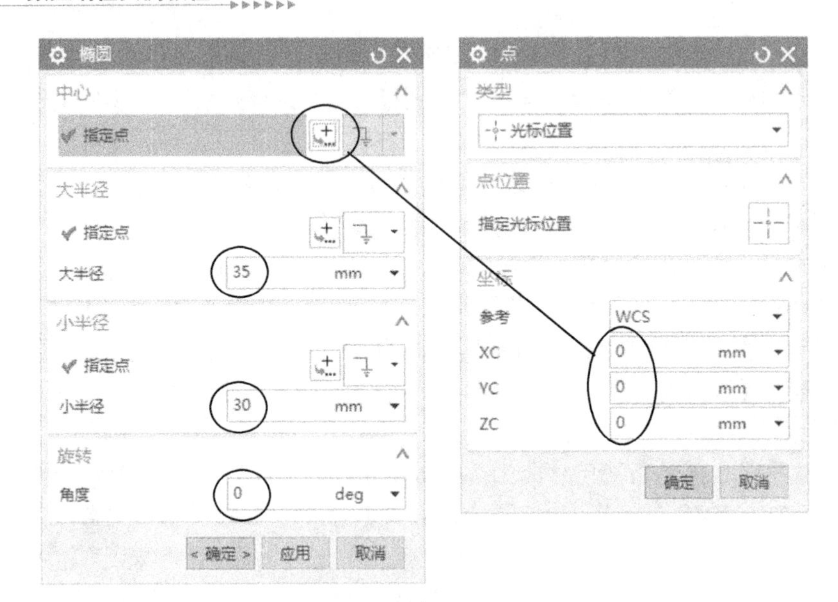

图 2-4　设置【椭圆】对话框参数

（20）单击“确定”按钮，绘制 1 个椭圆。

（21）单击“完成”按钮，在弹出的【拉伸】对话框中，对“指定矢量”选择“ZC↑”选项。在“开始”栏中选择“值”选项，把“距离”值设为 0；在“结束”栏中选择“值”选项，把“距离”值设为 5mm；对“布尔”选择“求和”选项。

（22）单击“确定”按钮，创建椭圆柱。该椭圆柱与前面创建的矩形实体合并为一体，如图 2-5 所示。

（23）单击“菜单｜插入｜设计特征｜旋转”命令，在【旋转】对话框中单击“绘制截面”按钮。

（24）在【创建草图】对话框中，对“草图类型”选择“在平面上”选项、“平面方法”选择“新平面”选项；对“指定平面”选择“*YC-ZC* 平面”图标、“参考”选择“水平”选项、“指定矢量”选择 *Y* 轴图标、“原点方法”选择“指定点”选项，把“指定点”坐标设为（0，0，0）。

（25）任意绘制一条圆弧，如图 2-6 所示。其尺寸标注数值为任意值。

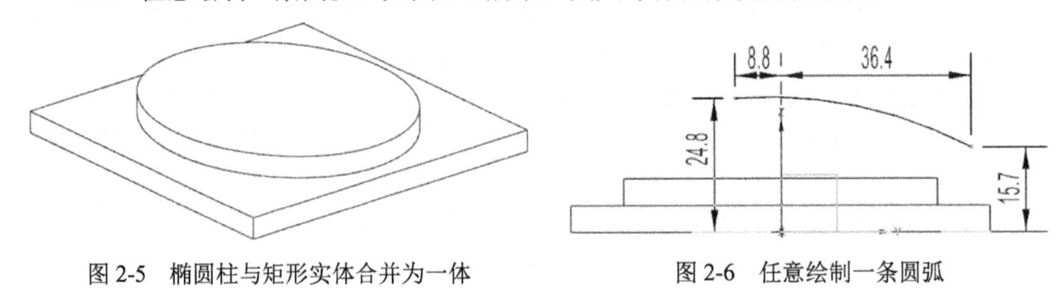

图 2-5　椭圆柱与矩形实体合并为一体

图 2-6　任意绘制一条圆弧

（26）单击“几何约束”按钮，在弹出的【几何约束】对话框中单击“点在曲线上”按钮，如图 2-7 所示。

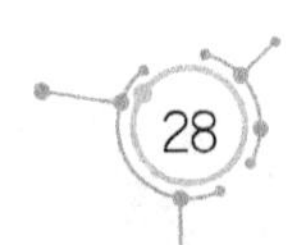

（27）选择圆弧的圆心作为“要约束的对象”，选择竖直轴作为“要约束到的对象”，把圆弧的圆心约束到竖直轴上。如果尺寸标注数值变成红色，可直接删除。

（28）采用相同的方法，把圆弧上的 1 个端点也约束到竖直轴上，修改尺寸标注，如图 2-8 所示。

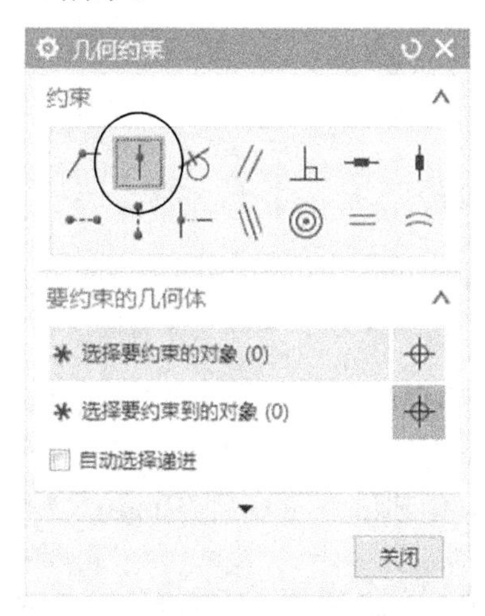

图 2-7　在【几何约束】对话框单击“点在曲线上”按钮

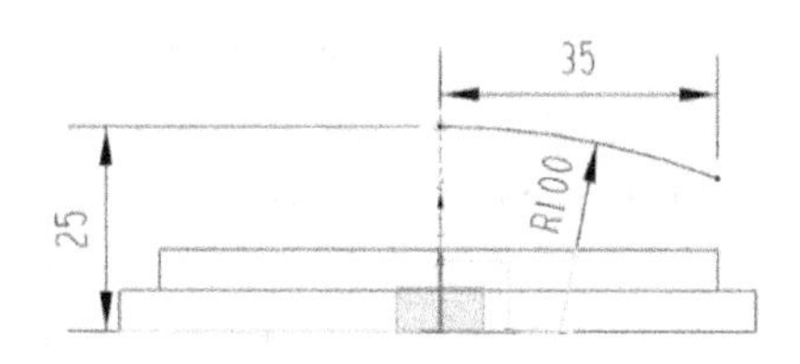

图 2-8　修改尺寸标注

（29）单击“完成”按钮，在【旋转】对话框中，对“指定矢量”选择“ZC↑”选项。在“开始”栏中选择“值”选项，把“角度”值设为 0°；在“结束”栏中选择“值”选项，把“角度”值设为 360°。单击“指定点”按钮，在【点】对话框中把 x、y、z 值都设为 0mm，如图 2-9 所示。

图 2-9　设置【旋转】对话框参数

（30）单击“确定”按钮，创建旋转曲面，如图 2-10 所示。

（31）单击“菜单｜插入｜同步建模｜替换面”命令，选择椭圆柱的上表面作为待替换的面，选择旋转曲面作为替换面，把“偏置距离”值设为 0。单击“确定”按钮，创建替换特征，如图 2-11 所示。

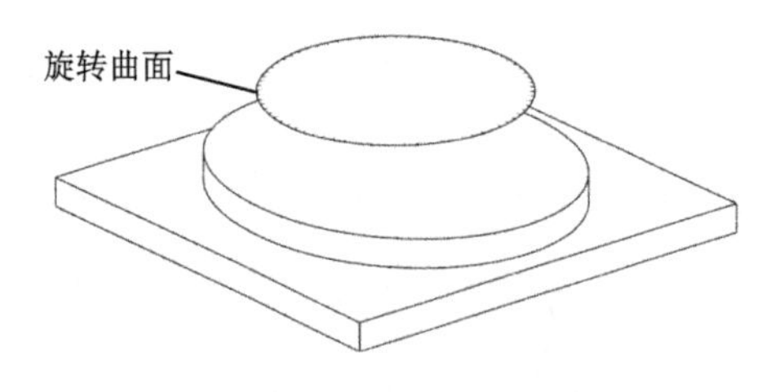

图 2-10　创建旋转曲面

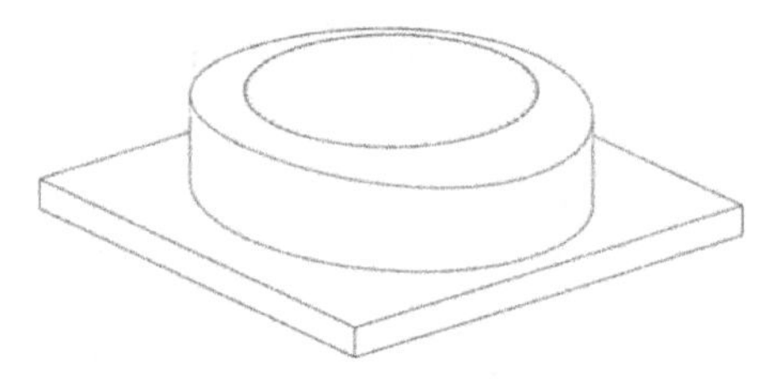

图 2-11　创建替换特征

（32）在模型树中，选择 旋转 (3) 选项。单击鼠标右键，在快捷菜单中单击“隐藏”命令，隐藏旋转曲面。

（33）单击“边倒圆”按钮，选择实体的边线，创建倒圆角特征(*R*3mm)，如图 2-12 所示。

（34）单击“菜单｜编辑｜移动对象”命令，在【移动对象】对话框中，对“运动”选择“距离”选项、“指定矢量”选择“ZC↑”选项；把“距离”值为-25mm，对“结果”选择“◉移动原先的”单选框。

（35）单击“确定”按钮，实体往下移动 25mm。

3．数控编程过程

1）进入 UG 加工环境

（1）在横向菜单中单击“应用模块”选项卡，再单击“加工”命令。

（2）在【加工环境】对话框中，选择“cam_general”选项和“mill_contour”选项。单击“确定”按钮，进入 UG 加工环境。此时，实体上出现两个坐标系：基准坐标系和工件坐标系，如图 2-13 所示。

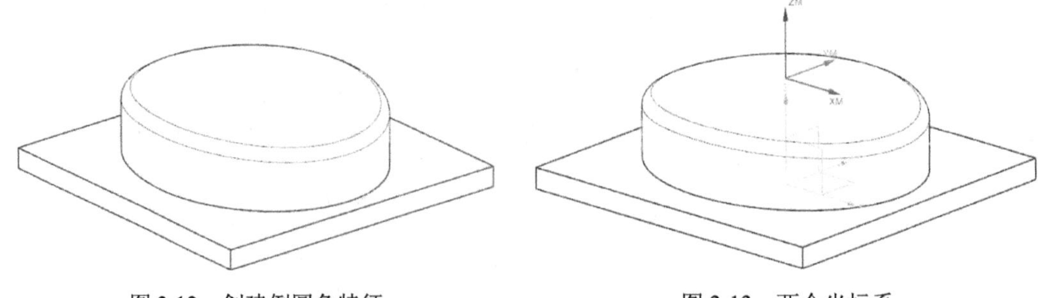

图 2-12　创建倒圆角特征

图 2-13　两个坐标系

（3）单击“菜单｜插入｜几何体”命令，在【创建几何体】对话框中，对“几何体子类型”选择选项、“几何体”选择“GEOMETRY”选项，把“名称”设为 A。

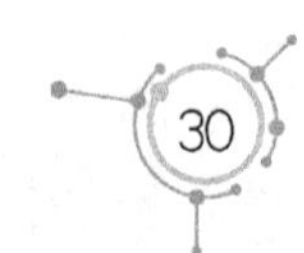

（4）单击“应用”按钮，在【MCS】对话框中对“安全设置选项”选择“自动平面”选项，把“安全距离”值设为10mm。

（5）单击“确定”按钮，创建几何体。

（6）在辅助工具条中单击“几何视图”按钮，在“工序导航器”中添加前面所创建的几何体A。

（7）单击“菜单｜插入｜几何体”命令，在【创建几何体】对话框的“几何体子类型”列表中选择“WORKPIECE”图标，对“几何体”选项“A”选项，把“名称”设为B。

（8）单击“确定”按钮，在【工件】对话框中单击“指定部件”按钮。在工作区选择整个实体，单击“确定”按钮，把实体设置为工作部件。

（9）在【工件】对话框中单击“指定毛坯”按钮，在【毛坯几何体】对话框中，对“类型”选择“包容块”选项，把“XM-”、“YM-”、“XM+”、“YM+”值都设为1mm，把“ZM+”值设为1mm。

（10）连续两次单击“确定”按钮，创建几何体B。在“工序导航器”中展开 A 的下级目录，可以看到几何体B在A的下级目录中。

（11）单击“创建刀具”按钮，在【创建刀具】对话框中的“刀具子类型”列表中单击“MILL”按钮，把“名称”设为D12R0。设置完毕，单击“确定”按钮。

（12）在【铣刀-5参数】对话框中，把“直径”值设为12mm、“下半径”值设为0mm。

2）创建型腔铣刀路（粗加工程序）

（1）单击“创建工序”按钮，在弹出的【创建工序】对话框中，对“类型”选择“mill_contour”选项。在“工序子类型”的列表中单击“腔型铣”按钮。对“程序”选择“NC_PROGRAM”选项、“刀具”选择“D12R0（铣刀-5 参数）”选项、“几何体”选择“B”选项、“方法”选择“METHOD”选项，如图2-14所示。

（2）单击“确定”按钮，在【型腔铣】对话框中单击“指定切削区域”按钮，用框选方式选择整个实体。

（3）在【型腔铣】对话框中，单击“指定修剪边界”按钮。在弹出的【修剪边界】对话框中，对“选择方法”选择“面”选项、“修剪侧”选择“外侧”选项、“平面”选择“自动”选项，如图2-15所示。

（4）按住鼠标中键翻转实体后，选择实体的底面，以底面的边线作为加工的路径。

（5）在【型腔铣】对话框中，进行刀轨设置。具体设置如下：对“切削模式”选择“跟随周边”选项、“步距”选择“恒定”选项，把“最大距离”值设为8.0000mm；对“公共每刀切削深度”选择“恒定”选项，把“最大距离”值设为0.5000mm，如图2-16所示。

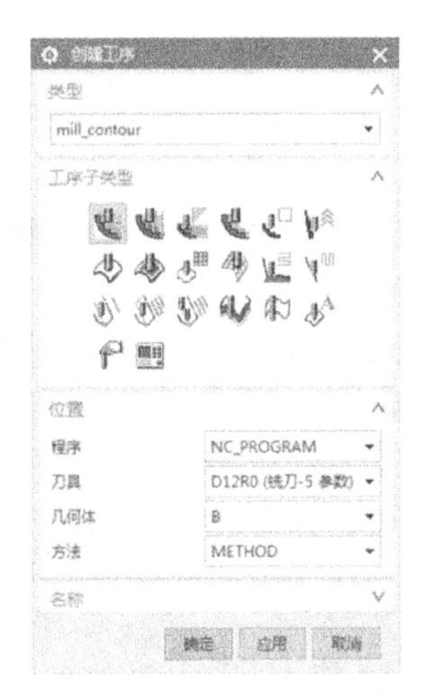

图 2-14　设置【创建工序】对话框参数

图 2-15　设置【修剪边界】对话框参数

（6）单击“切削层”按钮，在弹出的【切削层】对话框中，对“范围类型”选择“用户定义”选项、“切削层”选择“恒定”选项、“公共每刀切削深度”选择“恒定”选项；把“最大距离”值设为 0.5000mm、“范围 1 的顶部”列表中的 ZC 值设为 26.0000（单位：mm）。连续单击“列表”框中的“移除”按钮，再选择实体的台阶面（设置加工的深度），系统自动侦测到范围深度为 21mm，如图 2-17 所示。

提示： *上述“26.0000”这个数值是在设置毛坯尺寸时设置的。实体总高度是 25mm，毛坯的“ZM+”值为 1mm，两者之和为 26mm。*

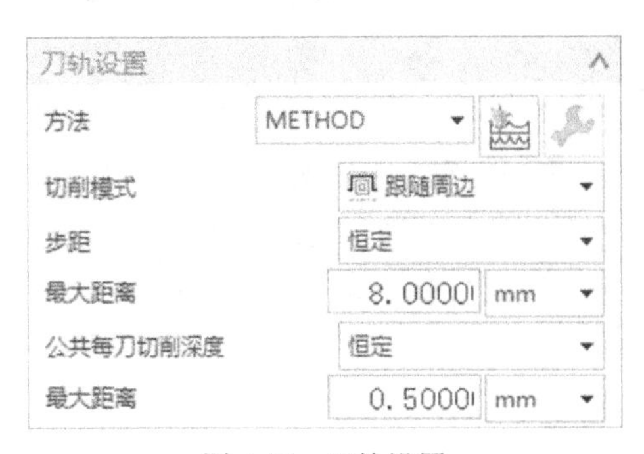

图 2-16　刀轨设置

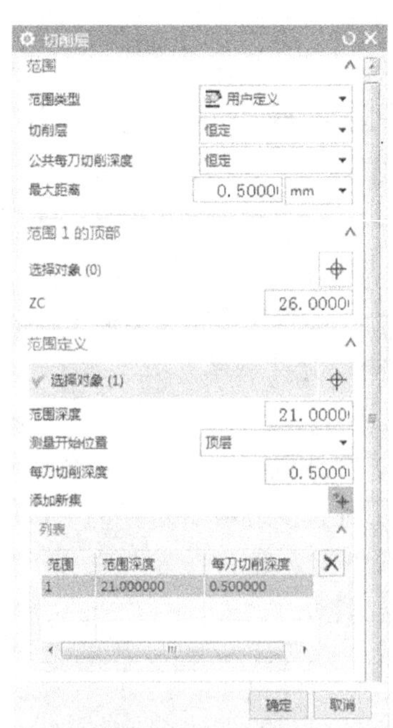

图 2-17　设置【切削层】对话框参数

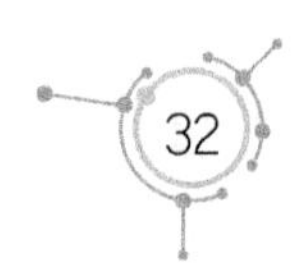

（7）单击“切削参数”按钮，在弹出的【切削参数】对话框中，单击“策略”选项卡。对“切削方向”选择“顺铣”选项、“切削顺序”选择“深度优先”选项、“刀路方向”选择“向内”选项，如图 2-18 所示。单击“余量”选项卡，把“部件侧面余量”值设为 0.3000（单位：mm）、“部件底面余量”值设为 0.1000（单位：mm），把“内公差”值和“外公差”值都设为 0.0100（单位：mm），如图 2-19 所示。

（8）单击“非切削移动”按钮，在弹出的【非切削移动】对话框中，首先，单击“转移/快速”选项卡，具体设置如下：在“区域之间”列表中，对“转移类型”选择“安全距离-刀轴”选项；在“区域内”列表中，对“转移方式”选择“进刀/退刀”选项、“转移类型”选择“前一平面”选项，把“安全距离”值设为 3.0000mm，如图 2-20 所示。其次，在【非切削移动】对话框中单击“进刀”选项卡，具体设置如下：在“封闭区域”列表中，对“进刀类型”选择“与开放区域相同”选项；在“开放区域”列表中，对“进刀类型”选择“线性”选项，把“长度”值设为 10.0000mm、“高度”值设为 3.0000mm、“最小安全距离”值设为 8.0000mm，如图 2-21 所示。最后，单击“退刀”选项卡，对“退刀类型”选择“与进刀相同”选项。

图 2-18　在【切削参数】对话框中设置切削方式

图 2-19　在【切削参数】对话框中设置切削余量

图 2-20　设置“转移/快速”选项卡参数

图 2-21　设置“进刀”选项卡参数

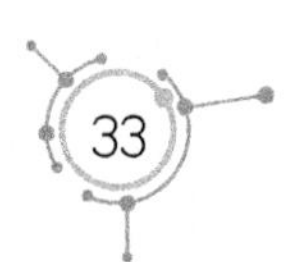

（9）单击“进给率和速度 ”按钮，在弹出的【进给率和速度】对话框中，把主轴速度值设为 1000 r/min、切削速度值设为 1200 mm/min。

（10）单击“生成”按钮，生成的型腔铣刀路如图 2-22 所示。在工作区上方单击“前视图”按钮，切换视图方向。从前视图中可以看出，刀路高于实体最高位。

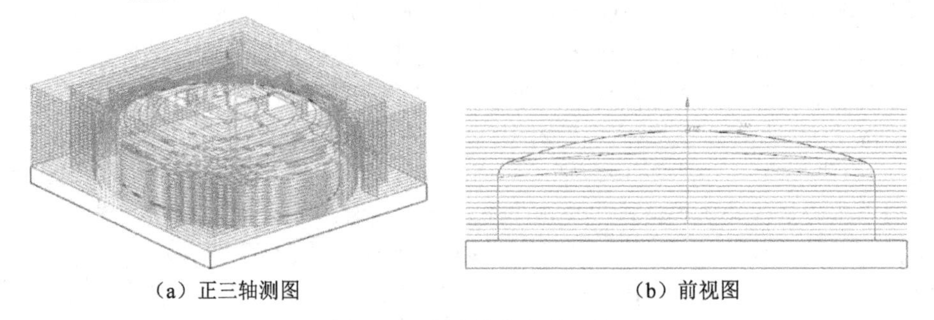

（a）正三轴测图　　（b）前视图

图 2-22　生成的型腔铣刀路

3）创建精铣壁刀路（外形粗加工程序）

（1）单击“菜单 | 插入 | 工序”命令，在弹出的【创建工序】对话框中，对“类型”选择“mill_planar”选项；在“工序子类型”的列表中单击“精铣壁”按钮，对“程序”选择“NC_PROGRAM“选项、“刀具”选择“D10R0（铣刀-5 参数）”选项、“几何体”选择“B”选项，对“方法”选择“METHOD”选项，参考图 1-41。设置完毕，单击“确定”按钮。

（2）在【精铣壁】对话框中单击“指定部件边界”按钮，在弹出的【部件边界】对话框中，对“选择方法”选择“面”选项、“刀具侧”选择“外侧”选项，如图 2-23 所示。选择实体的台阶面（此时，选择加工的边线），单击“确定”按钮。

（3）在【部件边界】对话框中，对“刀具侧”选择“外侧”选项、“平面”选择“指定”选项，如图 2-24 所示。选择实体的台阶面（此时，选择加工的起始高度），单击“确定”按钮。

图 2-23　对“选择方法”选择“面”选项、“刀具侧”选择“外侧”选项

图 2-24　设置【部件边界】对话框参数

（4）在【精铣壁】对话框中单击“指定底面”按钮，选择实体的底面。

（5）在【精铣壁】对话框中，对“切削模式”选择“轮廓”选项。

（6）单击“切削层”按钮，在弹出的【切削层】对话框中，对“类型”选择“恒定”选项，把“公共”值设为0.5mm。设置完毕，单击“确定”按钮。

（7）单击“切削参数”按钮，在弹出的【切削参数】对话框中，单击“策略”选项卡，对“切削方向”选择“顺铣”选项、“切削顺序”选择“深度优先”选项。

（8）单击“余量”选项卡，把“部件余量”值设为0.3 mm、“最终底面余量”值设为0.1mm，把“内公差”值和“外公差”值都设为0.01mm。

（9）单击“非切削移动”按钮，在弹出的【非切削移动】对话框中，首先，单击“转移/快速”选项卡，具体设置如下：在“区域之间”的列表中，对“转移类型”选择“安全距离-刀轴”选项；在“区域内”的列表中，对“转移方式”选择“进刀/退刀”选项、“转移类型”选择“直接”选项。其次，单击“进刀”选项卡，具体设置如下：在“封闭区域”列表中，对“进刀类型”选择“与开放区域相同”选项；在“开放区域”列表中，对“进刀类型”选择“圆弧”选项，把“半径”值设为2mm、“圆弧角度”值设为90°、“高度”值设为1mm、“最小安全距离”值设为8mm。再次，单击“退刀”选项卡，具体设置如下：对“退刀类型”选择“与进刀相同”选项。最后，单击“起点/钻点”选项卡，具体设置如下：单击“指定点”按钮，选择“控制点”选项，设置进刀起点，如图2-25所示（选择实体右边的边线，系统把该直线的中点设为进刀起点）。

（10）单击“进给率和速度”按钮，在弹出的【进给率和速度】对话框中，把主轴速度值设为1000r/min、切削速度值设为1200mm/min。

（11）单击“生成”按钮，生成的精铣壁刀路如图2-26所示。

图2-25 设置进刀起点

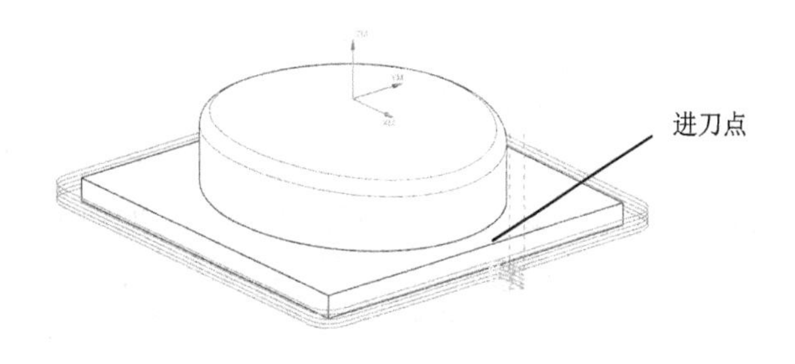

图2-26 步骤（1）生成的精铣壁刀路

（12）在辅助工具条中单击“程序顺序视图”按钮。

（13）在“工序导航器”中把“PROGRAM”名称改为A1，并把前面创建的两个刀路程序移到A1程序组中。创建的A1程序组如图2-27所示。

4）创建第2组程序组

（1）单击“菜单｜插入｜程序”命令，在弹出的【创建程序】对话框中，对“类型”选择“mill_contour”选项、“程序”选择“NC_PROGRAM”选项，把“名称”设为A2。

（2）单击“确定”按钮，创建A2程序组。

（3）在“工序导航器”中选择FINISH_WALLS选项，单击鼠标右键，在快捷菜单中单击“复制”命令。

（4）在“工序导航器”中选择A2，单击鼠标右键，在快捷菜单中单击“内部粘贴”命令，把FINISH_WALLS刀路程序粘贴到A2程序组。

（5）在“工序导航器”中双击FINISH_WALLS_COPY选项，在【精铣壁】对话框中，对“步距”选择“恒定”选项，把“最大距离”值设为0.1mm、“附加刀路”值设为3。单击“切削层”按钮，在弹出的【切削层】对话框中，对“类型”选择“仅底面”选项。单击“切削参数”按钮，在弹出的【切削参数】对话框中，单击“余量”选项卡，把“部件余量”值设为0、mm“最终底面余量”值设为0mm。

（6）单击“进给率和速度”按钮，在弹出的【进给率和速度】对话框中，把主轴速度值设为1200 r/min、切削速度值设为500 mm/min。

（7）单击“生成”按钮，生成的精铣壁刀路如图2-28所示。

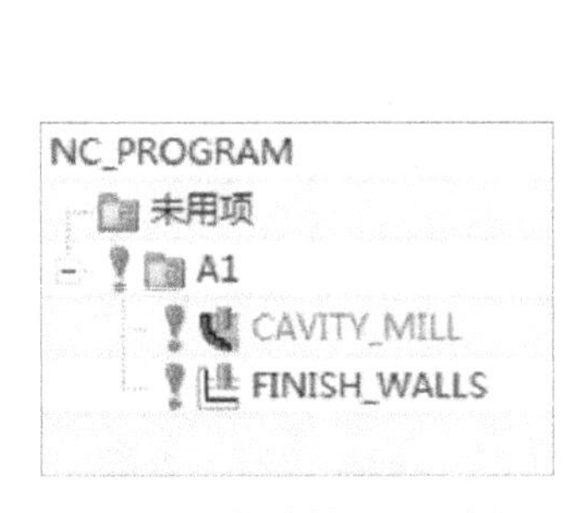

图2-27　创建的A1程序组

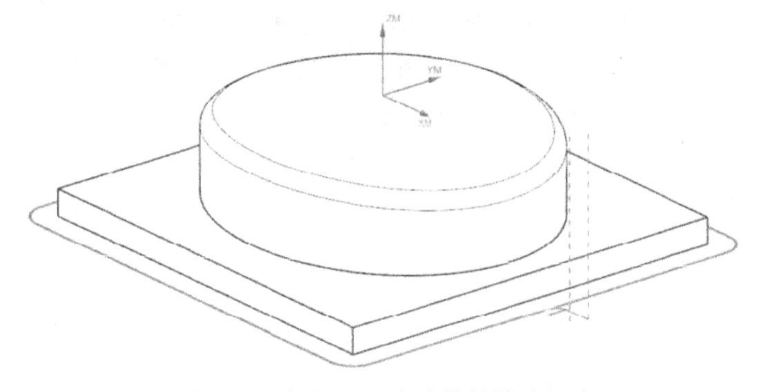

图2-28　步骤（7）生成的精铣壁刀路

（8）单击“菜单｜插入｜工序”命令，在弹出的【创建工序】对话框中，对“类型”选择“mill_planar”选项；在“工序子类型”的列表中单击“底壁铣”按钮，对“程序”选择“A2”选项、“刀具”选择“D10R0（铣刀-5 参数）”选项、“几何体”选择“B”选项、“方法”选择“METHOD”选项，如图2-29所示。设置完毕，单击“确定”按钮。

（9）在【底壁铣】对话框中单击“指定切削区底面”按钮，选择实体台阶面。

（10）在【底壁铣】对话框的“方法”列表中选择“METHOD”选项，对“切削区域空间范围”选择“底面”选项、“切削模式”选择“往复”选项、“步距”选择“恒定”选项；把“最大距离”值设为8mm、“每刀切削深度”值设为值设为0mm、“Z向深度偏值”设为0mm。

（11）单击“切削参数”按钮，在弹出的【切削参数】对话框中单击“余量”选项卡，把“部件余量”值、“壁余量”值和“最终底面余量”值都设为0mm。

（12）在【切削参数】对话框中单击“策略”选项卡，对“切削方向”选择“顺铣”选项、“剖切角”选择“自动”选项；勾选“✓添加精加工刀路”复选框，把“刀路数”值设为1、“精加工步距”值设为0.1000（单位：mm），如图2-30所示。

图2-29 设置【创建工序】对话框参数

图2-30 设置【切削参数】对话框参数

（13）单击“进给率和速度”按钮，在弹出的【进给率和速度】对话框中，把主轴速度值设为1200 r/min、切削速度值设为500 mm/min。

（14）单击“生成”按钮，生成的底壁精加工刀路如图2-31所示。

5）创建第3组程序组

（1）单击“菜单 | 插入 | 程序”命令，在【创建程序】对话框中对“类型”选择“mill_contour”选项，对“程序”选择“NC_PROGRAM”选项，把“名称”设为A3。

（2）单击“确定”按钮，创建A3程序组。

（3）单击“创建工序”按钮，在弹出的【创建工序】对话框中对“类型”选择“mill_contour”选项，在“工序子类型”列表中单击“固定轮廓铣”按钮，对“程序”选择A3选项、“刀具”选择“NONE”选项、“几何体”选择“B”选项、“方法”选择“METHOD”选项，如图2-32所示。设置完毕，单击“确定”按钮。

（4）在【固定轮廓铣】对话框中单击“指定切削区域”按钮，在实体上选择圆弧面与圆角面，如图2-33所示。

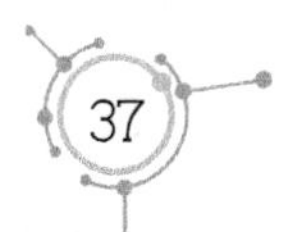

（5）在【固定轮廓铣】对话框中的“驱动方法”列表，对“方法”选择“区域铣削”选项，如图 2-34 所示。

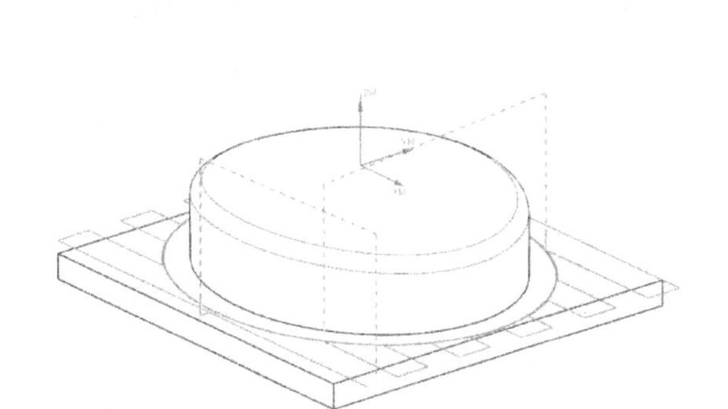

图 2-31　生成的底壁精加工刀路

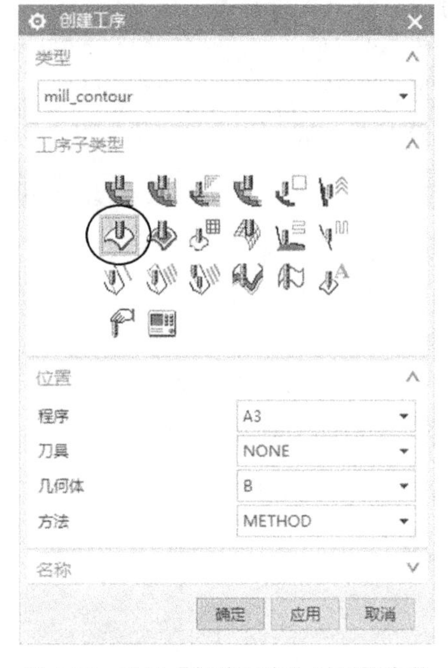

图 2-32　设置【创建工序】对话框参数

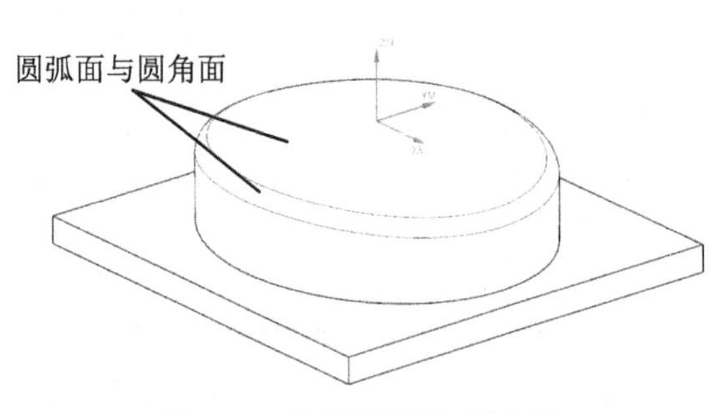

图 2-33　选择圆弧面与圆角面

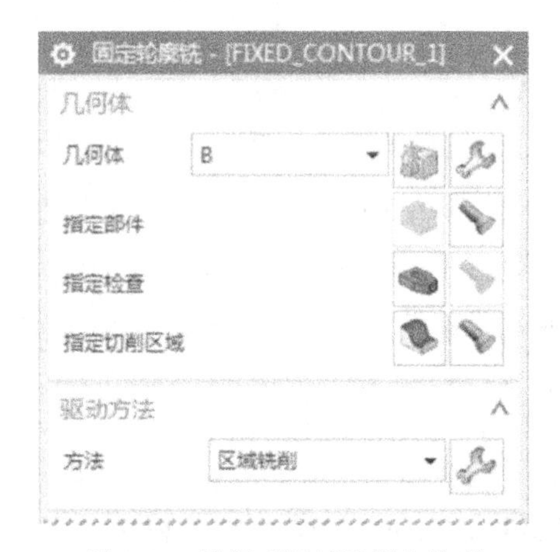

图 2-34　选择“区域铣削”选项

（6）在【区域铣削驱动方法】对话框中，对“陡峭空间范围”选择“无”选项、“非陡峭切削模式”选择“往复”选项；对“切削方向”选择“逆铣”选项、“步距”选择“恒定”选项，把“最大距离”值设为 1.0000mm、“剖切角”选择“指定”选项，把“与 XC 的夹角”值设为 45.0000（单位：°），如图 2-35 所示。设置完毕，单击“确定”按钮。

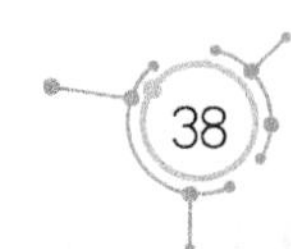

（7）在【固定轮廓铣】对话框中，在“工具”区域，单击“新建刀具”按钮，如图 2-36 所示。

（8）在【新建刀具】对话框中，对“刀具子类型”选择“BALL_MILL”图标、“名称”选择“D10R5（铣刀-5 参数）”选项，单击“确定”按钮。在【铣刀一球头铣】对话框中，把“球直径”值设为 10 mm。

（9）单击“切削参数”按钮，在弹出的【切削参数】对话框中，单击“余量”选项卡，把“部件余量”值设为 0.5mm。

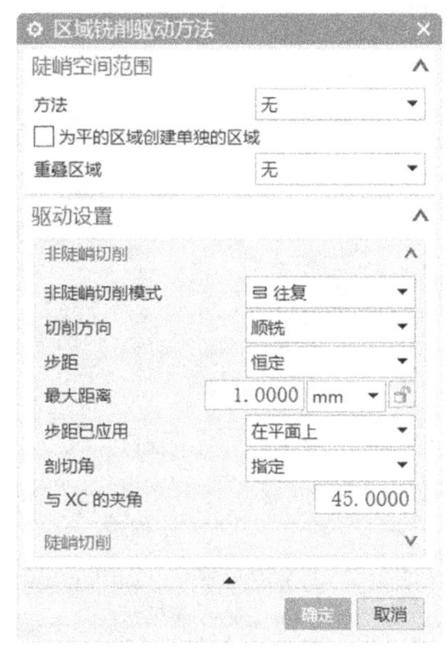

图 2-35　设置【区域铣削驱动方法】对话框参数

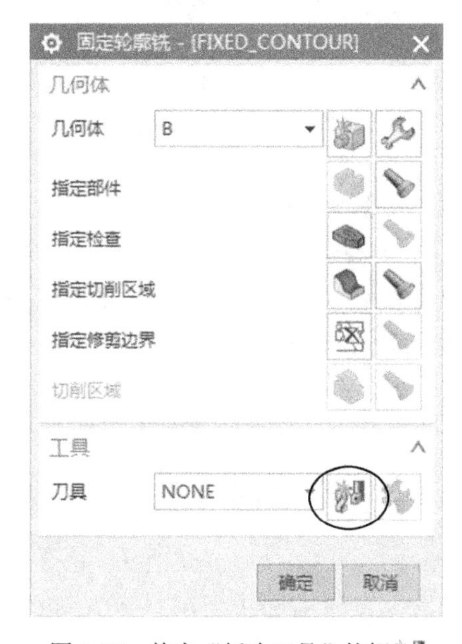

图 2-36　单击“新建刀具”按钮

（10）单击“进给率和速度 ”按钮，在弹出的【进给率和速度】对话框中，把主轴速度值设为 1000 r/min、切削速度值设为 1200 mm/min。

（11）单击“生成”按钮，生成的平行铣刀路如图 2-37 所示。

（12）在“工序导航器”中双击 FIXED_CONTOUR 选项，设置【固定轮廓铣】对话框参数。在“驱动方法”列表中单击“编辑”按钮，对“非陡峭切削模式”选择 跟随周边 选项，生成的跟随周边铣刀路如图 2-38 所示。

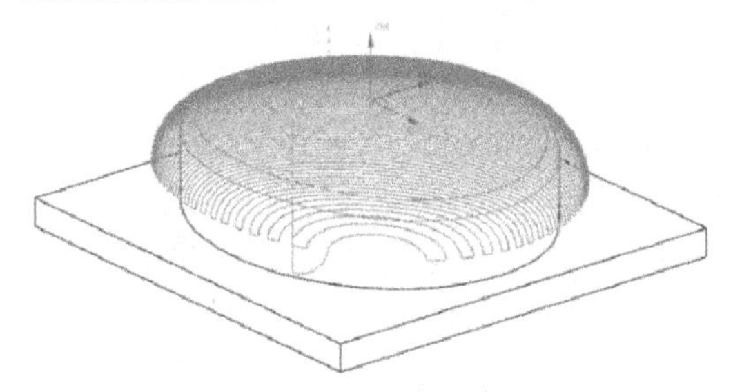

图 2-37　生成的平行铣刀路

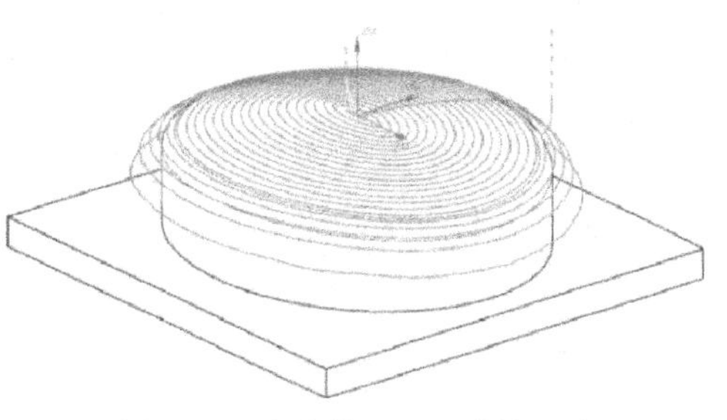

图 2-38　生成的跟随周边铣刀路

（13）如果对“非陡峭切削模式”选择 径向往复 选项，那就把“阵列中心”坐标设为（0，0，0），生成的径向往复铣刀路如图 2-39 所示。

（14）如果把“非陡峭切削模式”改为选择 轮廓 ，那生成的轮廓铣刀路如图 2-40 所示。

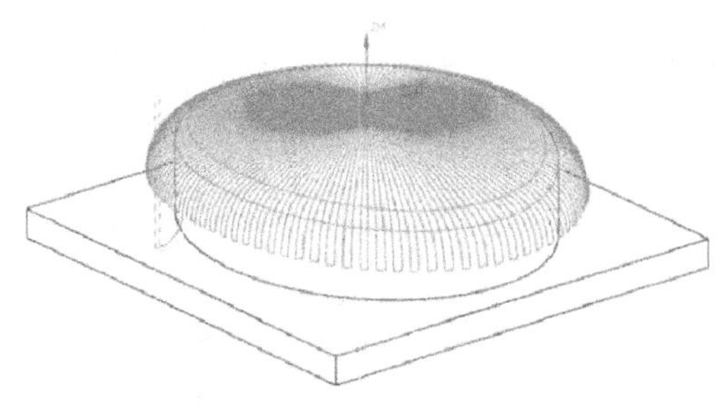

图 2-39　生成的径向往复铣刀路

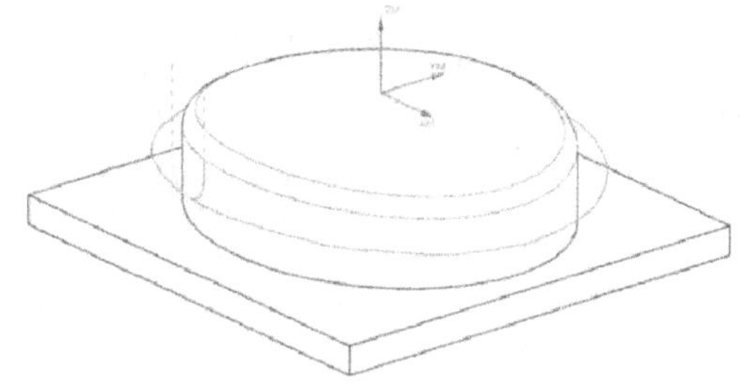

图 2-40　生成的轮廓铣刀路

6）创建第 4 组程序组

（1）单击“菜单｜插入｜程序”命令，在【创建程序】对话框中对“类型”选择“mill_contour”选项，对“程序”选择“NC_PROGRAM”选项，把“名称”设为 A4。

（2）单击“确定”按钮，创建 A4 程序组。

（3）在“工序导航器”中选择 FIXED_CONTOUR 选项，单击鼠标右键，在快捷菜单中单击“复制”命令，再选择 A4，单击鼠标右键，在快捷菜单中单击“内部粘贴”命令。

（4）在“工序导航器”中双击 FIXED_CONTOUR_COPY 选项，单击“切削参数”按钮。在弹出的【切削参数】对话框中单击“余量”选项卡，把“部件余量”值设为 0mm。

（5）单击“进给率和速度 ”按钮，在弹出的【进给率和速度】对话框中，把主轴速度值设为 1200 r/min、切削速度值设为 800 mm/min。

（6）单击“生成”按钮，生成所需的刀路。

4. 刀路仿真模拟

在“工序导航器”中选择所有刀路，单击“确认刀轨”按钮。在【刀轨可视化】对话框中先单击“2D 动态”按钮，再单击“播放”按钮▶，即可进行仿真模拟。

5. 装夹方式

（1）用台钳装夹工件时，工件的上表面至少高出台钳平面 25mm。

（2）对工件采用四边分中，把低于工件上表面 25mm 处的平面设为 Z0，参考图 1-71。

6. 加工程序单

加工程序单见表2-1。

表2-1 加工程序单

序号	刀具	加工深度	备注
A1	ϕ10 平底刀	25mm	粗加工
A2	ϕ10 平底刀	25mm	精加工
A3	ϕ10R5 球刀	17mm	粗加工
A4	ϕ10R5 球刀	17mm	精加工

项目3 斜度工件

本项目详细介绍了在 UG 12.0 数控编程中直接在几何视图下创建几何体的方法，也介绍了在 mill_planar 数控编程时参考刀具的清角功能应用、用“平面铣”刀路进行外形铣削和开框编程，以及用“平面铣”和“深度轮廓铣”两种不同的指令加工侧面斜度的方法。工件的材料为铝块，工件结构图如图 3-1 所示。

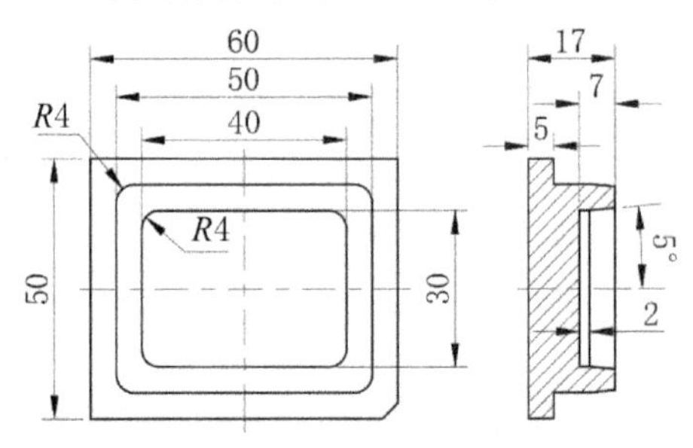

图 3-1　工件结构图

1. 加工工序分析图

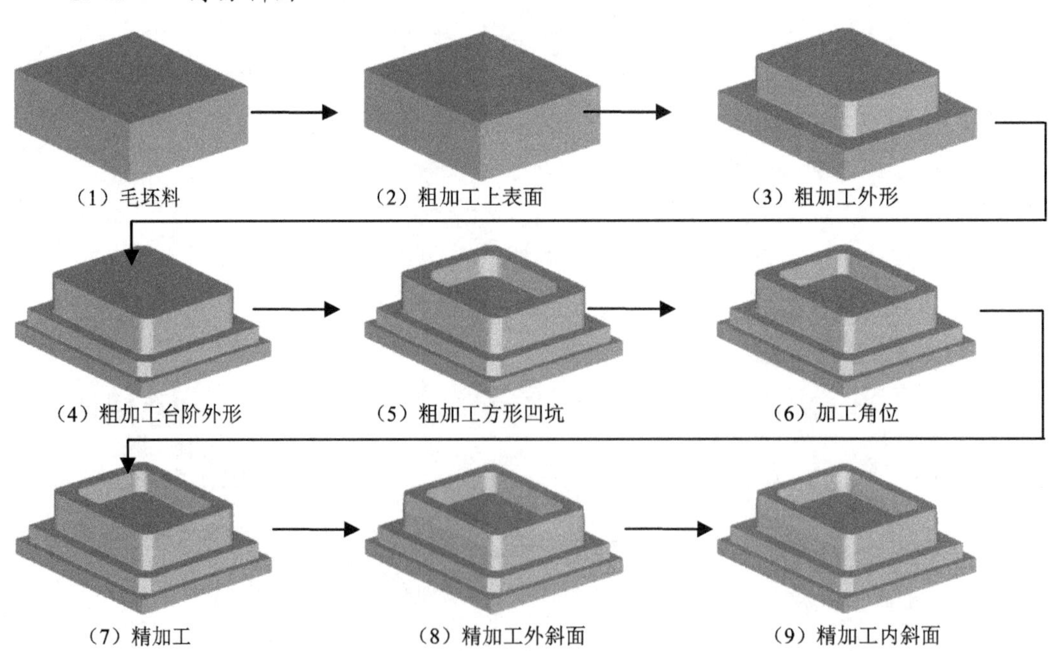

2. 建模过程

（1）启动 UG 12.0，单击“新建”按钮。在弹出的【新建】对话框中单击“模型”选项卡。在模板框中把“单位”设为“毫米”；选择“模型”模板，把“名称”设为“EX3.prt”、“文件夹”路径设为“E:\UG12.0 数控编程\项目 3”。

（2）单击“拉伸”按钮，在弹出的【拉伸】对话框中单击“绘制截面”按钮，把 *XC-YC* 平面设为草绘平面、*X* 轴设为水平参考线，把草图原点坐标设为（0，0，0），以原点为中心绘制第 1 个截面，如图 3-2 所示。

（3）单击“完成”按钮，在弹出的【拉伸】对话框中，对“指定矢量”选择“ZC↑”选项。在“开始”栏中选择“值”选项，把“距离”值设为 0；在“结束”栏中选择“值”选项，把“距离”值设为 5mm，对“布尔”选择“无”选项，参考图 1-10。

（4）单击“确定”按钮，创建 1 个拉伸特征，如图 3-3 所示。

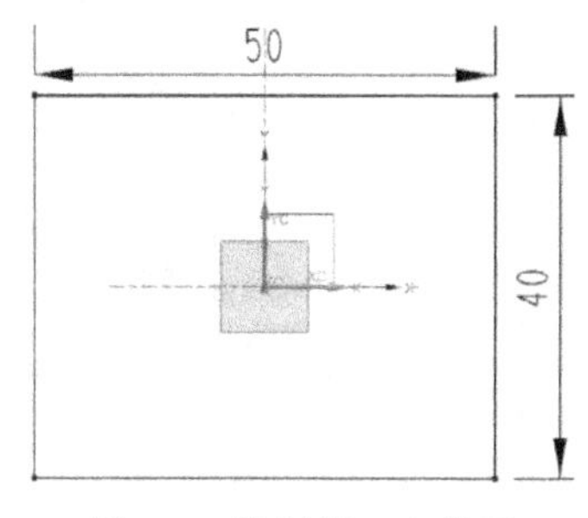

图 3-2　绘制第 1 个截面

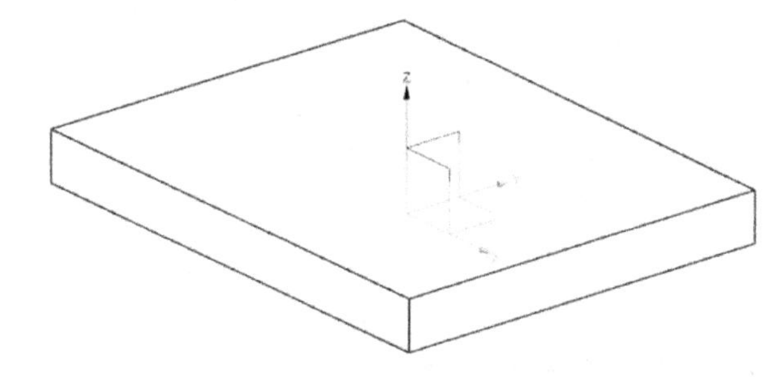

图 3-3　创建 1 个拉伸特征

（5）单击“边倒圆”按钮，创建倒圆角特征（*R*3.5mm），如图 3-4 所示。

（6）单击“拉伸”按钮，在弹出的【拉伸】对话框中单击“绘制截面”按钮，把 *XC-YC* 平面设为草绘平面、*X* 轴设为水平参考线，把草图原点坐标设为（0，0，0），以原点为中心绘制第 2 个截面，如图 3-5 所示。

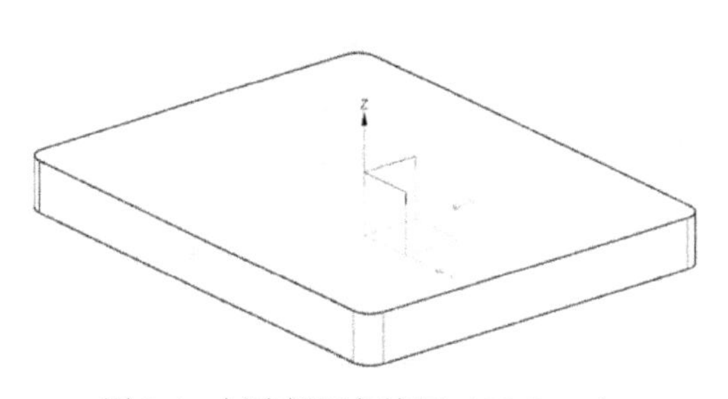

图 3-4　创建倒圆角特征（*R*3.5mm）

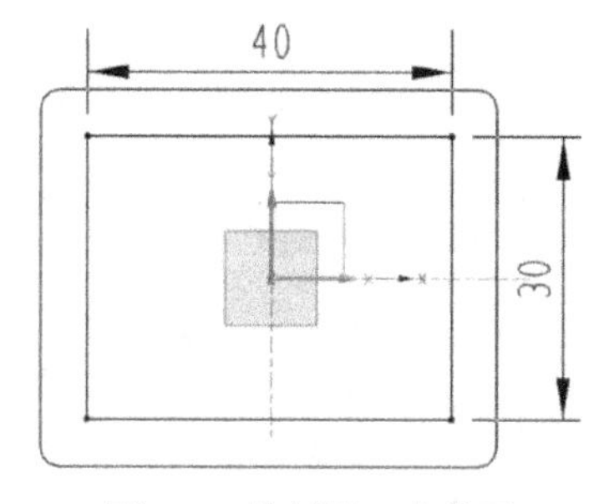

图 3-5　绘制第 2 个截面

（7）单击“完成”按钮，在弹出的【拉伸】对话框中，对“指定矢量”选择“ZC↑”选项，在“开始”栏中选择“值”选项，把“距离”值设为 0mm、“结束”选择“贯通”选项，对“布尔”选择“减去”选项。

（8）单击“确定”按钮，在实体中间创建 1 个方形的通孔，如图 3-6 所示。

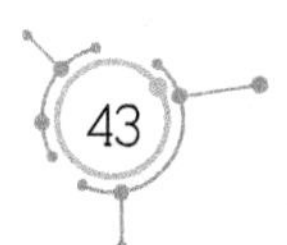

（9）单击“拔模”按钮，在【拔模】对话框中，对“类型”选择“面”选项，“脱模方向”选择“ZC↑”选项、“拔模方法”选择“固定面”选项，选择 *XC-YC* 平面作为拔模固定面，选择实体的内、外侧面（包括圆弧面）作为拔模面，把“拔模角度”值设为 5°。

（10）单击“确定”按钮，创建拔模特征，如图 3-7 所示。此时，圆弧面的半径呈线性变化，从上往下逐渐变大，上面的半径小，下面的半径大。

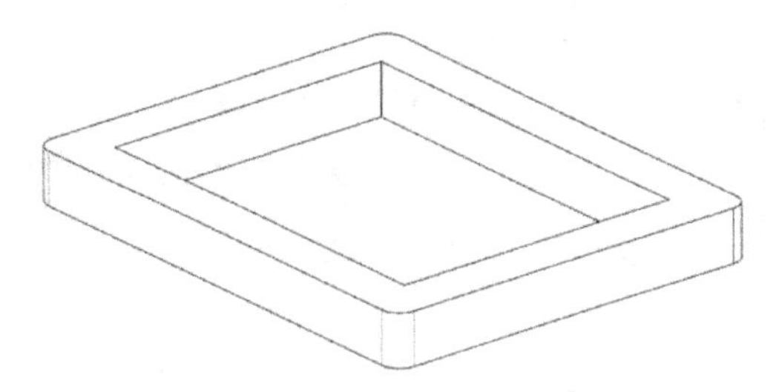

图 3-6　创建 1 个方形的通孔

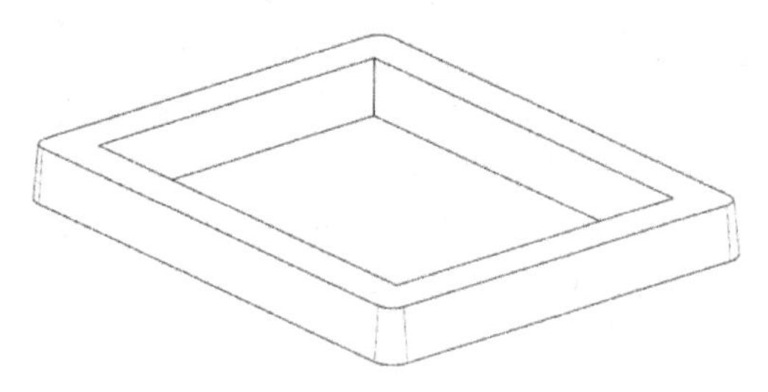

图 3-7　创建拔模特征

（11）单击“边倒圆”按钮，在实体上选择内框的 4 条竖直边，创建内框倒圆角特征（*R*3.5mm）。此时，圆弧面上不同位置的半径是相等的，如图 3-8 所示。

（12）单击“菜单｜插入｜同步建模｜拉出面”命令，选择实体的下表面，在【拉出面】对话框中，对“运动”选择“距离”选项、“指定矢量”选择“-ZC↓”选项，把“距离”值设为 2mm。

（13）单击“确定”按钮，创建拉出面特征，如图 3-9 所示。

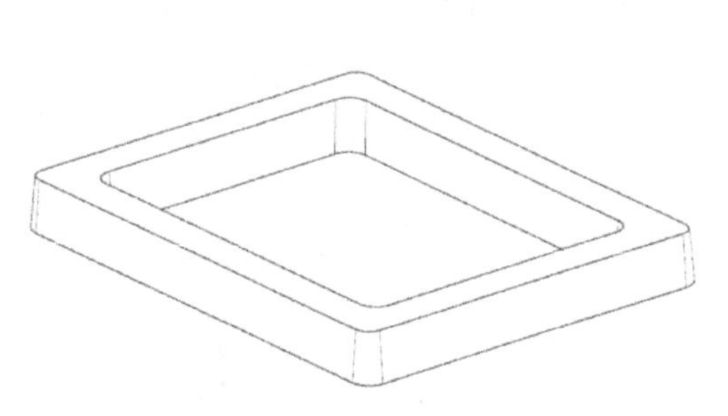

图 3-8　内框倒圆角特征

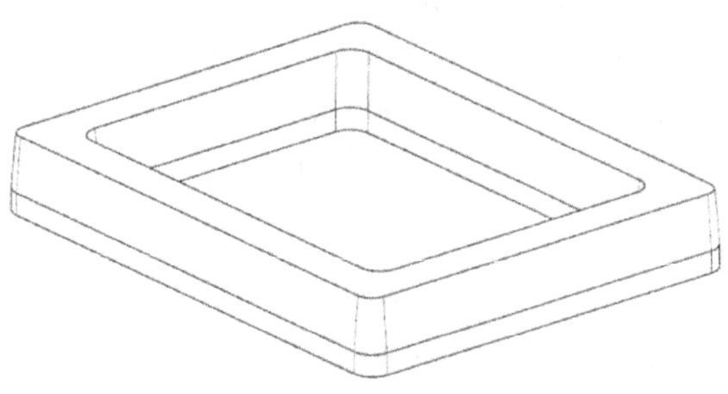

图 3-9　创建拉出面特征

（14）单击“拉伸”按钮，在工作区上方的工具条中选择“相切曲线”选项，如图 3-10 所示。

图 3-10　选择“相切曲线”选项

（15）选择实体下底面的外边线，如图 3-11 所示。

（16）在【拉伸】对话框中，对“指定矢量”选择“-ZC↓”选项。在“开始”栏中选择“值”选项，把“距离”值设为 0mm；在“结束”栏中选择“值”选项，把“距离”

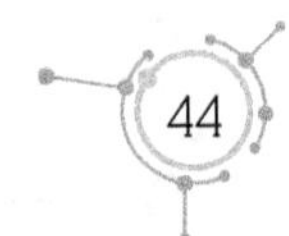

值设为5mm，对“布尔”选择“求和”选项。

（17）单击“确定”按钮，在实体下方创建拉伸特征，如图3-12所示。

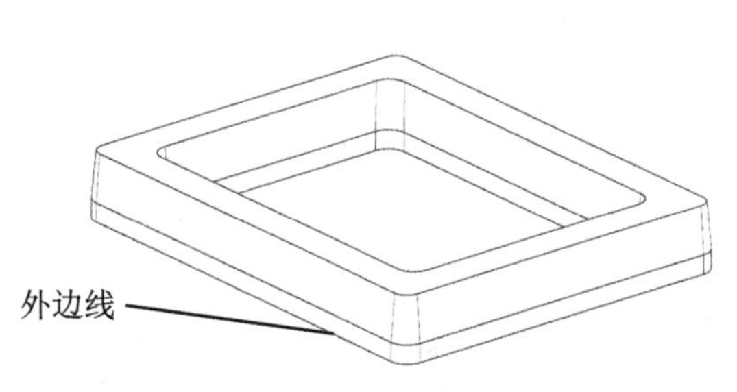

图3-11 选择实体下底面的外边线

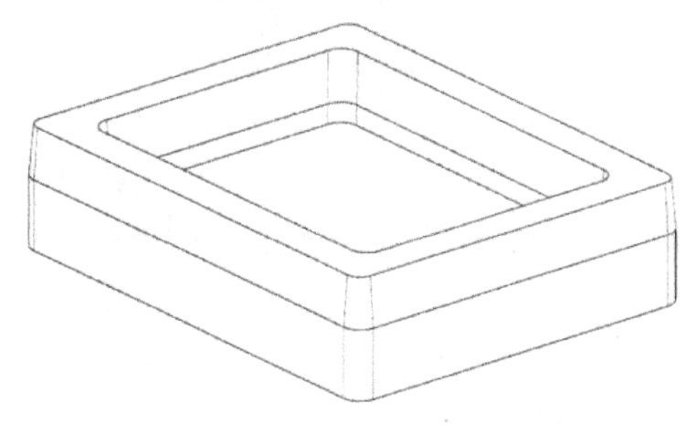

图3-12 在实体下方创建拉伸特征

（18）单击“拉伸”按钮，在弹出的【拉伸】对话框中单击“绘制截面”按钮。选择实体下底面作为草绘平面，以 *X* 轴为水平参考线，把草图原点坐标设为（0，0，0），以原点为中心绘制第3个截面，如图3-13所示。

（19）单击“完成”按钮，在弹出的【拉伸】对话框中，对“指定矢量”选择“-ZC↓”选项。在“开始”栏中选择“值”选项，把“距离”值设为0mm；在“结束”栏中选择“值”选项，把“距离”值设为5mm；对“布尔”选择“求和”选项。

（20）单击“确定”按钮，创建拉伸特征（台阶），如图3-14所示。

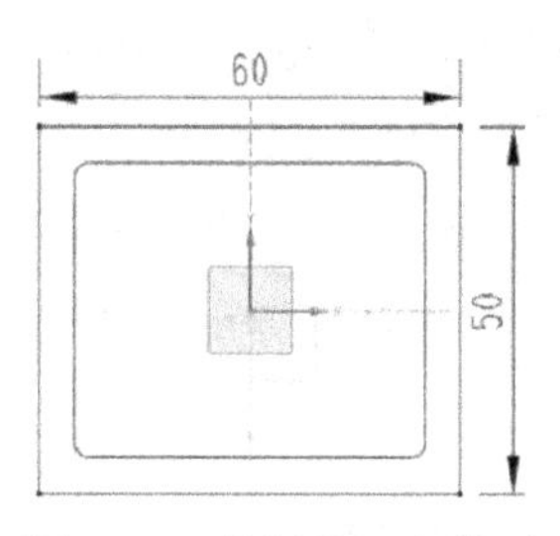

图3-13 绘制第3个截面

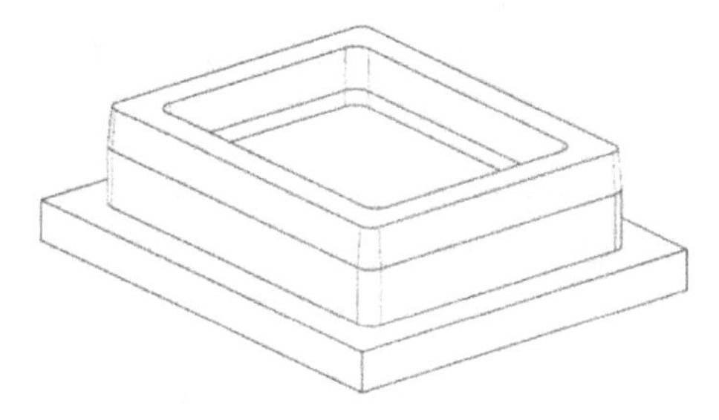

图3-14 创建拉伸特征（台阶）

（21）单击“倒斜角”按钮，在弹出的【倒斜角】对话框中，对“横截面”选择“对称”选项，把“距离”值设为3mm，如图3-15所示。

（22）选择实体台阶右下角的棱边，创建倒斜角特征，如图3-16所示。

图3-15 设置【倒斜角】对话框参数

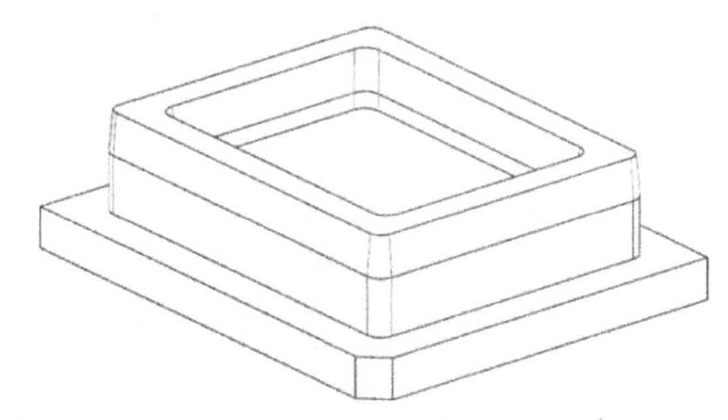

图3-16 创建倒斜角特征

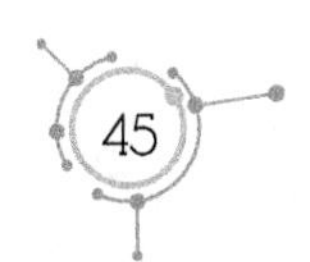

3. 移动实体

（1）单击“菜单 | 编辑 | 特征 | 移除参数”命令，移除实体的参数。

（2）单击“菜单 | 格式 | WCS | 定向”命令，在【坐标系】对话框中，对“类型”选择“对象的坐标系”选项，如图3-17所示。

（3）选择实体的上表面，把动态坐标系移至实体上表面的中心，如图3-18所示。按键盘上的W键，动态坐标系就会显示出来。

图3-17　设置【坐标系】对话框

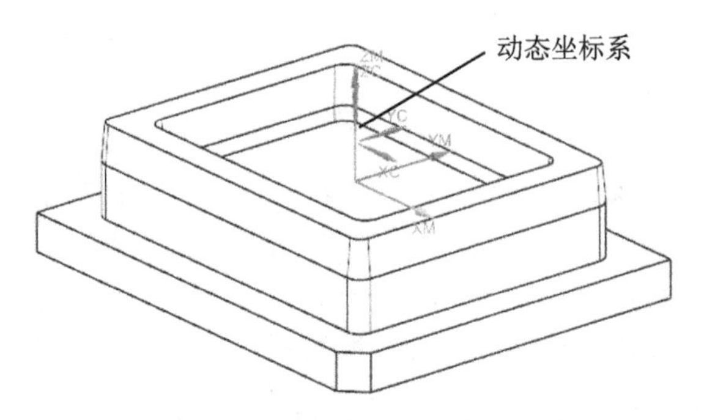

图3-18　把动态坐标系移至实体上表面的中心

（4）单击“菜单 | 编辑 | 移动对象”命令，选择实体后，在【移动对象】对话框中，对“运动”选择“坐标系到坐标系”选项；选择“◉ 移动原先的”单选框，单击“指定起始坐标系”按钮，在弹出的【坐标系】对话框中对“类型”选择“动态”选项，对“参考”选择“WCS”选项，单击“确定”按钮。在【移动对象】对话框中单击“指定目标坐标系”按钮，在【坐标系】对话框中对“类型”选择“绝对坐标系”选项，如图3-19所示。

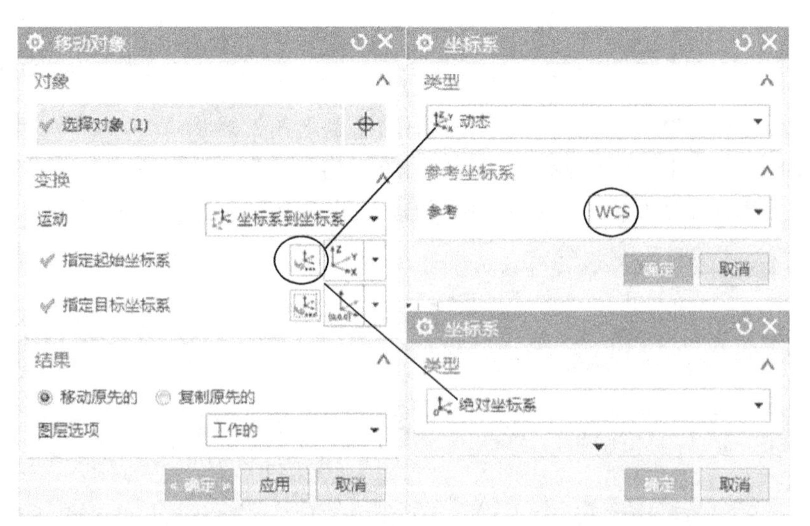

图3-19　设置【移动对象】对话框和【坐标系】对话框参数

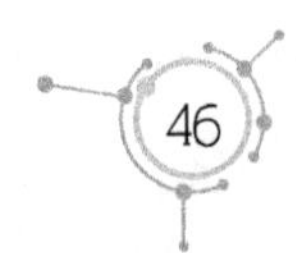

（5）单击“确定”按钮，工件坐标系就移到实体上表面的中心，如图3-20所示。

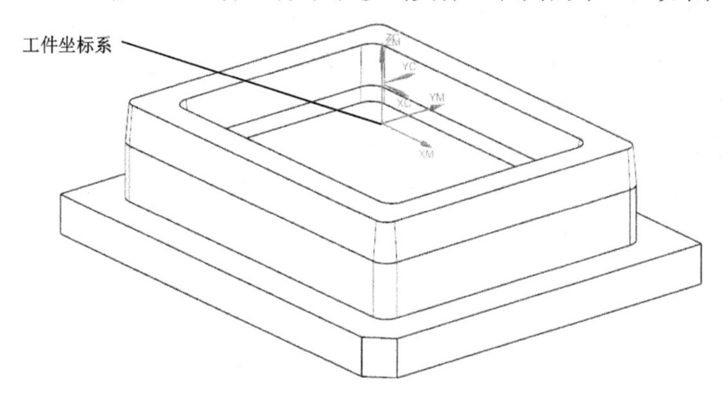

图3-20 工件坐标系移至实体上表面的中心

（6）单击“菜单｜格式｜WCS｜WCS 设置为绝对”命令，动态坐标系移到基准坐标系的位置。

4. 数控编程过程

1）进入UG加工环境

（1）在横向菜单中先单击“应用模块”选项卡，再单击“加工”命令。

（2）在【加工环境】对话框中选择“cam_general”选项和“mill_contour”选项，单击“确定”按钮，进入UG加工环境。此时，实体上出现两个坐标系：基准坐标系和工件坐标系，这两个坐标系重合在一起。

（3）在屏幕左上方的工具条中单击“几何视图”按钮，如图3-21所示。

图3-21 单击“几何视图”按钮

（4）在“工序导航器”中展开+ MCS_MILL的下级目录，双击“WORKPIECE”选项。

（5）在【工件】对话框中单击“指定部件”按钮，在绘图区选择整个实体，单击“确定”按钮。单击“指定毛坯”按钮，在【毛坯几何体】对话框中，对“类型”选择“包容块”选项，把“XM-”、“YM-”、“XM+”、“YM+”、“ZM+”值都设为1mm。

2）创建ϕ12mm立铣刀与ϕ6mm立铣刀

（1）单击“创建刀具”按钮，在【创建刀具】对话框中，对“刀具子类型”选择“MILL”图标、“名称”选择“D12R0（铣刀-5 参数）”选项，单击“确定”按钮。

（2）在【铣刀-5参数】对话框中，把“直径”值设为12mm、“下半径”值设为0mm。

（3）按照上述方法，创建D6R0立铣刀，把“直径”值设为6mm、“下半径”值设为0mm。

3）创建边界面铣刀路（粗加工程序）

（1）单击“创建工序”按钮，在弹出的【创建工序】对话框中，对“类型”选

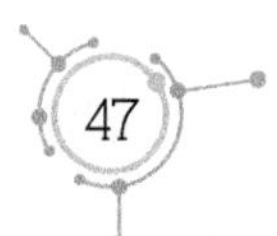

择“mill_planar”选项。在“工序子类型”列表中单击“带边界面铣”按钮，对“程序”选择“NC_PROGRAM”选项、“刀具”选择“D12R0（铣刀-5 参数）”选项、“几何体”选择“WORKPIECE”选项、“方法”选择“METHOD”选项，如图 3-22 所示。设置完毕，单击“确定”按钮。

（2）在【面铣】对话框中单击“指定面边界”按钮，在【毛坯边界】对话框中，对“选择方法”选择“面”，在实体上选择台阶面，如图 3-23 所示。

图 3-22　设置【创建工序】对话框参数

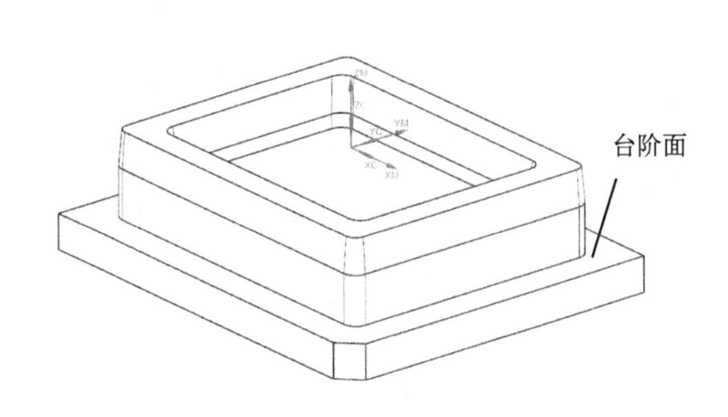

图 3-23　在实体上选择台阶面

（3）在【毛坯边界】对话框中，对“刀具侧”选择“内侧”选项、“平面”选择“指定”选项，选择实体最高位，在【毛坯边界】对话框中勾选“✓余量”复选框。在“列表”栏中选择“Inside”（内侧）选项，把“余量”值设为 3.0000（单位：mm），如图 3-24 所示；在“列表”栏中选择“Outside”（外侧）选项，把“余量”值设为 5.0000（单位：mm），如图 3-25 所示。设置完毕，单击“确定”按钮。

提示：这里的余量是指加工轮廓的范围放大还是缩小。

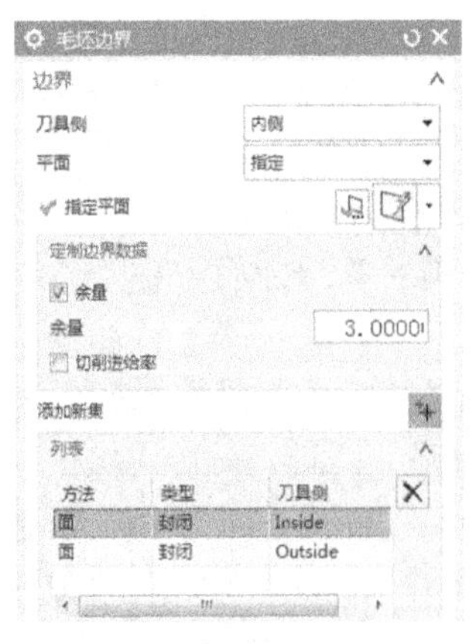

图 3-24　在【毛坯边界】对话框中设置“Inside”余量

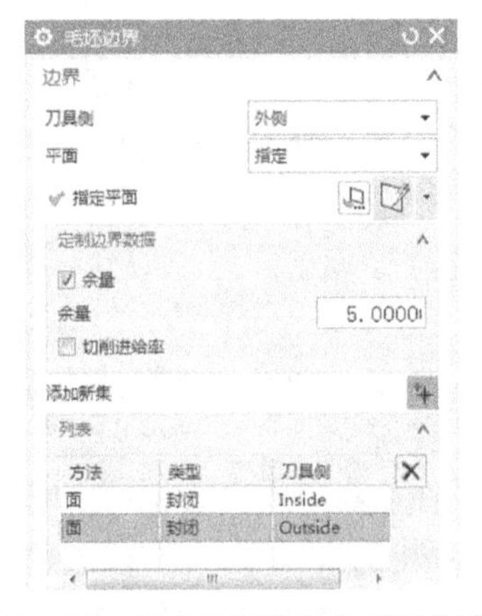

图 3-25　在【毛坯边界】对话框中设置“Outside”余量

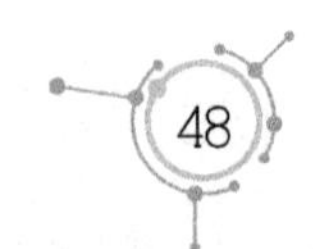

（4）在【面铣】对话框中设置“刀轨设置”选项卡参数，对“方法”选择“METHOD”选项，对“切削模式”选择“往复”选项、“步距”选择“刀具平直百分比”选项；把“平面直径百分比”值设为75.0000（%）、“毛坯距离”值设为3.0000（单位：mm）、“每刀切削深度”值设为0.5000（单位：mm）、“最终底面余量”值设为1.0000（单位：mm），如图3-26所示。

（5）单击“切削参数”按钮，在弹出的【切削参数】对话框中，单击“策略”选项卡，对“切削角”选择“指定”选项、把“与XC的夹角”值设为0。单击“余量”选项卡，把“部件余量”值设为0.2mm，单击“确定”按钮。

（6）单击“非切削移动”按钮，在弹出的【非切削移动】对话框中单击“进刀”选项卡，在“开放区域”列表中，对“进刀类型”选择“线性”选项，把“长度”值设为5mm，“高度”值设为3mm、“最小安全距离”值设为8mm。

（7）单击“进给率和速度 ”按钮，在弹出的【进给率和速度】对话框中，把主轴速度值设为1000 r/min、切削速度值设为1200 mm/min。

（8）单击“生成”按钮，生成的面铣刀路如图3-27所示。

图3-26 设置“刀轨设置”选项卡参数

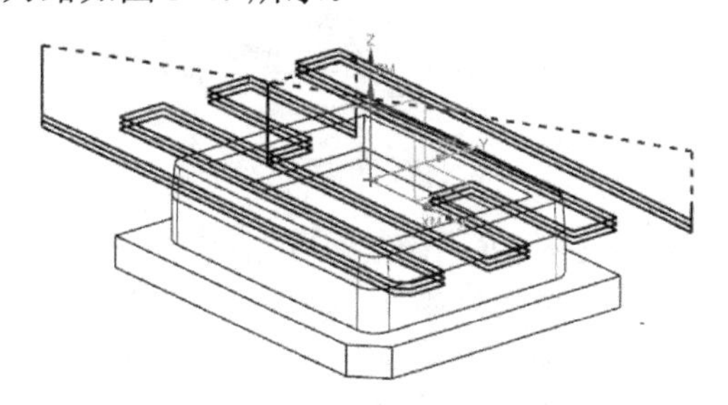

图3-27 生成的面铣刀路

（9）在辅助工具条中单击“前视图”按钮，切换视图方向。从前视图中可以看出刀路与实体相距1mm，如图3-28所示。

提示：这里出现的1mm就是“最终底面余量”。

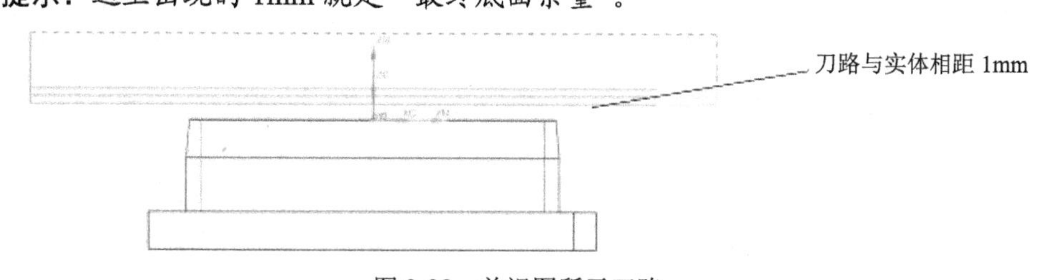

图3-28 前视图所示刀路

（10）在“工序导航器”中双击FACE_MILLING选项，在【面铣】对话框中把“最终底面余量”值设为0.1mm。重新生成的刀路与实体贴在一起，如图3-29所示。

（11）在“工序导航器”中双击FACE_MILLING选项，在【面铣】对话框中单击“指定面边界”按钮，在【毛坯边界】对话框中，删除“列表”栏Outside所在的行，重新生成的刀路如图3-30所示，这是因为已经删除了内边界。

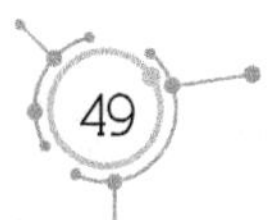

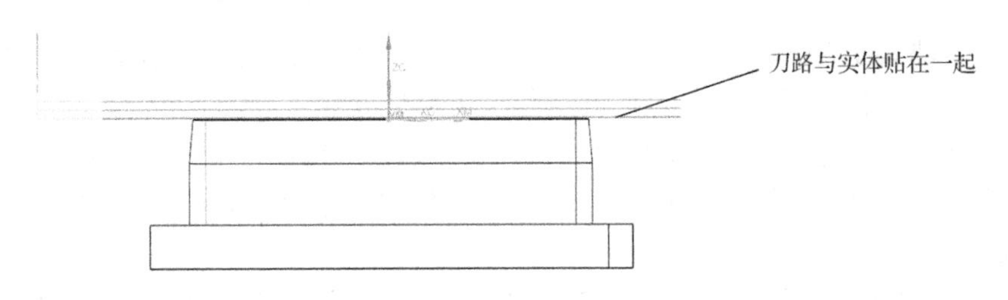

图 3-29　刀路与实体贴在一起

（12）如果在图 3-24 中把“余量”值改为 30mm，那么重新生成的刀路如图 3-31 所示（改变加工范围）。这里的余量是指范围，正值代表扩大，负值代表缩小。

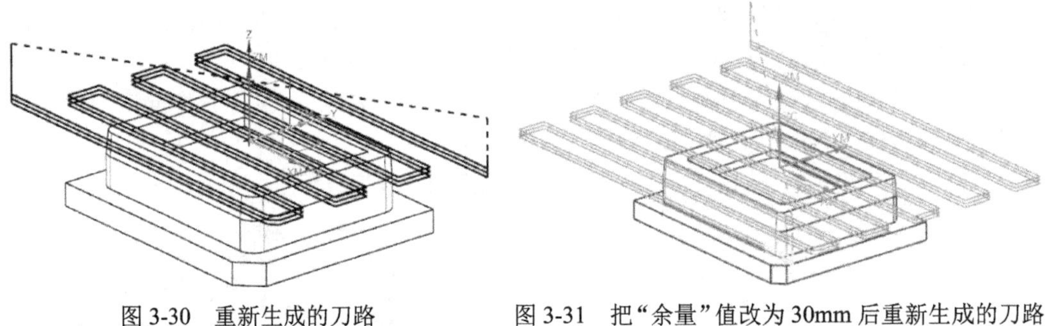

图 3-30　重新生成的刀路　　图 3-31　把“余量”值改为 30mm 后重新生成的刀路

4）创建外形铣削刀路（粗加工程序）

（1）单击“菜单 | 插入 | 工序”命令，在【创建工序】对话框中，对“类型”选择“mill_planar”选项；在“工序子类型”列表中单击“平面铣”按钮，对“程序”选择“NC_PROGRAM”选项、“刀具”选择“D12R0（铣刀-5 参数）”选项、“几何体”选择“WORKPIECE”选项、“方法”选择“METHOD”选项，如图 3-32 所示。设置完毕，单击“确定”按钮。

（2）在【平面铣】对话框中单击“指定部件边界”按钮，在【部件边界】对话框中，对“选择方法”选择“曲线”选项、“边界类型”选择“封闭”选项、“刀具侧”选择“外侧”选项，如图 3-33 所示。

图 3-32　设置【创建工序】对话框参数

图 3-33　设置【部件边界】对话框参数

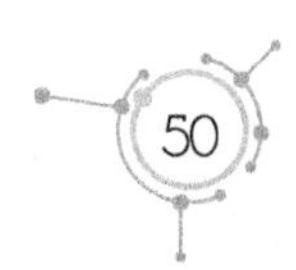

（3）选择实体台阶面的内边线，如图3-34所示。

（4）在【部件边界】对话框中，对“平面”选择“指定”选项，选择实体的顶面，把“偏移距离”值设为0mm。设置完毕，单击“确定”按钮。

（5）在【平面铣】对话框中单击“指定底面”按钮，选择实体的台阶面。

（6）在【平面铣】对话框中，对“方法”选择“METHOD”选项，对“切削模式”选择“轮廓”选项、“步距”选择“恒定”选项，把“最大距离”值设为10.0000mm、“附加刀路”值设为1，如图3-35所示。

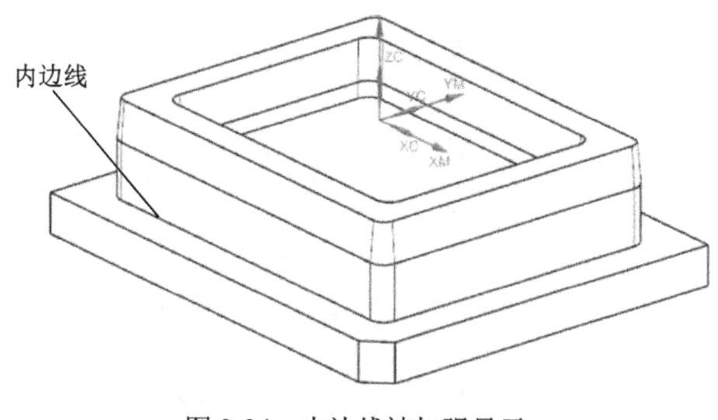

图3-34　内边线被加强显示

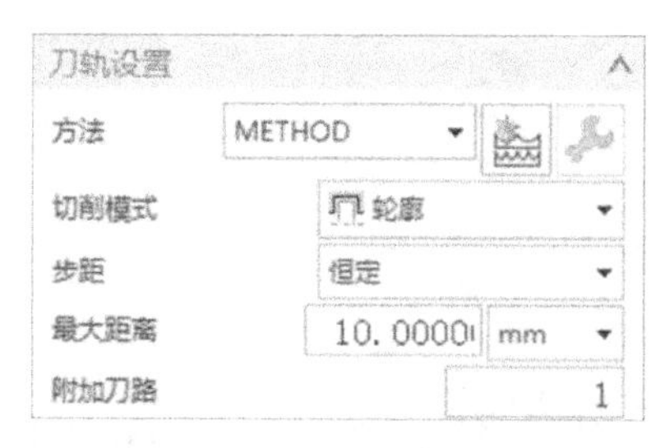

图3-35　设置“刀轨设置”选项卡

（7）单击“切削层”按钮，在弹出的【切削层】对话框中，对“类型”选择“恒定”选项，把“公共”值设为0.5mm。

（8）单击“切削参数”按钮，在弹出的【切削参数】对话框中，单击“策略”选项卡，对“切削方向”选择“顺铣”选项、“切削顺序”选择“深度优先”选项。单击“余量”选项卡，把“部件余量”值设为0.3mm、“最终底面余量”值设为0.2mm，把“内公差”值和“外公差”值都设为0.01mm。

（9）单击“非切削移动”按钮，在弹出的【非切削移动】对话框中，单击“转移/快速”选项卡。在“区域之间”列表中，对“转移类型”选择“安全距离-刀轴”选项；在“区域内”列表中，对“转移方式”选择“进刀/退刀”选项、“转移类型”选择“直接”选项。单击“进刀”选项卡，在“开放区域”列表中，对“进刀类型”选择“圆弧”选项，把“半径”值设为3.0000mm、“圆弧角度”值设为90.0000（单位：°）、“高度”值设为0.0000mm、“最小安全距离”值设为10.0000 mm。单击“退刀”选项卡，对“退刀类型”选择“与进刀相同”选项，如图3-36所示。

（10）单击“起点/钻点”选项卡，把“重叠距离”值设为3.0000mm，对“指定点”选择“控制点”图标，如图3-37所示。选择实体左下角1条边的中点作为起点。

（11）单击“进给率和速度 ”按钮，在弹出的【进给率和速度】对话框中，把主轴速度值设为1000 r/min、切削速度值设为1200mm/min。

（12）单击“生成”按钮，生成的加工台阶面刀路如图3-38所示。

（13）在“工序导航器”中选择 PLANAR_MILL 选项，单击鼠标右键，在快捷菜单中单击“复制”命令。再次选择 PLANAR_MILL 选项，单击鼠标右键，在快捷菜单中单击“粘贴”命令。

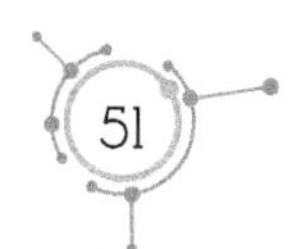

图3-36　设置“进刀”选项卡参数

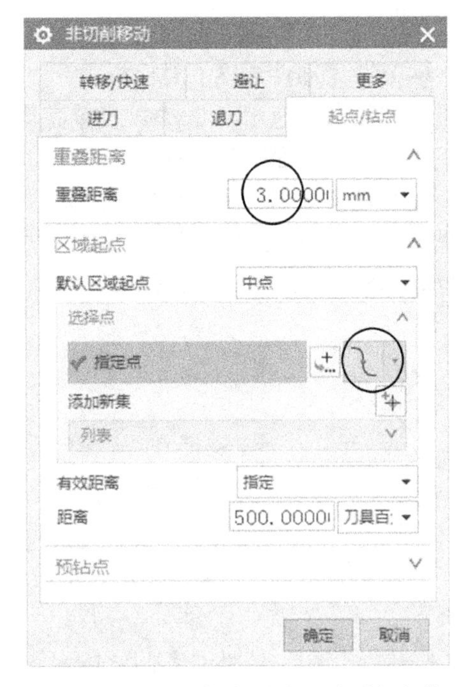

图3-37　设置“起点/钻点”选项卡参数

（14）在“工序导航器”中双击 PLANAR_MILL_COPY选项，在【平面铣】对话框中单击“指定部件边界”按钮。

（15）在【部件边界】对话框中，单击“移除”按钮。

（16）选择实体台阶面，单击“确定”按钮，选择台阶面的外边线。

（17）在【部件边界】对话框中，对“平面”选择“指定”选项，选择实体的台阶面，单击“确定”按钮。

（18）在【平面铣】对话框中单击“指定底面”按钮，选择实体的下底面，把“距离”值设为0mm，单击“确定”按钮。

（19）在【平面铣】对话框中，把“附加刀路”值设为0。

（20）单击“生成”按钮，生成的加工台阶外形刀路如图3-39所示。

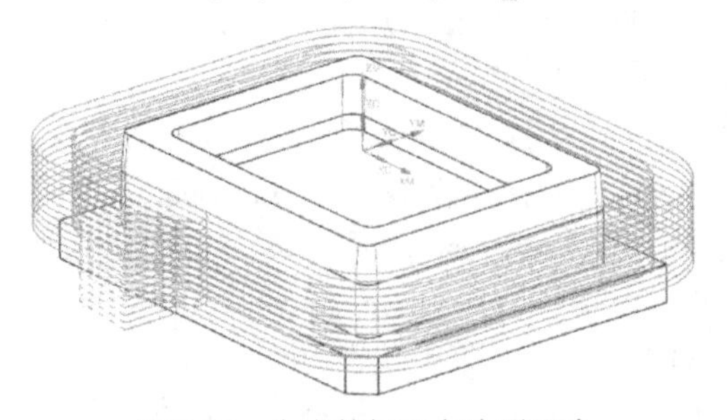

图3-38　生成的加工台阶面刀路

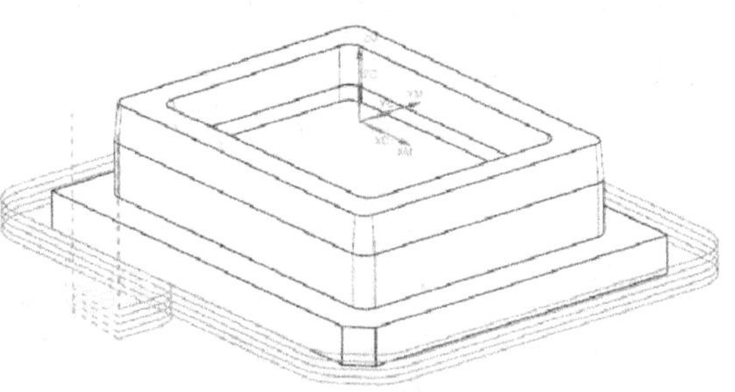

图3-39　生成的加工台阶外形刀路

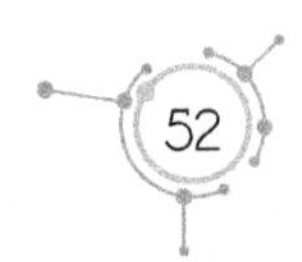

（21）在“工序导航器”中选择 PLANAR_MILL 选项，单击鼠标右键，在快捷菜单中单击“复制”命令。再次选择 PLANAR_MILL 选项，单击鼠标右键，在快捷菜单中单击“粘贴”命令。

（22）在“工序导航器”中双击 PLANAR_MILL_COPY_1 选项，在【平面铣】对话框中单击“指定部件边界”按钮，在弹出【部件边界】对话框中，单击“移除”按钮。

（23）在【部件边界】对话框中，对“选择方法”选择“面”选项，对“刀具侧”选择“内侧”选项，如图 3-40 所示。

（24）选择实体的底面，单击“确定”按钮，系统自动选择实体底面的边线。

（25）在【部件边界】对话框中，对“平面”选择“指定”选项，选择实体的上表面，把“距离”值设为 0mm，单击“确定”按钮。

（26）在【平面铣】对话框中单击“指定底面”按钮，选择实体的底面，把“距离”值设为 0mm，单击“确定”按钮。

（27）在【平面铣】对话框中，对“切削模式”选择 跟随周边 选项、“步距”选择“恒定”选项，把“最大距离”值设为 10.0000mm，如图 3-41 所示。

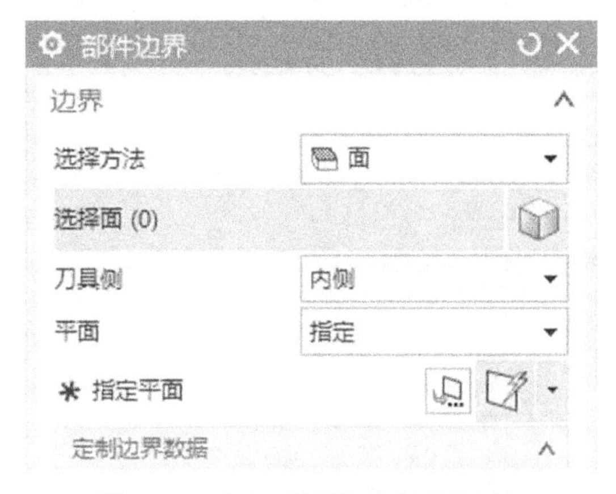

图 3-40 对“刀具侧”选择“内侧”

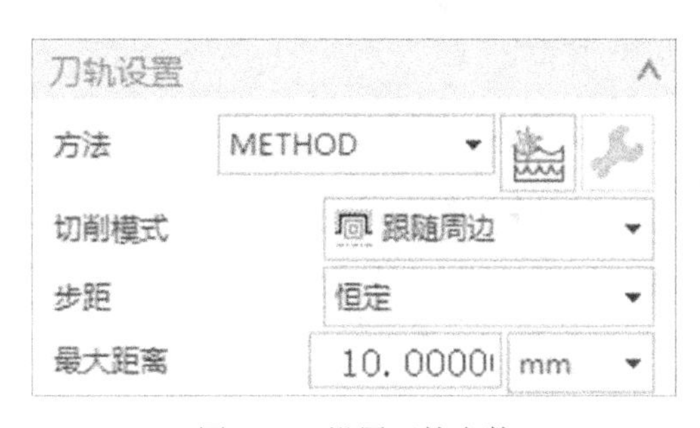

图 3-41 设置刀轨参数

（28）单击“非切削移动”按钮，在弹出的【非切削移动】对话框中单击“进刀”选项卡，在“封闭区域”列表中，对“进刀类型”选择“螺旋”选项，把“直径”值设为 10.0000 mm、“斜坡角”值设为 1.0000（单位：°）、“高度”值设为 1.0000mm，对“高度起点”选择“当前层”选项，把“最小安全距离”值设为 1.0000 mm、“最小斜面长度”值设为 10.0000mm，如图 3-42 所示。单击“退刀”选项卡，对“退刀类型”选择“与进刀相同”选项。

（29）单击“生成”按钮，生成挖槽刀路，如图 3-43 所示。

（30）在工作区上方的工具条中单击“程序顺序视图”按钮，如图 3-44 所示。

（31）在“工序导航器”中把“PROGRAM”名称改为 A1，并把所创建的程序移到 A1 程序组中。修改后的“工序导航器”如图 3-45 所示。

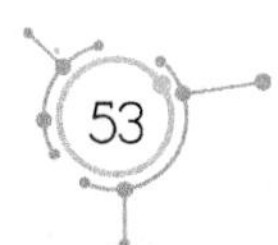

图 3-42　设置“进刀”选项卡参数

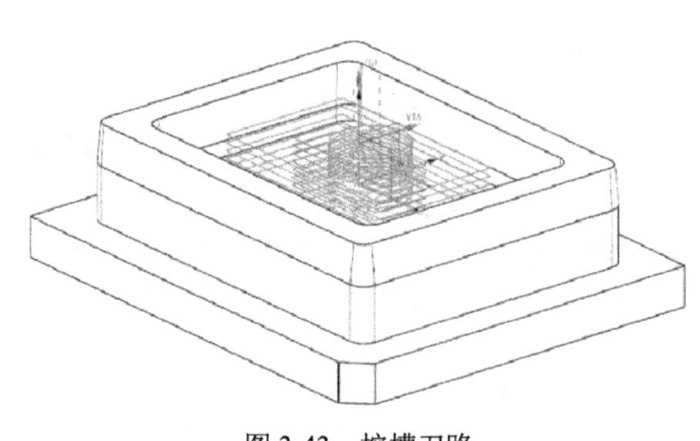

图 3-43　挖槽刀路

图 3-44　单击“程序顺序视图”按钮

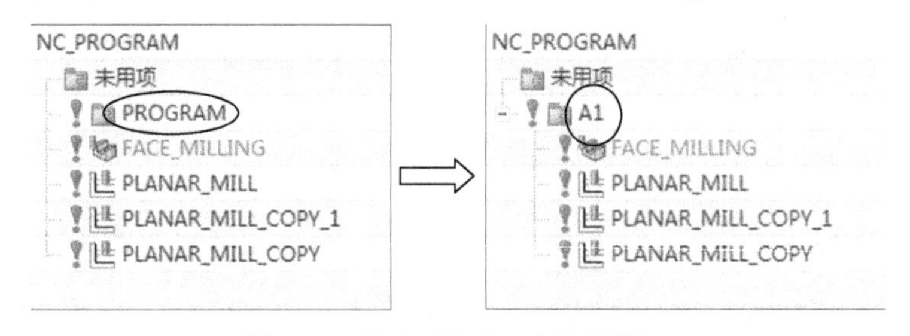

图 3-45　修改后的“工序导航器”

5）创建精加工刀路

（1）单击“菜单｜插入｜程序”命令，在【创建程序】对话框中，对“类型”选择“mill_planar”选项，对“程序”选择“NC_PROGRAM”选项，把“名称”设为 A2。

（2）单击“确定”按钮，创建 A2 程序组。此时，A2 和 A1 都在 NC_PROGRAM 的下级目录中，如图 3-46 所示。

（3）在“工序导航器”中选择 PLANAR_MILL 和 PLANAR_MILL_COPY 两个刀路程序，单击鼠标右键，在快捷菜单中单击“复制”命令。再选择 A2，单击鼠标右键，在快捷菜单中单击“内部粘贴”命令，把上述两个刀路程序粘贴到 A2 程序组中，如图 3-47 所示。

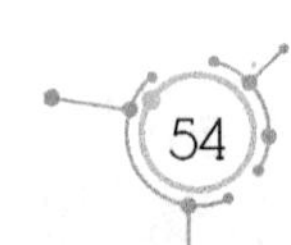

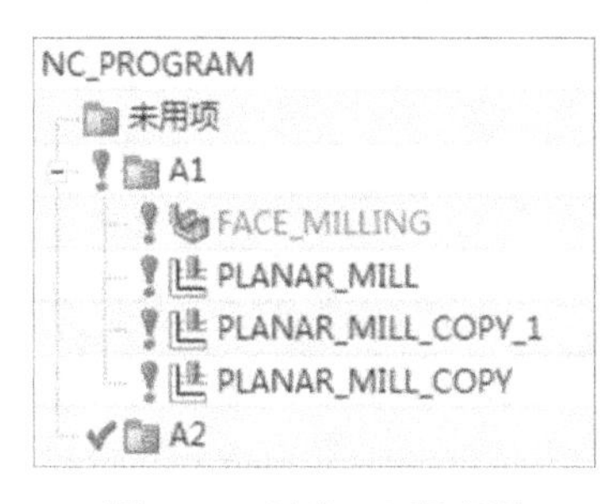

图 3-46 创建 A2 程序组

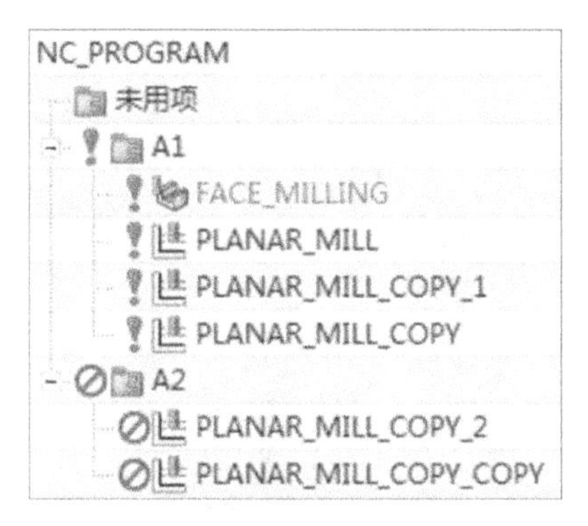

图 3-47 复制程序

（4）在“工序导航器”中双击 PLANAR_MILL_COPY_2 选项，在【平面铣】对话框中，把“最大距离”改为 0.1mm，“附加刀路”改为 2。单击“切削层”按钮，在弹出的【切削层】对话框中选择“仅底面”选项。单击“切削参数”按钮，在弹出的【切削参数】对话框中把“余量”改为 0mm。单击“进给率和速度 ”按钮，在弹出的【进给率和速度】对话框中，把主轴速度值设为 1200 r/min、切削速度值设为 500 mm/min。

（5）单击“生成”按钮，生成的精加工台阶刀路如图 3-48 所示。

（6）采用相同的方法，修改 PLANAR_MILL_COPY_COPY 刀路程序，生成的精加工外形刀路如图 3-49 所示。

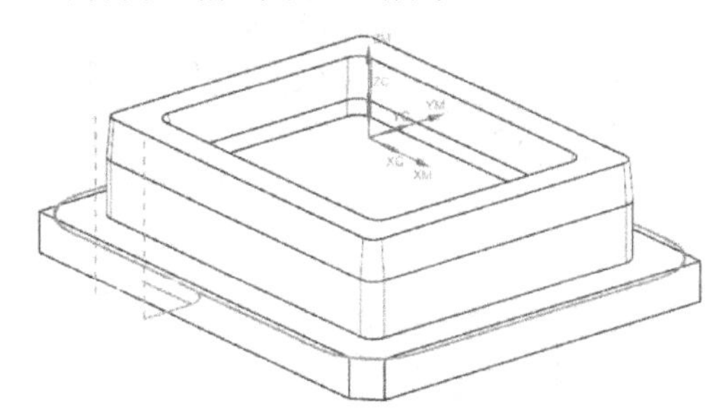

图 3-48 生成的精加工台阶刀路

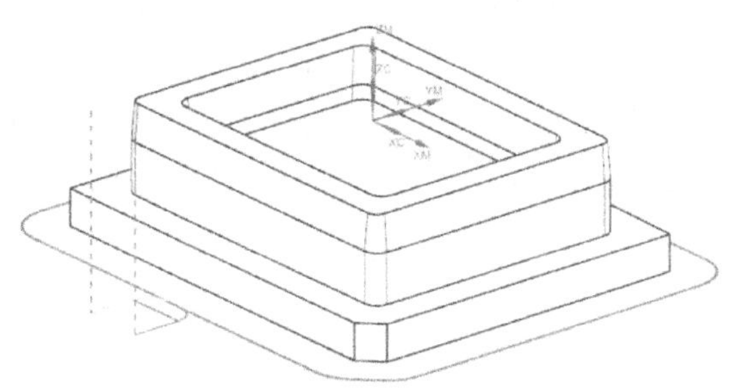

图 3-49 生成的精加工外形刀路

6）创建 ϕ6mm 立铣刀的刀路

（1）单击“菜单 | 插入 | 程序”命令，在【创建程序】对话框中，对“类型”选择“mill_planar”选项，对“程序”选择“NC_PROGRAM”选项，把“名称”设为 A3。

（2）在“工序导航器”中选择 PLANAR_MILL_COPY_1 刀路程序，单击鼠标右键，在快捷菜单中单击“复制”命令。再选择 A3，单击鼠标右键，在快捷菜单中单击“内部粘贴”命令，把 PLANAR_MILL_COPY_1 刀路程序粘贴到 A3 程序组，如图 3-50 所示。

（3）在“工序导航器”中双击 PLANAR_MILL_COPY_1_COPY 选项，在【平面铣】对话框的“工具”列表中对“工具”选择“D6R0（铣刀-5 参数）”铣刀选项，如图 3-51 所示。

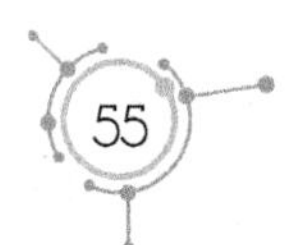

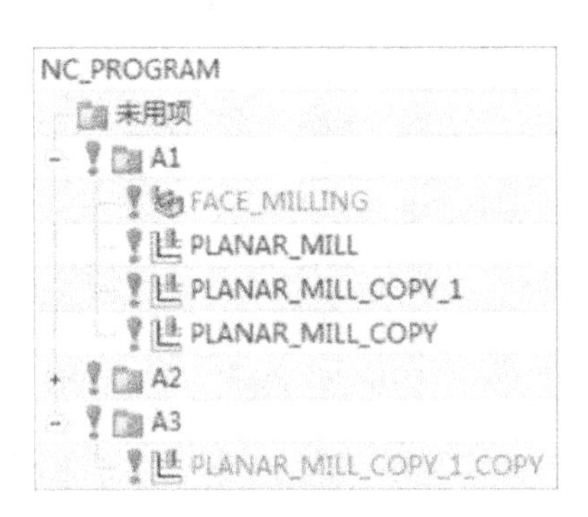

图 3-50　复制刀路

图 3-51　选择“D6R0（铣刀-5 参数）”铣刀

（4）在【平面铣】对话框中，对“切削模式”选择“轮廓”选项，单击“切削层”按钮，在弹出的【切削层】对话框中把“每刀切削深度”值设为 0.3mm。单击“切削参数”按钮，在弹出的【切削参数】对话框中单击“空间范围”选项卡，对“过程工件”选择“使用参考刀具”选项，对“参考刀具”选择“D12R0（铣刀-5 参数）”选项，把“重叠距离”值设为 2.0000（单位：mm），如图 3-52 所示。

（5）在【平面铣】对话框中，单击“非切削移动”按钮，在弹出的【非切削移动】对话框中单击“进刀”选项卡。在“封闭区域”列表中，对“进刀类型”选择“与开放区域相同”；在“开放区域”列表中，对“进刀类型”选择“圆弧”选项，把“半径”值设为 1.0000mm，“圆弧角度”值设为 90.0000（单位：°）、“最小安全距离”值设为 2.0000mm，如图 3-53 所示。

图 3-52　设置“空间范围”选项卡参数

图 3-53　设置“进刀”选项卡参数

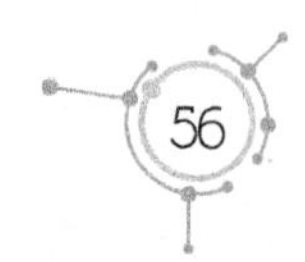

（6）单击“生成”按钮，生成的清角刀路如图3-54所示。

（7）在“工序导航器”中选择PLANAR_MILL_COPY_1_COPY选项，单击鼠标右键，在快捷菜单中单击“复制”命令。再选择中A3，单击鼠标右键，在快捷菜单中单击“内部粘贴”命令，把PLANAR_MILL_COPY_1_COPY刀路程序粘贴到A3程序组。

（8）双击PLANAR_MILL_COPY_1_COPY_COPY选项，在【平面铣】对话框中，把“最大距离”改为0.1mm、“附加刀路”改为2。单击“切削层”按钮，在【切削区】对话框中，把“类型”改为“仅底面”。单击“切削参数”按钮，在【切削参数】对话框中选择“空间范围”选项卡，对“过程工件”选择“无”选项。单击“余量”选项卡，把“部件余量”值和“最终底面余量”值都设为0mm。

（9）单击“生成”按钮，生成的精加工刀路如图3-55所示。

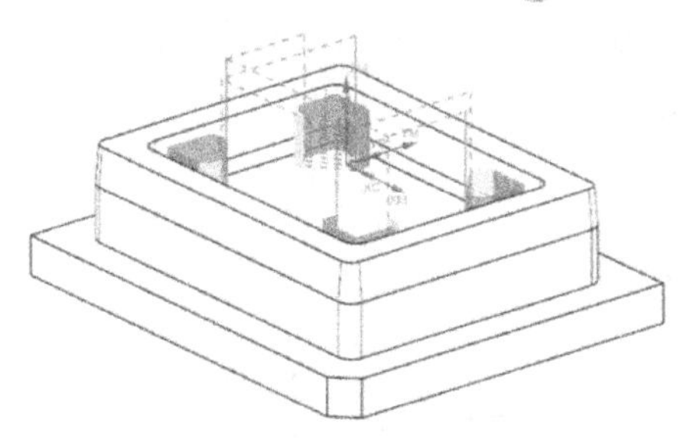

图3-54　生成的清角刀路

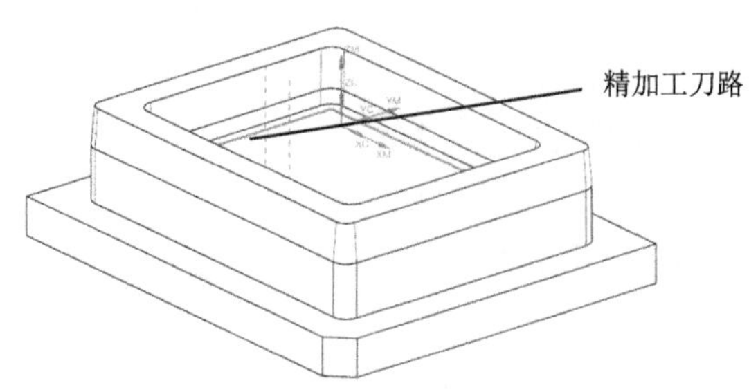

图3-55　生成的精加工刀路

（10）在“工序导航器”中选择PLANAR_MILL_COPY_1_COPY_COPY选项，单击鼠标右键，在快捷菜单中单击“复制”命令。再选择A3，单击鼠标右键，在快捷菜单中单击“内部粘贴”命令，把PLANAR_MILL_COPY_1_COPY_COPY刀路程序粘贴到A3程序组。

（11）双击PLANAR_MILL_COPY_1_COPY_COPY_COPY选项，在【平面铣】对话框中，把“切削模式”改为“跟随周边”、“最大距离”值改为2mm。单击“进给率和速度”按钮，在弹出的【进给率和速度】对话框中，把主轴速度值设为1200 r/min、切削速度值设为500 mm/min。

（12）单击“生成”按钮，生成的精加工底面的刀路如图3-56所示。

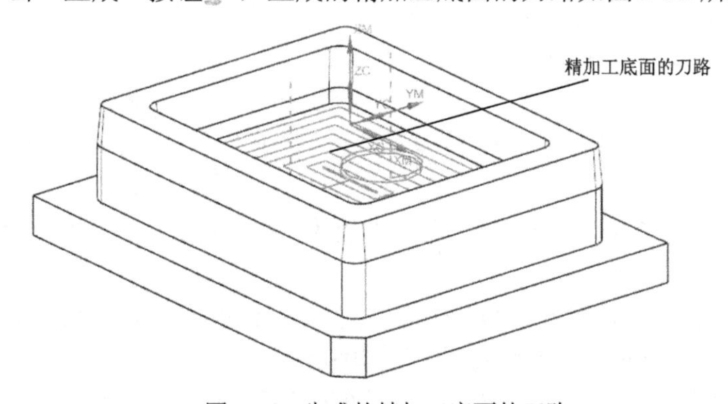

图3-56　生成的精加工底面的刀路

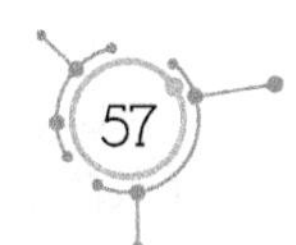

（13）单击“创建工序”按钮，在【创建工序】对话框中，对“类型”选择“mill_planar”选项，把“子类型”设为“底壁铣”按钮，对“程序”选择A3，对“刀具”选择“D6R0（铣刀-5参数）”选项，对“几何体”选择“WORKPIECE”选项，如图3-57所示。

（14）单击“确定”按钮，在【底壁铣】对话框中单击“指定切削区底面”按钮，选择实体的上表面，单击“确定”按钮。

（15）在【底壁铣】对话框中单击“指定修剪边界”按钮，在【修剪边界】对话框中选择“曲线”选项、“修剪侧”选择“内部”选项，如图3-58所示。

图3-57 设置【创建工序】对话框参数

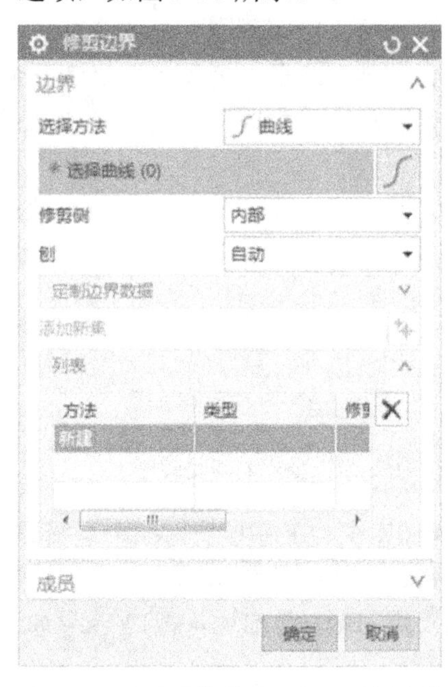

图3-58 设置【修剪边界】对话框参数

（16）在工作区上方的工具条中选择“相切曲线”选项，如图3-59所示。

图3-59 选择“相切曲线”选项

（17）选择实体口部内侧曲线，如图3-60所示。

（18）在【底壁铣】对话框中，对“切削区域空间范围”选择“底面”选项、“切削模式”选择“往复”选项、“步距”选择“刀具平直百分比”选项，把“平面直径百分比”值设为75%。

（19）单击“切削参数”按钮，在弹出的【切削参数】对话框中把“余量”值设为0mm。

（20）单击“进给率和速度 ”按钮，在弹出的【进给率和速度】对话框中，把主轴速度值设为1200 r/min、切削速度值设为500 mm/min。

（21）单击“生成”按钮，生成加工口部的刀路如图3-61所示。

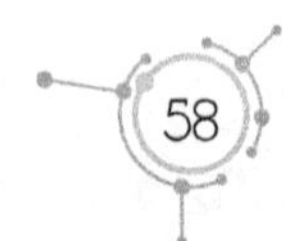

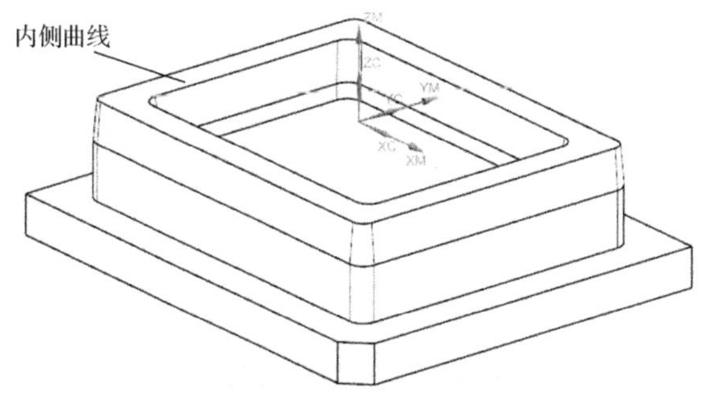

图 3-60 选择实体口部内侧曲线

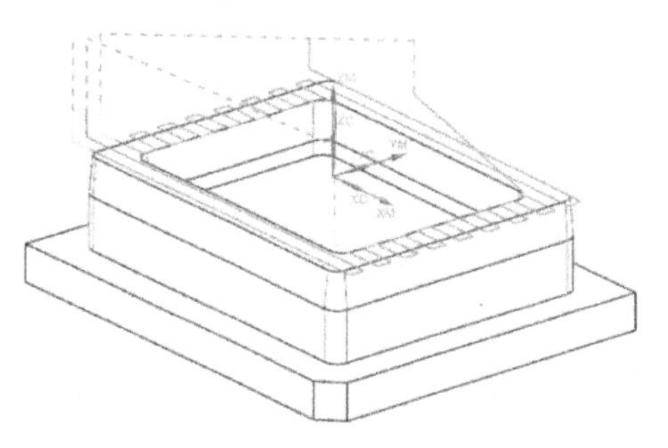
图 3-61 生成加工口部的刀路

7）创建加工斜面的刀路

（1）在“工序导航器”中选择 PLANAR_MILL_COPY_1_COPY_COPY选项，单击鼠标右键，在快捷菜单中单击“复制”命令。再选择 A3 程序组，单击鼠标右键，在快捷菜单中单击“内部粘贴”命令。

（2）双击 PLANAR_MILL_COPY_1_COPY_COPY_COPY_1选项，在【平面铣】对话框中单击“指定部件边界”按钮，在【部件边界】对话框中单击“移除”按钮。

（3）在【部件边界】对话框中，对“选择方法”选择“面”选项、“刀具侧”选择“外侧”选项。

（4）选择实体的上表面，在【部件边界】对话框中的“列表”栏中删除 Inside 所在的行（删除内环），只保留 Outside 所在的行，即选择实体上表面的外边线（此时，外边线呈棕色），如图 3-62 所示。设置完毕，单击“确定”按钮。

（5）在【平面铣】对话框中单击“指定底面”按钮，在【平面】对话框中，对“类型”选择“通过对象”选项，如图 3-63 所示。

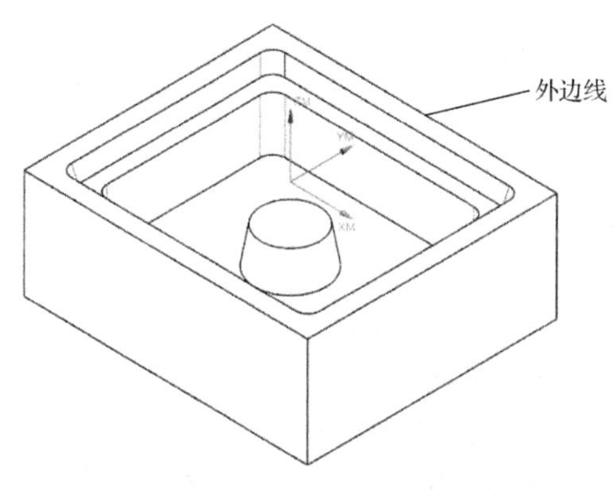

图 3-62 选择实体上表面的外边线

图 3-63 选择“通过对象”选项

（6）选择实体侧面的圆弧边线（见图 3-64），显示圆弧所在的平面，如图 3-65 所示。设置完毕，单击“确定”按钮。

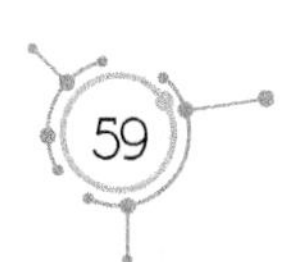

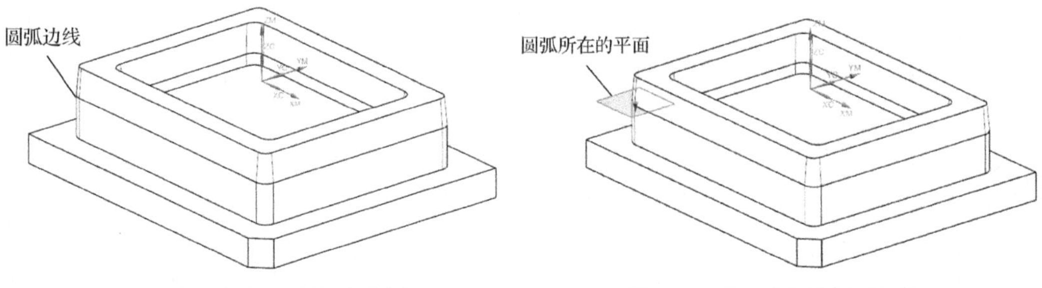

图 3-64　选择实体侧面的圆弧边线　　　　图 3-65　显示圆弧所在的平面

（7）在【平面铣】对话框中、“附加刀路”值设为 0。

（8）单击“切削层”，在弹出的【切削层】对话框中对“类型”选择“恒定”选项，把“公共”值设为 0.1000（单位：mm）、“增量侧面余量”值设为 0.1*tan(5)（应在英文输入法下输入“()”，否则，被视为非法字符，系统会报警），如图 3-66 所示。

（9）单击“切削参数”按钮，在弹出的【切削参数】对话框中，单击“余量”选项卡，把“部件余量”值、“最终底面余量”值、“内公差”值和“外公差”值都设为 0.01mm。

（10）单击“进给率和速度 ”按钮，在弹出的【进给率和速度】对话框中，把主轴速度值设为 1200r/min、切削速度值设为 500mm/min。

（11）单击“生成”按钮，生成刀路。单击“前视图”按钮，切换视图方向。平面铣刀路如图 3-67 所示。从图中可以看出，生成的刀路有斜度。

图 3-66　设置【切削层】对话框参数

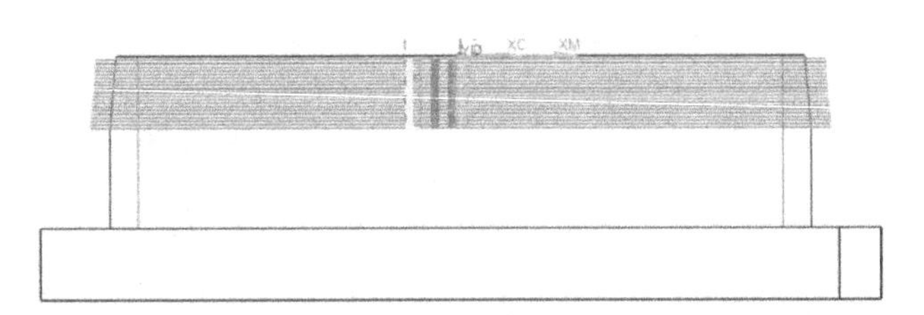

图 3-67　平面铣刀路

（12）单击“菜单 | 插入 | 工序”命令，在【创建工序】对话框中对“类型”选择“mill_contour”选项。在“工序子类型”列表中单击“深度轮廓铣”按钮，对“程序”选择 A3，对“刀具”选择“D6R0（铣刀-5 参数）”选项、“几何体”选择“WORKPIECE”选项、“方法”选择“METHOD”选项，如图 3-68 所示。设置完毕，单击“确定”按钮。

（13）在【深度轮廓铣】对话框中单击“指定切削区域”按钮，在实体上选择方形凹坑周围的 4 个斜面和圆弧面，如图 3-69 所示。

图 3-68　单击“深度轮廓铣”按钮

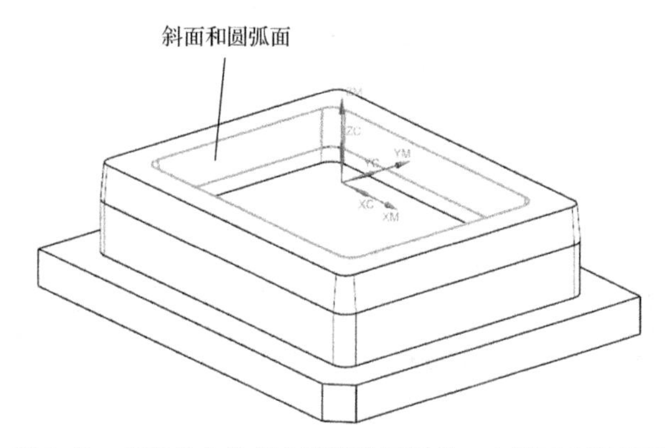

图 3-69　在实体上选择方形凹坑周围的 4 个斜面和圆弧面

（14）在【深度轮廓铣】对话框中，把“最大距离”值设为 0.1mm。

（15）对“切削参数”、“非切削移动”和“进给率和速度”，按前面的方式进行设置。

（16）单击“生成”按钮，生成刀路，即用“深度轮廓铣”方式加工斜度，如图 3-70 所示。

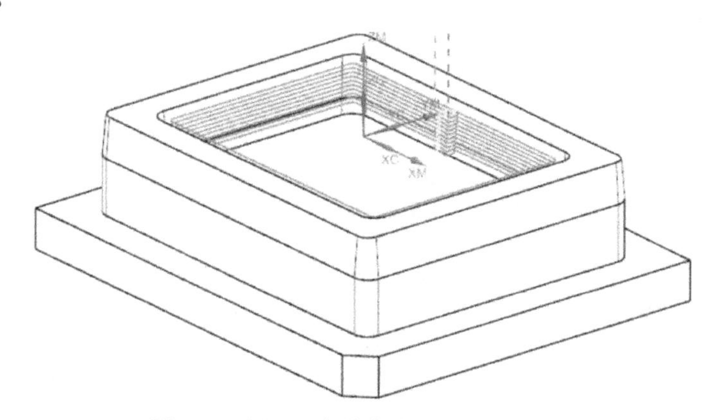

图 3-70　用“深度轮廓铣”方式加工斜度

5．装夹方式

（1）用台钳装夹工件时，工件的上表面至少高出台钳平面 17mm。

（2）对工件采用四边分中，把工件上表面设为 *Z*0，参考图 1-71。

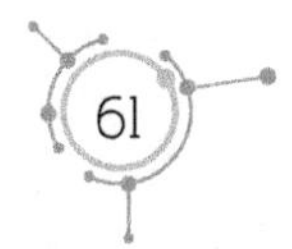

6. 加工程序单

加工程序单见表 3-1。

表 3-1 加工程序单

序号	刀具	加工深度	备注
A1	ϕ12 平底刀	17mm	粗加工
A2	ϕ6 平底刀	17mm	精加工
A3	ϕ6 平底刀	7mm	精加工

项目 4　带凸台的工件

本项目详细介绍 UG 12.0 数控编程中“带边界面铣”命令开框及加工侧面斜度的方法，工件的材料为铝块，工件结构图如图 4-1 所示。

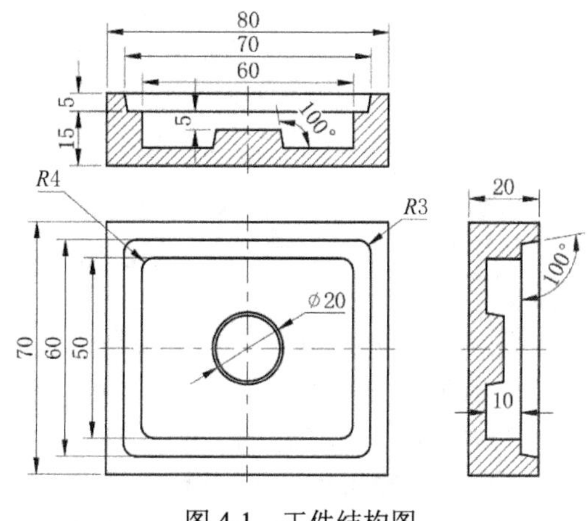

图 4-1　工件结构图

1. 加工工序分析图

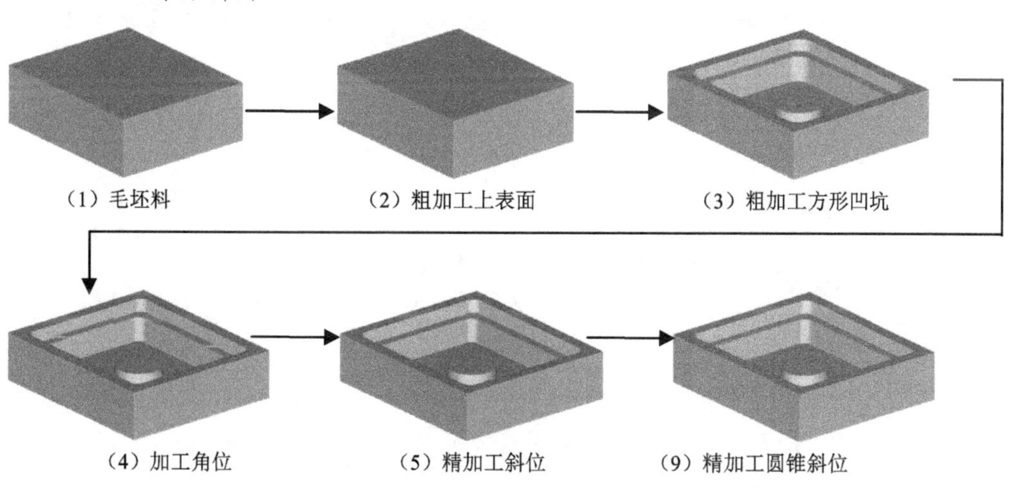

2. 建模过程

（1）启动 UG 12.0，单击“新建”按钮 。在弹出的【新建】对话框中单击“模型”选项卡。在模板框中把“单位”设为“毫米”，选择“模型”模板，把“名称”设为“EX4.prt”、“文件夹”路径设为“E:\UG12.0 数控编程\项目 4”。

（2）单击“拉伸”按钮，在弹出的【拉伸】对话框中单击“绘制截面”按钮，把 *XC-YC* 平面设为草绘平面、*X* 轴设为水平参考线，把草图原点坐标设为（0，0，0），以原点为中心绘制第 1 个截面，如图 4-2 所示。

（3）单击“完成”按钮，在弹出的【拉伸】对话框中，对“指定矢量”选择“ZC↑”选项。在“开始”栏中选择“值”选项，把“距离”值设为 0；在“结束”栏中选择“值”选项，把“距离”值设为 20mm；对“布尔”选择“无”选项。

（4）单击“确定”按钮，创建 1 个拉伸特征，如图 4-3 所示。

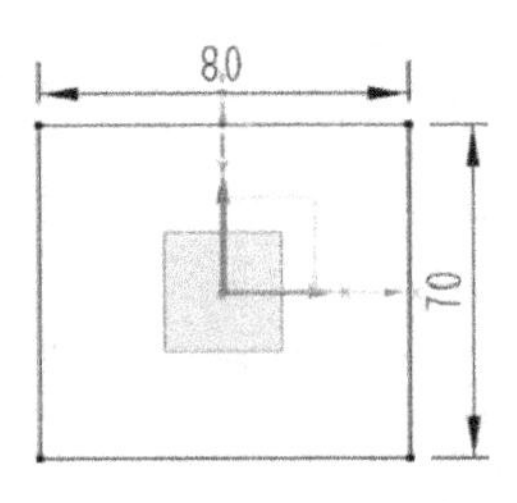

图 4-2　绘制第 1 个截面

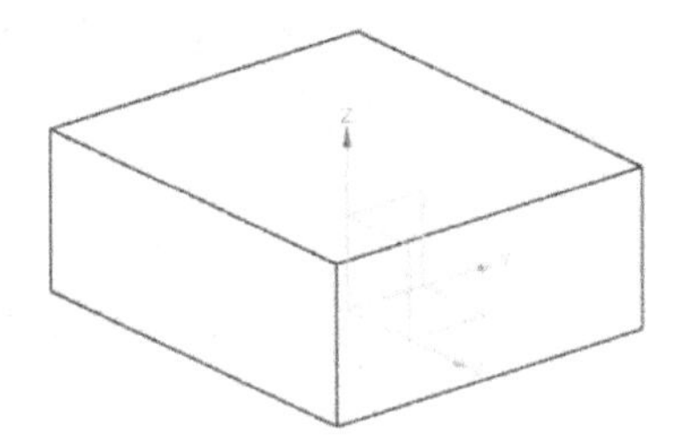

图 4-3　创建 1 个拉伸特征

（5）单击“拉伸”按钮，在弹出的【拉伸】对话框中单击“绘制截面”按钮，把实体上表面设为草绘平面、*X* 轴设为水平参考线，把草图原点坐标设为（0，0，0），以原点为中心绘制第 2 个截面，如图 4-4 所示。

（6）单击“完成”按钮，在弹出的【拉伸】对话框中，对“指定矢量”选择“ZC↑”选项。在“开始”栏中选择“值”选项，把“距离”值设为 0mm；在“结束”栏中选择“值”选项，把“距离”值设为-5mm；对“布尔”选择“求差”选项、“拔模”选择“从起始限制”选项，把“角度”值设为-10（单位：°），如图 4-5 所示。

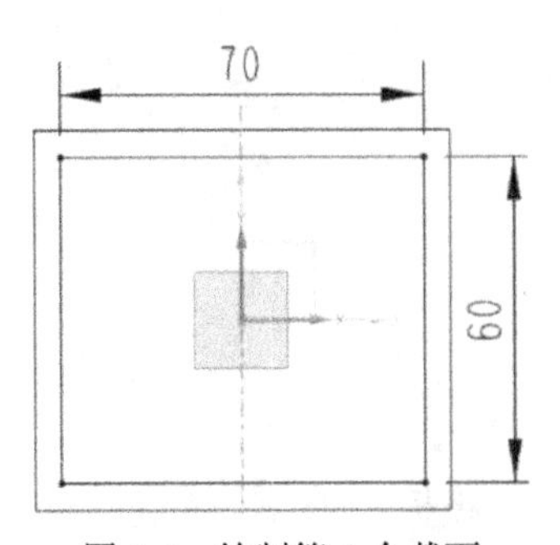

图 4-4　绘制第 2 个截面

图 4-5　设置【拉伸】对话框参数

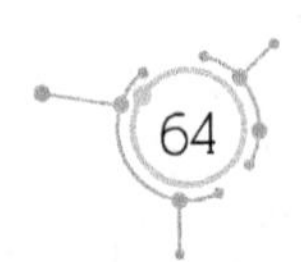

（7）单击“确定”按钮，在实体的上表面创建第 1 层带斜度的方形凹坑，如图 4-6 所示。

（8）单击“拉伸”按钮，在弹出的【拉伸】对话框中单击“绘制截面”按钮，选择方形凹坑的上表面作为草绘平面，把 *X* 轴设为水平参考线，把草图原点坐标设为（0，0，0），以原点为中心绘制第 3 个截面，如图 4-7 所示。

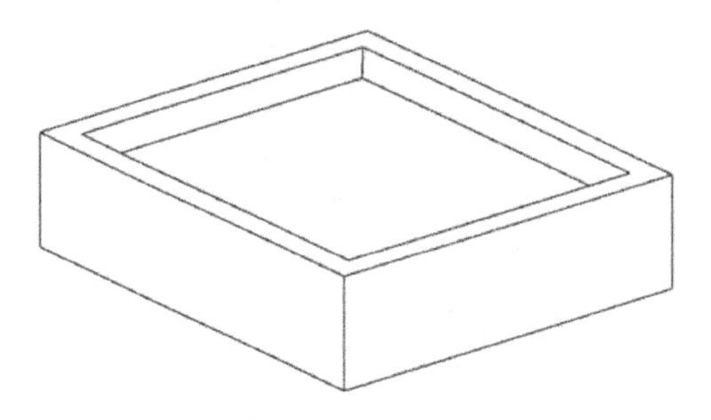

图 4-6　创建第 1 层带斜度的方形凹坑

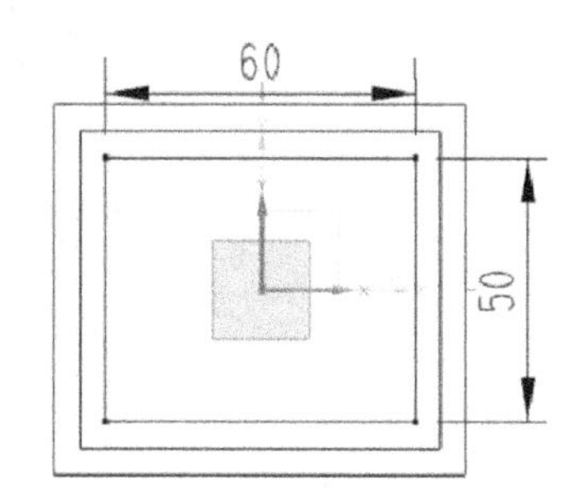

图 4-7　绘制第 3 个截面

（9）单击“完成”按钮，在弹出的【拉伸】对话框中，对“指定矢量”选择“ZC↑”选项。在“开始”栏中选择“值”选项，把“距离”值设为 0；在“结束”栏中选择“值”选项，把“距离”值设为-10mm；对“布尔”选择“求差”选项、“拔模”选择“无”选项。

（10）单击“确定”按钮，在实体表面创建第 2 层方形凹坑，如图 4-8 所示。

（11）单击“边倒圆”按钮，在实体上选择 8 条内框竖直边，创建倒圆角特征（*R*3.5mm），如图 4-9 所示。此时，圆弧面的半径是均匀的。

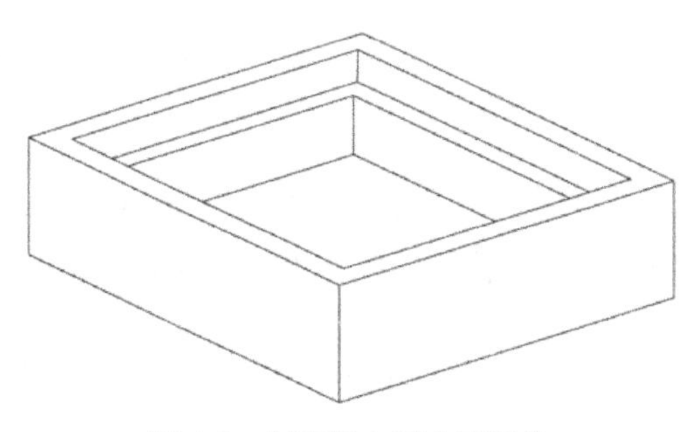

图 4-8　创建第 2 层方形凹坑

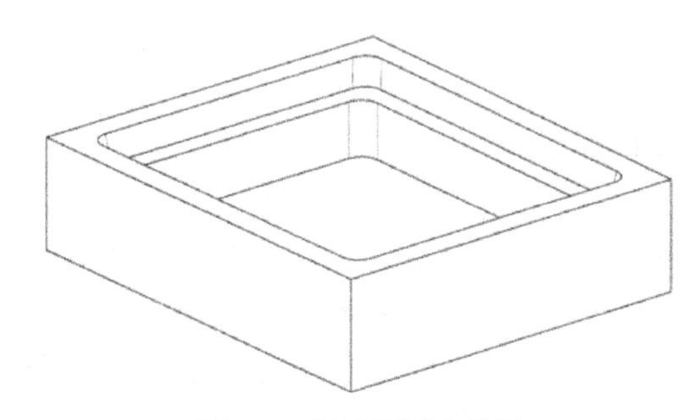

图 4-9　创建倒圆角特征

（12）单击“菜单｜插入｜设计特征｜圆锥”命令，在【圆锥】对话框中，对“类型”选择“底部直径，高度和半角”选项，对“指定矢量”选择“ZC↑”选项；把“底部直径”值设为 20mm、“高度”值设为 5mm、“半角”值设为 10（单位：°），对“布尔”选择“求和”选项。单击“指定点”按钮，在【点】对话框中输入（0，0，5），如图 4-10 所示。

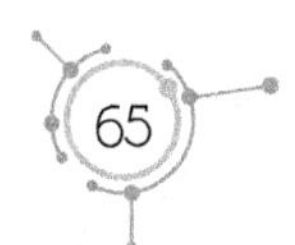

图 4-10　设置【圆锥】对话框参数

（13）单击“确定”按钮，创建圆锥特征，如图 4-11 所示。

3. 数控编程过程

1）进入 UG 加工环境

（1）在横向菜单中单击“应用模块”选项卡，再单击“加工”命令。

（2）在【加工环境】对话框中选择“cam_general”选项和“mill_contour”选项，单击“确定”按钮，进入 UG 加工环境。此时，实体上出现两个坐标系：基准坐标系和工件坐标系，这两个坐标系重合在一起。

（3）按键盘上的 W 键，还会出现 1 个坐标系（动态坐标系），这个坐标系与上述两个坐标系重合。

（4）单击“菜单 | 编辑 | 移动对象”命令，在【移动对象】对话框中，对“运动”选择“距离”选项，对“指定矢量”选择“ZC↑”选项，把“距离”值设为-20mm，对“结果”选择“◉移动原先的”单选框。

（5）单击“确定”按钮，实体往下移动 20mm。此时，工件坐标系位于实体上表面的中心，基准坐标系位于实体底面，如图 4-12 所示。

（6）在屏幕左上方的工具条中单击“几何视图”按钮。

（7）在“工序导航器”中展开 MCS_MILL 的下级目录，再双击“WORKPIECE”选项。

（8）在【工件】对话框中单击“指定部件”按钮，在绘图区选择整个实体，单击“确定”按钮。然后，单击“指定毛坯”按钮，在【毛坯几何体】对话框中，对“类型”选择“包容块”选项，把“XM-”、“YM-”、“XM+”、“YM+”、“ZM+”值都设为 1mm。

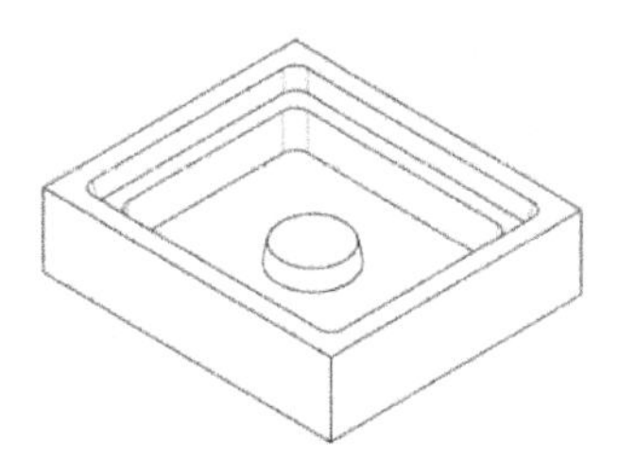

图 4-11　创建圆锥特征

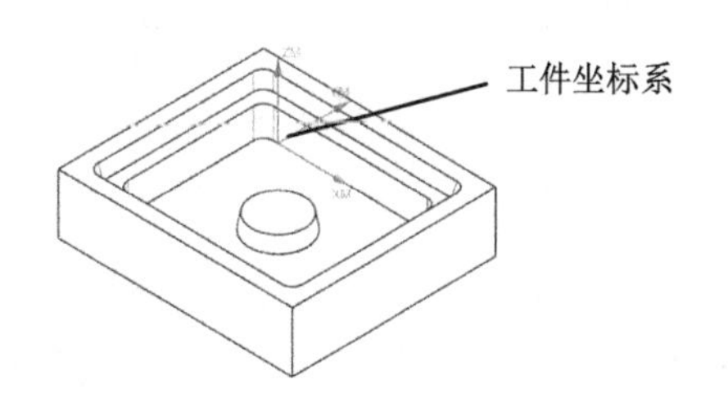

图 4-12　工件坐标系位于实体上表面的中心

2）创建 ϕ12mm 立铣刀与 ϕ6mm 立铣刀

（1）单击“创建刀具”按钮，在【创建刀具】对话框中，对“刀具子类型”选择“MILL”图标，把“名称”设为“D12R0（铣刀-5 参数）”。设置完毕，单击“确定”按钮。

（2）在【铣刀-5 参数】对话框中，把“直径”值设为 12mm、“下半径”值设为 0mm。

（3）按照上述方法，创建 D6R0 立铣刀，把“直径”值设为 6mm、“下半径”值设为 0mm。

3）创建 ϕ12mm 立铣刀刀路（粗加工程序）

（1）单击“创建工序”按钮，在【创建工序】对话框中，对“类型”选择“mill_planar”选项。在“工序子类型”列表中单击“带边界面铣”按钮，对“程序”选择“NC_PROGRAM”选项、“刀具”选择“D12R0（铣刀-5 参数）”选项、“几何体”选择“WORKPIECE”选项、“方法”选择“MILL_ROUGH”选项，如图 4-13 所示。设置完毕，单击“确定”按钮。

（2）在【面铣】对话框中单击“指定面边界”按钮，在【毛坯边界】对话框中，对“选择方法”选择“曲线”选项、“刀具侧”选择“内侧”选项，对“平面”选择“指定”选项，如图 4-14 所示。

图 4-13　设置【创建工序】对话框参数

图 4-14　设置【毛坯边界】对话框参数

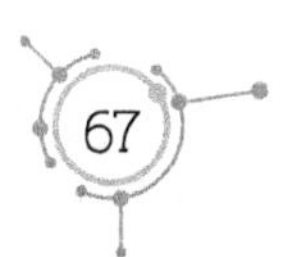

（3）在工作区上方的工具条中选择“相切曲线”选项，如图 4-15 所示。

图 4-15　选择“相切曲线”选项

（4）在实体上选择方形凹坑口部的内边线作为边界曲线，选择方形凹坑的底面作为指定平面（加工的最低深度），如图 4-16 所示。

（5）在【面铣】对话框中，对“刀轴”选择“+ZM 轴”选项、“切削模式”选择“往复”选项、“步距”选择“刀具平直百分比”选项，把“平面直径百分比”值设为 75.0000（%）、“毛坯距离”值设为 15.0000（单位：mm）、“每刀切削深度”值设为 0.5000（单位：mm）、“最终底面余量”值设为 0.1000（单位：mm），如图 4-17 所示。

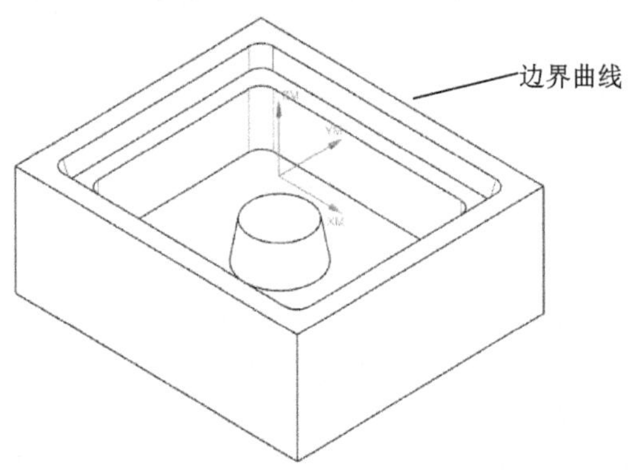

图 4-16　选择边界曲线和指定平面

图 4-17　设置刀轨参数

（6）单击“切削参数”按钮，在弹出的【切削参数】对话框中，单击“策略”选项卡，对“切削方向”选择“顺铣”选项、“剖切角”选择“指定”选项，把“与 XC 的夹角”值设为 0°；勾选“√添加精加工刀路”复选框，把“刀路数”值设为 1、“精加工步距”值设为 1.0000mm，如图 4-18 所示。单击“余量”选项卡，把“部件余量”值设为 0.2mm、“壁余量”值设为 0.2mm、“最终底面余量”值设为 0.1mm。单击“拐角”选项卡，对“光顺”选择“所有刀路”选项，把“半径”值设为 2.0000mm，如图 4-19 所示。

图 4-18　设置“策略”选项卡参数

图 4-19　设置“拐角”选项卡参数

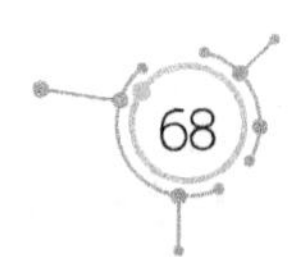

（7）单击“非切削移动”按钮，在弹出的【非切削移动】对话框中单击“进刀”选项卡，在“封闭区域”列表中，对“进刀类型”选择“螺旋”选项，把“直径”值设为 10.0000mm、“斜坡角”值设为 1.0000（单位：°）、“高度”值设为 1.0000mm；对“高度起点”选择“当前层”选项，把“最小安全距离”值设为 0.0000mm，如图 4-20 所示。单击“转移/快速”选项卡，在“区域内”列表中，对“转移方式”选择“进刀/退刀”选项、“转移类型”选择“前一平面”选项，把“安全距离”值设为 2.0000mm，如图 4-21 所示。

图 4-20 设置“进刀”参数

图 4-21 设置“转移/快速”参数

（8）单击“进给率和速度”按钮，在弹出的【进给率和速度】对话框中，把主轴速度值设为 1000r/min、切削速度值设为 1200mm/min。

（9）单击“生成”按钮，生成的面铣刀路如图 4-22 所示，仿真模拟的刀路如图 4-23 所示。

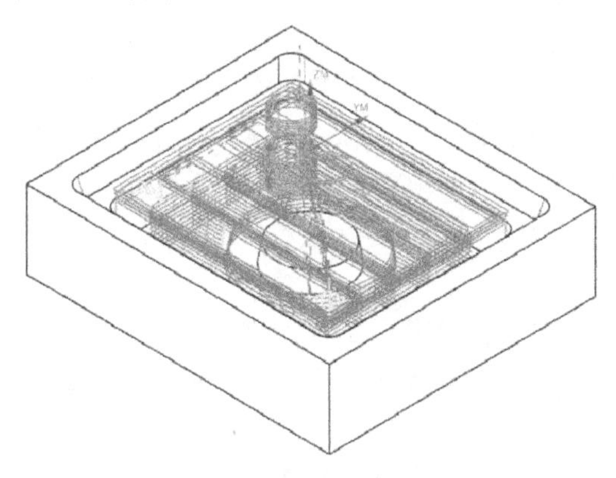

图 4-22 生成的面铣刀路

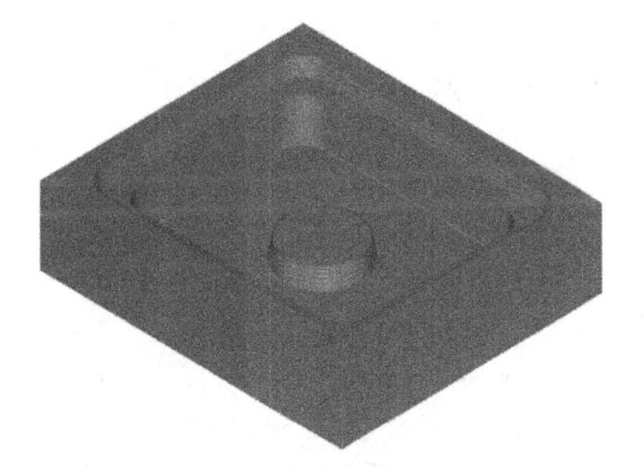

图 4-23 仿真模拟的刀路

如果在图 4-18 中取消“添加精加工刀路”复选框中的√，那么重新生成的刀路——非精加工刀路如图 4-24 所示，仿真模拟的非精加工刀路四周有凸起，如图 4-25 所示。

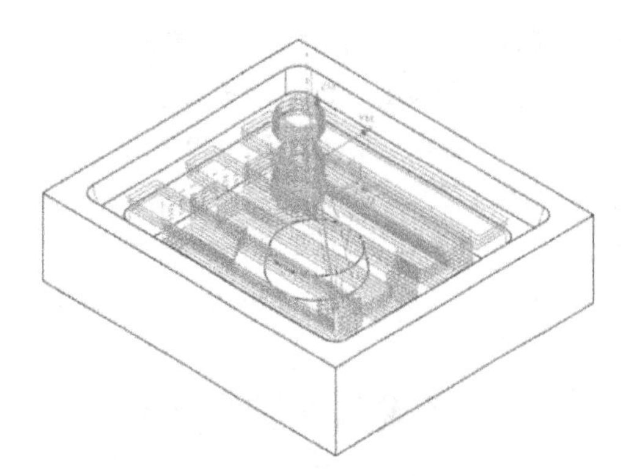

图 4-24　非精加工刀路

图 4-25　仿真模拟的非精加工刀路

读者可以自行在图 4-19 中对“光顺”选择“无”选项，此时，拐角处的刀路变成直角。在实际加工时，若选择这种刀路，则容易损伤刀具。

提示：运用“带边界面铣”命令编写加工程序时，应注意以下几点：

- 通过设置毛坯距离的方法设置加工的高度。
- 在【毛坯边界】对话框中，对“边界”列表中的“选择方法”选择“曲线”选项，而不选择“面”选项；对“刀轴”应选“+Z 轴”选项。

4）创建清理拐角刀路

（1）在辅助工具条中单击“程序顺序视图”按钮。在“工序导航器”中把“PROGRAM”名称改为 A1，并把前面创建的刀路程序移到 A1 程序组中。

（2）单击“菜单｜插入｜程序”命令，在【创建程序】对话框中对“类型”选择“mill_contour”选项，对“程序”选择“NC_PROGRAM”选项，把“名称”设为 A2。

（3）单击“确定”按钮，创建 A2 程序组。此时，A1 与 A2 都在 NC_PROGRAM 下级目录中，如图 4-26 所示。

（4）单击“创建工序”按钮，在弹出的【创建工序】对话框中对“类型”选择“mill_contour”选项，在“工序子类型”列表中单击“剩余铣”按钮，对“程序”选择 A2 选项、“刀具”选择“D6R0（铣刀-5 参数）”选项、“几何体”选择“WORKPIECE”选项、“方法”选择“METHOD”选项，如图 4-27 所示。设置完毕，单击“确定”按钮。

（5）在【剩余铣】对话框中单击“指定切削区域”按钮，选择实体内部的曲面。

（6）在【剩余铣】对话框中设置“刀轨设置”选项卡参数，对“切削模式”选择“轮廓”选项，把“附加刀路”值设为 0，对“公共每刀切削深度”选择“恒定”选项，把“最大距离”值设为 1.0000mm，如图 4-28 所示。

（7）单击“切削参数”按钮，在弹出的【切削参数】对话框中，单击“策略”选项卡，对“切削方向”选择“顺铣”选项、“切削顺序”选择“深度优先”选项。单击“余量”选项卡，把“部件侧面余量”值设为 0.3mm、“部件底面余量”值设为 0.1mm。

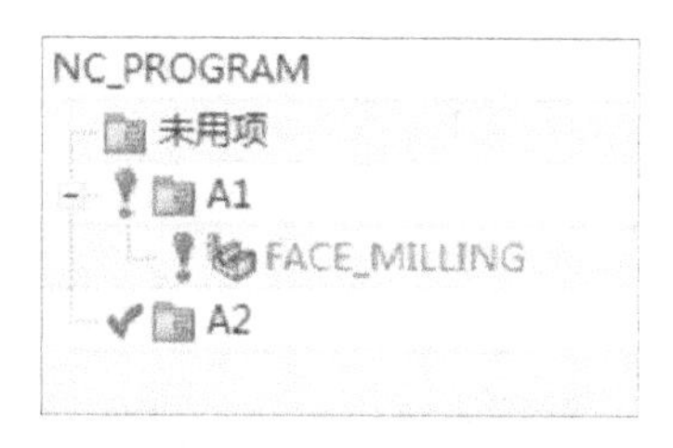

图 4-26　创建 A2 程序组

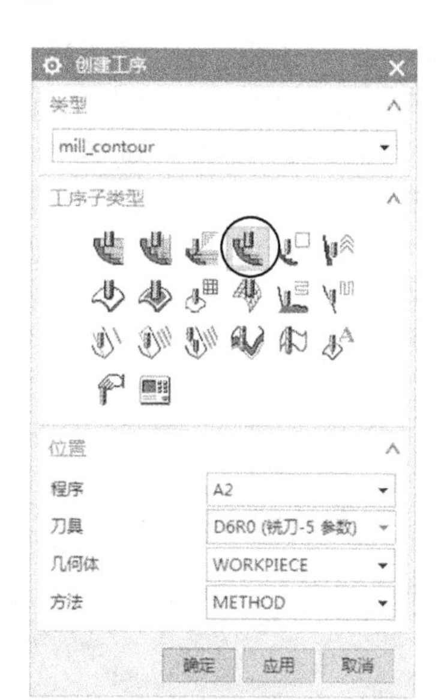

图 4-27　设置【创建工序】对话框参数

（8）单击“非切削移动”按钮，在弹出的【非切削移动】对话框中单击“进刀”选项卡。在“封闭区域”列表中，对“进刀类型”选择“与开放区域相同”选项；在“开放区域”列表中，对“进刀类型”选择“圆弧”选项，把“半径”值设为 2mm、“圆弧角度”值设为 90°、“高度”值设为 1mm、“最小安全距离”值设为 5mm。单击“转移/快速”选项卡，在“区域内”列表中，对“转移方式”选择“进刀/退刀”选项、“转移类型”选择“直接”选项。

提示：为了能更好地理解这些参数的含义，读者可以夸张地改变这些参数的大小，观察重新生成的刀路有什么变化。

（9）单击“进给率和速度 ”按钮，在弹出的【进给率和速度】对话框中，把主轴速度值设为 1000r/min、切削速度值设为 1200mm/min。

（10）单击“生成”按钮，生成的剩余铣刀路如图 4-29 所示。

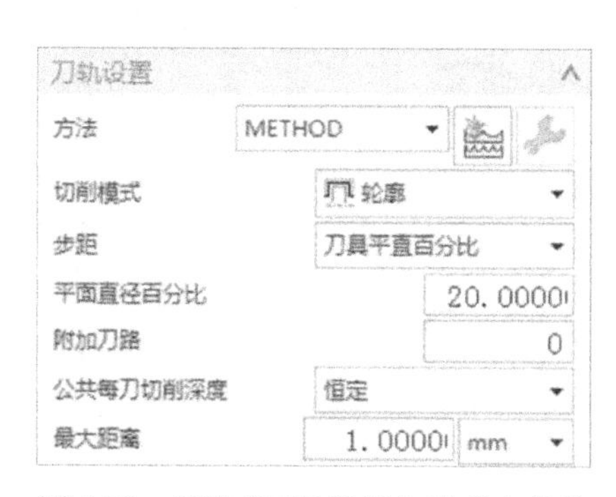

图 4-28　设置“刀轨设置”选项卡参数

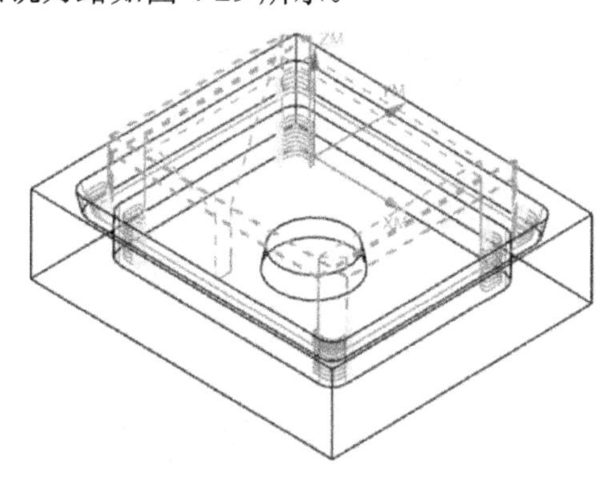

图 4-29　生成的剩余铣刀路

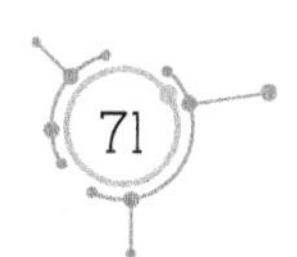

（11）在“工序导航器”中双击 REST_MILLING选项，在【剩余铣】对话框中把“最大距离”值设为0.5mm，生成的刀路如图4-30所示。图4-30中的刀路与图4-29中的刀路相比，在加工四周的斜面时每隔一层，多了一层刀路，也多了加工中间圆台斜面的刀路。这是因为刀路程序 FACE_MILLING 的“每刀切削深度”值被设为1mm，上一层刀路与下一层刀路之间有1个台阶（见图4-31），图4-30比图4-29多出来的刀路正好用来切削台阶。而实体的下半部分没有斜度，也就不会产生台阶，因此实体的下半部分的刀路只用于切削角位。

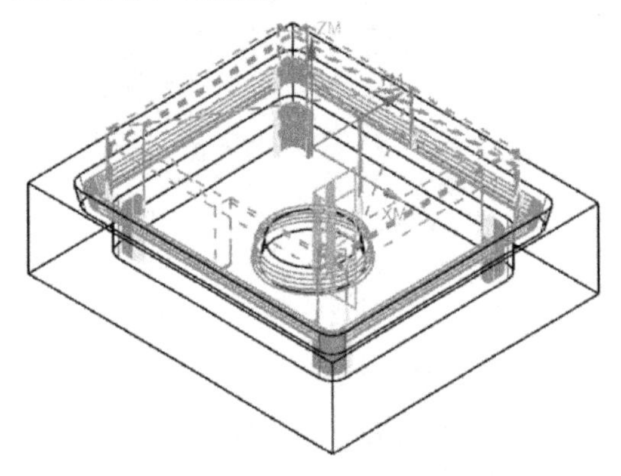

图4-30　重新生成剩余铣刀路

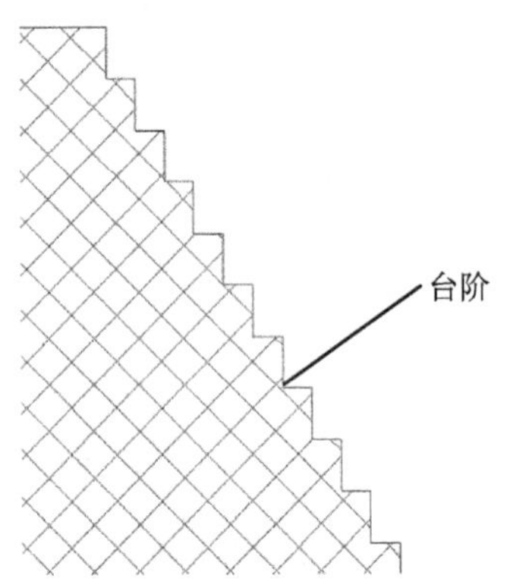

图4-31　铣削斜面留下的台阶

（12）修剪图4-30所示的刀路。在“工序导航器”中双击 REST_MILLING选项，在【剩余铣】对话框中单击“指定修剪边界”按钮。在【修剪边界】对话框中，对“选择方法”选择“点”选项、“修剪侧”选择“外侧”选项，如图4-32所示。

（13）单击“俯视图”按钮，把实体切换成俯视图，然后在实体左上角选择4个点，绘制1条封闭的线路（封闭的线路范围比刀路程序 FACE_MILLING在拐角的残留余量略大），如图4-33中的左上角所示。

（14）在【修剪边界】对话框中单击“添加新集”按钮，在实体右上角选择4个点，绘制1条封闭的线路，如图4-33中的右上角所示。

（15）采用相同的方法，绘制左下角与右下角的封闭线路，如图4-33所示。

图4-32　设置【修剪边界】对话框参数

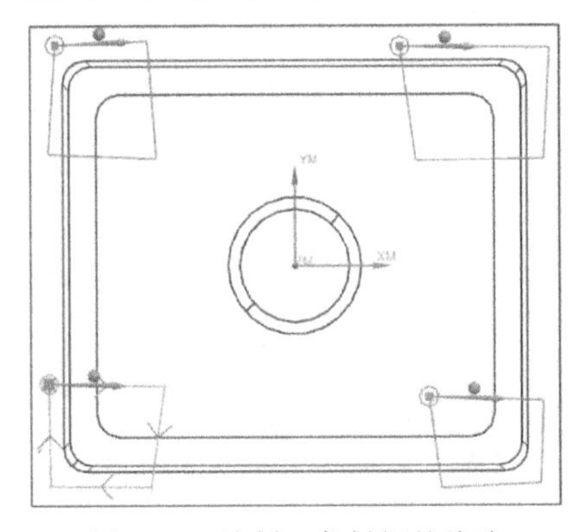

图4-33　绘制4条封闭的线路

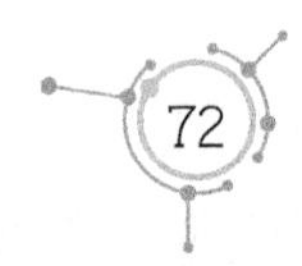

（16）单击“生成”按钮，修剪后的刀路如图 4-34 所示。

5）创建精加工刀路

（1）单击“菜单｜插入｜程序”命令，在【创建程序】对话框中对“类型”选择“mill_contour”选项，对“程序”选择“NC_PROGRAM”选项，把“名称”设为 A3。

（2）单击“确定”按钮，创建 A3 程序组。此时，A1、A2 和 A3 并列，并且 A1、A2 和 A3 都在 NC_PROGRAM 的下级目录中。

（3）在“工序导航器”中选择 FACE_MILLING 选项，单击鼠标右键，在快捷菜单中单击“复制”命令。再选择 A3，单击鼠标右键，在快捷菜单中单击“内部粘贴”命令，把刀路程序 FACE_MILLING 粘贴到 A3 程序组下。

（4）在“工序导航器”中双击 FACE_MILLING_COPY 选项，在【面铣】对话框中单击“指定面边界”按钮，在【毛坯边界】对话框中，对“平面”选择“指定”选项，在实体上选择台阶面作为指定平面（此平面为加工的最低深度）。

（5）在【面铣】对话框中，对“刀具”选择“D6R0（铣刀-5 参数）”选项，如图 4-35 所示。

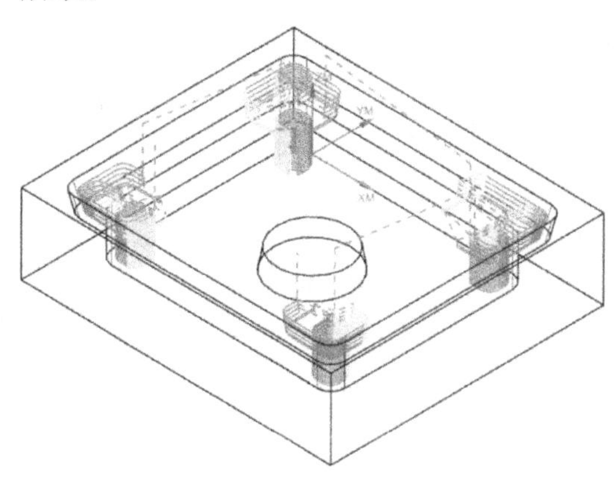

图 4-34　修剪后的刀路

图 4-35　选择“D6R0（铣刀-5 参数）”选项

（6）在【面铣】对话框中设置“刀轨设置”选项卡参数，对“切削模式”选择“轮廓”选项，把“毛坯距离”值设为 5.0000（单位：mm）、“每刀切削深度”值设为 0.2000（单位：mm）、“最终底面余量”值设为 0.000、“附加刀路”值设为 0，如图 4-36 所示。

（7）单击“切削参数”按钮，在弹出的【切削参数】对话框中，单击“余量”选项卡，把“部件余量”值、“壁余量”值、“最终底面余量”值都设为 0。

（8）单击“非切削移动”按钮，在弹出的【非切削移动】对话框中单击“进刀”选项卡，在“封闭区域”列表中，对“进刀类型”选择“与开放区域相同”，在“开放区域”列表中，对“进刀类型”选择“圆弧”、“半径”值设为 2mm、“圆弧角度”值设为 90°、“高度”值设为 0、“最小安全距离”值设为 5mm。单击“转移/快速”选项卡，在“区域内”列表中，对“转移方式”选择“进刀/退刀”选项、“转移类型”选择“直接”选项。

（9）单击“进给率和速度 ”按钮，在弹出的【进给率和速度】对话框中，把主

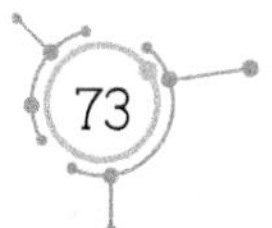

轴速度值设为 1200 r/min、切削速度值设为 500 mm/min。

（10）单击“生成”按钮，生成的面铣刀路如图 4-37 所示。

图 4-36　设置“刀轨设置”选项卡

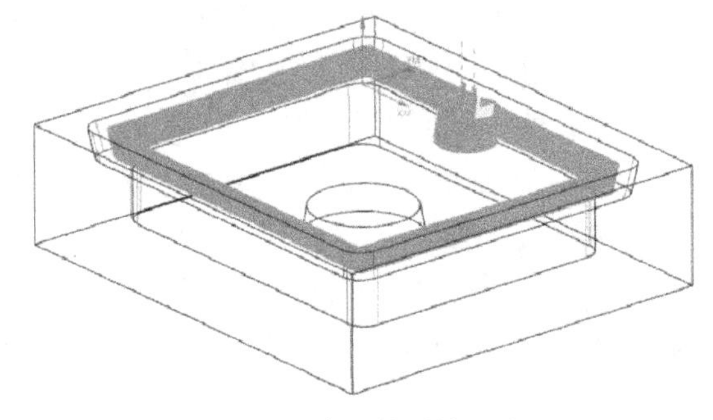
图 4-37 生成的面铣刀路

（11）单击“前视图”按钮，切换视图方向。可以看出刀路有斜度，如图 4-38 所示。

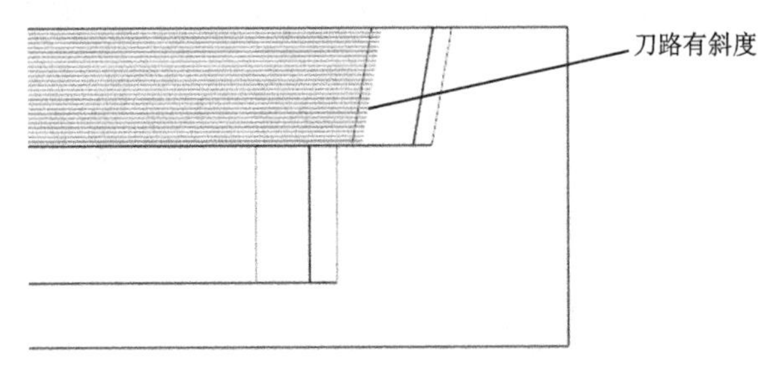

图 4-38　刀路有斜度

（12）在“工序导航器”中选择 FACE_MILLING选项，单击鼠标右键，在快捷菜单中单击“复制”命令。选择 A3，单击鼠标右键，在快捷菜单中单击“内部粘贴”命令，把刀路程序 FACE_MILLING粘贴到 A3 程序组。

（13）在“工序导航器”中双击 FACE_MILLING_COPY_1选项，在【面铣】对话框中选择 D6R0 的刀具。把“每刀切削深度”值设为 0、“最终底面余量”值设为 0。单击“进给率和速度 ”按钮，在弹出的【进给率和速度】对话框中，把主轴速度值设为 1200 r/min、切削速度值设为 500 mm/min。

（14）单击“生成”按钮，生成精加工底面的刀路，如图 4-39 所示。

（15）在“工序导航器”中选择 FACE_MILLING_COPY_1选项，单击鼠标右键，在快捷菜单中单击“复制”命令。选择 A3，单击鼠标右键，在快捷菜单中单击“内部粘贴”命令，把刀路程序 FACE_MILLING粘贴到 A3 程序组。

（16）在“工序导航器”中双击 FACE_MILLING_COPY_1_COPY选项，在【面铣】对话框中对“切削模式”选择“轮廓”选项、“步距”选择“恒定”选项，把“最大距离”值设为 0.2mm、“每刀切削深度”值设为 0、“最终底面余量”值设为 0、“附加刀路”值设为 3。单击“切削参数”按钮，在弹出的【切削参数】对话框中，单击“余量”选项卡，把“部件余量”值、“壁余量”值、“最终底面余量”值都设为 0。

（17）单击“进给率和速度 ”按钮，在弹出的【进给率和速度】对话框中，把主轴速度值设为 1200 r/min、切削速度值设为 500 mm/min。

（18）单击“生成”按钮，生成精加工侧壁的刀路，如图 4-40 所示。

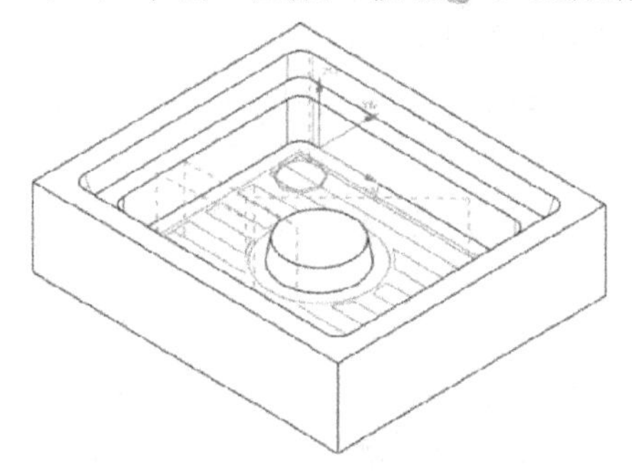

图 4-39 精加工底面的刀路

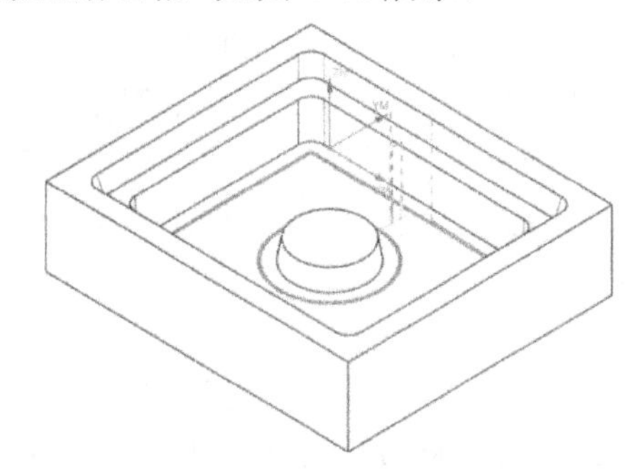

图 4-40 精加工侧壁的刀路

（19）单击“创建工序”按钮，在弹出的【创建工序】对话框中，对“类型”选择“mill_planar”选项。在“工序子类型”列表中单击“底壁铣”按钮，对“程序”选择 A3 选项、“刀具”选择“D6R0（铣刀-5 参数）”选项、“几何体”选择“WORKPIECE”选项、“方法”选择“MILL_ROUGH”选项。设置完毕，单击“确定”按钮。

（20）在【底壁铣】对话框中单击“指定切削区底面”按钮，在实体中选择圆台上表面，如图 4-41 所示。

（21）在【底壁铣】对话框中设置“刀轨设置”选项卡参数，对“切削区域空间范围”选择“底面”选项，对“切削模式”选择“往复”选项、“步距”选择“刀具平直百分比”选项，把“平面直径百分比”值设为 75.0000（%）、“底面毛坯厚度”值设为 3.0000（单位：mm），把“每刀切削深度”值和“Z 向深度偏置”值都设为 0.0000，如图 4-42 所示。

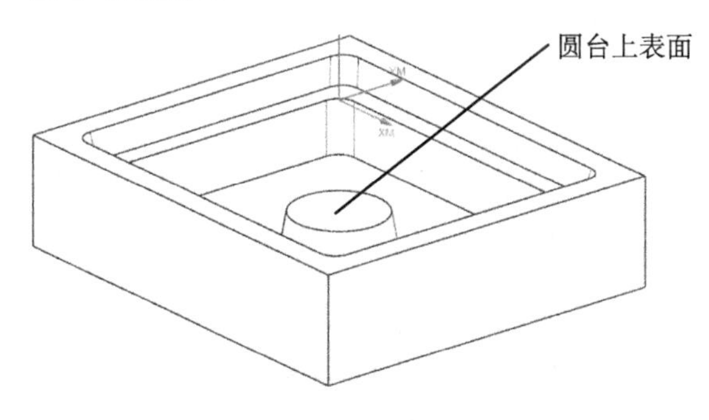

图 4-41 选择圆台上表面

刀轨设置	
方法	MILL_ROUGH
切削区域空间范围	底面
切削模式	往复
步距	刀具平直百分比
平面直径百分比	75.0000
底面毛坯厚度	3.0000
每刀切削深度	0.0000
Z 向深度偏置	0.0000

图 4-42 刀轨参数

（22）单击“切削参数”按钮，在弹出的【切削参数】对话框中，单击“余量”选项卡，把“部件余量”值、“壁余量”值、“最终底面余量”值都设为 0。

（23）单击“非切削移动”按钮，在弹出的【非切削移动】对话框中单击“进刀”选项卡。在“封闭区域”列表中，对“进刀类型”选择“与开放区域相同”选项；在“开放区域”列表中，对“进刀类型”选择“线性”选项，把“长度”值设为 3mm、“高度”

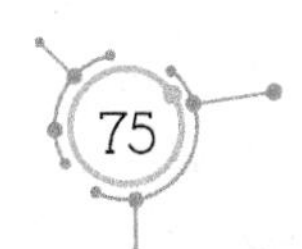

值设为 2mm、“最小安全距离”值设为 5mm。

（24）单击“进给率和速度 ”按钮，把主轴速度值设为 1200 r/min、切削速度值设为 500 mm/min。

（25）单击“生成”按钮，生成的底壁铣刀路如图 4-43 所示。

（26）单击“菜单丨插入丨工序”命令，在【创建工序】对话框中，对“类型”选择“mill_planar”选项。在“工序子类型”列表中单击“平面铣”按钮，对“程序”选择 A3 选项，对“刀具”选择“D6R0（铣刀-5 参数)”选项（铣刀-5 参数)、“几何体”选择“WORKPIECE”选项、“方法” 选择“METHOD”选项。设置完毕，单击“确定”按钮。

（27）在【平面铣】对话框中单击“指定部件边界”按钮，在【部件边界】对话框中，对“选择方法”选择“面”选项、“刀具侧”选择“外侧”选项，选择圆台的上表面，单击“确定”按钮。然后，单击“指定底面”按钮，选择圆台的下底面。

（28）在【平面铣】对话框中对“切削模式”选择“轮廓”选项，把“附加刀路”值设为 0。

（29）单击“切削层”按钮，在弹出的【切削层】对话框中，对“类型”选择“恒定”选项，把“每刀切削深度”值设为 0.1000（单位：mm)、“增量侧面余量”值设为 0.1*tan(10)，如图 4-44 所示。

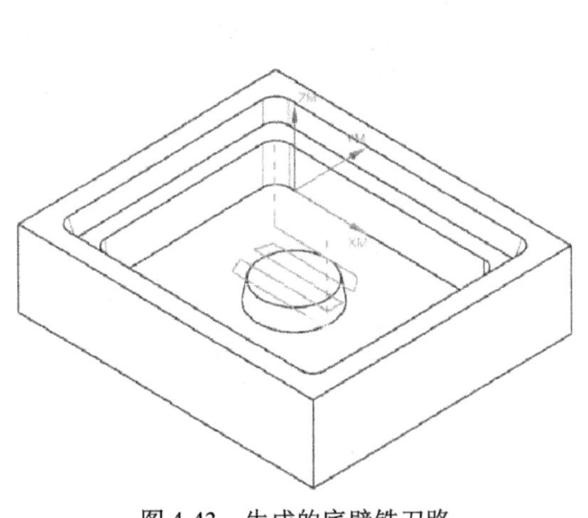

图 4-43　生成的底壁铣刀路

图 4-44　设置【切削层】对话框参数

（30）单击“切削参数”按钮，在弹出的【切削参数】对话框中，单击“余量”选项卡，把“部件余量”值和“最终底面余量”值都设为 0。

（31）单击“非切削移动”按钮，在弹出的【非切削移动】对话框中单击“进刀”选项卡。在“开放区域”列表中，对“进刀类型”选择“圆弧”选项，把“半径”值设为 2mm、“圆弧角度”值设为 90°、“高度”值设为 0、“最小安全距离”值设为 5mm。单击“快速/转移”选项卡，在“区域内”列表中，对“转移类型”选择“直接”选项。

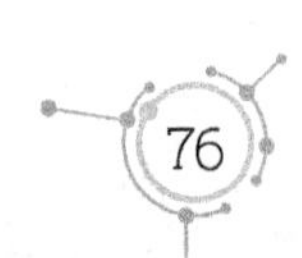

（32）单击“进给率和速度”按钮，把主轴速度值设为 1200 r/min、切削速度值设为 500 mm/min。

（33）单击“生成”按钮，生成平面铣加工斜面的刀路，如图 4-45 所示。

（34）仿真模拟平面铣加工斜面的刀路如图 4-46 所示。

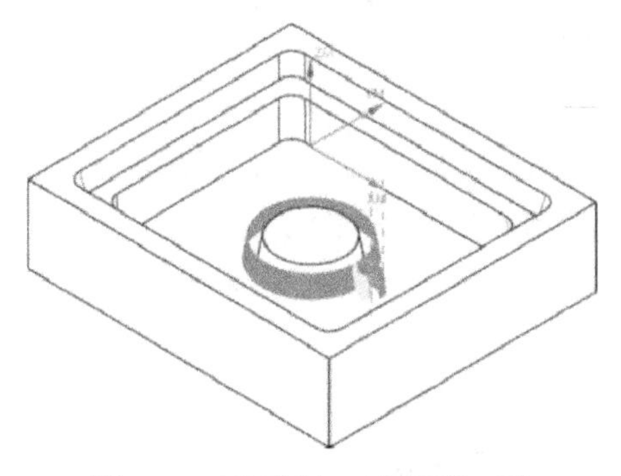

图 4-45　平面铣加工斜面的刀路

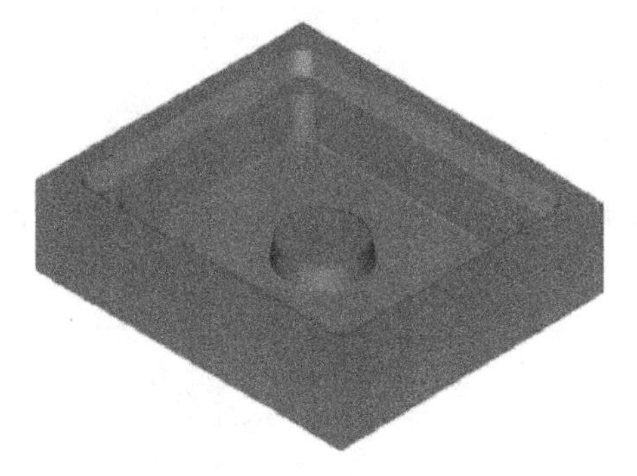

图 4-46　仿真模拟平面铣加工斜面的刀路

4. 装夹方式

（1）用台钳装夹工件时，工件的上表面至少高出台钳平面 15mm。

（2）工件采用四边分中，把工件上表面设为 Z0，参考图 1-71。

5. 加工程序单

加工程序单见表 4-1。

表 4-1　加工程序单

序号	刀具	加工深度	备注
A1	ϕ12 平底刀	15mm	粗加工
A2	ϕ6 平底刀	15mm	粗加工
A3	ϕ6 平底刀	15mm	精加工

项目5　带缺口的工件

本项目详细介绍了在UG 12.0数控编程中“带边界面铣”命令开框及清除前一道工序未加工区域的方法。工件的材料为铝块，工件结构图如图5-1所示。

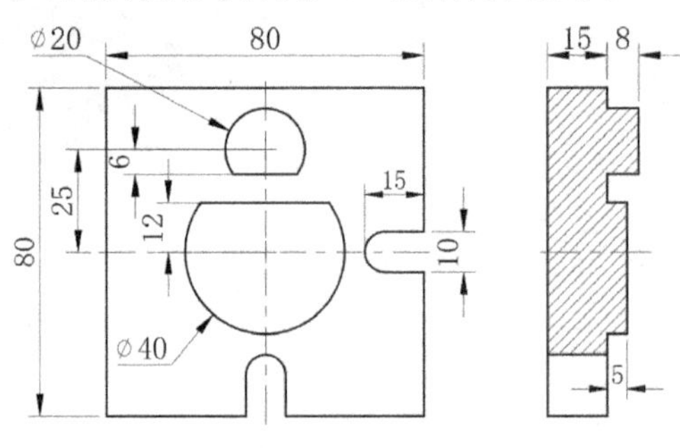

图5-1　工件结构图

1. 加工工序分析图

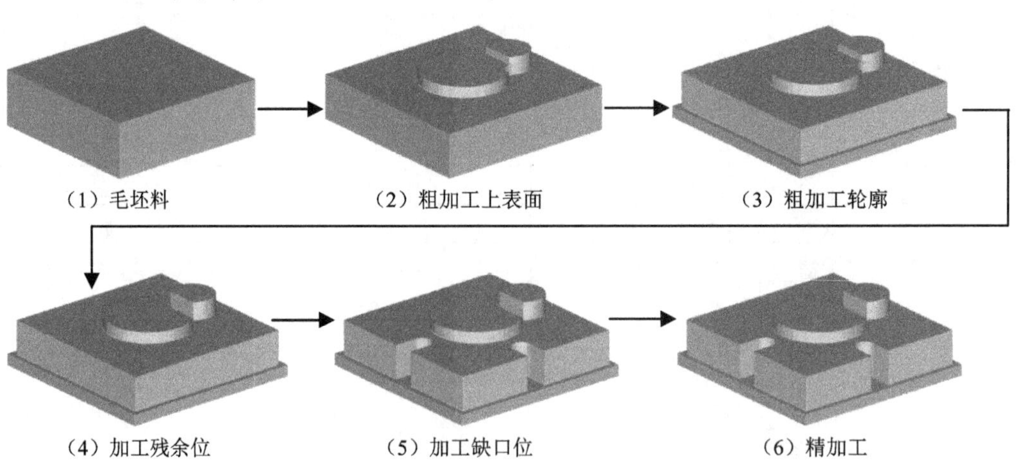

2. 建模过程

（1）启动UG 12.0，单击“新建”按钮。在弹出的【新建】对话框中单击“模型”选项卡，在模板框中把“单位”设为“毫米”，选择“模型”模板，把“名称”设为“EX5.prt”、“文件夹”路径设为“E:\UG12.0数控编程\项目5”。

（2）单击“拉伸”按钮，在弹出的【拉伸】对话框中单击“绘制截面”按钮，以*XC-YC*平面设为草绘平面、*X*轴为水平参考线，把草图原点坐标设为（0，0，0），以原点为中心绘制第1个截面（80mm×80mm）。

（3）单击“完成”按钮，在弹出的【拉伸】对话框中，对“指定矢量”选择“ZC↑”选项。在“开始”栏中选择“值”选项，把“距离”值设为0；在“结束”栏中选择“值”选项，把“距离”值设为15mm；对“布尔”选择“无”选项。

（4）单击“确定”按钮，创建第1个拉伸特征，如图5-2所示。

（5）单击“拉伸”按钮，在弹出的【拉伸】对话框中单击“绘制截面”按钮，把实体上表面设为草绘平面、X轴设为水平参考线，把草图原点坐标设为（0，0，0），绘制1个圆弧与一条直线，如图5-3所示。

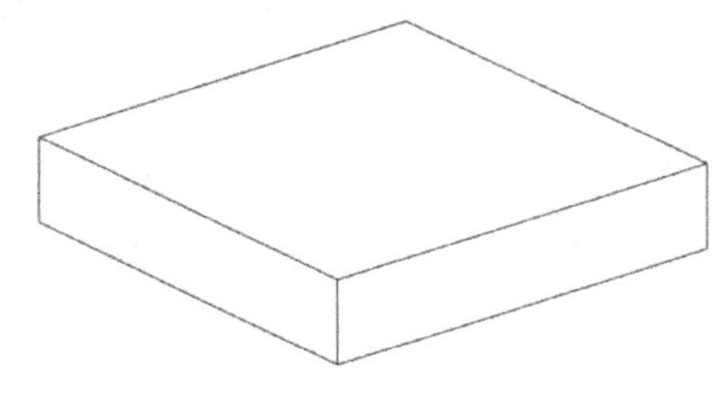

图5-2 创建第1个拉伸特征

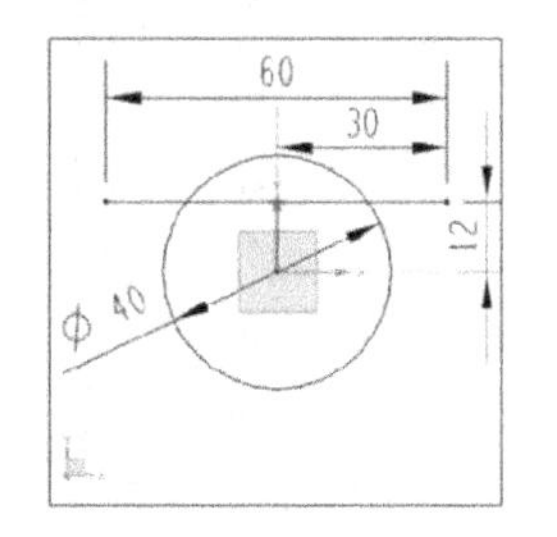

图5-3 绘制1个圆弧与一条直线

（6）单击“快速修剪”按钮，修剪图5-3中多余的曲线，绘制第2个截面，如图5-4所示。

（7）单击“完成”按钮，在弹出的【拉伸】对话框中，对“指定矢量”选择“ZC↑”选项。在“开始”栏中选择“值”选项；把“距离”值设为0；在“结束”栏中选择“值”选项，把“距离”值设为5mm；对“布尔”选择“求和”选项。

（8）单击“确定”按钮，创建第2个拉伸特征，如图5-5所示。

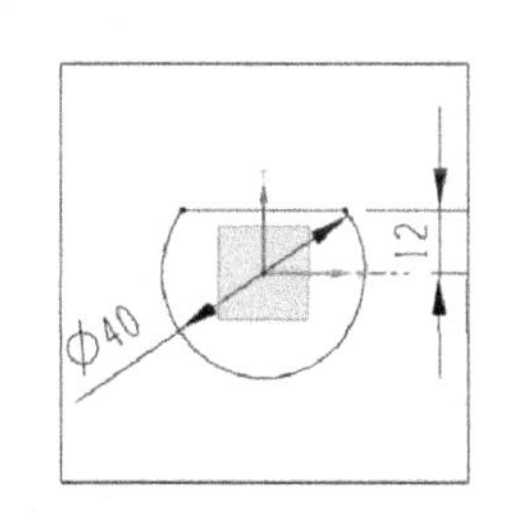

图5-4 绘制第2个截面

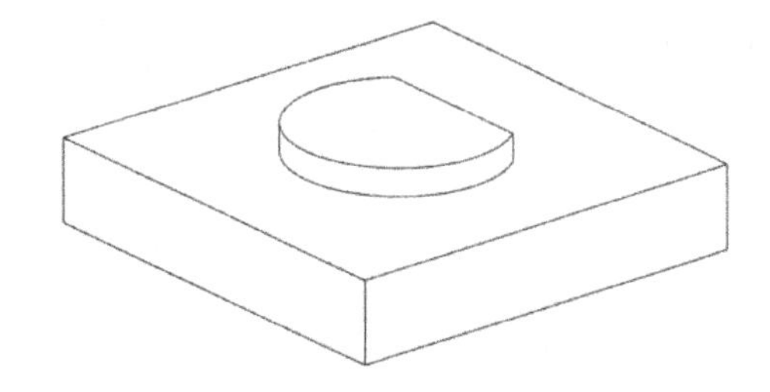

图5-5 创建第2个拉伸特征

（9）单击“拉伸”按钮，在弹出的【拉伸】对话框中单击“绘制截面”按钮，以实体上表面为草绘平面、X轴为水平参考线，把草图原点坐标设为（0，0，0），以原点为中心绘制第3个截面，如图5-6所示。

（10）单击“完成”按钮，在弹出的【拉伸】对话框中，对“指定矢量”选择“ZC↑”选项。在“开始”栏中选择“值”选项，把“距离”值设为0；在“结束”栏中选择“值”选项，把“距离”值设为8mm；对“布尔”选择“求和”选项、“拔模”选择“无”选项。

（11）单击“确定”按钮，创建第3个拉伸特征，如图5-7所示。

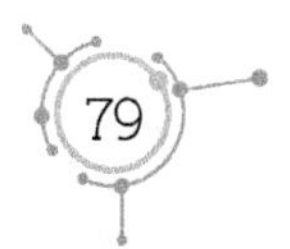

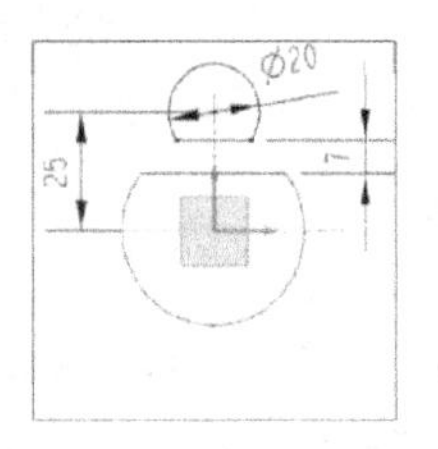

图 5-6　绘制第 3 个截面

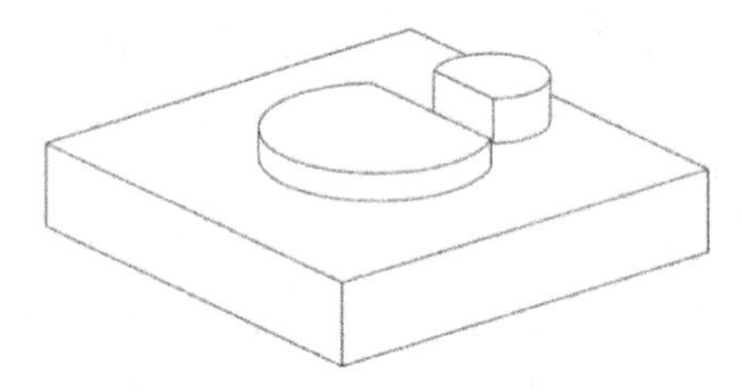

图 5-7　创建第 3 个拉伸特征

（12）单击“拉伸”按钮，在弹出的【拉伸】对话框中单击“绘制截面”按钮，以 *XOY* 平面为草绘平面、*X* 轴为水平参考线，把草图原点坐标设为（0，0，0），以原点为中心绘制第 4 个截面，如图 5-8 所示。

（13）单击“完成”按钮，在弹出的【拉伸】对话框中，对“指定矢量”选择“ZC↑”选项。在“开始”栏中选择“值”选项，把“距离”值设为 0；在“结束”栏中选择“贯通”选项、“布尔”选择“减去”选项、“拔模”选择“无”选项。

（14）单击“确定”按钮，创建两个缺口，如图 5-9 所示。

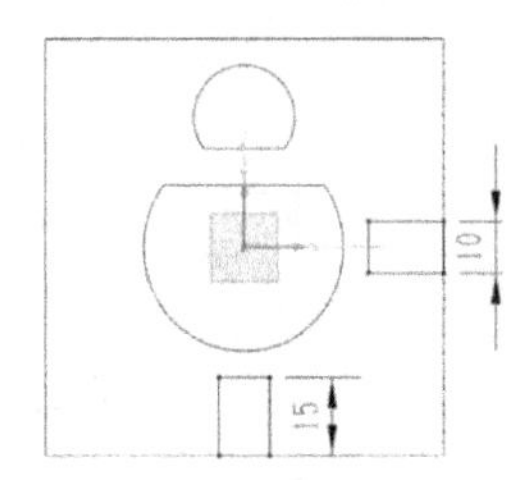

图 5-8　绘制第 4 个截面

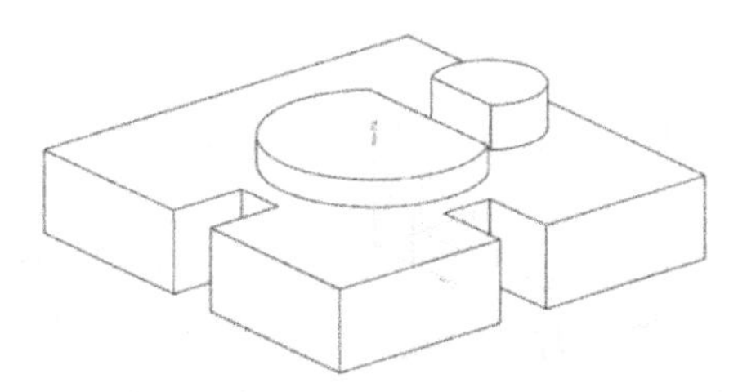

图 5-9　创建两个缺口

（15）单击“菜单｜插入｜细节特征｜面倒圆”命令，在【面倒圆】对话框中，对“类型”选择“三个定义面链”选项，对“截面方向”选择“滚球”选项，如图 5-10 所示。

（16）在工作区上方的工具条中选择“单个面”选项，把缺口左边的平面设为面链①、缺口右边的平面设为面链②、中间的平面设为面链③，并且这 3 个面链的箭头方向指向缺口区域，如图 5-11 所示。

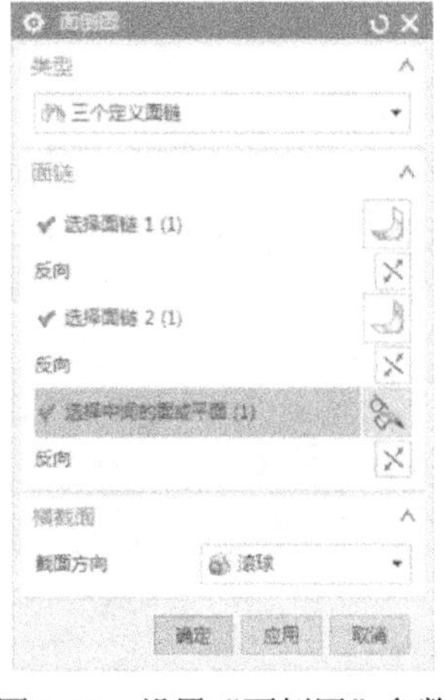

图 5-10　设置“面倒圆”参数

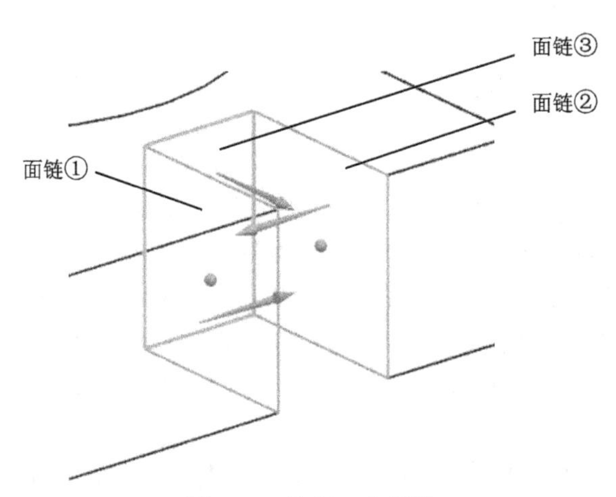

图 5-11　选择 3 个面链

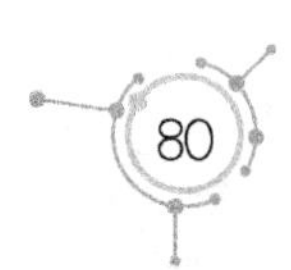

（17）单击“确定”按钮，创建第 1 个倒圆角特征（全圆角）。采用相同的方法，创建第 2 个倒圆角特征，创建的两个倒圆角特征如图 5-12 所示。

（18）单击“菜单｜编辑｜特征｜移除参数”命令，移除实体的参数。

（19）单击“菜单｜编辑｜移动对象”命令，在【移动对象】对话框中，对“运动”选择“距离”选项，对“指定矢量”选择“ZC↑”选项，把“距离”值设为-23mm，对“结果”选择“◉移动原先的”单选框。

（20）选择实体后，单击“确定”按钮，坐标系位于实体上表面，如图 5-13 所示。

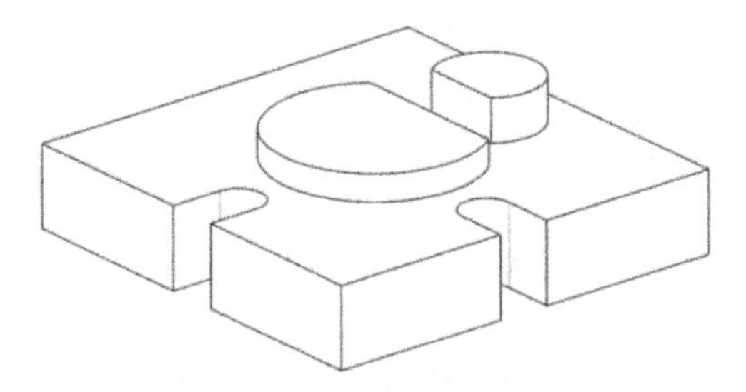
图 5-12　创建的两个倒圆角特征

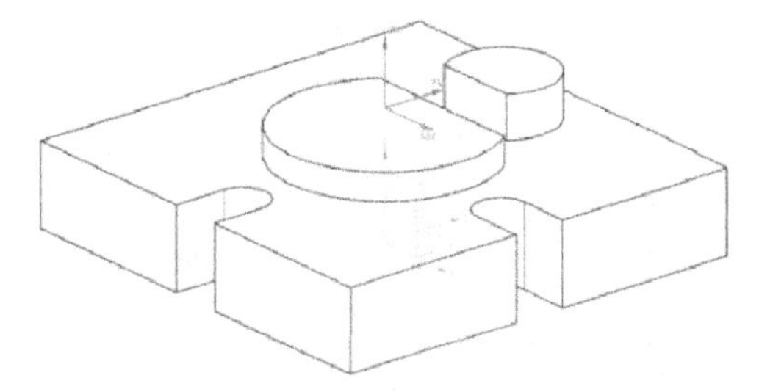
图 5-13　坐标系位于实体上表面

3. 数控编程过程

1）进入 UG 加工环境

（1）在横向菜单中先单击“应用模块”选项卡，再单击“加工”命令。

（2）在【加工环境】对话框中选择“cam_general”选项和“mill_planar”选项，再单击“确定”按钮，进入 UG 加工环境。此时，实体上出现两个坐标系：基准坐标系和工件坐标系，这两个坐标系重合在一起。

（3）单击“菜单｜插入｜几何体”命令，在【创建几何体】对话框中，对“几何体子类型”选择选项，对“几何体”选择“GEOMETRY”选项、“名称”选择“A”选项。

（4）单击“确定”按钮，在【MCS】对话框中，对“安全设置选项”选择“自动平面”，把“安全距离”值设为 10mm。单击“确定”按钮，创建几何体 A。

（5）在辅助工具条中单击“几何视图”按钮，在“工序导航器”中添加几何体 A。

（6）单击“菜单｜插入｜几何体”命令，在【创建几何体】对话框中，对“几何体子类型”选择“WORKPIECE”图标，对“几何体”选择 A，把“名称”设为 B。

（7）单击“确定”按钮，在【工件】对话框中选择“指定部件”按钮。在工作区选择整个实体，单击“确定”按钮，把实体设为工作部件。

（8）在【工件】对话框中单击“指定毛坯”按钮，在【毛坯几何体】对话框中，对“类型”选择“包容块”选项，把“XM-”、“YM-”、“XM+”、“YM+”值都设为 1mm，把“ZM+”值设为 2mm。

（9）连续两次单击“确定”按钮，创建几何体 B。在“工序导航器”中展开 A 的下级目录，几何体 B 显示在 A 的下级目录中。

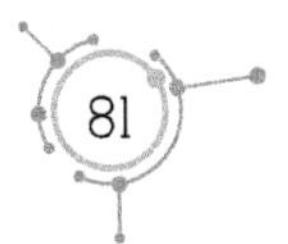

2）创建刀具

（1）单击“创建刀具”按钮，在弹出的【创建刀具】对话框中，对“刀具子类型”选择“MILL”图标、“名称”选择“D12R0（铣刀-5 参数）”选项。设置完毕，单击“确定”按钮。

（2）在【铣刀-5 参数】对话框中，把“直径”值设为 12mm、“下半径”值设为 0mm。

（3）采用相同的方法，创建 D6R0 平底刀，把“直径”值设为 6mm、“下半径”值设为 0mm。

3）创建边界面铣刀路（粗加工程序）

（1）单击“菜单｜插入｜工序”命令，在【创建工序】对话框中，对“类型”选择“mill_planar”选项，在“工序子类型”列表中单击“带边界面铣”按钮，对“程序”选择“NC_PROGRAM”选项、“刀具”选择“D12R0（铣刀-5 参数）”选项、“几何体”选择“B”选项，对“方法”选择“MILL_ROUGH”选项，如图 5-14 所示。

（2）单击“确定”按钮，在【面铣】对话框中单击“指定面边界”按钮。在【毛坯边界】对话框中，对“选择方法”选择“曲线”选项、“刀具侧”选择“内侧”选项、“平面”选择“自动”选项，如图 5-15 所示。

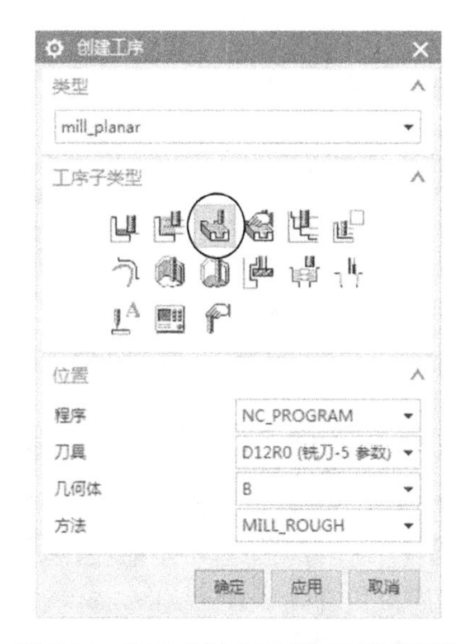

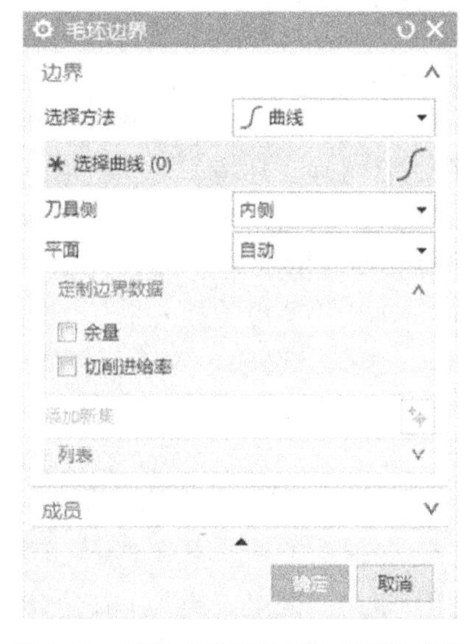

图 5-14　设置【创建工序】对话框参数

图 5-15　设置【毛坯边界】对话框参数

（3）依次选择台阶上表面（80mm×80mm）的 4 条边线，如图 5-16 所示。设置完毕，单击“确定”按钮，所选择的边线自动形成 1 个封闭的区域。

（4）在【面铣】对话框中，对“刀轴”选择“+ZM”选项，对“方法”选择“MILL_ROUGH”选项，对“切削模式”选择“往复”选项；把“毛坯距离”值设为 10.0000（单位：mm）、“每刀切削深度”值设为 0.5000（单位：mm）、“最终底面余量”值设为 0.1000（单位：mm），如图 5-17 所示。

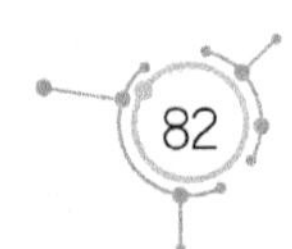

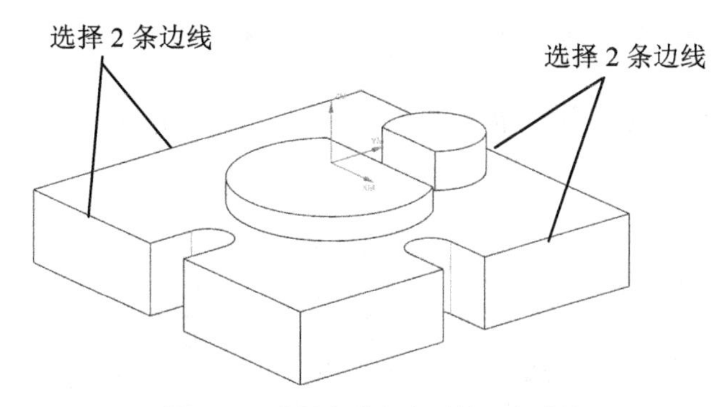

图 5-16　选择台阶上表面的 4 条边线

（5）单击“切削参数”按钮，在弹出的【切削参数】对话框中，单击“策略”选项卡，对“切削方向”选择“顺铣”选项、“剖切角”选择“指定”选项，把“与 XC 的夹角”值设为 0.0000。勾选“√添加精加工刀路”复选框，把“刀路数”值设为 1、“精加工步距”值设为 1.0000mm，如图 5-18 所示。单击“余量”选项卡，把“部件余量”值和“壁余量”值都设为 0.2mm，把“最终底面余量”值设为 0.1mm。

刀轴
轴　+ZM 轴
刀轨设置
方法　MILL_ROUGH
切削模式　往复
步距　刀具平直百分比
平面直径百分比　75.0000
毛坯距离　10.0000
每刀切削深度　0.5000
最终底面余量　0.1000

图 5-17　设置“刀轴”和“刀轨”参数

图 5-18　设置精加工刀路参数

（6）单击“非切削移动”按钮，在弹出的【非切削移动】对话框中单击“进刀”选项卡。在“开放区域”列表中，对“进刀类型”选择“线性”选项，把“长度”值设为 20mm、“高度”值设为 2m、“最小安全距离”值设为 5mm；勾选“√修剪至最小安全距离”复选框。

提示：对于初学者可任意修改上述参数，重新生成刀路后观察刀路有什么变化。还可取消“修剪至最小安全距离”复选框中的“√”，观察刀路的变化。

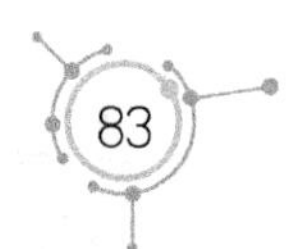

（7）单击“进给率和速度 ”按钮，把主轴速度值设为1000r/min、切削速度值设为1200mm/min。

（8）单击“生成”按钮，生成的面铣刀路如图5-19所示。

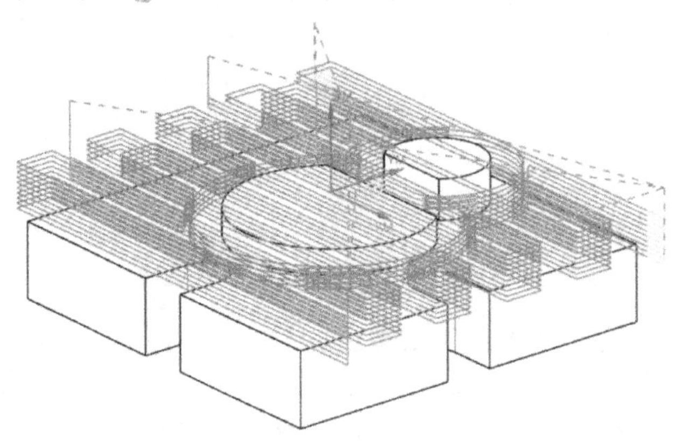

图5-19　步骤（8）生成的面铣刀路

（9）若在图5-17中把“毛坯距离”值改为20mm，则刀路从离平面20mm处开始，如图5-20所示。

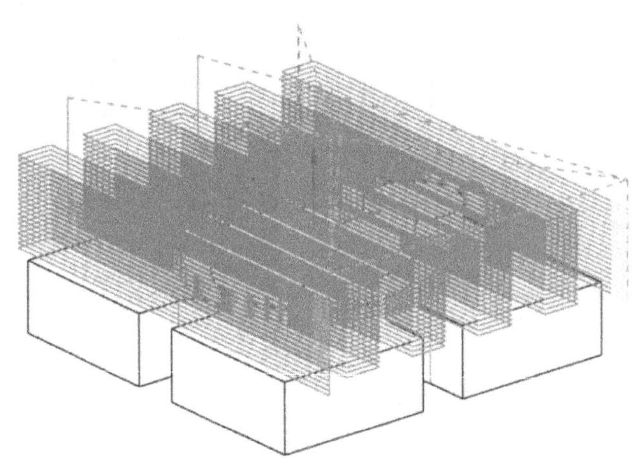

图5-20　把“毛坯距离”值改为20mm后的刀路

4）创建边界面铣刀路（粗加工程序）

（1）单击“菜单｜插入｜工序”命令，在【创建工序】对话框中，对“类型”选择“mill_planar”选项，在“工序子类型”列表中单击“平面铣”按钮，对“程序”选择“NC_PROGRAM”选项、“刀具”选择“D12R0（铣刀-5 参数）”选项、“几何体”选择“B”选项，对“方法”选择“MILL_FINISH”选项，如图5-21所示。

（2）单击“确定”按钮，在【平面铣】对话框中单击“指定部件边界”按钮，在【部件边界】对话框中，对“选择方法”选择“点”选项、“边界类型”选择“封闭”选项、“刀具侧”选择“外侧”选项，如图5-22所示。

图 5-21　设置【创建工序】对话框参数

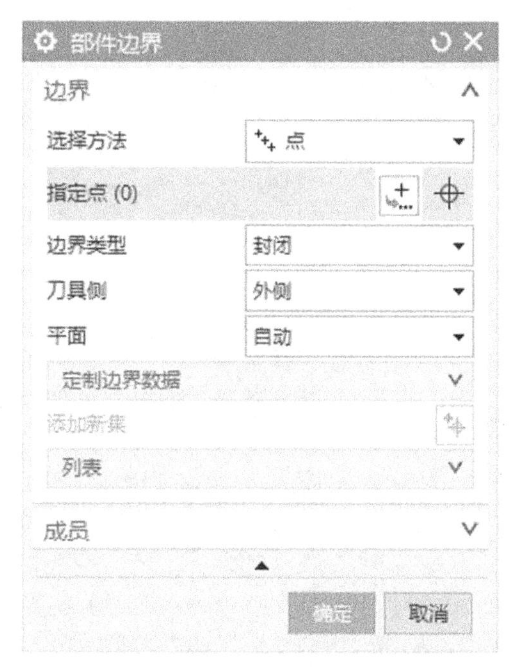

图 5-22　设置【部件边界】对话框参数

（3）在实体表面依次选择 *A*、*B*、*C*、*D* 4 个顶点，4 个顶点围成 1 个封闭的边界，如图 5-23 所示。

（4）在【部件边界】对话框中，单击“确定”按钮。

（5）在【平面铣】对话框中单击“指定底面”按钮，选择实体的下底面。

（6）在【平面铣】对话框中对“切削模式”选择“轮廓”选项，把“附加刀路”值设为 0。

（7）单击“切削层”按钮，在【切削层】对话框中，对“类型”选择“恒定”选项，把“公共每刀切削深度”值设为 0.5mm。

（8）单击“切削参数”按钮，在【切削参数】对话框中，单击“策略”选项卡，对“切削方向”选择“顺铣”选项。单击“余量”选项卡，把“部件余量”值设为 0.2mm。

（9）单击“非切削移动”按钮，在【非切削移动】对话框中单击“进刀”选项卡，在“开放区域”列表中，对“进刀类型”选择“圆弧”选项，把“半径”值设为 2mm、“圆弧角度”值设为 90°、“高度”值设为 5m、“最小安全距离”值设为 10mm。单击“起点/钻点”选项卡，单击“指定点”按钮，选择右边半径的圆心位置为进刀起点。单击“转移/快速”选项卡，在“区域内”列表中，对“转移类型”选择“直接”选项。

（10）单击“进给率和速度 ”按钮，把主轴速度值设为 1000r/min、切削速度值设为 1200mm/min。

（11）单击“生成”按钮，生成的面铣刀路如图 5-24 所示。

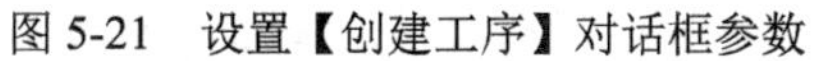

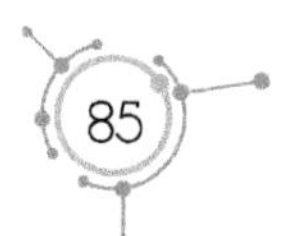

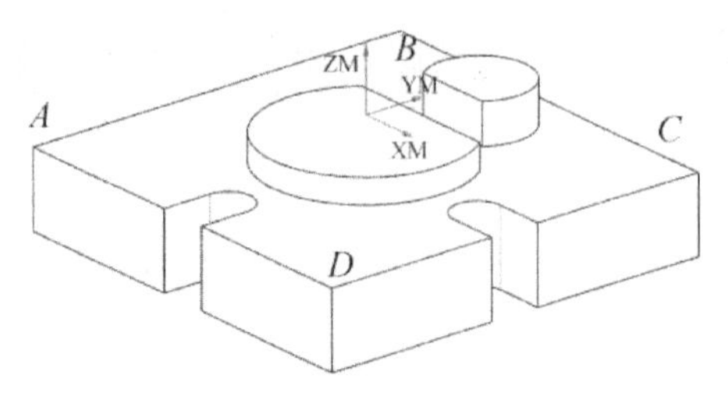

图 5-23　选择 4 个顶点

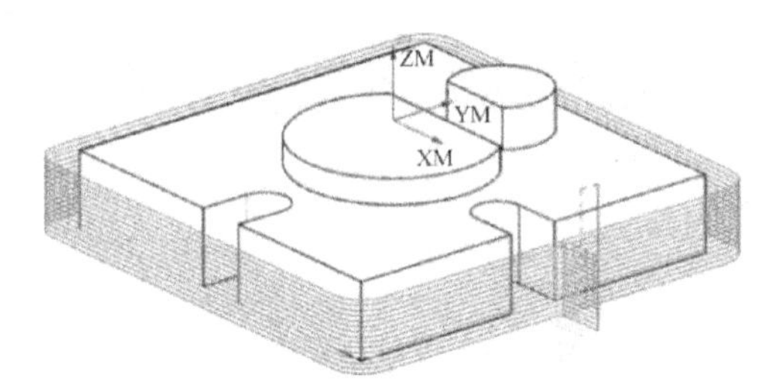

图 5-24　步骤（11）生成的面铣刀路

5）创建半精加工刀路

（1）在辅助工具条中单击“程序顺序视图”按钮。

（2）在“工序导航器”中把 PROGRAM 改为 A1，并把刚才创建的两个刀路程序移到 A1 程序组中。

（3）单击“菜单｜插入｜程序”命令，在【创建程序】对话框中对“程序”选择 NC_PROGRAM，把“名称”设为 A2，创建 A2 程序组。

（4）在“工序导航器”选择 FACE_MILLING 和 PLANAR_MILL 两个选项，单击鼠标右键，在快捷菜单中，单击“复制”命令。再选择 A2，单击鼠标右键，在快捷菜单中，单击“内部粘贴”命令，把两个刀路复制到 A2 程序组中。

（5）在“工序导航器”中双击 FACE_MILLING_COPY 选项，在【面铣】对话框中单击“指定面边界”按钮，在【毛坯边界】对话框中单击“列表”栏中的“移除”按钮，清除以前选择的边界，再在【毛坯边界】对话框中，对“选择方法”选择“点”选项，如图 5-22 所示，在两个凸起的根部依次选择 *A*、*B*、*C*、*D* 4 个顶点。要求 *A*、*B*、*C*、*D* 4 个顶点必须在同 1 个平面上，4 个顶点围成 1 个封闭的边界，如图 5-25 所示。

（6）在【毛坯边界】对话框中，对“刀具侧”选择“内侧”选项，对“平面”选择“自动”选项，单击“确定”按钮。

（7）在【面铣】对话框中对“刀具”选择“D6R0（铣刀-5 参数）”（如果没有创建 D6R0 的刀具，那么应先创建该刀具），对“切削模式”选择“轮廓”选项，把“每刀切削深度”值设为 0.3000（单位：mm），如图 5-26 所示。

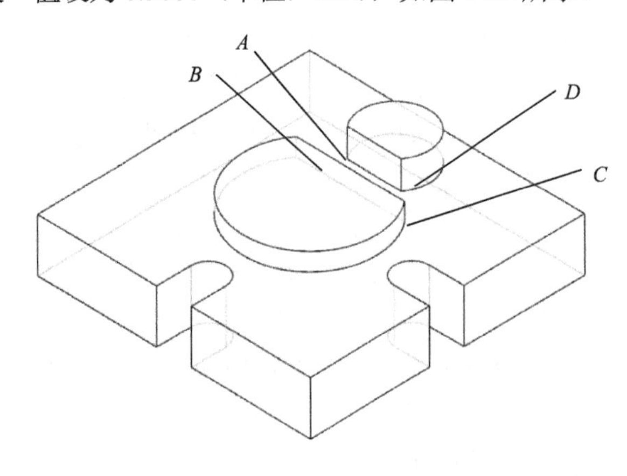

图 5-25　选择 *A*、*B*、*C*、*D* 4 个顶点

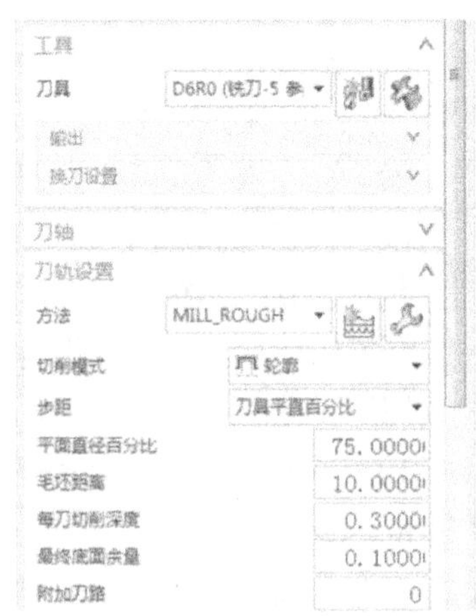

图 5-26　设置“刀具”和“刀轨”参数

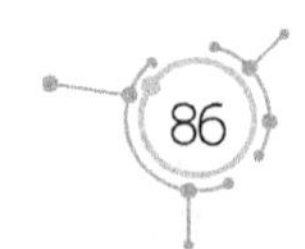

（8）单击“生成”按钮，生成的面铣刀路如图5-27所示。

（9）在“工序导航器”中双击 PLANAR_MILL_COPY选项，在【平面铣】对话框中单击“指定部件边界”按钮，在【部件边界】对话框中单击“移除”按钮，清除所选择的边界。

（10）在【部件边界】对话框中选择“曲线”选项，对“边界类型”选择“开放”选项、“平面”选择“自动”选项、“刀具侧”选择“左”选项，如图5-28所示。

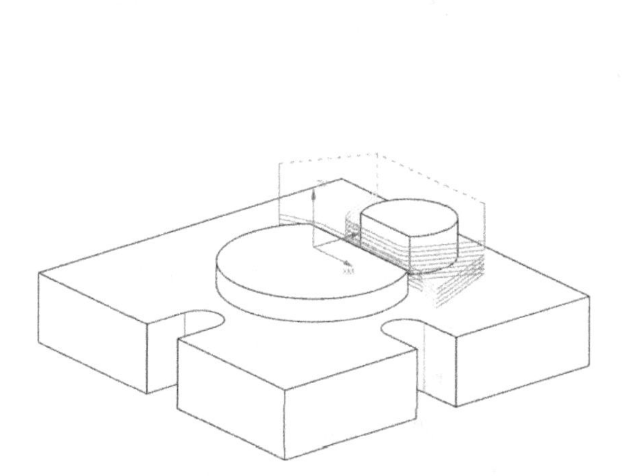

图5-27　步骤（8）生成的面铣刀路

图5-28　设置【部件边界】对话框参数

（11）按逆时针方向选择右侧凹形边上的3段曲线，如图5-29所示。

提示： 确定数控铣加工刀路方向的原则是“公顺母逆”或“凸顺凹逆”。其中，“顺”指顺时针，“逆”指逆时针。图5-29所示实体是凹形的，因此，按逆时针顺序选择3段曲线。“材料侧”选择“右”是指材料在刀具前进方向的右侧。

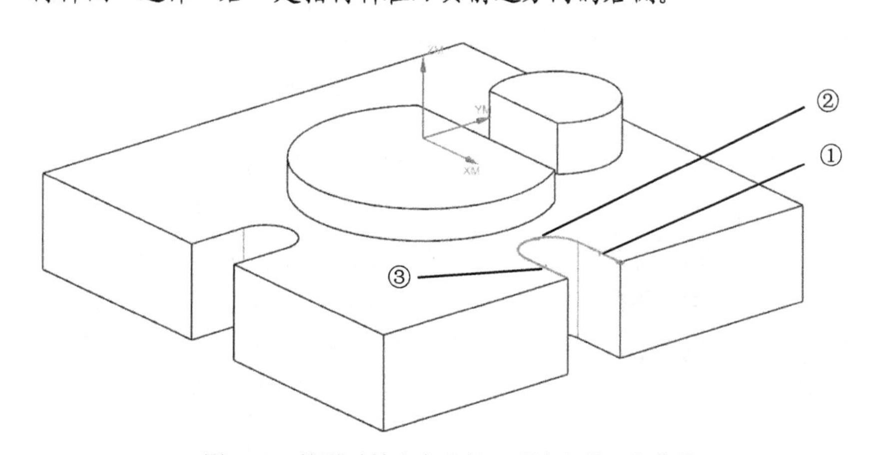

图5-29　按逆时针方向选择凹形边上的3段曲线

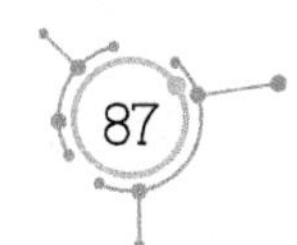

（12）选定上述 3 段曲线后，在【创建边界】对话框中单击“添加新集”按钮，再按相同的方法选择左侧凹形边上的 3 段曲线。设置完毕，单击“确定”按钮。

（13）在【面铣】对话框中对“刀具”选择“D6R0（铣刀-5 参数）”选项。

（14）单击“切削层”按钮，在弹出的【切削层】对话框中把“公共每刀切削深度”值设为 0.3mm。

（15）单击“非切削移动”按钮，在弹出的【非切削移动】对话框中单击“进刀”选项卡。在“开放区域”列表中，对“进刀类型”选择“线性”选项，把“长度”值设为 5mm、“高度”值设为 2m、“最小安全距离”值设为 10mm。单击“转移/快速”选项卡，在“区域内”列表中，对“转移类型”选择“直接”选项。

（16）单击“进给率和速度 ”按钮，在弹出的【进给率和速度】对话框中，把主轴速度值设为 1000r/min、切削速度值设为 1200mm/min。

（17）单击“生成”按钮，生成的面铣刀路如图 5-30 所示。

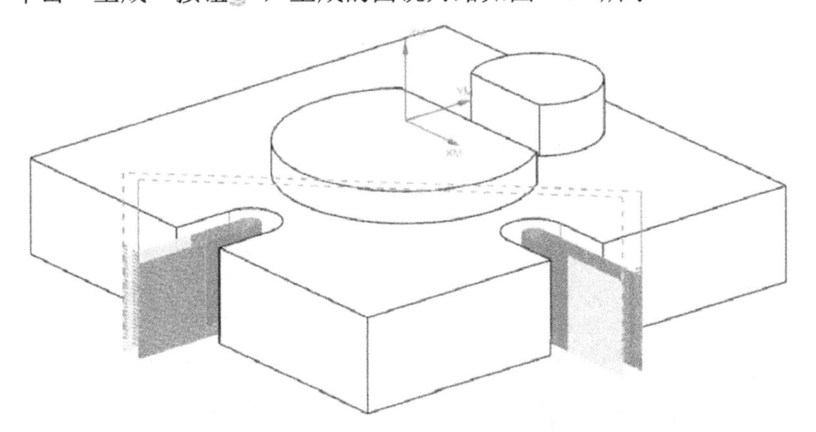

图 5-30　步骤（17）生成的面铣刀路

6）创建精加工刀路

（1）单击“菜单｜插入｜程序”命令，在【创建程序】对话框中，对“程序”选择“NC_PROGRAM”选项，把“名称”设为 A3，创建 A3 程序组。

（2）在“工序导航器”选择 FACE_MILLING_COPY 和 PLANAR_MILL_COPY 两个刀路程序。单击鼠标右键，在快捷菜单中单击“复制”命令。再选择 A3，单击鼠标右键，单击“内部粘贴”命令，把两个刀路程序复制到 A3 程序组中。

（3）在“工序导航器”中双击 FACE_MILLING_COPY_COPY 选项，在【面铣】对话框中单击“指定面边界”按钮。在【毛坯边界】对话框中单击“列表”栏中的“移除”按钮，清除前面步骤所选择的边界；对“选择方法”选择“面”选项，选择第 1 个圆台顶面；单击“添加新集”按钮，如图 5-31 所示。选择第 2 个圆台顶面，单击“添加新集”按钮；最后，选择台阶面，选定的 3 个平面如图 5-32 所示。

图 5-31　单击“添加新集”按钮

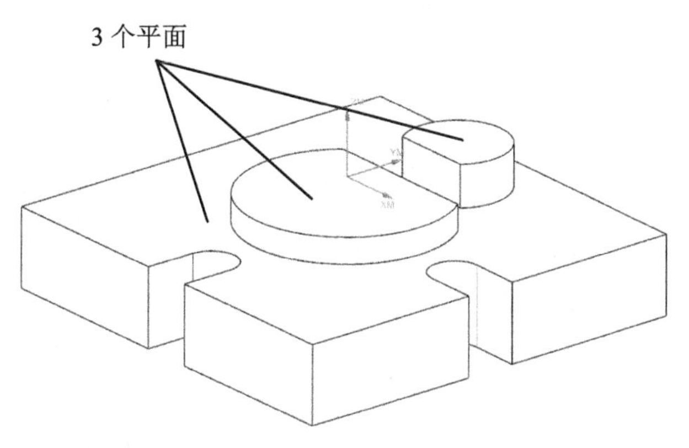

图 5-32　选定的 3 个平面

（4）在【面铣】对话框中对“切削模式”选择“往复”选项、“步距”选择“刀具平直百分比”选项，把“平面直径百分比”值设为 75.0000（%）、“毛坯距离”值设为 0.0000、“最终底面余量”值设为 0.0000，如图 5-33 所示。

（5）单击“切削参数”按钮，在弹出的【切削参数】对话框中，单击“策略”选项卡，对“切削方向”选择“顺铣”选项、“剖切角”选择“指定”选项，把“与 XC 的夹角”值设为 0。勾选“添加精加工刀路”，把“刀路数”值设为 3、“精加工步距”值设为 0.1000mm，如图 5-34 所示。单击“余量”选项卡，把“部件余量”值设为 0，把“内公差”和“外公差”值都设为 0.01。

（6）单击“进给率和速度 ”按钮，把主轴速度值设为 1000r/min、切削速度值设为 600mm/min。

（7）单击“生成”按钮，生成面铣刀路。从该刀路上可以看出，只有加工台阳谷平面的刀路有精加工刀路。这是因为台阶面上有岛屿，而两个凸起的平面上没有岛屿，如图 5-35 所示。

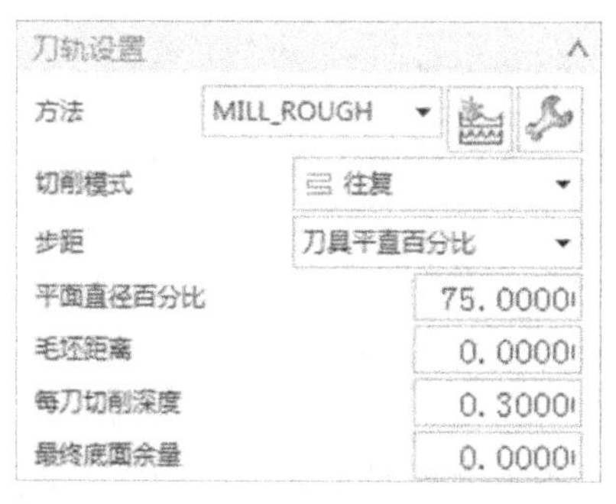

图 5-33　设置“刀轨设置”选项卡参数

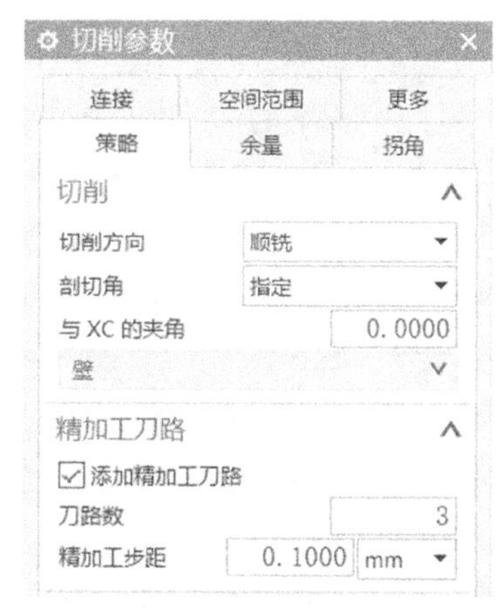

图 5-34　设置“策略”选项卡参数

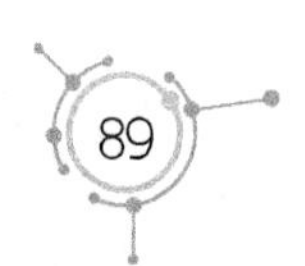

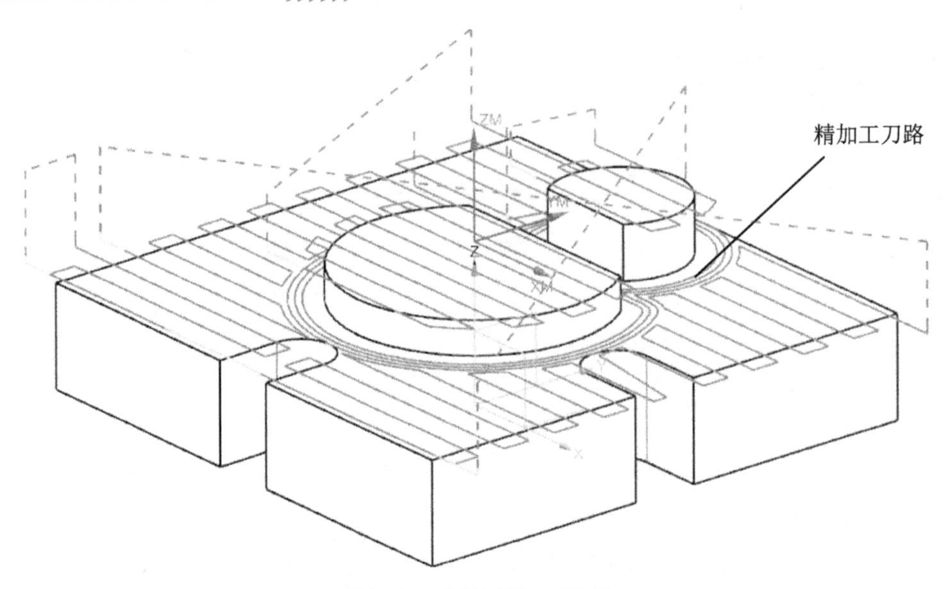

图 5-35　面铣精加工刀路

（8）在“工序导航器”中双击 PLANAR_MILL_COPY_COPY 选项，在【平面铣】对话框中单击“指定部件边界”按钮，在【部件边界】对话框中单击“列表”栏中的“移除”按钮，清除前面所选择的边界。

（9）在【部件边界】对话框中，对“选择方法”选择“面”选项、“刀具侧”选择“外侧”选项。选择实体的台阶面，可以看出实体的外边界被加强显示，说明已被选择。设置完毕，单击“确定”按钮。

（10）在【平面铣】对话框中“步距”选择“恒定”选项，把“最大距离”值设为0.1000mm、“附加刀路”值设为 2，如图 5-36 所示。

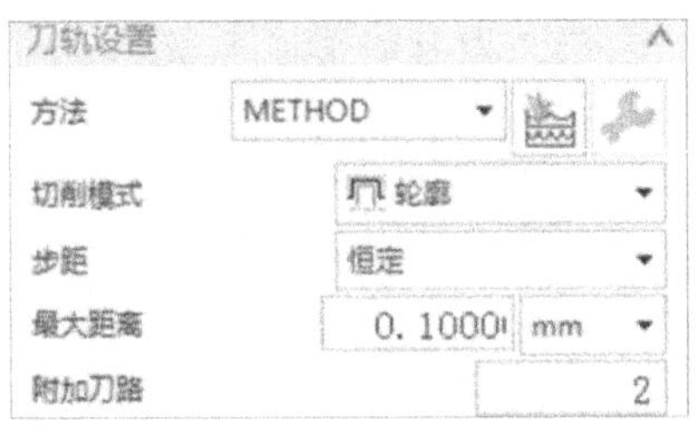

图 5-36　设置“刀轨设置”选项卡参数

（11）单击“切削层”按钮，在弹出的【切削层】对话框中，对“类型”选择“仅底面”选项。

（12）单击“切削参数”按钮，在【切削参数】对话框中，单击“余量”选项卡，把“部件余量”值和“最终底面余量”值都设为 0，把“内公差”值和“外公差”值都设为 0.01。

（13）单击“非切削移动”按钮，在弹出的【非切削移动】对话框中单击“进刀”选项卡。在“开放区域”列表中，对“进刀类型”选择“圆弧”选项，把“半径”值设为

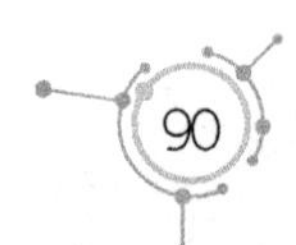

1mm、“圆弧角度”值设为 90°、“高度”值设为 2m、“最小安全距离”值设为 10mm。单击“起点/钻点”选项卡，单击“指定点”按钮，选择右边下半段边线的中点作为进刀起点。单击“转移/快速”选项卡，在“区域内”列表中，对“转移类型”选择“直接”选项。

（14）单击“进给率和速度 ”按钮，在弹出的【进给率和速度】对话框中，把主轴速度值设为 1000r/min、切削速度值设为 600mm/min。

（15）单击“生成”按钮，生成的“平面铣”外形刀路如图 5-37 所示。

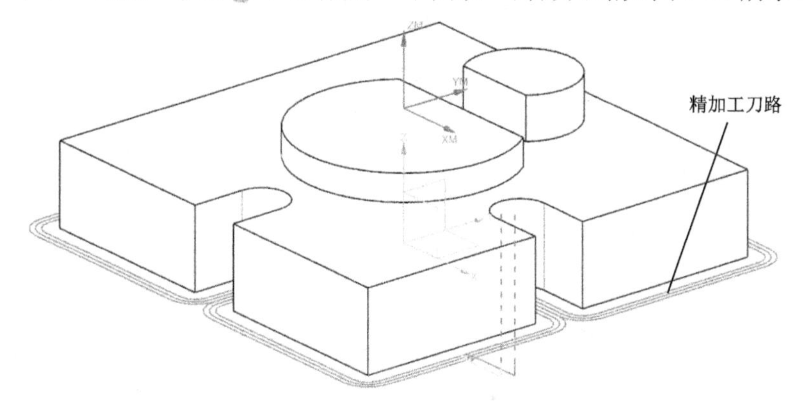

图 5-37　生成的“平面铣”外形刀路

4. 装夹方式

（1）用台钳装夹工件时，工件的上表面至少高出台钳平面 23mm。

（2）工件采用四边分中，把工件上表面设为 Z0，参考图 1-71。

5. 加工程序单

加工程序单见表 5-1。

表 5-1　加工程序单

序号	刀具	加工深度	备注
A1	ϕ12 平底刀	23mm	粗加工
A2	ϕ6 平底刀	23mm	粗加工
A3	ϕ6 平底刀	23mm	精加工

中级工考证篇

项目6 五角板

本项目以1个数控铣中级工考证的考题为例，详细介绍了建模、加工工艺、编程、工件装夹等内容。工件材料为铝块，毛坯料尺寸为85mm×85mm×35mm，工件结构图如图6-1所示。

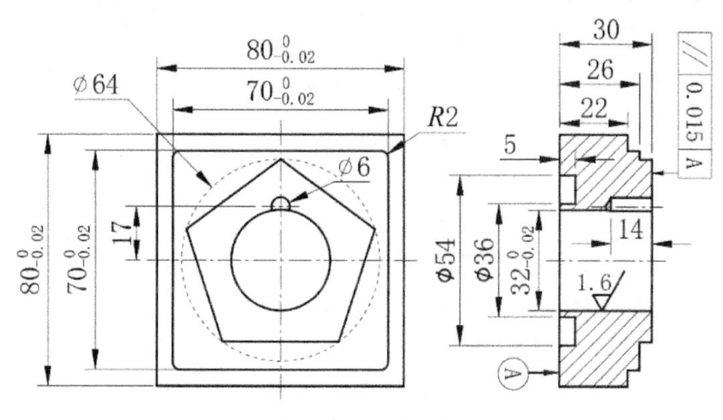

图6-1　工件结构图

1. 第1面加工工序分析图

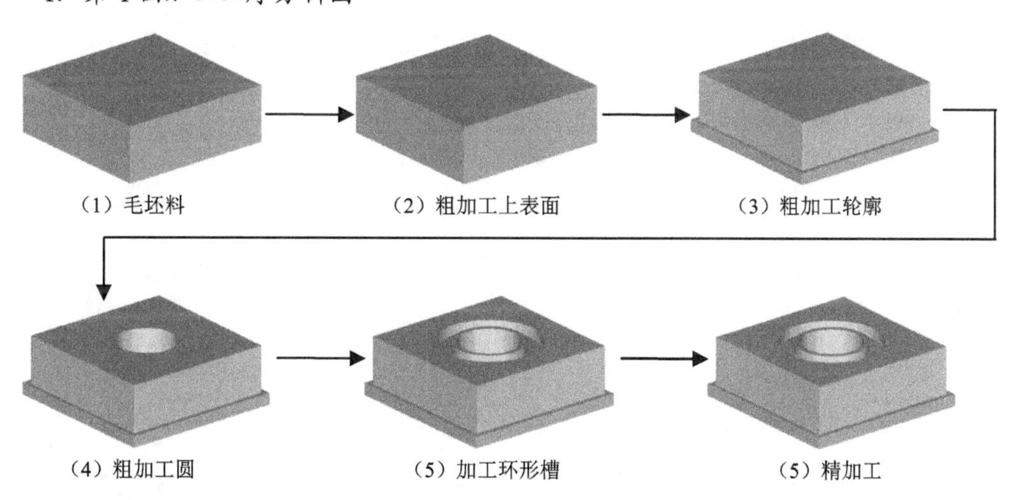

2. 第 2 面加工工序分析图

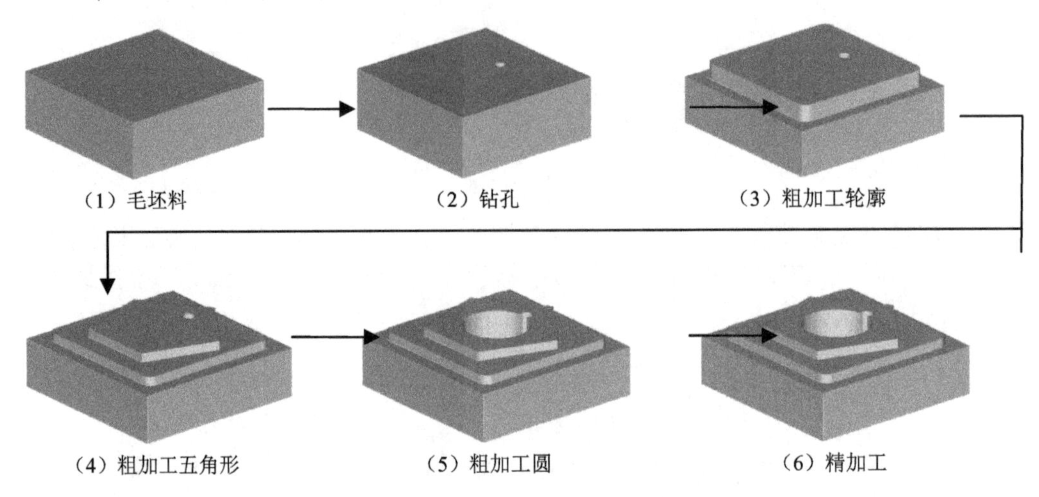

3. 建模过程

（1）启动 UG 12.0，单击“新建”按钮。在弹出的【新建】对话框中单击“模型”选项卡，在模板框中把“单位”设为“毫米”，选择“模型”模板，把“名称”设为“ex6.prt”、“文件夹”路径设为“E:\UG12.0 数控编程\项目 6”。

（2）单击“拉伸”按钮，在弹出的【拉伸】对话框中单击“绘制截面”按钮。把 *XC-YC* 平面设为草绘平面、*X* 轴设为水平参考线，把草图原点坐标设为（0，0，0），以原点为中心绘制第 1 个截面，如图 6-2 所示。

（3）单击“完成”按钮，在弹出的【拉伸】对话框中，对“指定矢量”选择“ZC↑”选项。在“开始”栏中选择“值”选项，把“距离”值设为 0；在“结束”栏中选择“值”选项，把“距离”值设为 22mm；对“布尔”选择“无”选项。

（4）单击“确定”按钮，创建第 1 个拉伸特征，如图 6-3 所示。

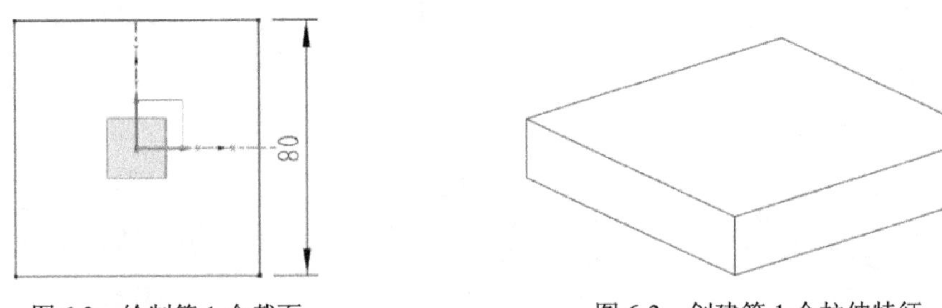

图 6-2　绘制第 1 个截面　　　　图 6-3　创建第 1 个拉伸特征

（5）单击“拉伸”按钮，在弹出的【拉伸】对话框中单击“绘制截面”按钮，把实体上表面设为草绘平面、*X* 轴设为水平参考线，把草图原点坐标设为（0，0，0），以原点为中心绘制第 2 个截面，如图 6-4 所示。

（6）单击“完成”按钮，在弹出的【拉伸】对话框中，对“指定矢量”选择“ZC↑”选项。在“开始”栏中选择“值”选项，把“距离”值设为 0；在“结束”栏中选择“值”

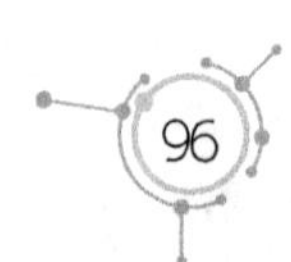

选项，把“距离”值设为4mm；对“布尔”选择“合并”选项。

（7）单击“确定”按钮，创建第2个拉伸特征，如图6-5所示。

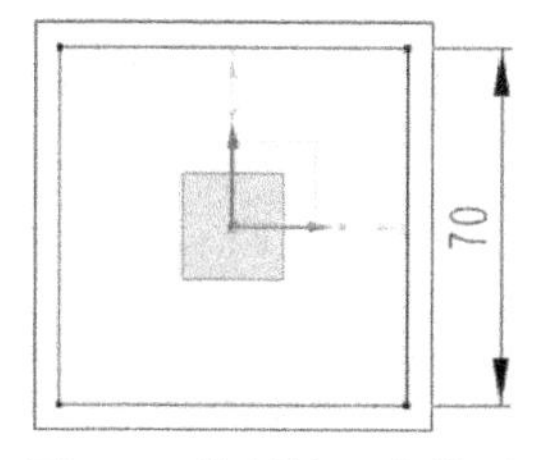

图6-4 绘制第2个截面

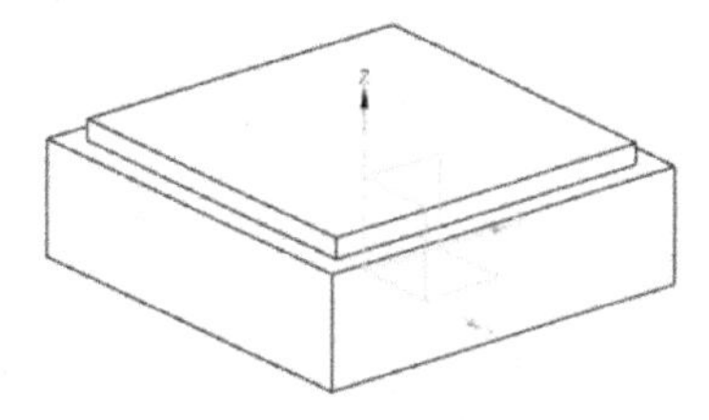

图6-5 创建第2个拉伸特征

（8）单击“拉伸”按钮，在弹出的【拉伸】对话框中单击“绘制截面”按钮，把实体上表面设为草绘平面、X轴设为水平参考线，把草图原点坐标设为（0，0，0），单击“确定”按钮，进入草绘模式。

（9）单击“菜单｜插入｜曲线｜多边形”命令，在【多边形】对话框中，把“边数”值设为5，对“大小”选择“外接圆半径”选项，把“半径”值设为32mm。按Enter键，半径图标前面出现√，把“角度”值设为90°。再次按Enter键，旋转图标前面出现√。在“中心”区域单击“指定点”按钮，在【点】对话框中输入（0，0，0），如图6-6所示。

图6-6 设置【多边形】对话框参数

（10）单击“确定”按钮，以原点为中心绘制第3个截面——正五边形截面，如图6-7所示。

（11）单击“完成”按钮，在弹出的【拉伸】对话框中，对“指定矢量”选择“ZC↑”选项。在“开始”栏中选择“值”选项，把“距离”值设为0；在“结束”栏中选择“值”选项，把“距离”值设为4mm；对“布尔”选择“合并”选项、“拔模”选择“无”选项。

（12）单击“确定”按钮，创建第3个拉伸特征，如图6-8所示。

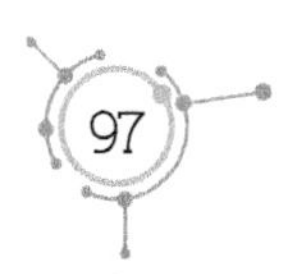

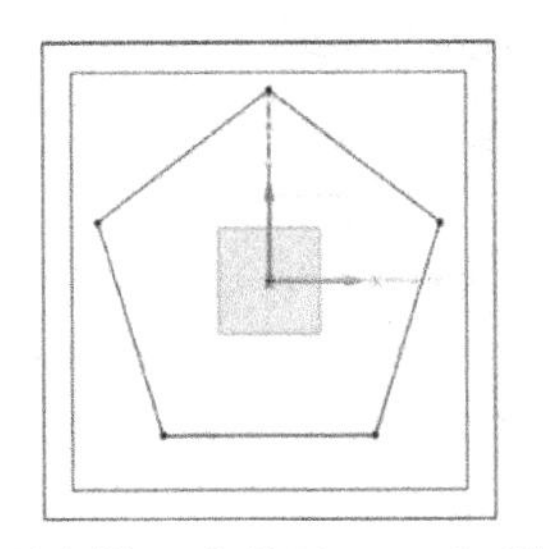

图 6-7　绘制第 3 个截面——正五边形截面

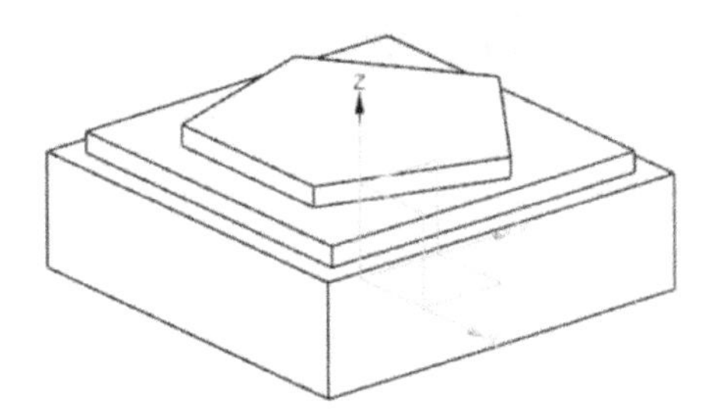

图 6-8　创建第 3 个拉伸特征

（13）单击“拉伸”按钮，在弹出的【拉伸】对话框中单击“绘制截面”按钮。把 *XC-YC* 平面设为草绘平面、*X* 轴设为水平参考线，把草图原点坐标设为（0，0，0），以原点为中心绘制第 4 个截面（ϕ32mm 的圆），如图 6-9 所示。

（14）单击“完成”按钮，在弹出的【拉伸】对话框中，对“指定矢量”选择“ZC↑”选项。在“开始”栏中选择“值”选项，把“距离”值设为 0；在“结束”栏中选择“贯通”选项，对“布尔”选择“减去”选项。

（15）单击“确定”按钮，创建第 4 个拉伸特征（通孔），如图 6-10 所示。

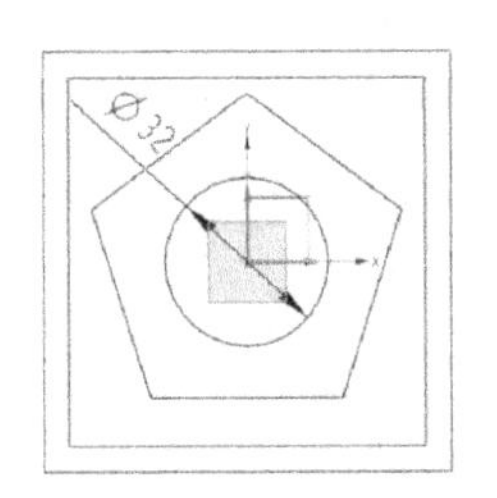

图 6-9　绘制第 4 个截面

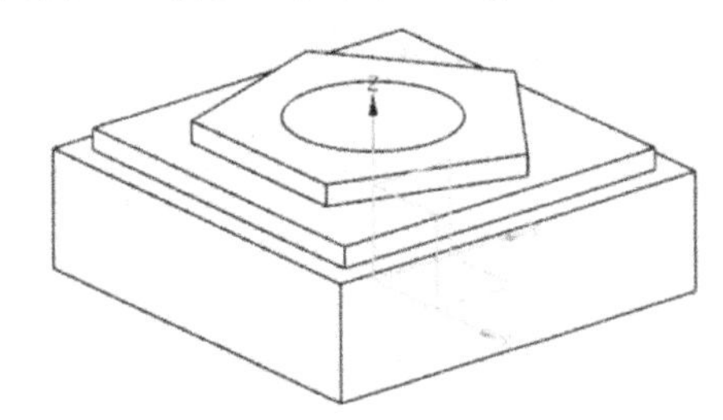

图 6-10　创建第 4 个拉伸特征（通孔）

（16）单击“菜单｜插入｜设计特征｜孔”命令，在【孔】对话框中单击“绘制截面”按钮，选择实体的上表面作为草绘平面，以 *X* 轴为水平参考线，把草图原点坐标设为（0，0，0），任意绘制 1 个点，如图 6-11 所示。

（17）单击“几何约束”按钮，在弹出的【几何约束】对话框中单击“点在曲线上”按钮，如图 6-12 所示。

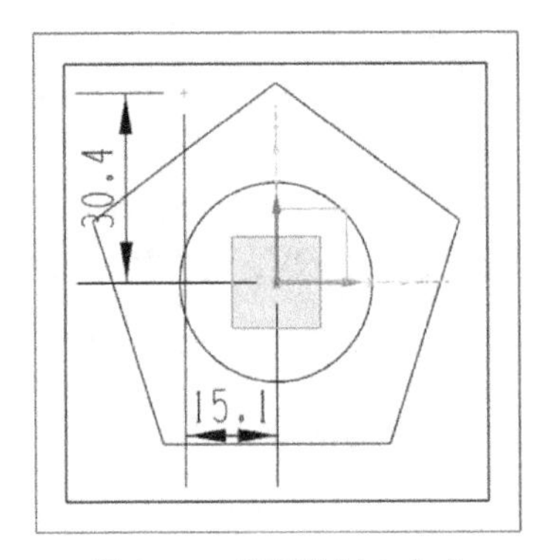

图 6-11　任意绘制 1 个点

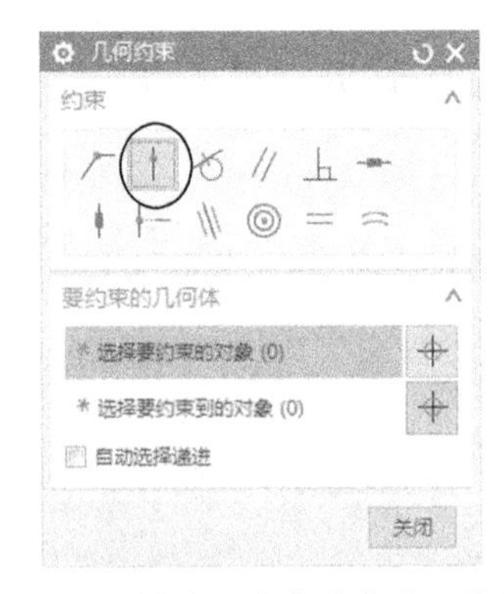

图 6-12　单击“点在曲线上”按钮

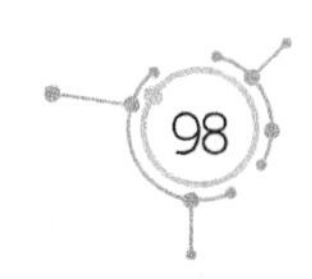

（18）把步骤（17）绘制的点设为“要约束的对象”、Y轴设为“要约束到的对象”，把该点约束到Y轴上，修改尺寸后的效果如图6-13所示。

（19）单击“完成”按钮，在【孔】对话框中，对“类型”选择“常规孔”选项，对“孔方向”选择“垂直于面”选项、“成形”选择“简单孔”选项，把“直径”值设为6mm；对“深度限制”选择“值”选项，把“深度”值设为14mm、“锥顶角”设为118°；对“布尔”选择“减去”选项，如图6-14所示。

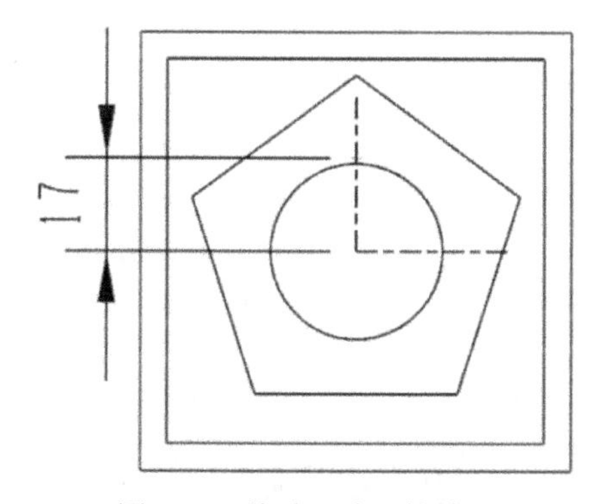

图6-13 修改尺寸后的效果

图6-14 设置【孔】对话框参数

（20）单击“确定”按钮，创建孔特征，如图6-15所示。

（21）单击“边倒圆”按钮，选择尺寸为70mm×70mm的台阶面上的4条棱线，创建倒圆角特征（R2mm），如图6-16所示。

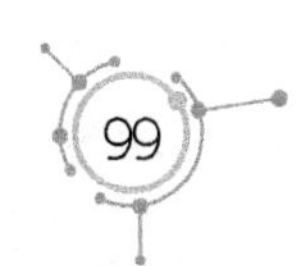

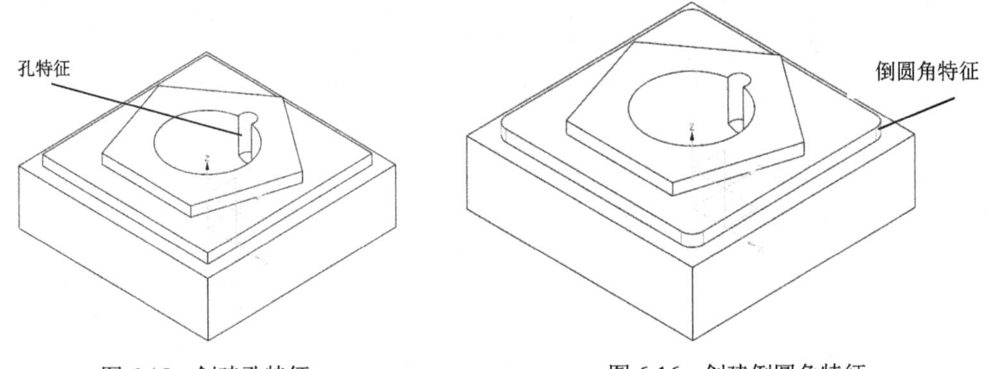

图 6-15　创建孔特征　　　　图 6-16　创建倒圆角特征

（22）单击“菜单 | 格式 | 图层设置”命令，在【图层设置】对话框中的“工作层”文本框输入 2，按 Enter 键，把图层 2 设置为工作层，如图 6-17 所示。

（23）单击“菜单 | 格式 | 图层设置”命令，在【图层设置】对话框中取消图层 1 复选框中的✓，隐藏图层 1。

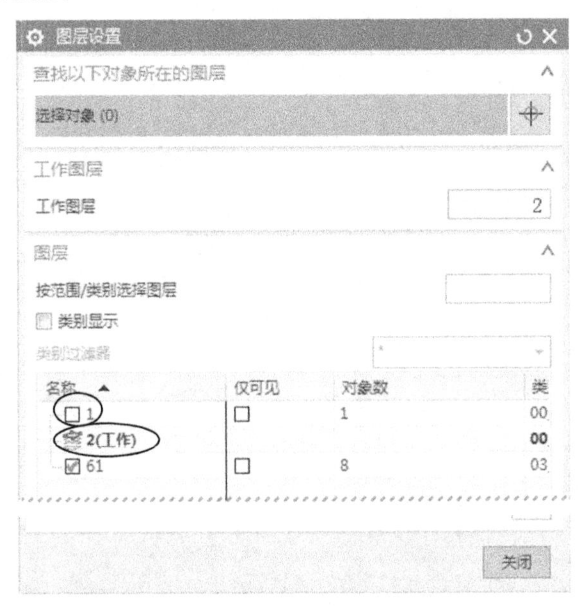

图 6-17　把图层 2 设置为工作层

（24）单击“菜单 | 插入 | 设计特征 | 圆柱”命令，在弹出的【圆柱】对话框中，对“类型”选择 轴、直径和高度 选项、“指定矢量”选择“ZC↑”选项，把“直径”值设为 54mm、“高度”值设为 5mm；对“布尔”选择“无”选项。单击“指定点”按钮，在【点】对话框中输入（0，0，0），如图 6-18 所示。

图 6-18 设置【圆柱】对话框参数

（25）单击“确定”按钮，创建圆柱，如图 6-19 所示。

（26）单击“菜单 | 插入 | 设计特征 | 圆柱”命令，在【圆柱】对话框中，对“类型”选择 轴、直径和高度 选项、“指定矢量”选择“ZC↑”选项，把“直径”值设为 36mm、“高度”值设为 5mm；对“布尔”选择“减去”选项。单击“指定点”按钮，在【点】对话框中输入（0，0，0）。

（27）单击“确定”按钮，创建圆环，如图 6-20 所示。

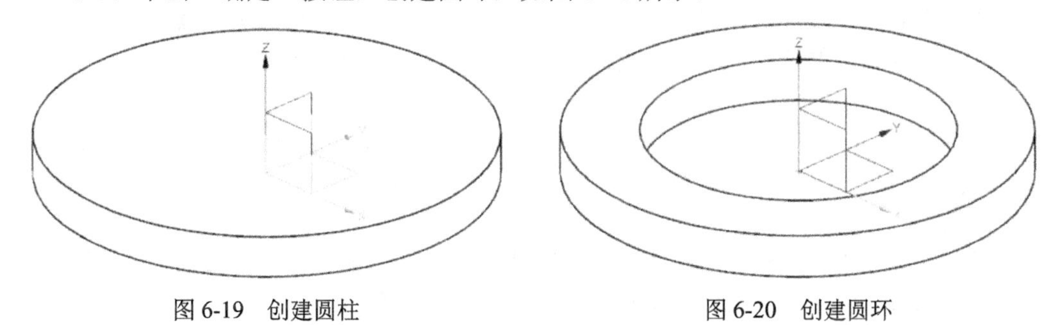

图 6-19 创建圆柱　　　　图 6-20 创建圆环

（28）单击“菜单 | 格式 | 图层设置”命令，在【图层设置】对话框中勾选“√1”复选框，显示图层 1。

（29）单击“菜单 | 插入 | 组合 | 减去”命令，选择圆柱作为目标体、圆环作为工具体（在选择圆环时，可以按住鼠标中键，翻转实体，使实体底部朝上）。在【求差】对话框中取消“□保存目标”“□保存工具”复选框中的“√”，如图 6-21 所示。

（30）单击“确定”按钮，在实体底面创建环形槽。按住鼠标中键，翻转实体，使实体底面朝上，如图 6-22 所示。

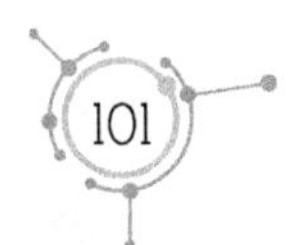

图 6-21　设置【求差】对话框参数

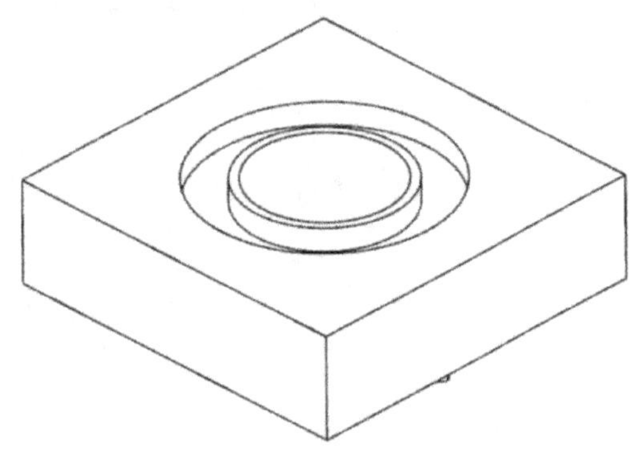
图 6-22　在实体底面创建环形槽并翻转实体

（31）单击“保存”按钮，保存文档，把“文件名”设为“EX6.prt”。

4. 加工工艺分析

（1）本项目所选工件的材料是铝块。与铁块相比，铝块的切削特性较软，但铝粉屑容易黏刀，在编程时应考虑铝块的切削特性来设置切削速率及吃刀量。

（2）常用的毛坯材料是 85mm×85mm×35mm 的铝块，而工件的尺寸是 80mm×80mm×30mm，建议工件加工时，对毛坯正、反两面各加工 2.5mm，以保持统一，便于初学者学习。

（3）根据工件形状，为方便第 2 次装夹，建议先加工圆形槽，再加工五边形。

（4）根据工件的形状，建议在加工工件表面及外形时，用 ϕ12mm 的平底刀；加工中间的小孔时，用 ϕ6mm 的钻嘴；加工反面的圆形槽时，用 ϕ8mm 的平底刀。

（5）因为铝块的表面是平面，且铝块较软，所以加工 ϕ6mm 的小孔时，可以直接用 ϕ6mm 的钻嘴加工，而不需要预先用中心钻预钻孔。

（6）在加工工件中间 ϕ32mm 的圆孔时，对于没有吹气设备的数控铣床，铝渣较难排出，且铝渣容易附着在立铣刀上，建议对正、反两面各粗加工 15mm，正、反两面铣通后，再精加工。

（7）在加工中间 ϕ32mm 的圆孔时，用外形铣削方式中的斜向式进刀。这种加工方式是斜向进刀，既可以避免踩刀，也可以省去预钻孔这个工序。

（8）加工反面的圆形槽时，用外形铣削方式中的斜插式进刀。这种加工方式是斜向进刀，既可以避免踩刀，也可以省去预钻孔这个工序。

（9）因为加工工件的材质是铝，在加工过程中刀具的磨损较小，所以可以在粗加工后不用换刀，直接精加工，但需要调高主轴速度，同时降低进给率。

（10）对于初学者，建议把工件保存为两个文档：工件正面文档和工件反面文档，以免混淆。

5. 第 1 次装夹的数控编程

（1）打开 EX6.prt 文档，单击“菜单｜文件｜另存为”命令，把“文件名”设为

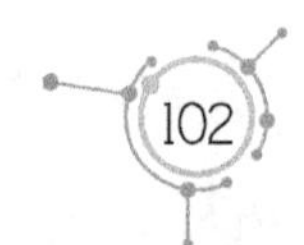

“EX6(1).prt”。

提示：*先把文件另存为其他文件名，防止在后面保存文件时因疏忽大意导致覆盖原文件。*

（2）单击“菜单 | 编辑 | 移动对象”命令，在【移动对象】对话框中，对“运动”选择“角度”选项，对“指定矢量”选择“YC↑”选项，把“角度”值设为180（单位：°），对“结果”选择“◉移动原先的”单选框。单击“指定轴点”按钮，在【点】对话框中输入（0，0，0），如图6-23所示。

图6-23 设置【移动对象】对话框参数

（3）单击“确定”按钮，实体旋转180°，底面（圆环面）朝上，如图6-24所示。

（4）在横向菜单中先单击“应用模块”选项卡，再单击“加工”命令，在【加工环境】对话框中选择“cam_general”选项和“mill_planar”选项。单击“确定”按钮，进入UG加工环境。此时，实体上出现两个坐标系：基准坐标系（*Z*轴方向朝下）和工件坐标系（*Z*轴方向朝上），如图6-25所示。

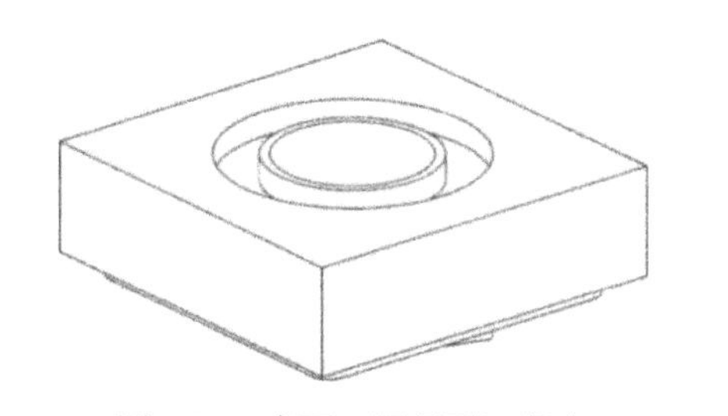

图6-24 底面（圆环面）朝上

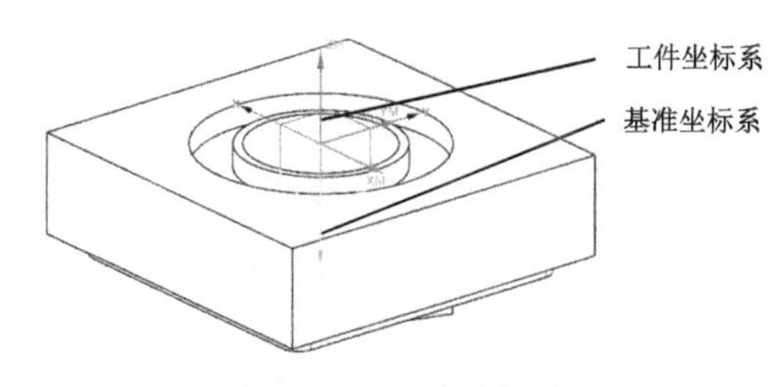

图6-25 两个坐标系

（5）单击“创建刀具”按钮，创建ϕ12mm立铣刀与ϕ8mm立铣刀。

（6）单击“菜单 | 插入 | 几何体”命令，在【创建几何体】对话框中，对“几何体子类型”选择选项、“几何体”选择“GEOMETRY”选项，把“名称”设为A。

（7）单击“确定”按钮，在【MCS】对话框中，对“安全设置选项”选择“自动平面”选项，把“安全距离”值设为10mm。设置完毕，单击“确定”按钮，创建几何体。

（8）在辅助工具条中单击“几何视图”按钮，在“工序导航器”中添加所创建的几何体A。

（9）单击“菜单｜插入｜几何体”命令，在【创建几何体】对话框中对“几何体子类型”选择“WORKPIECE”图标，对“几何体”选择“A”选项，把“名称”设为B。

（10）单击“确定”按钮，在【工件】对话框中单击“指定部件”按钮。在工作区选择整个实体，单击“确定”按钮，把实体设置为工作部件。

（11）在【工件】对话框中单击“指定毛坯”按钮，在【毛坯几何体】对话框中，对“类型”选择“包容块”选项，把“XM-”、“YM-”、“XM+”、“YM+”、“ZM+”值都设为2.5mm。

（12）连续两次单击“确定”按钮，创建几何体B。在“工序导航器”中展开A的下级目录，可以看出几何体B在A的下级目录中。

（13）单击“菜单｜插入｜工序”命令，在【创建工序】对话框中，对“类型”选择“mill_planar”选项，在“工序子类型”列表中单击“带边界面铣”按钮，对“程序”选择“NC_PROGRAM”选项、“刀具”选择“D12R0（铣刀-5 参数）”选项、“几何体”选择“B”选项、“方法”选择“MILL_ROUGH”选项。

（14）单击“确定”按钮，在【面铣】对话框中单击“指定面边界”按钮。在【毛坯边界】对话框中，对“选择方法”选择“面”选项。在工作区上方的工具条中先后单击“忽略岛”和“忽略孔”按钮，如图6-26所示。

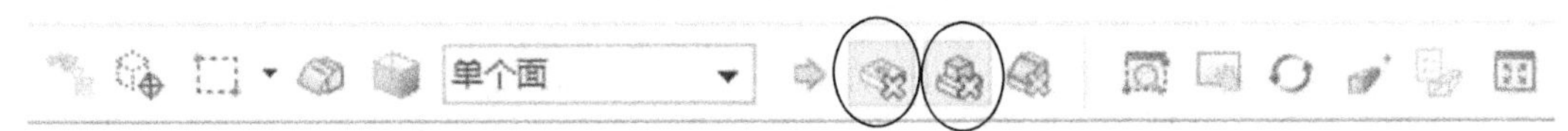

图6-26　先后单击“忽略岛”和“忽略孔”按钮

（15）选择实体的上表面，对“刀具侧”选择“内侧”选项、“平面”选择“指定”选项，把“距离”值设为0，如图6-27所示。

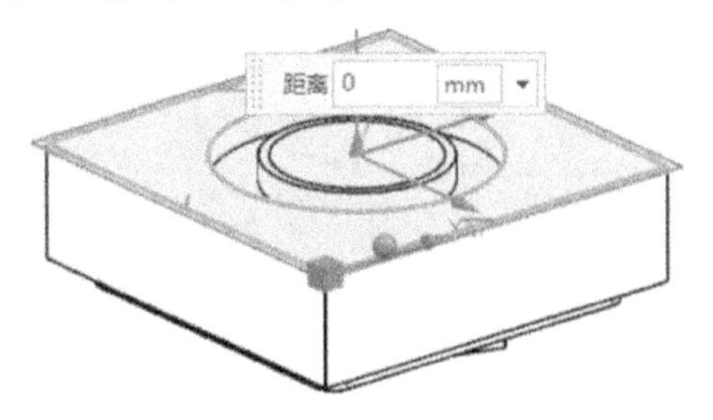

图6-27　把“距离”值设为0

（16）在【面铣】对话框中，对“切削模式”选择“往复”选项、“步距”选择“恒定”选项，把“最大距离”值设为10mm、“毛坯距离”值设为2.5mm、“每刀切削深度”值设为0.8mm、“最终底面余量”值设为0.1mm，如图6-28所示。

（17）单击“切削参数”按钮，在弹出的【切削参数】对话框中，单击“策略”

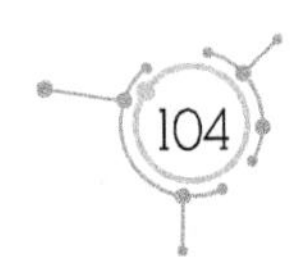

选项卡，对“切削方向”选择“顺铣”选项、“剖切角”选择“指定”选项、把“与 XC 的夹角”值设为 0。单击“余量”选项卡，把“最终底面余量”值设为 0.1mm，把“内公差”值和“外公差”值都设为 0.01。

（18）单击“非切削移动”按钮，在弹出的【非切削移动】对话框中选择默认参数。

（19）单击“进给率和速度 ”按钮，把主轴速度值设为 1000r/min、切削速度值设为 1200mm/min。

（20）单击“生成”按钮，生成的面铣刀路如图 6-29 所示。

图 6-28 设置“刀轨设置”选项卡参数

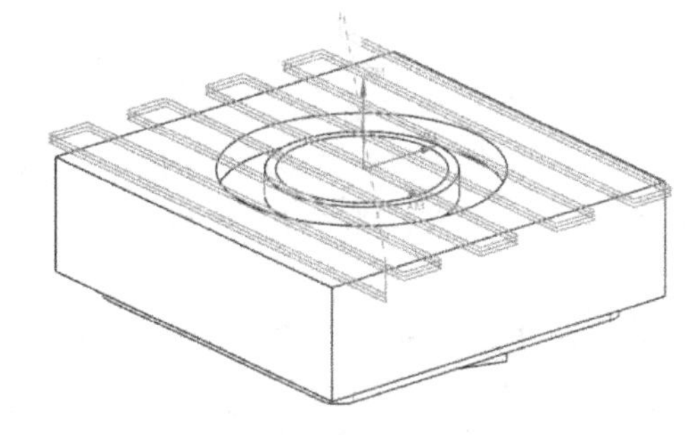

图 6-29 步骤（20）生成的面铣刀路

（21）单击“菜单丨插入丨工序”命令，在【创建工序】对话框中，对“类型”选择“mill_planar”选项。在“工序子类型”列表中单击“平面铣”按钮，对“程序”选择“NC_PROGRAM”选项、“刀具”选择“D12R0（铣刀-5 参数）”选项、“几何体”选择“B”选项、“方法”选择“MILL_FINISH”选项。

（22）在【平面铣】对话框中单击“指定部件边界”按钮，在【部件边界】对话框中，对“选择方法”选择“面”选项、“刀具侧”选择“外侧”选项，如图 6-30 所示。

（23）选择实体的上表面，在【部件边界】对话框的“列表”栏中删除 Inside 所在的行，只保留 Outside 所在的行，如图 6-31 所示。

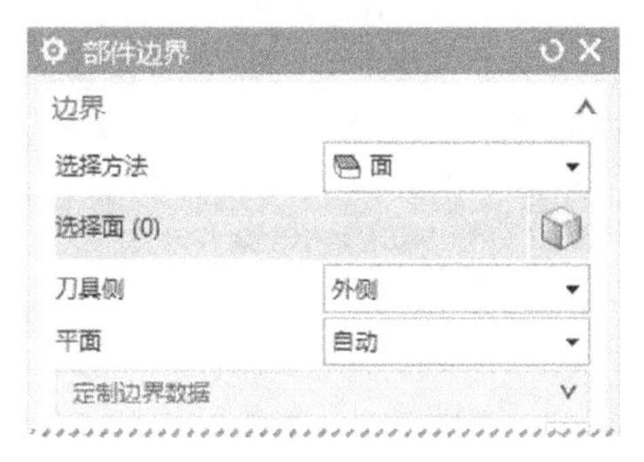

图 6-30 设置【部件边界】对话框参数

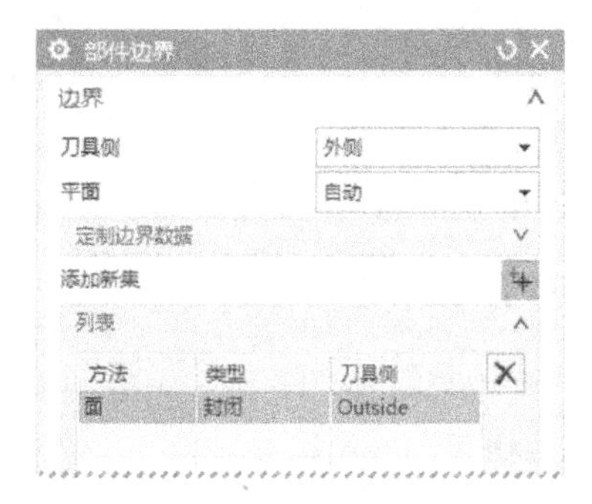

图 6-31 只保留 Outside 所在的行

（24）在【平面铣】对话框中单击“指定底面”按钮，选择实体的台阶面，把“距离”值设为 2mm，如图 6-32 所示。

（25）在【平面铣】对话框中，对“切削模式”选择“轮廓”选项，把“附加刀路”值设为 0，如图 6-33 所示。

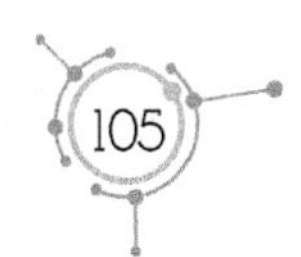

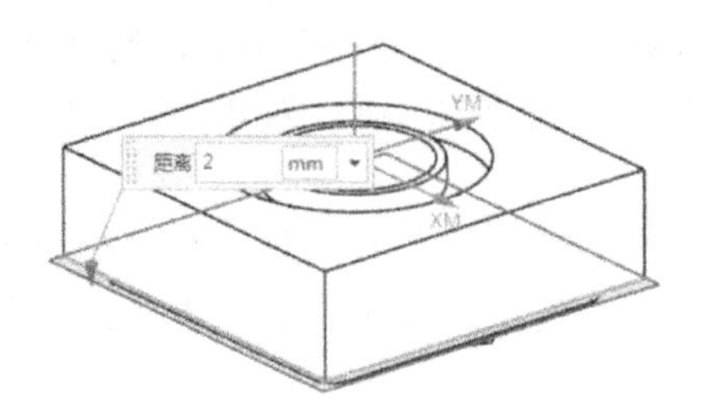

图 6-32　选择台阶面，把“距离”值设为 2mm

图 6-33　设置“刀轨设置”选项卡参数

（26）单击“切削层”按钮，在弹出的【切削层】对话框中，对“类型”选择“恒定”选项，把“公共每刀切削深度”值设为 0.8mm。

（27）单击“切削参数”按钮，在弹出的【切削参数】对话框中，单击“策略”选项卡，对“切削方向”选择“顺铣”选项。单击“余量”选项卡，把“部件余量”值设为 0.2mm。

（28）单击“非切削移动”按钮，在弹出的【非切削移动】对话框中，单击“转移/快速”选项卡，在“区域内”列表中，对“转移类型”选择“直接”选项。单击“进刀”选项卡，在“开放区域”列表中，对“进刀类型”选择“圆弧”选项，把“半径”值设为 2mm、“圆弧角度”值设为 90°、“高度”值设为 1mm、“最小安全距离”值设为 5mm。单击“起点/钻点”选项卡，单击“指定点”按钮，选择右边线的中点作为进刀起点。

（29）单击“进给率和速度 ”按钮，把主轴速度值设为 1000r/min、切削速度值设为 1200mm/min。

（30）单击“生成”按钮，生成的平面铣加工外形刀路，如图 6-34 所示。

（31）在“工序导航器”中选择 PLANAR_MILL 选项，单击鼠标右键，在快捷菜单中单击“复制”命令。再选择 PLANAR_MILL，单击鼠标右键，在快捷菜单中单击“粘贴”命令。

（32）在“工序导航器”中双击 PLANAR_MILL_COPY，在【平面铣】对话框中单击“指定部件边界”按钮，在弹出的【部件边界】对话框中单击“移除”按钮，清除前面所选择的边界。再次在【部件边界】对话框中选择“曲线”，把“边界类型”选择“封闭”选项，“刀具侧”选择“内侧”选项，如图 6-35 所示。

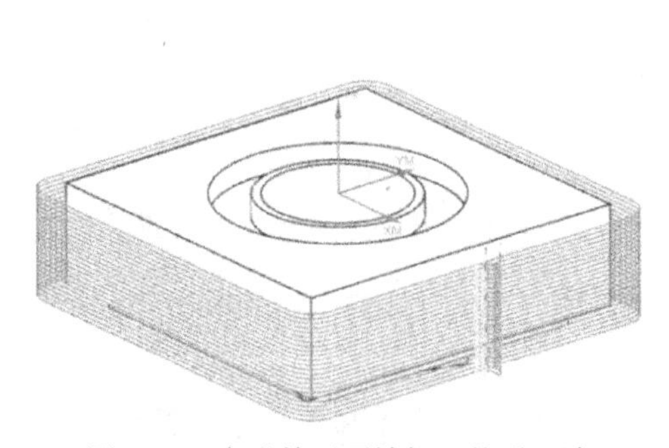

图 6-34　生成的平面铣加工外形刀路

图 6-35　设置【部件边界】对话框参数

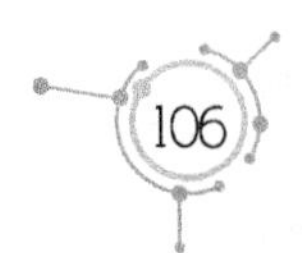

（33）选择 ϕ32mm 圆的边线，如图 6-36 所示。

（34）在【平面铣】对话框中单击“指定底面”按钮，选择实体的上表面，把“距离”值设为-16mm（表示从顶面往下加工 16mm），如图 6-37 所示。

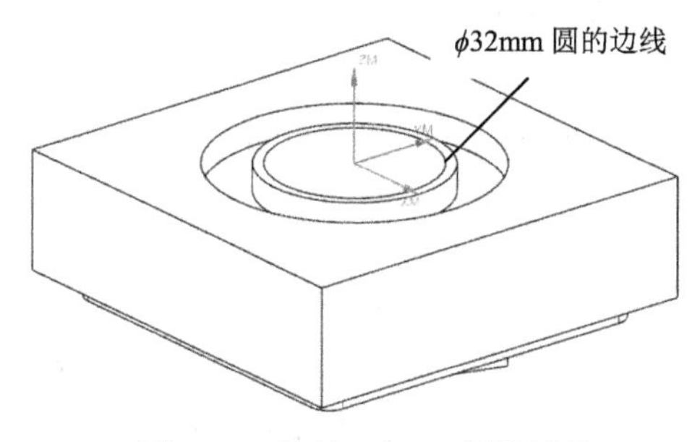

图 6-36　选择 ϕ32mm 圆的边线

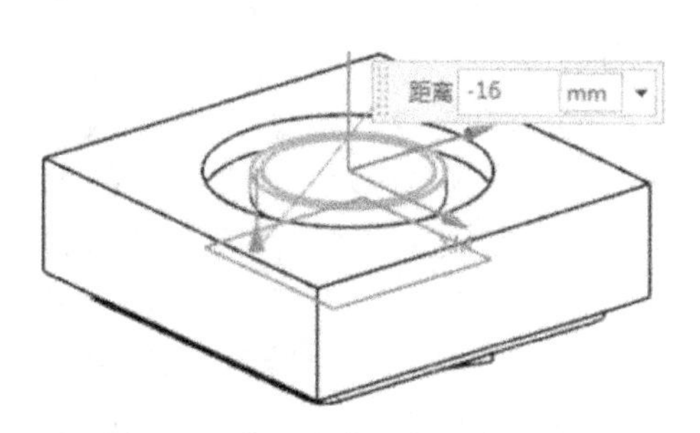

图 6-37　把“距离”值设为-16mm

（35）在【平面铣】对话框中设置“刀轨设置”选项卡参数，对“切削模式”选择“跟随部件”选项、“步距”选择“恒定”选项，把“最大距离”值设为 5mm，如图 6-38 所示。

（36）单击“切削层”按钮，在弹出的【切削层】对话框中，对“类型”选择“恒定”选项，把“公共每刀切削深度”值设为 0.5mm。

（37）单击“切削参数”按钮，在弹出的【切削参数】对话框中，单击“策略”选项卡，对“切削方向”选择“顺铣”选项。单击“余量”选项卡，把“部件余量”值设为 0.2mm。

（38）单击“非切削移动”按钮，在弹出的【非切削移动】对话框中单击“进刀”选项卡，在“封闭区域”列表中，对“进刀类型”选择“螺旋”选项，把“直径”值设为 10mm、“斜坡角度”值设为 1°、“高度”值设为 0.5m；对“高度起点”选择“当前层”选项，把“最小安全距离”值设为 1mm、“最小斜面长度”值设为 10mm。在“开放区域”列表中，选用默认值。

（39）单击“进给率和速度 ”按钮，把主轴速度值设为 1000r/min、切削速度值设为 1000mm/min。

（40）单击“生成”按钮，生成的平面铣挖槽刀路如图 6-39 所示。

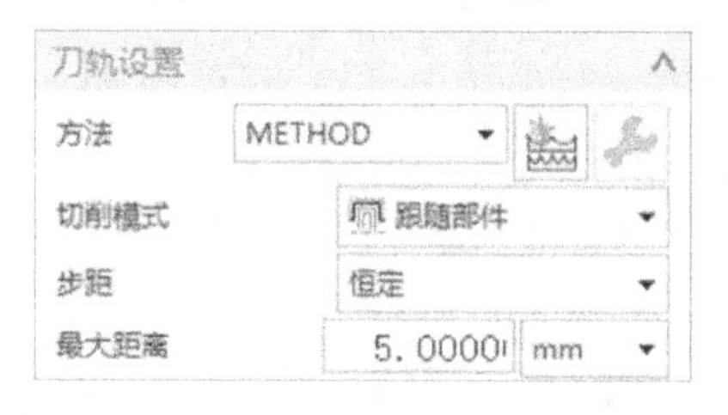

图 6-38　设置“刀轨设置”选项卡参数

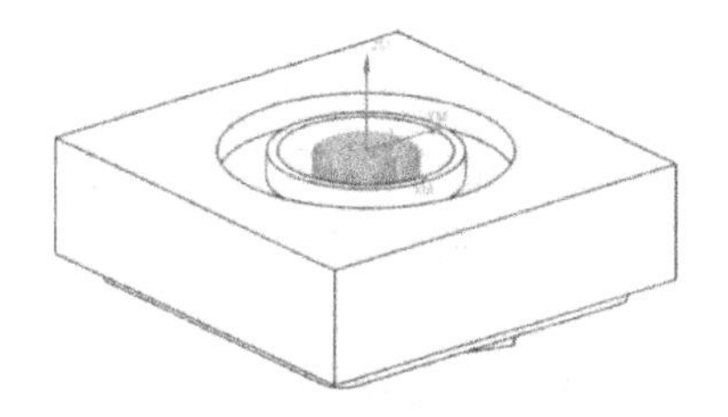

图 6-39　生成的平面铣挖槽刀路

（41）在辅助工具条中单击“程序顺序视图”按钮。

（42）在“工序导航器”中把 PROGRAM 名称改为 A1，并把前面所创建的 3 个刀路

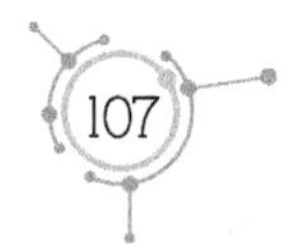

程序移到 A1 程序组中。

（43）单击“菜单｜插入｜程序”命令，在【创建程序】对话框中对“类型”选择“mill_contour”选项，对“程序”选择“NC_PROGRAM”选项，把“名称”设为 A2。

（44）单击“确定”按钮，创建 A2 程序组。此时，A1 与 A2 都在 NC_PROGRAM 下级目录中。

（45）在“工序导航器”中选择 FACE_MILLING 和 PLANAR_MILL 选项，单击鼠标右键，在快捷菜单中单击“复制”命令。

（46）在“工序导航器”中选择 A2，单击鼠标右键，在快捷菜单中单击“内部粘贴”命令，把 FACE_MILLING 和 PLANAR_MILL 两个刀路程序粘贴到 A2 程序组。

（47）在“工序导航器”中双击 FACE_MILLING_COPY 选项，在【面铣】对话框中把“每刀切削深度”值设为 0、“最终底面余量”值设为 0。单击“进给率和速度 ”按钮，把主轴速度值设为 1500r/min、切削速度值设为 500mm/min。

（48）单击“生成”按钮，生成的面铣精加工刀路如图 6-40 所示。

（49）在“工序导航器”中双击 PLANAR_MILL_COPY_1 选项，在【平面铣】对话框中，对“步距”选择“恒定”选项，把“最大距离”值设为 0.2mm、“附加刀路”值设为 3。单击“切削层”按钮，在弹出的【切削层】对话框中对“类型”选择“仅底面”选项。单击“切削参数”按钮，在弹出的【切削参数】对话框中，单击“余量”选项卡，把“部件余量”值设为 0。单击“进给率和速度 ”按钮，把主轴速度值设为 1500r/min、切削速度值设为 500mm/min。

（50）单击“生成”按钮，生成的平面铣精加工外形的刀路如图 6-41 所示。

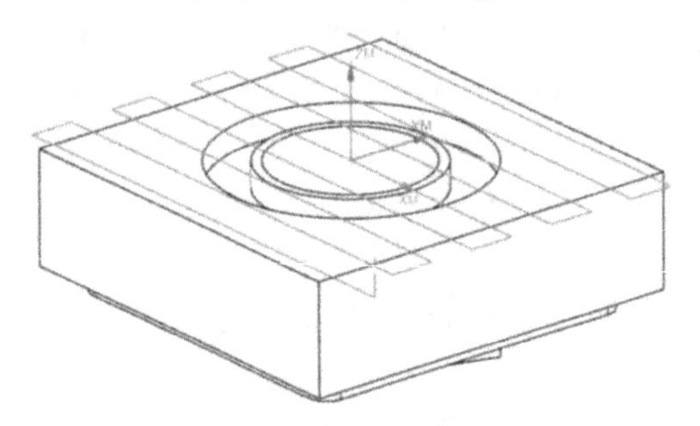

图 6-40　生成的面铣精加工刀路

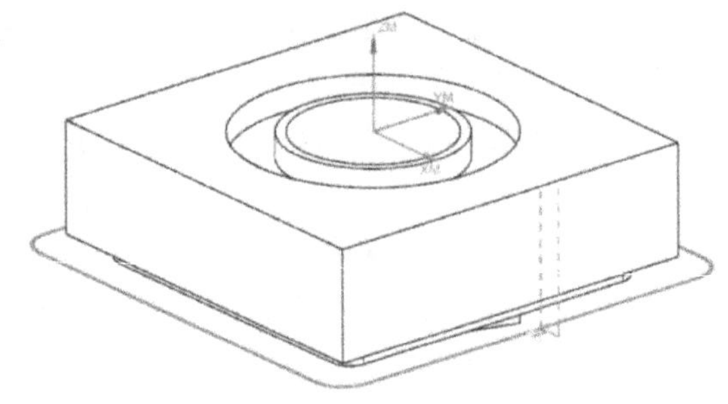

图 6-41　生成的平面铣精加工外形的刀路

（51）单击“菜单｜插入｜程序”命令，在【创建程序】对话框中对“类型”选择“mill_contour”选项、“程序”选择“NC_PROGRAM”选项，把“名称”设为 A3。

（52）单击“确定”按钮，创建 A3 程序组。此时，A1、A2 与 A3 都在 NC_PROGRAM 下级目录中。

（53）单击“菜单｜插入｜工序”命令，在【创建工序】对话框中，对“类型”选择“mill_planar”选项，在“工序子类型”列表中单击“平面铣”按钮，对“程序”选择“A3”选项、“刀具”选择“D8R0”选项、“几何体”选择“B”选项、“方法”选择“MILL_FINISH”选项。

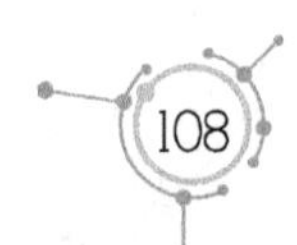

（54）在【平面铣】对话框中单击“指定部件边界”按钮，在弹出的【部件边界】对话框中对“选择方法”选择“线”选项、“边界类型”选择“封闭”选项、“平面”选择“自动”选项、“刀具侧”选择“内侧”选项。

（55）在实体的上表面选择 ϕ54mm 圆的边线，如图 6-42 所示。

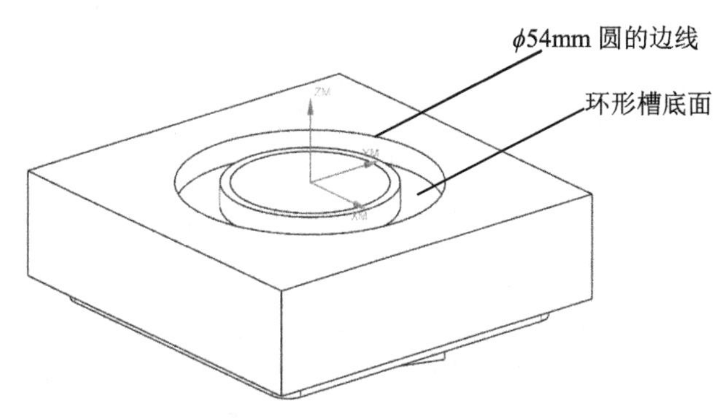

图 6-42 选择 ϕ54mm 圆的边线

（56）单击“指定底面”按钮，选择环形槽的底面，如图 6-42 所示，把“距离”值设为 0。

（57）在【平面铣】对话框中对“切削模式”选择“轮廓”选项。

（58）单击“切削层”按钮，在弹出的【切削层】对话框中，对“类型”选择“仅底面”选项。

（59）单击“切削参数”按钮，在弹出的【切削参数】对话框中，单击“余量”选项卡，把“部件余量”值设为 0.5mm、“最终底面余量”值设为 0.1mm。

（60）单击“非切削移动”按钮，在弹出的【非切削移动】对话框中单击“进刀”选项卡。在“开放区域”列表中，对“进刀类型”选择“与封闭区域相同”；在“封闭区域”列表中，对“进刀类型”选择“沿形状斜进刀”，把“斜坡角度”值设为 0.1°、“高度”值设为 0.5m；对“高度起点”选择“前一层”选项，把“最小安全距离”值设为 0、“最小斜面长度”值设为 10mm。

（61）单击“进给率和速度 ”按钮，把主轴速度值设为 1000r/min、切削速度值设为 1000mm/min。

（62）单击“生成”按钮，生成的平面铣环形槽刀路如图 6-43 所示。

提示：这种刀路充分利用非切削移动的功能，在沿形状进刀时，就已经完成了切削动作，避免两边同时切削，能很好地提高切削速度。特别在切削宽度比刀具稍宽时，这种刀路非常实用。

（63）单击“菜单｜插入｜工序”命令，在【创建工序】对话框中，对“类型”选择“mill_planar”选项，在“工序子类型”列表中单击“带边界面铣”按钮，对“程序”选择“A3”选项、“刀具”选择“D8R0（铣刀-5 参数）”选项、“几何体”选择“B”选项、“方法”选择“MILL_FINISH”选项。

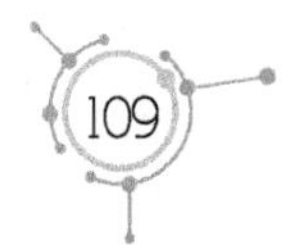

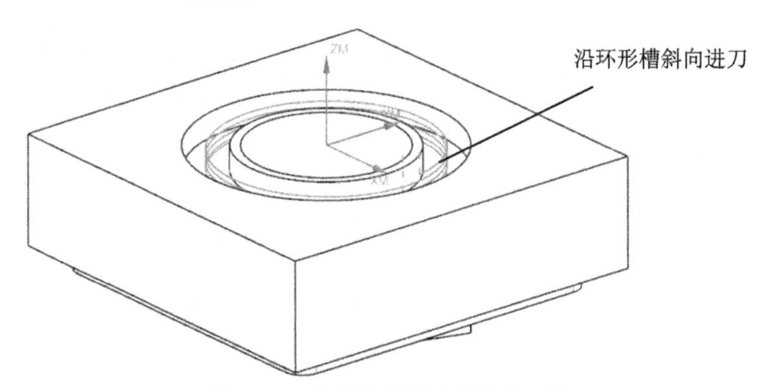

图 6-43　生成的平面铣环形槽刀路

（64）单击“确定”按钮，在【面铣】对话框中单击“指定面边界”按钮，在【毛坯边界】对话框中，对“类型”选择“面”选项、“平面”选择“自动”选项。选择环形槽的底面，系统自动捕捉到环形槽底面的两条边线，如图 6-44 所示。设置完毕，单击“确定”按钮。

（65）在【面铣】对话框中对“切削模式”选择“轮廓”选项、“步距”选择“恒定”选项，把“最大距离”值设为 0.1mm、“附加刀路”值设为 2。

（66）单击“切削参数”按钮，在弹出的【切削参数】对话框中，单击“余量”选项卡，把“部件余量”值设为 0、“最终底面余量”值设为 0。

（67）单击“非切削移动”按钮，在弹出的【非切削移动】对话框中单击“进刀”选项卡。在“封闭区域”列表中，对“进刀类型”选择“沿形状斜进刀”选项，把“斜坡角度”值设为 15°、“高度”值设为 0.5mm；对“高度起点”选择“前一层”选项，把“最小安全距离”值设为 0.3mm、“最小斜面长度”值设为 10mm。

（68）单击“进给率和速度 ”按钮，把主轴速度值设为 1000r/min、切削速度值设为 500mm/min。

（69）单击“生成”按钮，生成的平面铣精加工槽底面刀路如图 6-45 所示。

（70）单击“保存”按钮，保存文档，把“文件名”设为 EX6(1).prt。

图 6-44　系统自动捕捉到环形槽底面的两条边线

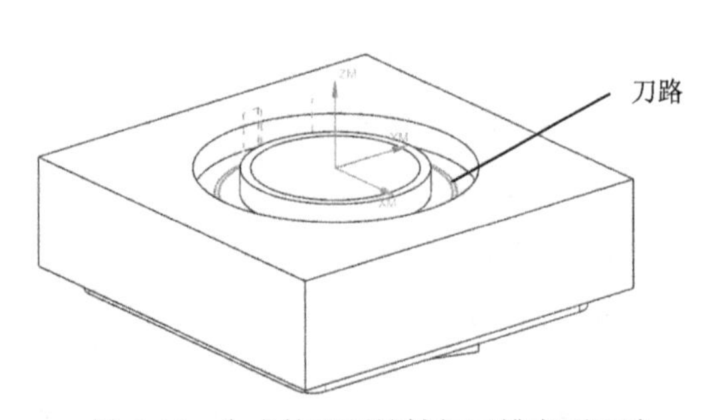

图 6-45　生成的平面铣精加工槽底面刀路

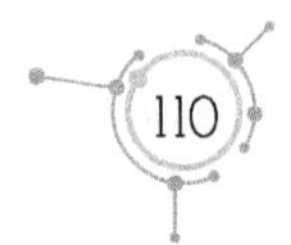

6. 加载钻孔工序子类型

安装UG 12.0之后，对第1次使用UG 12.0设计钻孔刀路的读者，需要加载钻孔(drill)工序子类型，才能设计钻孔刀路。加载钻孔工序子类型的步骤如下。

（1）用记事本打开\NX12.0\MACH\resource\template_set\cam_general.opt 文件。

（2）删除“## ${UGII_CAM_TEMPLATE_PART_ENGLISH_DIR}drill.prt”和“## ${UGII_CAM_TEMPLATE_PART_METRIC_DIR}drill.prt”两行文本前面的“##”符号，如图6-46所示。

（3）保存后退出，再重新启动UG 12.0。

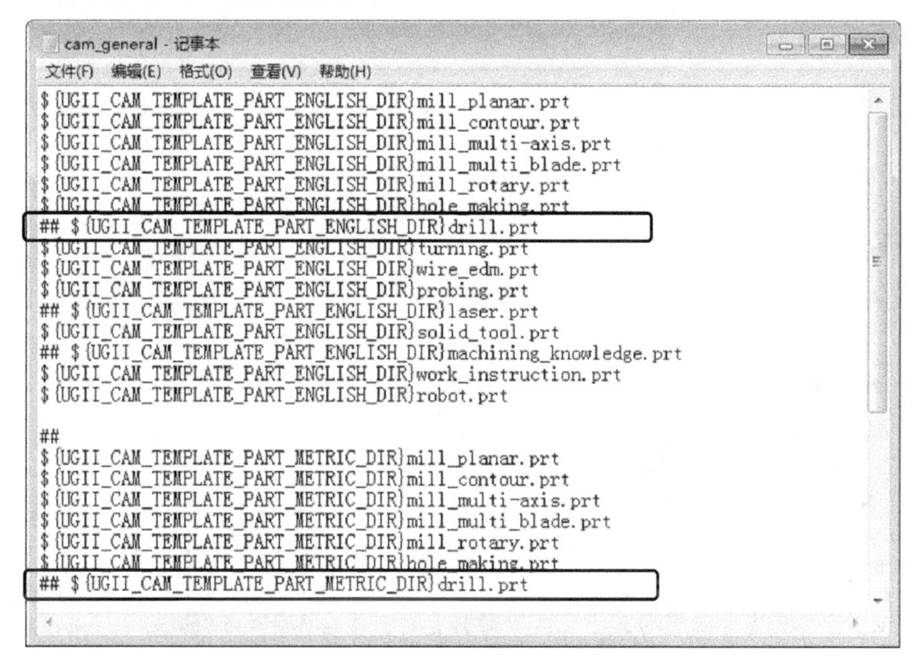

图6-46 删除所选定行前面的“##”符号

7. 第2次装夹的数控编程

（1）打开EX6.prt文件，实体如图6-47所示。

（2）单击“菜单 | 文件 | 另存为”命令，“文件名”设为“EX6(2).prt”。

注意：首先把文件另存为其他文件名，防止在保存文件时因疏忽大意而覆盖原文件。

（3）在横向菜单中单击“应用模块”选项卡，再单击“加工”命令。

（4）在【加工环境】对话框中选择“cam_general”选项和“mill_planar”选项，单击“确定”按钮，进入加工环境。此时，工作区出现两个坐标系。

（5）单击“创建刀具”按钮，按前面的方法，创建ϕ12mm的立铣刀（D12R0）。

单击“创建刀具”按钮，在【创建刀具】对话框中，对“类型”选择“drill”选项。在“刀具子类型”快捷菜单中选择“SPOTDRILLING_TOOL”选项，把“名称”设为D6R0，如图6-48所示。

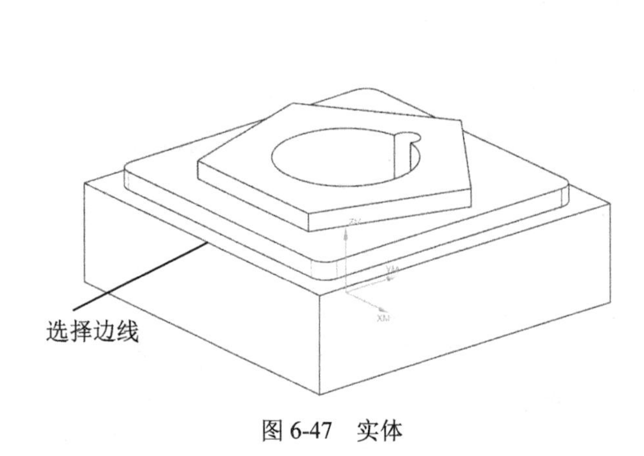

图 6-47　实体

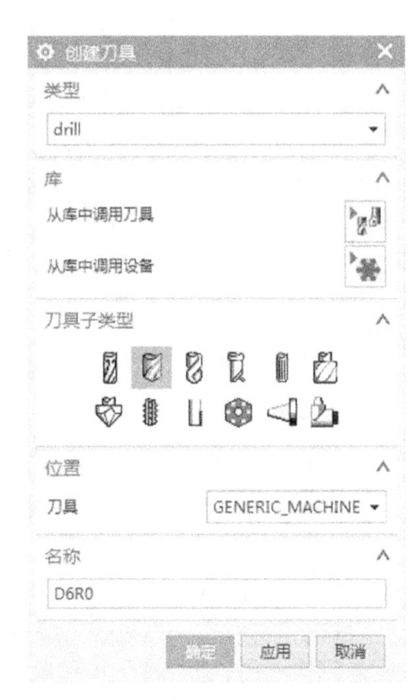

图 6-48　设置【创建刀具】对话框参数

（6）单击“确定”按钮，在【钻刀】对话框中把“直径”值设为 6mm，其他参数选用默认值，如图 6-49 所示。

（7）单击“确定”按钮，创建 ϕ6mm 的钻头。

（8）单击“菜单｜插入｜几何体”命令，在【创建几何体】对话框中，对“几何体子类型”选择 选项、“几何体”选择“GEOMETRY”选项，把“名称”设为 A。

（8）单击“确定”按钮，在【MCS】对话框中对“安全设置选项”选择“自动平面”选项，把“安全距离”值设为 5mm，参考图 1-21。单击“确定”按钮，创建几何体。

（9）在辅助工具条中单击“几何视图”按钮，即可在“工序导航器”中添加所创建的几何体 A。

（10）单击“菜单｜插入｜几何体”命令，在【创建几何体】对话框中，对“几何体子类型”选择“WORKPIECE”图标、“几何体”选择“A”选项，把“名称”设为 B。

（11）单击“确定”按钮，在【工件】对话框中选择“指定部件”按钮。在工作区选择整个实体，单击“确定”按钮，把实体设置为工作部件。

（12）在【工件】对话框中单击“指定毛坯”按钮，在【毛坯几何体】对话框中，对“类型”选择“包容块”选项，把“XM-”、“XM+”、“YM+”、“ZM+”值都设为 2.5mm，把“YM-”值设为 0。

（13）连续两次单击“确定”按钮，创建几何体 B，在“工序导航器”中展开 A 的下级目录，可以看出几何体 B 在 A 的下级目录中。

提示：因为工件材料是铝块，表面比较平整，并且铝块的切削性能较软，所以可以直接用钻头在铝块上钻孔，而不需要先铣平表面，也不需要用中心钻预钻孔。

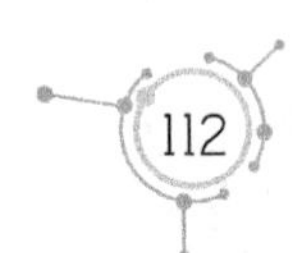

（14）单击“菜单｜插入｜工序”命令，在【创建工序】对话框中，对“类型”选择“drill”选项，在“工序子类型”列表中单击“啄钻”按钮，对“程序”选择“NC_PROGRAM”选项、“刀具”选择“D6（钻刀）”选项、“几何体”选择“B”选项、“方法”选择“DRILL_METHOD”选项，如图6-50所示。

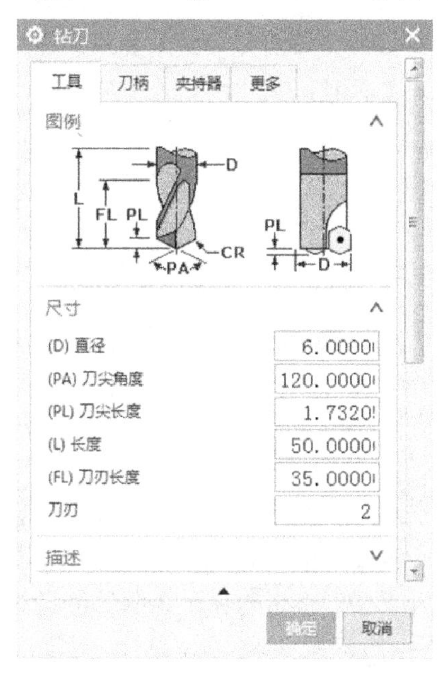

图6-49 设置【钻刀】对话框参数

图6-50 设置钻孔参数

（15）单击“确定”按钮，在【啄钻】对话框中单击“指定孔”按钮，如图6-51所示。在【点到点几何体】对话框中单击“选择”按钮，如图6-52所示。

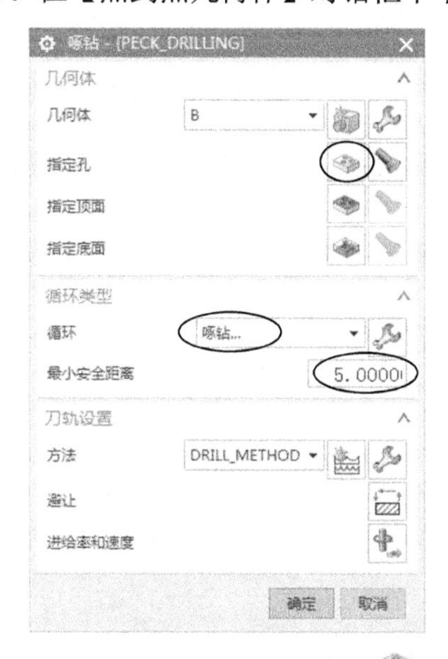

图6-51 单击“指定孔”按钮

图6-52 单击“选择”按钮

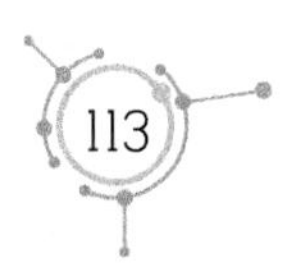

（16）在活动窗口中单击“一般点”按钮，如图 6-53 所示。在【点】对话框中，对“参考”选择“绝对坐标系－工作部件”选项，输入（0，17，33），如图 6-54 所示。

图 6-53　单击“一般点”按钮

图 6-54　输入（0，17，33）

（17）连续 3 次单击“确定”按钮，在【啄钻】对话框中，把“最小安全距离”值设为 5mm。对“循环”选择“啄钻”选项。把“距离”值设为 1.0mm，如图 6-55 所示。单击“确定”按钮，在【指定参数组】对话框中，把“Number of Sets”值设为 1，如图 6-56 所示。

图 6-55　把“距离”值设为 1mm

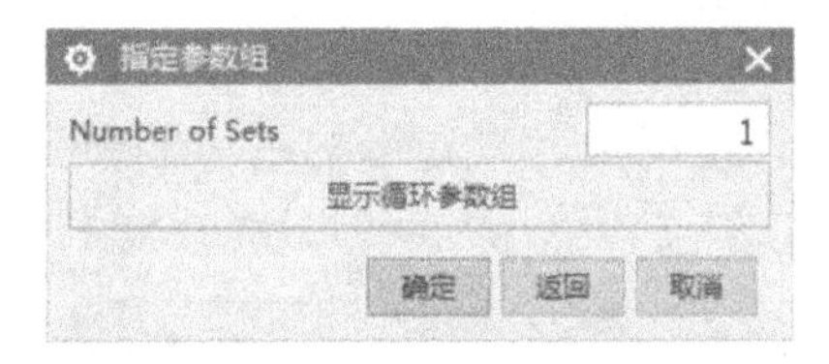

图 6-56　把“Number of Sets”值设为 1

（18）单击“确定”按钮，在【Cycle 参数】对话框中单击“Depth－模型深度”按钮，如图 6-57 所示。

（19）在【Cycle 参数】对话框中单击“刀尖深度”按钮，如图 6-58 所示。

图 6-57　单击“Depth－模型深度”按钮

图 6-58　单击“刀尖深度”按钮

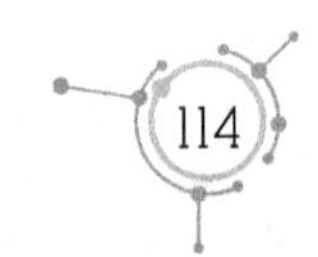

（20）在“深度”栏中输入 17.0000（单位：mm），如图 6-59 所示。

提示：“17”是指从 33mm 高度处开始钻孔，工件的实际高度是 30mm，孔的实际深度是 14mm，33-30+14 = 17（在图 6-54 中输入的 *Z* 值是 33）。

（21）单击“确定”按钮，在弹出的【Cycle 参数】对话框中单击“Increment—无”按钮（参考图 6-57）。在【增量】对话框中单击“恒定”按钮，如图 6-60 所示。

图 6-59 在“深度”栏中输入数值

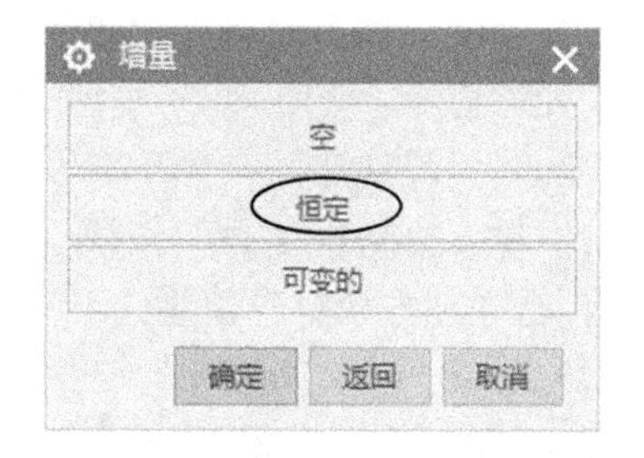

图 6-60 单击“恒定”按钮

（22）在“增量”栏中输入 1.0000（单位：mm），如图 6-61 所示。

（23）单击“进给率和速度”按钮，把主轴速度值设为 1000r/min、切削速度值设为 250mm/min。

（24）单击“生成”按钮，生成钻孔刀路，如图 6-62 所示。

图 6-61 “增量”为 1mm

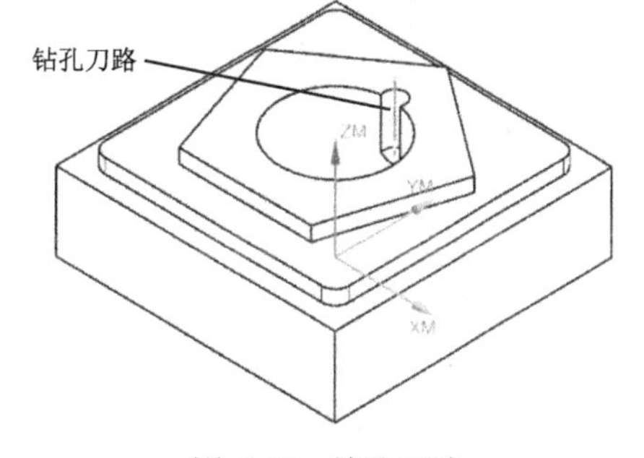

图 6-62 钻孔刀路

（25）在辅助工具条中单击“程序顺序视图”按钮。

（26）在“工序导航器”中把 PROGRAM 的名称改为 B1，并把前面所创建的钻孔刀路程序移到 B1 程序组中。

（27）单击“菜单 | 插入 | 程序”命令，在【创建程序】对话框中对“类型”选择“mill_contour”选项，对“程序”选择“NC_PROGRAM”选项，把“名称”设为 B2，单击“确定”按钮，创建 B2 程序组。此时，B2 与 B1 并列，并且 B1 与 B2 都在 NC_PROGRAM 下级目录中。

（28）单击“菜单 | 插入 | 工序”命令，在【创建工序】对话框中，对“类型”选择“mill_planar”选项。在“工序子类型”列表中单击“带边界面铣”按钮，对“程

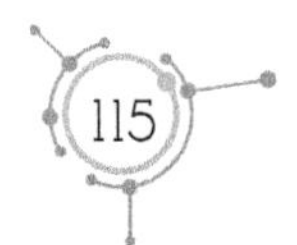

序”选择“B2”选项、“刀具”选择“D12R0（铣刀-5 参数）”选项、“几何体”选择“B”选项、“方法”选择“MILL_ROUGH”选项。

（29）单击“确定”按钮，在【面铣】对话框中单击“指定面边界”按钮，在【毛坯边界】对话框中，对“选择方法”选择“曲线”选项，选择实体上 80mm×80mm 的边线，参考图 6-47。对“刀具侧”选择“内侧”选项、“平面”选择“指定”选项，选择实体的上表面，把“距离”值设为 0，如图 6-63 所示。

（30）在【面铣】对话框中单击“刀轴”选项卡，对“轴”选择“+ZM 轴”选项、“切削模式”选择“往复”选项，把“毛坯距离”值设为 2.5mm、“每刀切削深度”值设为 0.8mm、“最终底面余量”值设为 0.1mm。

（31）单击“切削参数”按钮，在弹出的【切削参数】对话框中，单击“余量”选项卡，把“部件余量”值设为 0.3mm、“最终底面余量”值设为 0.1mm。

（32）单击“非切削移动”按钮，在弹出的【非切削移动】对话框中选默认参数。

（33）单击“进给率和速度 ”按钮，把主轴速度值设为 1000r/min、切削速度值设为 1200mm/min。

（34）单击“生成”按钮，生成面铣粗加工上表面的刀路，如图 6-64 所示。

（35）单击“菜单｜插入｜工序”命令，在【创建工序】对话框中，对“类型”选择“mill_planar”选项，在“工序子类型”列表中单击“平面铣”按钮，对“程序”选择 B2，对“刀具”选择“D12R0（铣刀-5 参数）”选项、“几何体”选择“B”选项，对“方法”选择“MILL_FINISH”选项。

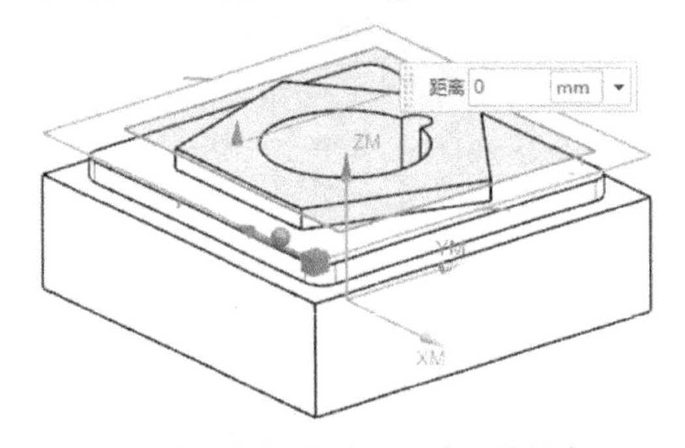

图 6-63　选择上表面，把“距离”值设为 0mm

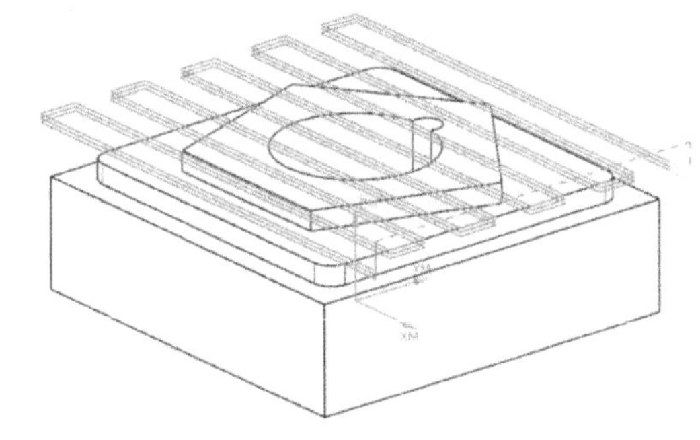

图 6-64　面铣粗加工上表面的刀路

（36）在【平面铣】对话框中单击“指定部件边界”按钮，在【部件边界】对话框中，对“选择方法”选择“面”选项、“刀具侧”选择“外侧”选项。选择实体上 70mm×70mm 的台阶面，如图 6-65 所示。

（37）单击“确定”按钮，70mm×70mm 台阶面的边界呈棕色，表示其已被选中。

（38）在【部件边界】对话框中对“平面”选择“指定”选项，选择实体的上表面作为指定平面，把“距离”值设为 0。

（39）单击“指定底面”按钮，选择实体上 80mm×80mm 台阶面，把“距离”值设为 0。

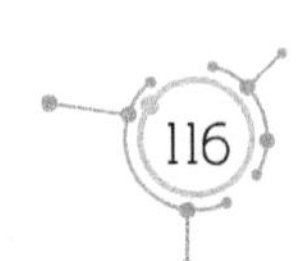

（40）在【平面铣】对话框中单击“刀轴”选项卡，对“轴”选择“+ZM 轴”选项、“切削模式”选择“轮廓”选项。

（41）单击“切削层”按钮，在弹出的【切削层】对话框中，对“类型”选择“恒定”选项，把“公共”值设为 0.8mm。

（42）单击“切削参数”按钮，在弹出的【切削参数】对话框中，单击“余量”选项卡，把“部件余量”值设为 0.3mm、“最终底面余量”值设为 0.1mm，把“内公差”值和“外公差”值都设为 0.01。

（43）单击“非切削移动”按钮，在弹出的【非切削移动】对话框中单击“进刀”选项卡。在“开放区域”列表中，对“进刀类型”选择“圆弧”选项，把“半径”值设为 2mm、“圆弧角度”值设为 90°、“高度”值设为 3mm、“最小安全距离”值设为 5mm。单击“转移/快速”选项卡，在“区域内”列表中，对“转移类型”选择“直接”选项。单击“起点/钻点”选项卡，单击“指定点”按钮，在【点】对话框中，对“类型”选择“控制点”选项，选择右边线的中点，把它设置为进刀起点。

（44）单击“进给率和速度 ”按钮，把主轴速度值设为 1000r/min、切削速度值设为 1200mm/min。

（45）单击“生成”按钮，生成的平面铣轮廓刀路如图 6-66 所示。

（46）在“工序导航器”中选择 PLANAR_MILL 选项，单击鼠标右键，在快捷菜单中单击“复制”命令。选择 B2，单击鼠标右键，在快捷菜单中单击“内部粘贴”命令。

（47）在“工序导航器”中双击 PLANAR_MILL_COPY 选项，在【平面铣】对话框中单击“指定部件边界”按钮，在【部件边界】对话框中单击“移除”按钮，清除以前选择的边界，在【部件边界】对话框中，对“选择方法”选择“面”选项、“刀具侧”选择“外侧”选项。

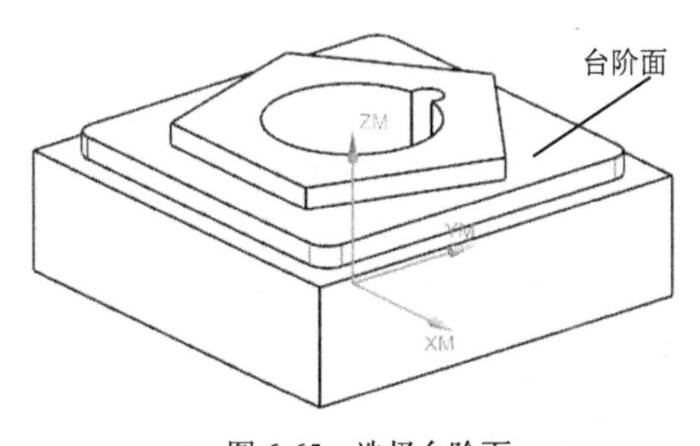

图 6-65　选择台阶面

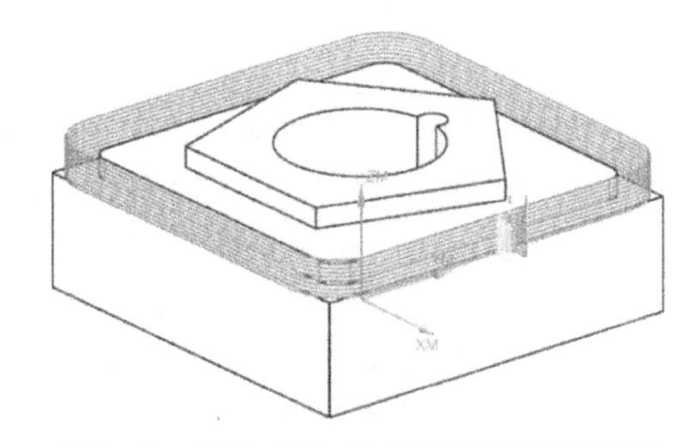

图 6-66　步骤（45）生成的平面铣轮廓刀路

（48）选择五边形的上表面，在【部件边界】对话框的“列表”栏中删除 Inside 所在的行，只保留 Outside 所在的行（五边形轮廓呈棕色，圆环的边界与圆孔边界被忽略），如图 6-31 所示。

（49）在【部件边界】对话框中，对“平面”选择“指定”选项，选择顶面。

（50）单击“确定”按钮，在【平面铣】对话框中单击“指定底面”按钮，选择

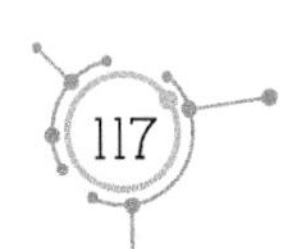

实体上 70mm×70mm 台阶面，把“距离”值设为 0。设置完毕，单击“确定”按钮。

（51）在【平面铣】对话框中对“步距”选择“恒定”选项，把“最大距离”值设为 10mm、“附加刀路”值设为 1。

（52）单击“生成”按钮，生成平面铣轮廓刀路，如图 6-67 所示。

（53）在“工序导航器”中选择 PLANAR_MILL 选项，单击鼠标右键，在快捷菜单中单击“复制”命令，再选择 B2，单击鼠标右键，在快捷菜单中单击“内部粘贴”命令。

（54）在“工序导航器”中双击 PLANAR_MILL_COPY_1 选项，在【平面铣】对话框中单击“指定部件边界”按钮，在【部件边界】对话框中单击“移除”按钮，清除前面所选择的边界，在【部件边界】对话框中，对“选择方法”选择“线”选项，选择中间 ϕ32mm 圆孔的下边线（因为圆孔的上边线不是 1 个完整的圆）。

（55）在【部件边界】对话框中，对“边界类型”选择“封闭”选项、“刀具侧”选择“内侧”选项、“平面”选择“指定”选项。最后选择五边形上表面，把“距离”值设为 0。设置完毕，单击“确定”按钮。

（56）在【平面铣】对话框中单击“指定底面”按钮，选择五边形的上表面，把“距离”值设为-16mm，如图 6-68 所示。

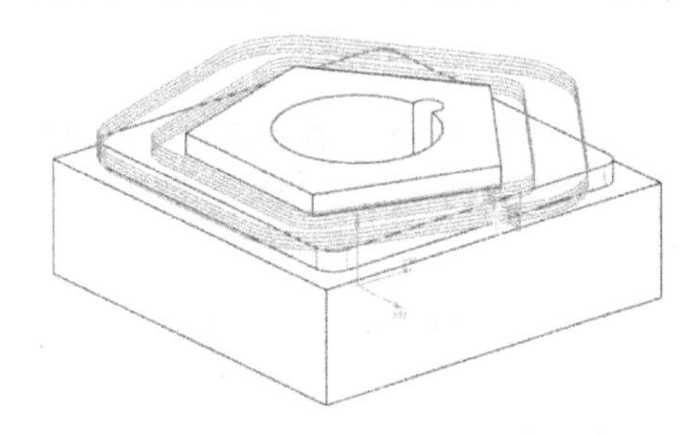
图 6-67　步骤（52）生成的平面铣轮廓刀路

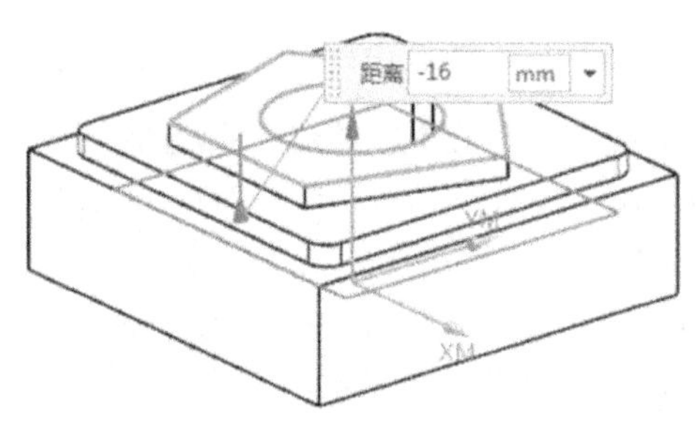

图 6-68　选择五边形上表面，把“距离”值设为-16mm

（57）在【平面铣】对话框中对“切削模式”选择“跟随部件”选项、“步距”选择“恒定”选项，把“最大距离”值设为 5mm。

（58）单击“非切削移动”按钮，在弹出的【非切削移动】对话框中单击“进刀”选项卡。在“封闭区域”列表中，对“进刀类型”选择“沿形状斜进刀”选项，把“斜坡角”值设为 1°、“高度”值设为 0.8mm。对“高度起点”选择“当前层”选项，把“最小安全距离”值设为 1mm、“最小斜面长度”值设为 5mm。

（59）单击“生成”按钮，生成的平面铣轮廓刀路如图 6-69 所示。

（60）单击“菜单｜插入｜程序”命令，在【创建程序】对话框中对“类型”选择“mill_contour”选项，对“程序”选择“NC_PROGRAM”选项，把“名称”设为 B3。单击“确定”按钮，创建 B3 程序组。此时，B3 与 B1、B2 并列，并且 B1、B2、B3 都在 NC_PROGRAM 的下级目录中。

（61）在“工序导航器”中选择 B2 程序组中的 4 个刀路程序，单击鼠标右键，在快捷菜单中单击“复制”命令。选择 B3，单击鼠标右键，在快捷菜单中单击“内部粘贴”命令，复制刀路程序结果如图 6-70 所示。

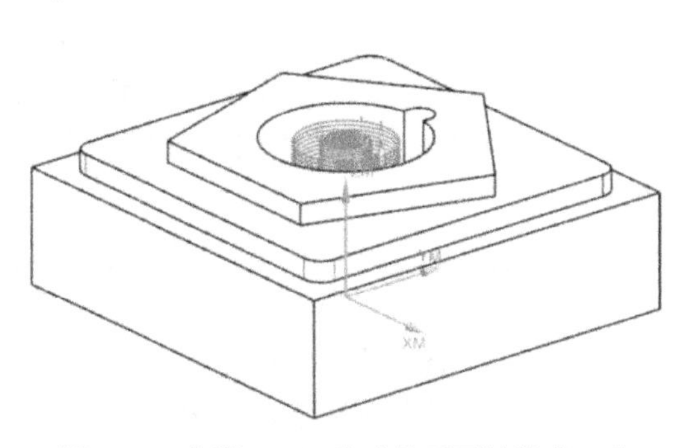

图 6-69　步骤（59）生成的平面铣轮廓刀路

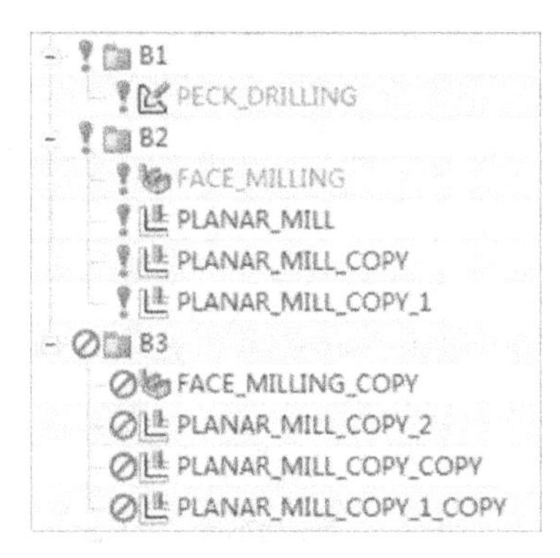

图 6-70　复制刀路程序结果

（62）在“工序导航器”中双击 FACE_MILLING_COPY 选项，在【面铣】对话框中单击“指定面边界”按钮，在【毛坯边界】对话框中单击“移除”按钮，移除列表框中的数据。然后在【毛坯边界】对话框中，对“类型”选择“面”选项、“刀具侧”选择“内侧”选项、“平面”选择“自动”选项。最后选择五边形的上表面，单击“确定”按钮。

（63）在【面铣】对话框中，把“每刀切削深度”值设为 0、“最终底面余量”值设为 0。

（64）单击“进给率和速度 ”按钮，把主轴速度值设为 1500r/min、切削速度值设为 500mm/min。

（65）单击“生成”按钮，生成的平面铣精加工刀路如图 6-71 所示。

（66）在“工序导航器”中双击 PLANAR_MILL_COPY_2 选项，在【平面铣】对话框中，对“步距”选择“恒定”选项，把“最大距离”值设为 0.1mm、“附加刀路”值设为 2。单击“切削层”按钮，在弹出的【切削层】对话框中对“类型”选择“仅底面”选项。单击“切削参数”按钮，在弹出的【切削参数】对话框中，单击“余量”选项卡，把“部件余量”值设为 0、“最终底面余量”值设为 0，把“内公差”值和“外公差”值都设为 0.01。

（67）单击“进给率和速度 ”按钮，把主轴速度值设为 1500r/min、切削速度值设为 500mm/min。

（68）单击“生成”按钮，生成平面铣轮廓刀路，如图 6-72 所示。

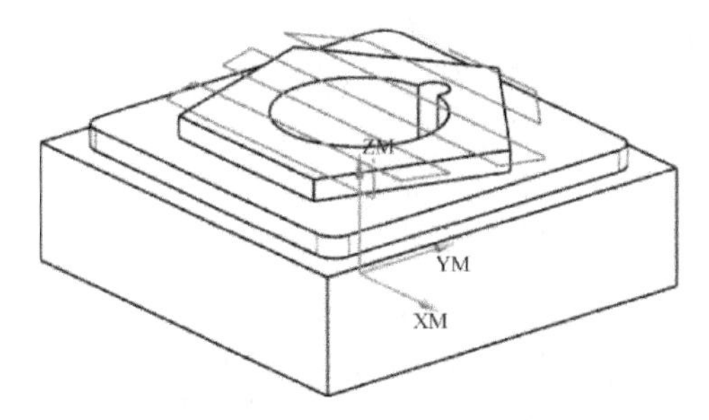

图 6-71　步骤（65）生成的平面铣精加工刀路

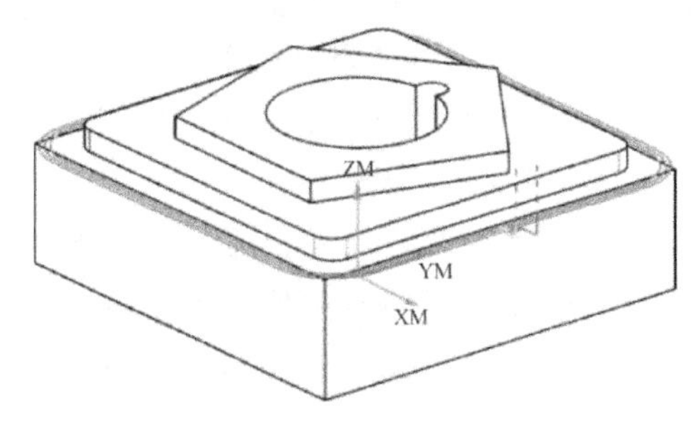

图 6-72　步骤（68）生成的平面铣轮廓刀路

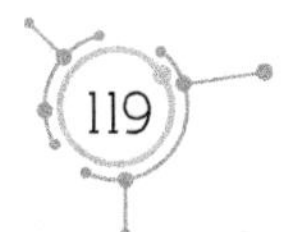

（69）在“工序导航器”中双击PLANAR_MILL_COPY_COPY选项，在【平面铣】对话框中把“附加刀路”值设为0，单击“切削层”按钮，在弹出的【切削层】对话框中对“类型”选择“仅底面”选项。单击“切削参数”按钮，在弹出的【切削参数】对话框中，单击“余量”选项卡，把“部件余量”值设为10mm、“最终底面余量”值设为0，把“内公差”值和“外公差”值都设为0.01。

（70）单击“进给率和速度 ”按钮，把主轴速度值设为1500r/min、切削速度值设为500mm/min。

（71）单击“生成”按钮，生成平面铣轮廓刀路，如图6-73所示。

（72）在“工序导航器”中选择PLANAR_MILL_COPY_COPY选项，单击鼠标右键，在快捷菜单中单击“复制”命令。再次选择PLANAR_MILL_COPY_COPY选项，单击鼠标右键，在快捷菜单中单击“粘贴”命令。

（73）在“工序导航器”中双击PLANAR_MILL_COPY_COPY_COPY选项，在【平面铣】对话框中，把“最大距离”值设为0.1mm、“附加刀路”值设为3。单击“切削参数”按钮，在弹出的【切削参数】对话框中，单击“余量”选项卡，把“部件余量”值设为0。

（74）单击“生成”按钮，生成平面铣轮廓刀路，如图6-74所示。

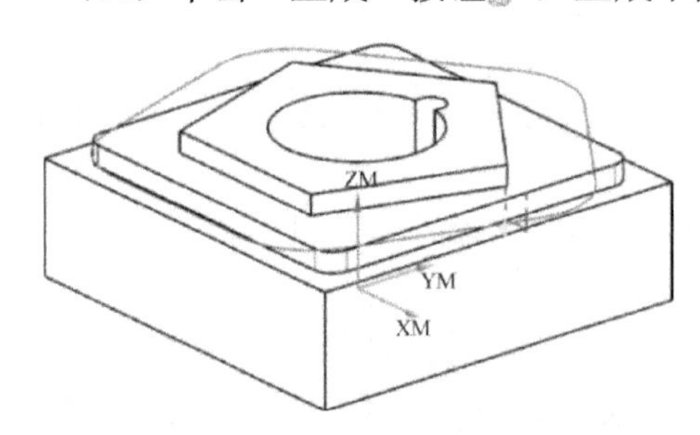

图6-73　步骤（71）生成的平面铣轮廓刀路

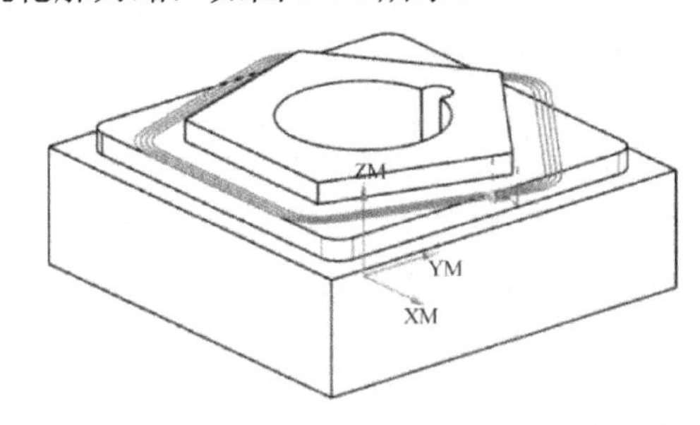

图6-74　步骤（74）生成的平面铣轮廓刀路

（75）在“工序导航器”中双击PLANAR_MILL_COPY_1_COPY选项，在【平面铣】对话框中单击“指定底面”按钮，选择实体下底面，把“距离”值设为2mm。对“切削模式”选择“轮廓”选项、“步距”选择“恒定”选项，把“最大距离”值设为0.1mm、“附加刀路”值设为3。单击“切削层”按钮，在弹出的【切削层】对话框中，对“类型”选择“仅底面”选项。单击“切削参数”按钮，在弹出的【切削参数】对话框中，单击“余量”选项卡，把“部件余量”值设为0，把“内公差”值和“外公差”值都设为0.01。

（76）单击“进给率和速度 ”按钮，把主轴速度值设为1500r/min、切削速度值设为500mm/min。

（77）单击“生成”按钮，生成平面铣轮廓刀路，如图6-75所示。

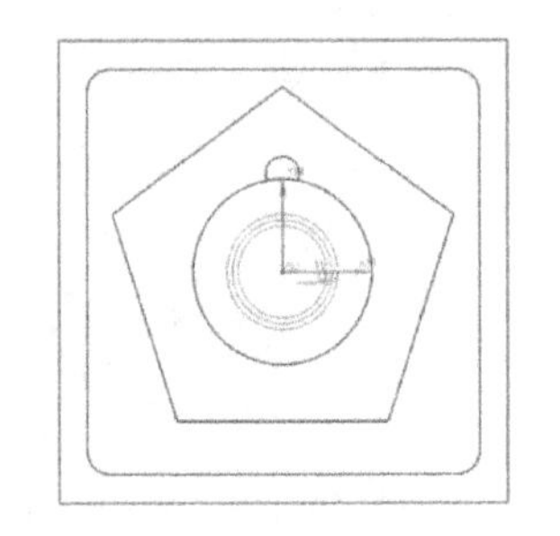
图6-75　步骤（77）生成的平面铣轮廓刀路

8. 第1次装夹工件

（1）工件第1次装夹示意如图6-76所示。

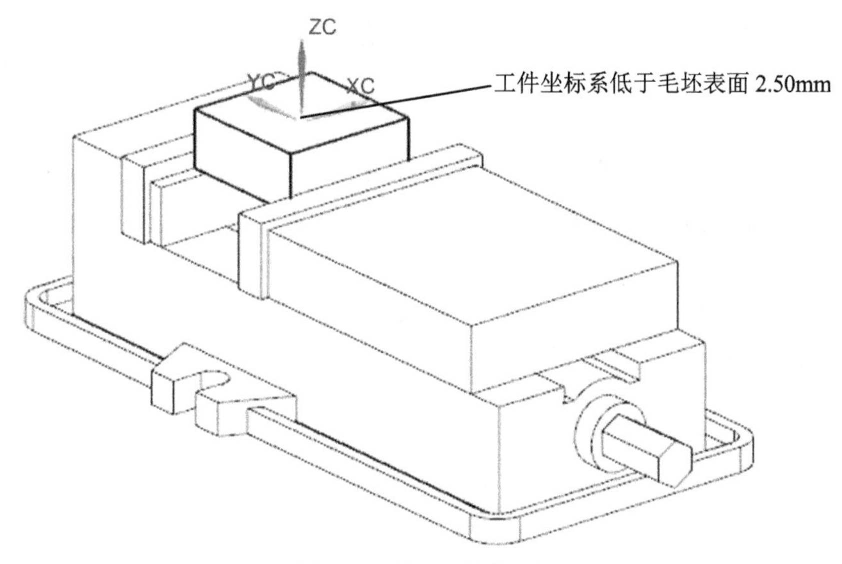

图6-76 第1次装夹示意

（2）第1次装夹的加工程序单见表6-1。

表6-1 第1次装夹加工程序单

序号	程序名	刀具	加工深度	备注
1	A1	ϕ12mm 平底刀	24mm	粗加工
2	A2	ϕ12mm 平底刀	24mm	精加工
3	A3	ϕ8mm 平底刀	5mm	精加工

（3）第1次加工时，毛坯的上表面整个平面降低2.50mm，实际加工深度为24mm。因此，在装夹时，要求毛坯高出台钳平面的距离至少为26.5mm（24+2.5＝26.5mm）。

（4）工件对刀时，采用四边分中的方法来确定工件坐标系，即以工件上表面的中心为工件坐标系的原点（0，0），如图6-77所示。

（5）*Z*方向对刀时，先让刀尖刚好接触工件的上表面，再稍微提升刀具，把刀具移至安全区域，然后降低2.50mm。把低于工件上表面2.50mm处设为*Z*0，如图6-78所示。

提示：在数控编程时已经编好加工程序，直接开启程序，即可用编制好的数控程序把毛坯表面降低2.50mm。

9. 第2次装夹工件

（1）工件第2次装夹示意如图6-79所示。

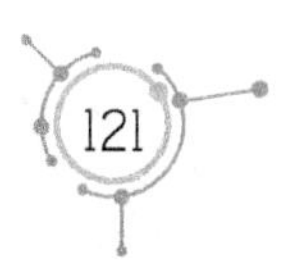

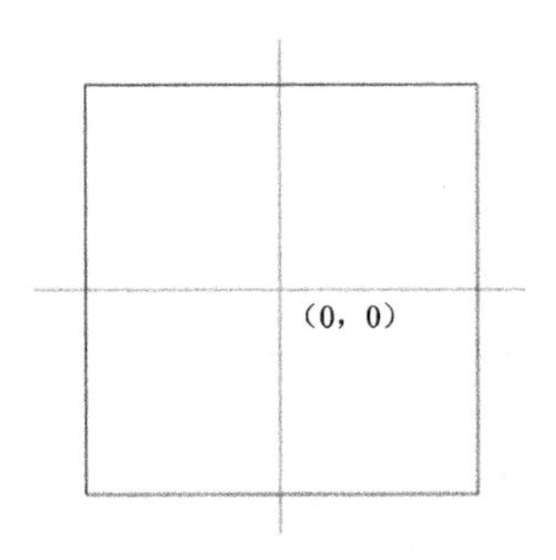

图 6-77　工件坐标系的原点(0，0)

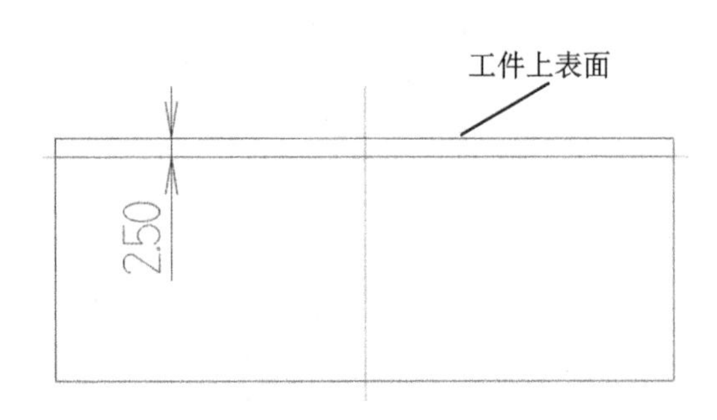

图 6-78　把低于工件上表面 2.50mm 处设为 *Z*0

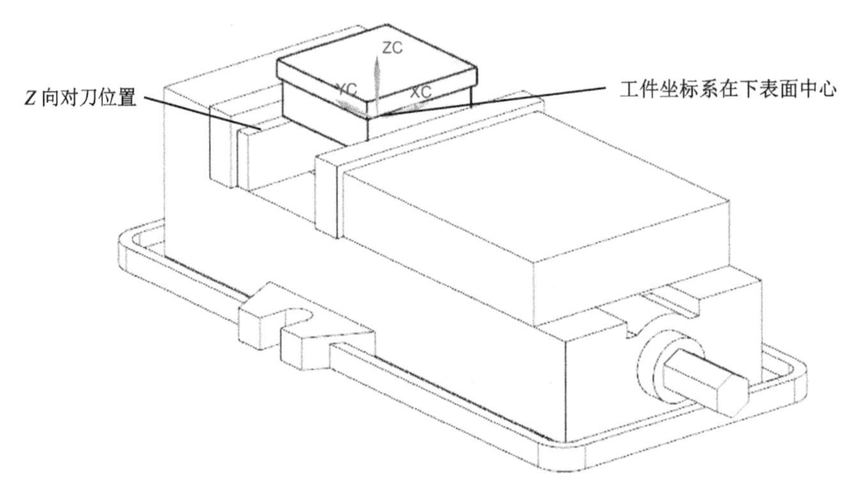

图 6-79　第 2 次装夹示意

（2）第 2 次装夹的加工程序单见表 6-2。

表 6-2　第 2 次装夹加工程序单

序号	程序名	刀具	加工深度	备注
1	B1	ϕ6mm 钻头	17mm	钻孔
2	B2	ϕ12mm 平底刀	32mm	粗加工
3	B3	ϕ12mm 平底刀	32mm	精加工

（3）第 2 次用台钳装夹时，工件上表面超出台钳至少 10.5mm（毛坯表面降低 2.50mm，工件 70mm×70mm 的外形加工深度为 8mm，8+2.5＝10.5mm）。

（4）对刀时，采用四边分中的方法确定工件坐标系原点(0，0)。

（5）以工件下方垫铁的上表面为 *Z* 方向的对刀位置，并把它设为 *Z*0。

高级工考证篇

项目7 弯 凸 台

本项目以1道数控铣高级工考证的考题为例，该考题所用工件结构图是有曲面。与前面章节有所不同，本项目着重介绍另一种建模方式（创建长方体），也介绍复杂草图设计方法及几何约束的应用。工件1结构图和工件2结构图分别如图7-1与图7-2所示，装配图如图7-3所示。

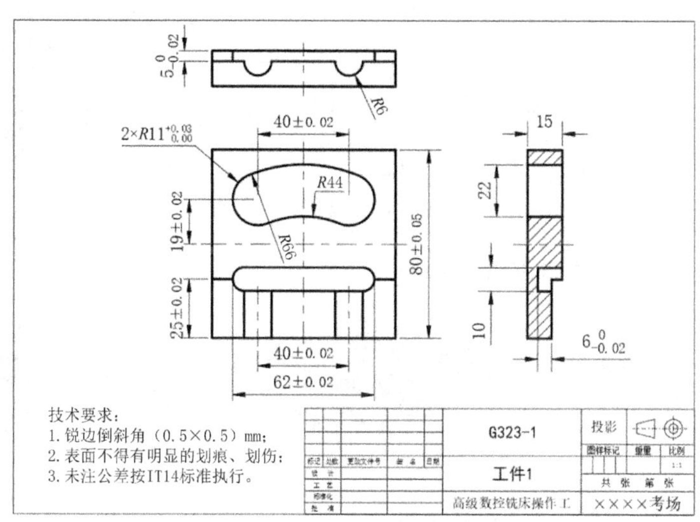

图7-1 工件1结构图

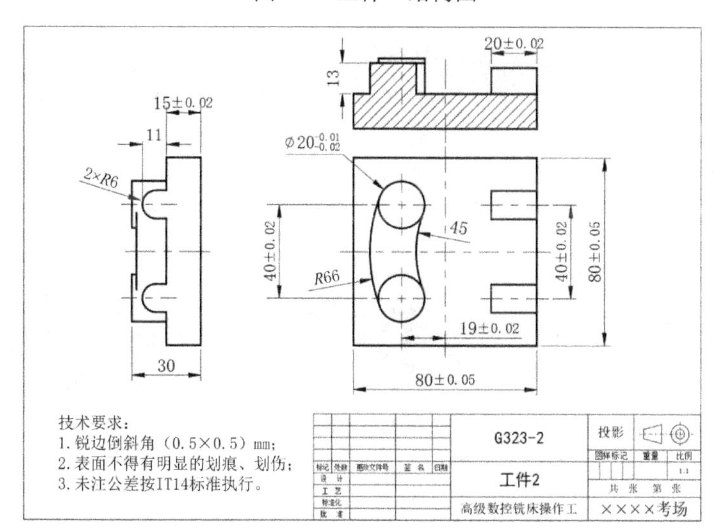

图7-2 工件2结构图

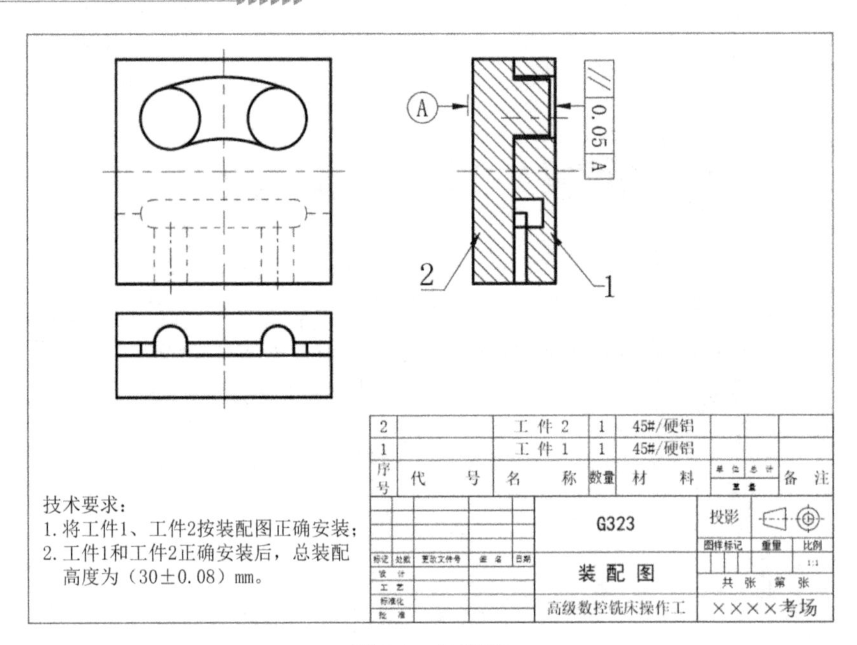

图 7-3 装配图

1. 工件 1 的第 1 面加工工序分析图

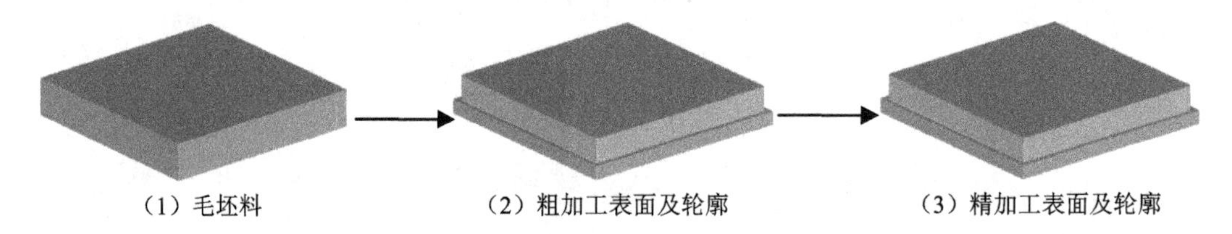

2. 工件 1 的第 2 面加工工序分析图

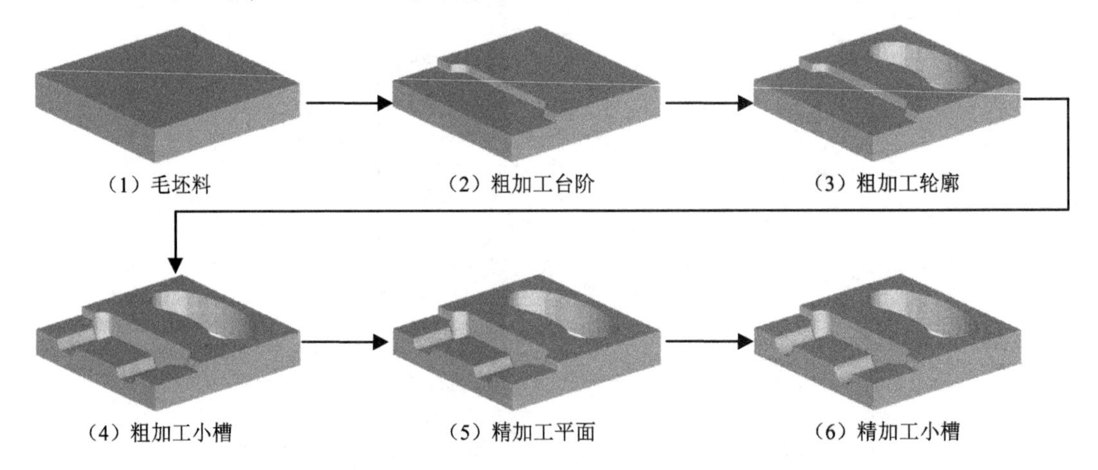

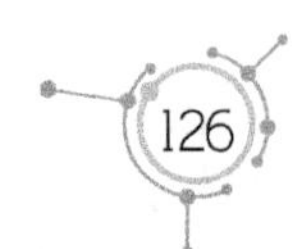

3. 工件 2 的第 1 面加工工序分析图

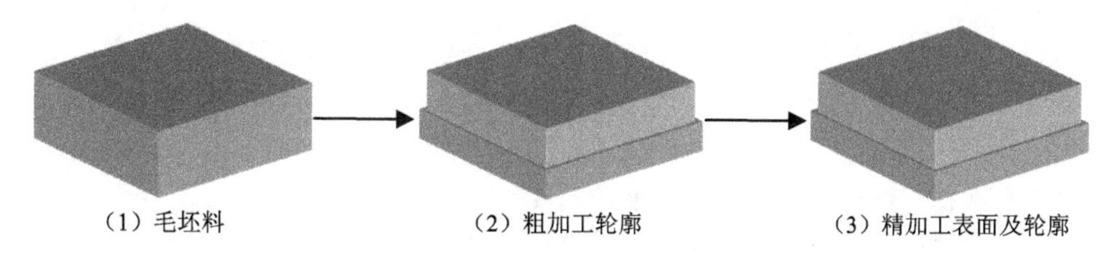

（1）毛坯料　　（2）粗加工轮廓　　（3）精加工表面及轮廓

4. 工件 2 的第 2 面加工工序分析图

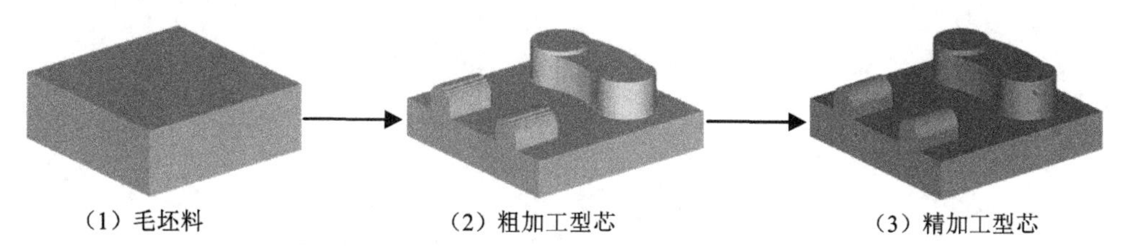

（1）毛坯料　　（2）粗加工型芯　　（3）精加工型芯

5. 工件 1 的建模过程

（1）启动 UG 12.0，单击“新建”按钮，在弹出的【新建】对话框中单击“模型”选项卡，在模板框中把“单位”设为“毫米”，选择“模型”模板，把“名称”设为 EX7A.prt、“文件夹”路径设为“E:\UG12.0 数控编程\项目 7”。

（2）单击“菜单 | 插入 | 设计特征 | 长方体”命令，在【长方体】对话框中，对“类型”选择“原点和边长”选项，把“长度（XC）”值设为 80mm、“宽度（YC）”值设为 80mm、“高度（ZC）”值设为 15mm，对“布尔”选择“无”选项。单击“指定点”按钮，在【点】对话框中，对“参考”选择“绝对－工作部件”选项，输入（-40，-40，0），如图 7-4 所示。

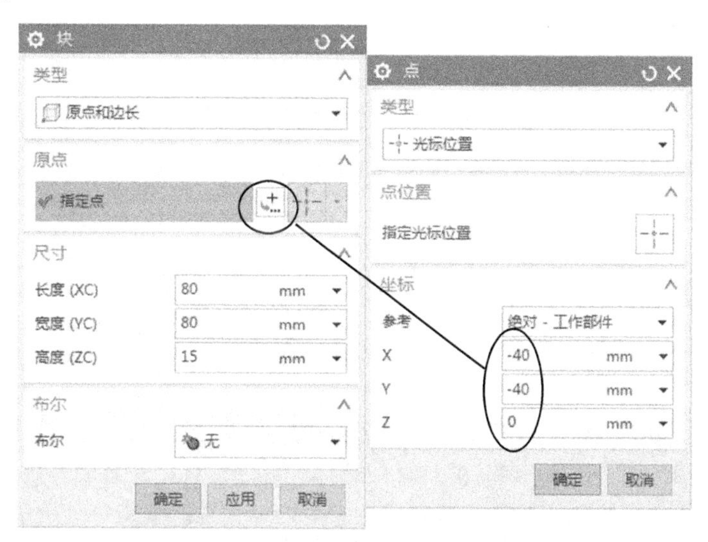

图 7-4 设置【块】参数

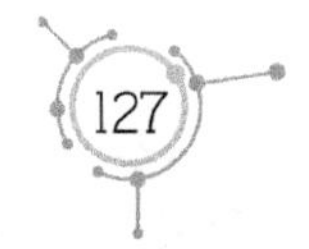

（3）单击“确定”按钮，创建 1 个长方体，如图 7-5 所示。此时，坐标系在长方体的下底面中心。

（4）单击“菜单｜插入｜设计特征｜长方体”命令，在弹出的【长方体】对话框中，对“类型”选择“原点和边长”选项。在【块】对话框中，对“类型”选择“原点和边长”选项、“布尔”选择“减去”选项。单击“指定点”按钮；在【点】对话框中，对“参考”选择“绝对－工作部件”选项，输入（-40，-40，11.5）。

（5）单击“确定”按钮，在长方体上创建 1 个台阶，如图 7-6 所示。

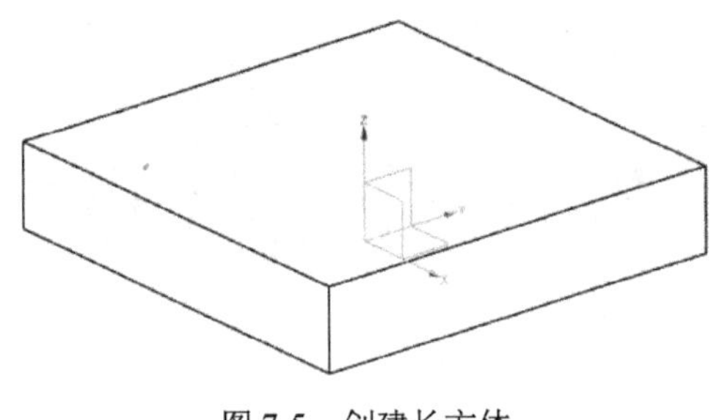

图 7-5　创建长方体

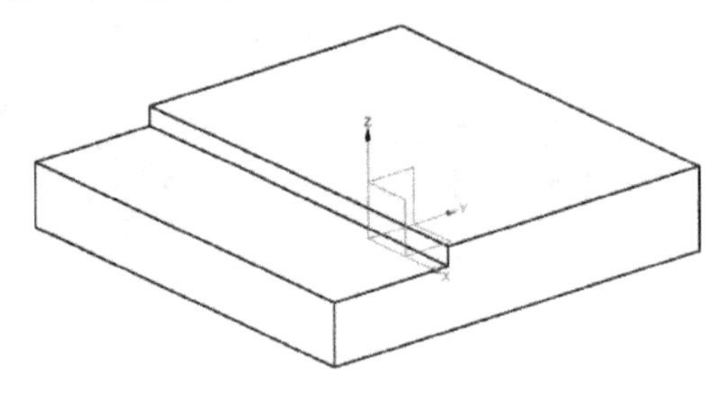

图 7-6　创建 1 个台阶

（6）单击“拉伸”按钮，在弹出的【拉伸】对话框中单击“绘制截面”按钮。把 *XC-YC* 平面设为草绘平面、*X* 轴设为水平参考线，把草图原点坐标设为（0，0，0），绘制 1 个矩形截面（62mm×10mm），如图 7-7 所示。该矩形的两条竖直边线关于 *Y* 轴对称，两条水平边线关于台阶的边线对称。

（7）单击“完成”按钮，在弹出的【拉伸】对话框中，对“指定矢量”选择“ZC↑”选项。在“开始”栏中选择“值”选项，把“距离”值设为 0；在“结束”栏中选择“贯通”、“布尔”选择“减去”选项。

（8）单击“确定”按钮，创建方形通孔，如图 7-8 所示。

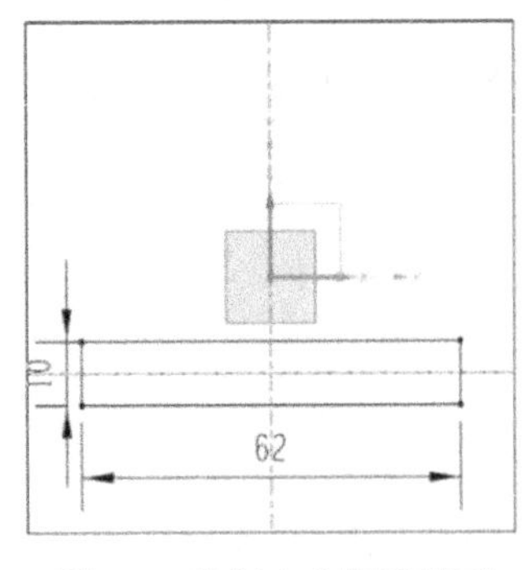

图 7-7　绘制 1 个矩形截面

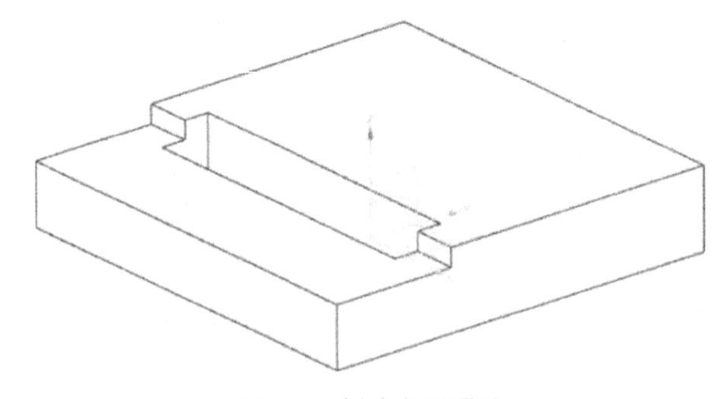

图 7-8　创建方形通孔

（9）单击“菜单｜插入｜细节特征｜面倒圆”命令，在弹出的【面倒圆】对话框中选择“三个定义面链”选项，把“方位”设为“滚球”。在工作区上方的工具条中选择“单个面”，然后在实体上选择面链①、面链②和中间面链，如图 7-9 所示。

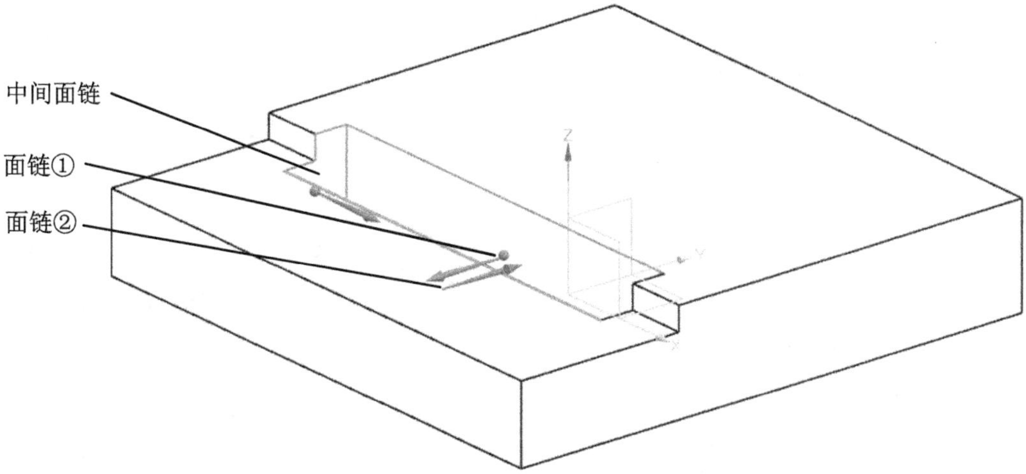

中间面链

面链①

面链②

图 7-9 选择面链

（10）单击“确定”按钮，创建面倒圆角特征，如图 7-10 所示。

（11）重新单击“菜单｜插入｜细节特征｜面倒圆”命令，在工作区上方选择“单个面”选项，采用相同的方法，创建另一端的面倒圆角特征。

（12）单击“菜单｜插入｜同步建模｜替换面”命令，在实体上选择原始面和替换面，如图 7-11 所示。

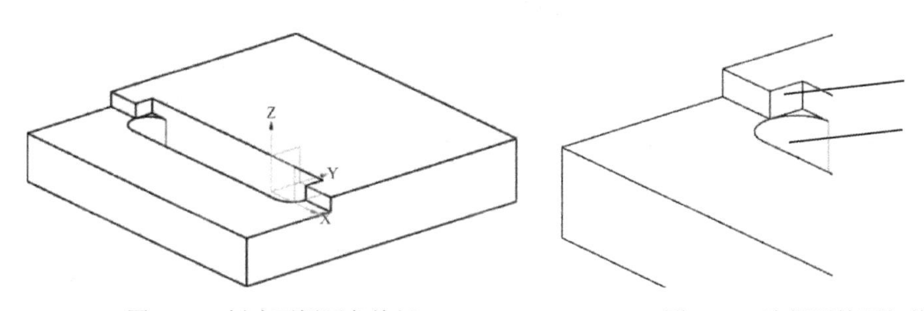

图 7-10 创建面倒圆角特征

图 7-11 选择原始面与替换面

（13）单击“确定”按钮，创建替换特征。

（14）采用相同的方法，创建另一端的替换特征，如图 7-12 所示。

（15）单击“拉伸”按钮，在弹出的【拉伸】对话框中单击“绘制截面”按钮。把实体的端面设为草绘平面，如图 7-13 所示。把 X 轴设为水平参考线，把草图原点坐标设为（0，0，0），绘制两个圆形截面（ϕ12mm），两个圆心在台阶面上且关于 Y 轴对称，如图 7-14 所示。

（16）单击“完成”按钮，在弹出的【拉伸】对话框中，对“指定矢量”选择“YC↑”选项。在“开始”栏中选择“值”选项，把“距离”值设为 0；在“结束”栏中选择“值”选项，把“距离”值设为 25mm，对“布尔”选择“减去”选项。

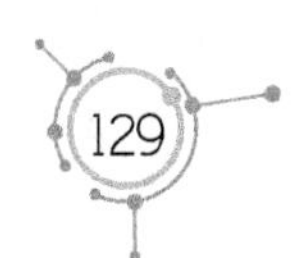

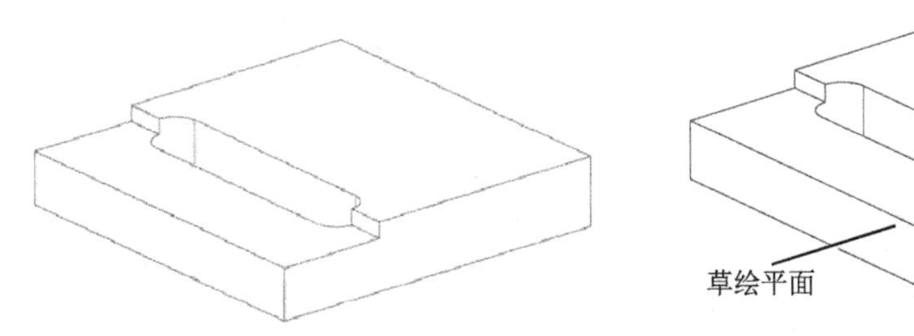

图 7-12　替换特征

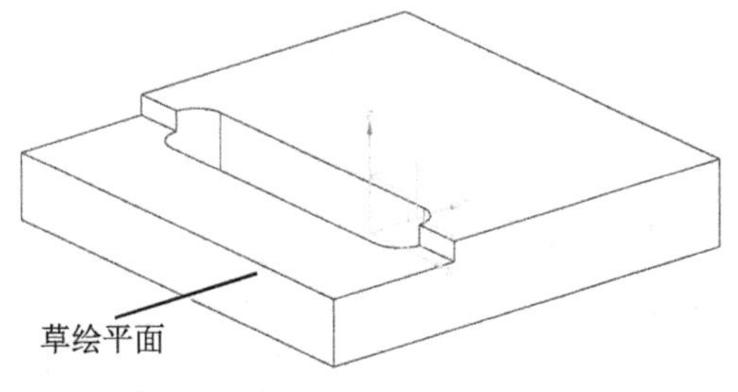

图 7-13　选择草绘平面

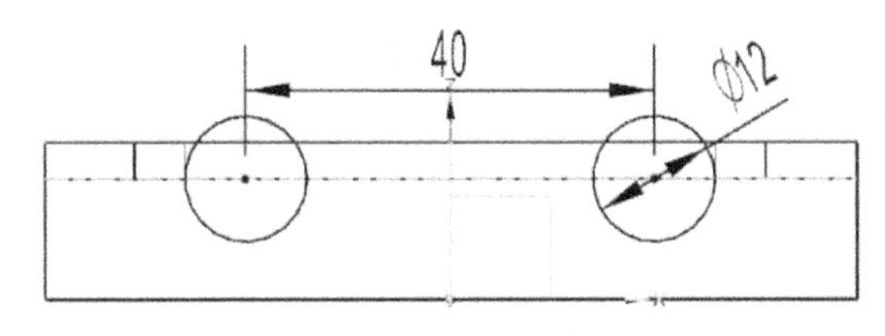

图 7-14　绘制两个圆形截面

（17）单击“确定”按钮，创建切除特征，如图 7-15 所示。

（18）单击“拉伸”按钮，在弹出的【拉伸】对话框中单击“绘制截面”按钮。把 *XC-YC* 平面设为草绘平面、*X* 轴设为水平参考线，把草图原点坐标设为（0，0，0），任意绘制 4 条圆弧（上、下两条圆弧都是凸圆弧），如图 7-16 所示。

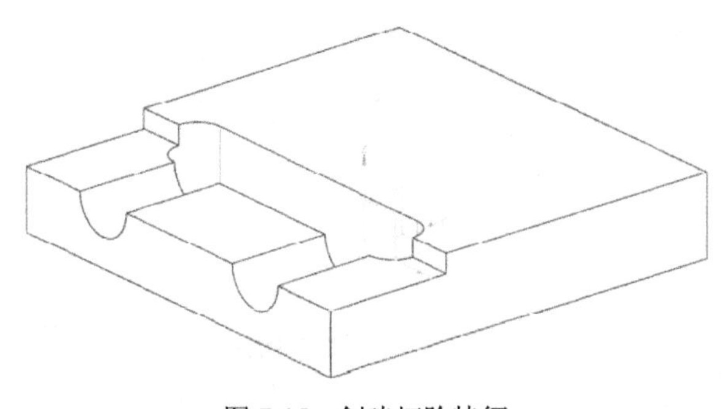

图 7-15　创建切除特征

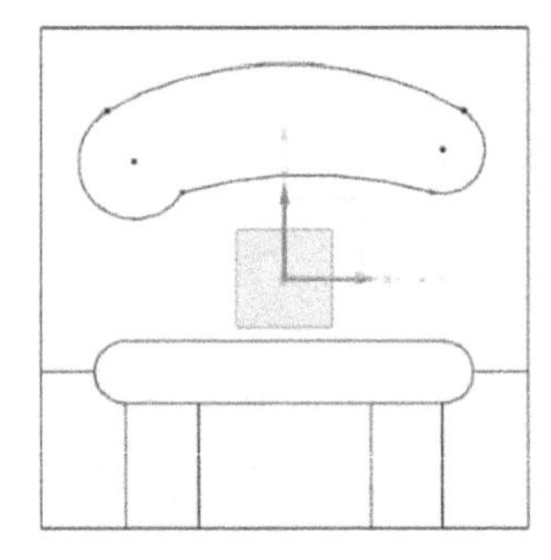

图 7-16　任意绘制 4 条圆弧

（19）单击“设为对称”按钮，先选择左圆弧的圆心，再选右圆弧的圆心，最后选择 *Y* 轴，左、右圆弧的圆心点关于 *Y* 轴对称，如图 7-17 所示。

（20）单击“几何约束”按钮，在弹出的【几何约束】对话框中单击“等半径约束”按钮，如图 7-18 所示。

（21）先选择左圆弧，再选择右圆弧，两条圆弧的半径相等，如图 7-19 所示。

（22）在【几何约束】对话框中单击“相切”按钮，先选择其中一条圆弧作为“要约束的对象”，再选择另一条相邻的圆弧作为“要约束到的对象”，把两条相邻圆弧设置成相切。

（23）采用相同的方法，把其他相邻圆弧设置成两两相切，如图 7-20 所示。

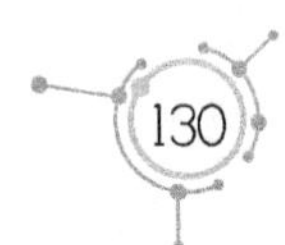

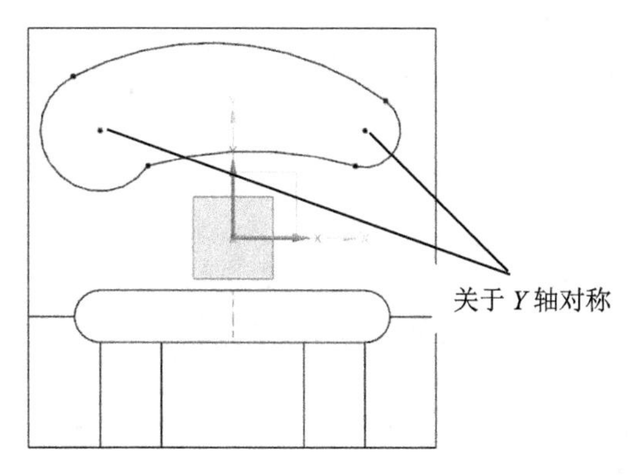

图 7-17 左、右圆心关于 Y 轴对称

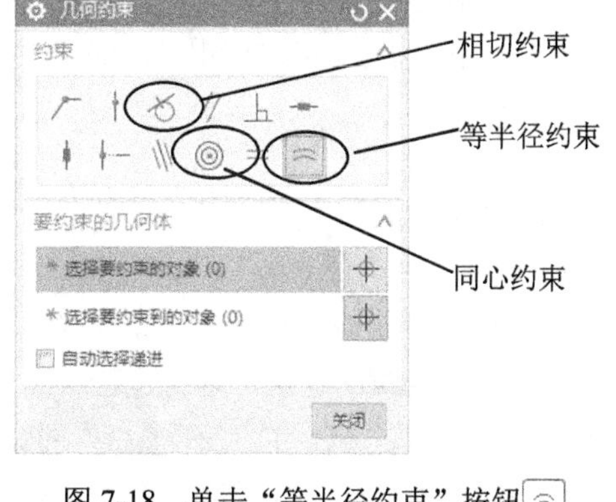

图 7-18 单击“等半径约束”按钮

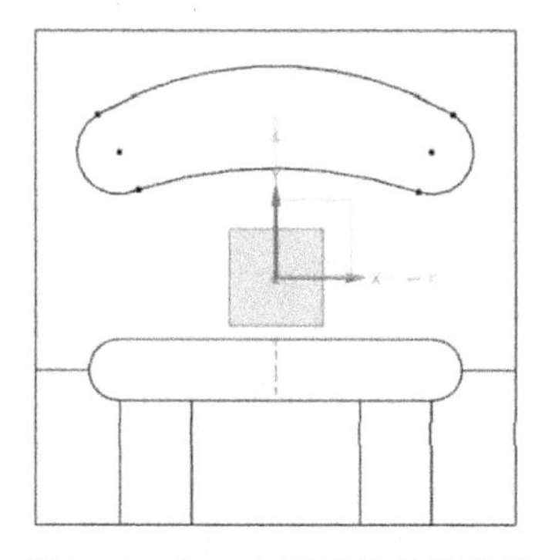

图 7-19 左、右圆弧的半径相等

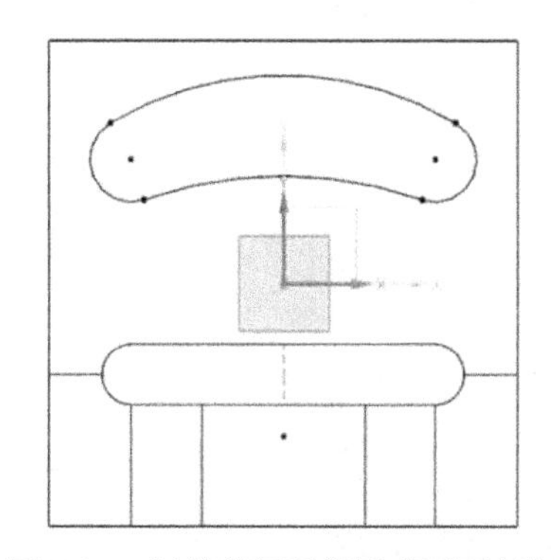

图 7-20 把其他圆弧设置成两两相切

（24）在【几何约束】对话框中单击“同心约束”按钮，参考图 7-18。

（25）先把上方的圆弧设为“要约束的对象”，再把下方的圆弧设为“要约束到的对象”，把上、下两条圆弧设置成同心，如图 7-21 所示。

（26）单击“快速尺寸”按钮，进行尺寸标注或修改尺寸标注，如图 7-22 所示。

（27）单击“完成”按钮，在弹出的【拉伸】对话框中，对“指定矢量”选择“ZC↑”选项。在“开始”栏中选择“值”选项，把“距离”值设为 0；在“结束”栏中选择“贯通”选项，对“布尔”选择“减去”选项。

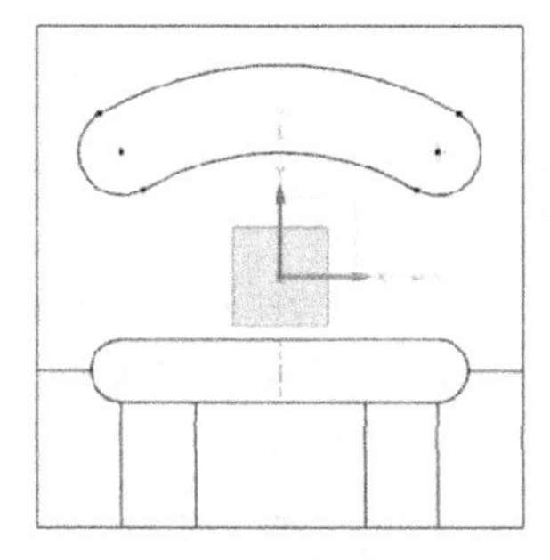

图 7-21 把上、下两条圆弧设置成同心

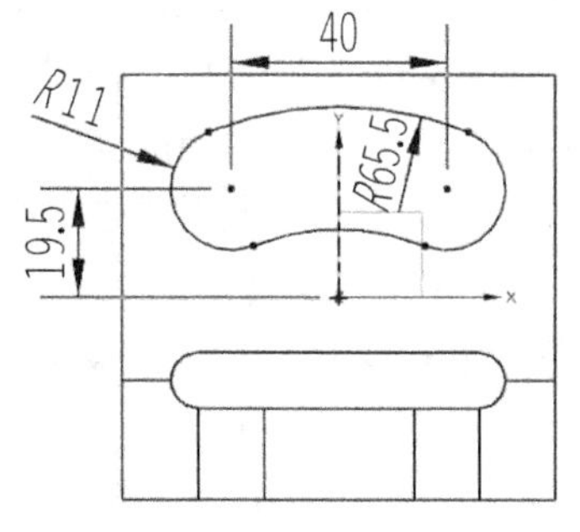

图 7-22 尺寸标注

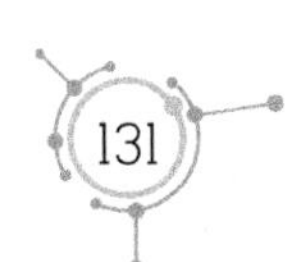

（28）单击“确定”按钮，创建通孔，如图 7-23 所示。

（29）单击“保存”按钮，保存文档，文件名为 EX7A。

6. 工件 1 第 1 次装夹的编程过程

（1）打开 EX7A 文档，单击“文件丨另存为”按钮，保存文档，文件名为 EX7A1。

（2）单击“菜单丨编辑丨特征丨移除参数”命令，移除实体的参数。

（3）单击“菜单丨编辑丨移动对象”命令，在弹出的【移动对象】对话框中，对“运动”选择“角度”选项，对“指定矢量”选择“YC↑”选项，把“角度”值设为 180°。单击“指定轴点”按钮，在【点】对话框中对“参考”选择“绝对坐标”选项，输入（0，0，0)，对“结果”选择“◉移动原先的”单选框。

（4）单击“确定”按钮，实体旋转 180°，如图 7-24 所示。

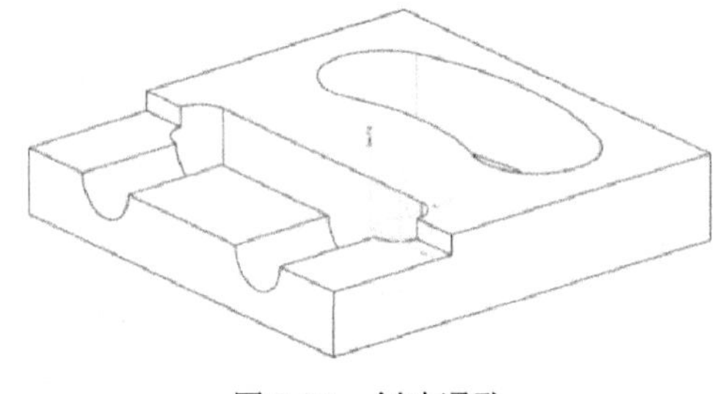

图 7-23 创建通孔

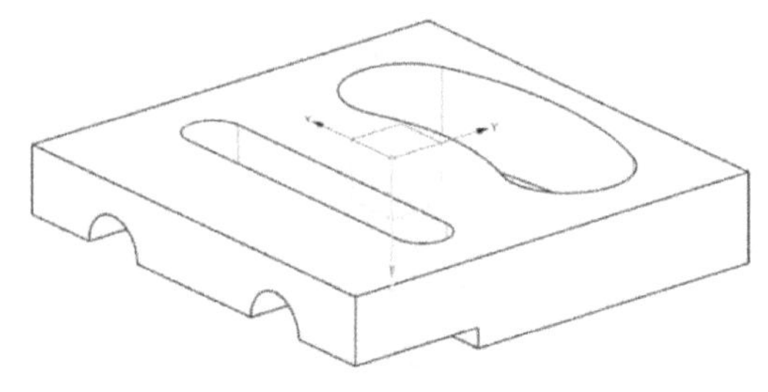

图 7-24 实体旋转 180°

（5）在横向菜单中先单击“应用模块”选项卡，再单击“加工”命令，在【加工环境】对话框中选择“cam_general”选项和“mill_planar”选项。单击“确定”按钮，进入 UG 加工环境。此时，实体上出现两个坐标系：工件坐标系和基准坐标系。

（6）单击“菜单丨插入丨几何体”命令，在【创建几何体】对话框中，对“几何体子类型”选择选项，对“几何体”选择“GEOMETRY”选项，把“名称”设为 A。

（7）单击“确定”按钮，在【MCS】对话框中对“安全设置选项”选择“自动平面”，把“安全距离”值设为 5mm。单击“确定”按钮，创建几何体。

（8）在辅助工具条中单击“几何视图”按钮，在“工序导航器”中添加所创建的几何体 A。

（9）单击“菜单丨插入丨几何体”命令，在【创建几何体】对话框中，对“几何体子类型”选择“WORKPIECE”图标，对“几何体”选择“A”选项，把“名称”设为 B。

（10）单击“确定”按钮，在【工件】对话框中选择“指定部件”按钮，在工作区选择整个实体。单击“确定”按钮，把实体设置为工作部件。

（11）在【工件】对话框中单击“指定毛坯”按钮，在【毛坯几何体】对话框中，对“类型”选择“包容块”选项，把“XM-”、“YM-”、“XM+”、“YM+”值都设为 2.5mm，把“ZM+”值设为 1mm。

（12）连续两次单击“确定”按钮，创建几何体 B。在“工序导航器”中展开 A 的下级目录，可以看出几何体 B 在 A 的下级目录中。

（13）单击“创建刀具”按钮，创建名称为D12R0、直径为12mm的立铣刀。

（14）单击“菜单｜插入｜工序”命令，在【创建工序】对话框中，对“类型”选择“mill_planar”选项。在“工序子类型”列表中单击“带边界面铣”按钮，对“程序”选择“NC_PROGRAM”选项、“刀具”选择“D12R0（铣刀-5 参数）”选项、“几何体”选择“B”选项、“方法” 选择“METHOD”选项。

（15）单击“确定”按钮，在【面铣】对话框中单击“指定面边界”按钮，在【毛坯边界】对话框中，对“选择方法”选择“面”选项。选择实体上表面，对“刀具侧”选择“内侧”选项、“平面”选择“自动”选项。

（16）单击“确定”按钮，在【面铣】对话框中，对“切削模式”选择“往复”选项、“步距”选择“刀具平直百分比”选项，把“平面直径百分比”值设为75%、“毛坯距离”值设为1mm（为方便第2次装夹，在第1次加工时，上表面只切除1mm）、“每刀切削深度”值设为0.8mm、“最终底面余量”值设为0.1mm。

（17）单击“切削参数”按钮，在弹出的【切削参数】对话框中，单击“策略”选项卡，对“切削方向”选择“顺铣”选项、“剖切角”选择“指定”选项，把“与XC的夹角”值设为0°。

（18）单击“非切削移动”按钮，在弹出的【非切削移动】对话框中选用默认参数。

（19）单击“进给率和速度 ”按钮，把主轴速度值设为1000r/min、切削速度值设为1200mm/min。

（20）单击“生成”按钮，生成的面铣刀路如图7-25所示。

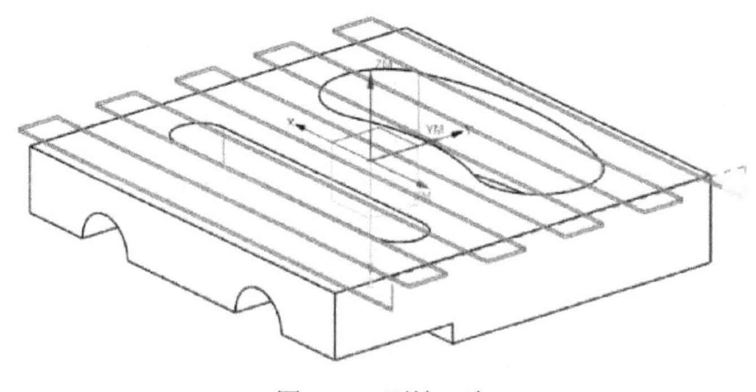

图7-25 面铣刀路

（21）单击“菜单｜插入｜工序”命令，在【创建工序】对话框中，对“类型”选择“mill_planar”选项，在“工序子类型”列表中单击“平面铣”按钮，对“程序”选择“NC_PROGRAM”选项、“刀具”选择“D12R0（铣刀-5参数）”选项、“几何体”选择“B”选项、“方法”选择“METHOD”选项。

（22）单击“确定”按钮，在【平面铣】对话框中单击“指定部件边界”按钮，在【部件边界】对话框中，对“选择方法”选择“面”选项、“刀具侧”选择“外侧”选项。在工作区上方的工具条中先后单击“忽略岛”和“忽略孔”按钮，选择实体的上表面。设置完毕，单击“确定”按钮。

（23）在【平面铣】对话框中单击“指定底面 ”按钮，选择底面，把“距离”值设为 1mm。

（24）在【平面铣】对话框中对“切削模式”选择“轮廓”选项，把“附加刀路”值设为 0。

（25）单击“切削层”按钮，在弹出的【切削层】对话框中，对“类型”选择“恒定”选项，把“公共每刀切削深度”值设为 0.8mm。

（26）单击“切削参数”按钮，在弹出的【切削参数】对话框中，单击“策略”选项卡，对“切削方向”选择“顺铣”选项。单击“余量”选项卡，把“部件余量”值设为 0.3 mm。

（27）单击“非切削移动”按钮，在弹出的【非切削移动】对话框中，单击“转移/快速”选项卡。在“区域之间”列表中，对“转移类型”选择“安全距离-刀轴”选项，在“区域内”列表中，对“转移方式”选择“进刀/退刀”选项、“转移类型”选择“直接”选项。单击“进刀”选项卡，在“开放区域”列表中，对“进刀类型”选择“圆弧”选项，把“半径”值设为 2mm、“圆弧角度”值设为 90°、“高度”值设为 1mm、“最小安全距离”值设为 10mm。选择“起点/钻点”选项卡，单击“指定点”按钮，选择“控制点”选项，选择实体的右边线，把该直线的中点设为进刀起点。

（28）单击“进给率和速度 ”按钮，把主轴速度值设为 1000r/min、切削速度值设为 1200mm/min。

（29）单击“生成”按钮，生成的平面铣轮廓刀路如图 7-26 所示。

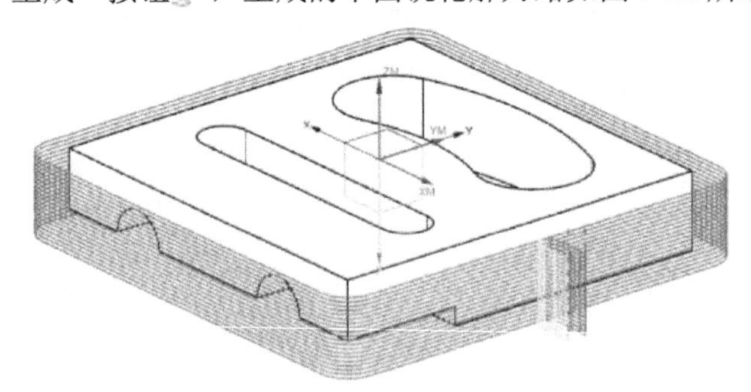

图 7-26　生成的平面铣轮廓刀路

（30）在辅助工具条中单击“程序顺序视图”按钮，在“工序导航器”选项中把 PROGRAM 文件名改为 A1，并把前面创建的 2 个刀路程序移到 A1 程序组中。

（31）单击“菜单｜插入｜程序”命令，在【创建程序】对话框中对“类型”选择“mill_contour”选项，对“程序”选择“NC_PROGRAM”选项，把“名称”设为 A2。

（32）单击“确定”按钮，创建 A2 程序组。此时，A1 与 A2 都在 NC_PROGRAM 的下级目录中。

（33）在“工序导航器”中选择 FACE_MILLING选项和 PLANAR_MILL选项，单击鼠标右键，在快捷菜单中单击“复制”命令。选择 A2，单击鼠标右键，在快捷菜单中单击“内部粘贴”命令。

（34）在“工序导航器”中双击⊘ FACE_MILLING_COPY选项，在【面铣】对话框中，把“每刀切削深度”值设为0、“最终底面余量”值设为0。

（35）单击“进给率和速度 ”按钮，把主轴速度值设为1200r/min、切削速度值设为500mm/min。

（36）单击“生成”按钮，生成的面铣刀路如图7-27所示。

（37）双击⊘ PLANAR_MILL_COPY选项，在【平面铣】对话框中，对“步距”选择“恒定”选项，把“最大距离”值设为0.1mm、“附加刀路”值设为2。单击“切削层”按钮，在弹出的【切削层】对话框中对“类型”选择“仅底面”选项。单击“切削参数”按钮，在弹出的对话框中单击“余量”选项卡，把“部件余量”值设为0。

（38）单击“进给率和速度 ”按钮，把主轴速度值设为1200r/min、切削速度值设为500mm/min。

（39）单击“生成”按钮，生成的平面铣轮廓刀路如图7-28所示。

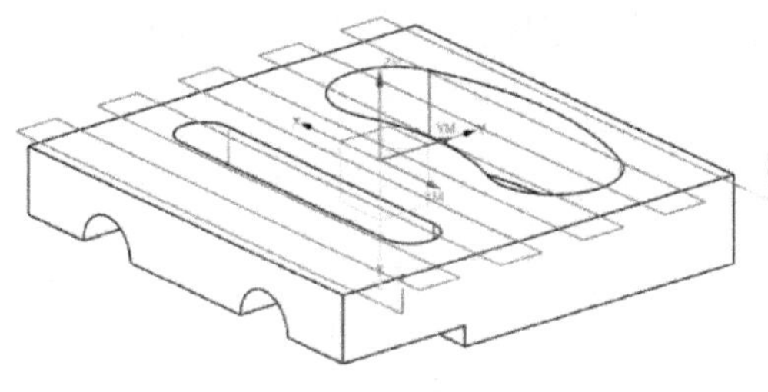

图7-27　生成的面铣刀路

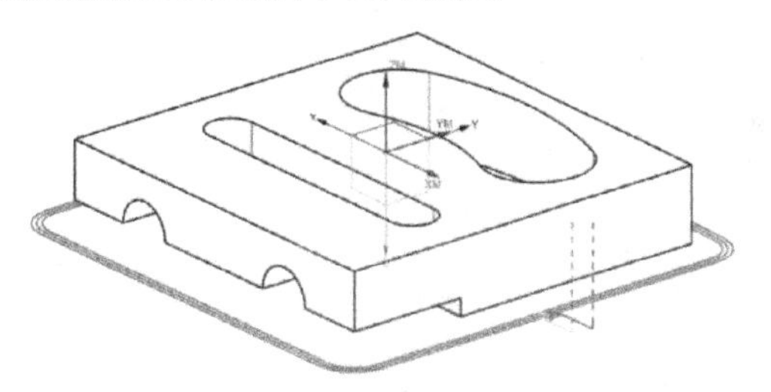

图7-28　生成的平面铣轮廓刀路

7. 工件1第2次装夹的编程过程

（1）打开EX7A文档，单击“文件丨另存为”按钮，保存文档，文件名为EX7A2。

（2）在横向菜单中先单击“应用模块”选项卡，再单击“加工”命令，在【加工环境】对话框中选择“cam_general”选项和“mill_planar”选项，单击“确定”按钮，进入UG加工环境。此时，实体上出现两个坐标系：工件坐标系和基准坐标系。

（3）单击“菜单丨插入丨几何体”命令，在【创建几何体】对话框中，对“几何体子类型”选择选项、“几何体”选择“GEOMETRY”选项，把“名称”设为A。

（4）单击“确定”按钮，在【MCS】对话框中，对“安全设置选项”选择“自动平面”，把“安全距离”值设为5mm。单击“确定”按钮，创建几何体。

（5）在辅助工具条中单击“几何视图”按钮，在“工序导航器”中添加所创建的几何体A。

（6）单击“菜单丨插入丨几何体”命令，在【创建几何体】对话框中，对“几何体子类型”选择“WORKPIECE”图标，对“几何体”选择“A”选项，把“名称”设为B。

（7）单击“确定”按钮，在【工件】对话框中选择“指定部件”按钮，在工作区选择整个实体。单击“确定”按钮，把实体设置为工作部件。

（8）在【工件】对话框中单击“指定毛坯”按钮，在【毛坯几何体】对话框中，

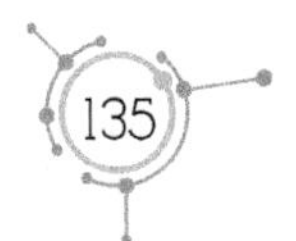

对“类型”选择“包容块”选项，把“XM-”、“YM-”、“XM+”、“YM+”值都设为 2.5mm，把“ZM+”值设为 4mm。

（9）连续两次单击“确定”按钮，创建几何体 B，在“工序导航器”中展开 A 的下级目录。可以看出，几何体 B 在 A 的下级目录中。

（10）单击“创建刀具”按钮，先创建名称为 D12R0、直径为 12mm 的立铣刀，再创建名称为 D8R0、直径为 8mm 的立铣刀。

（11）单击“菜单 | 插入 | 工序”命令，在【创建工序】对话框中，对“类型”选择“mill_planar”选项。在“工序子类型”列表中单击“带边界面铣”按钮，对“程序”选择“NC_PROGRAM”选项、“刀具”选择“D12R0（铣刀-5 参数）”选项、“几何体”选择“B”选项、“方法” 选择“METHOD”选项。

（12）单击“确定”按钮，在【面铣】对话框中单击“指定面边界”按钮，在【毛坯边界】对话框中，对“选择方法”选择“曲线”选项，依次选择上表面的 *a*、*b*、*c*、*d*4 条边线，如图 7-29 所示。所选 4 条边线形成 1 个封闭的区域，如图 7-30 所示。

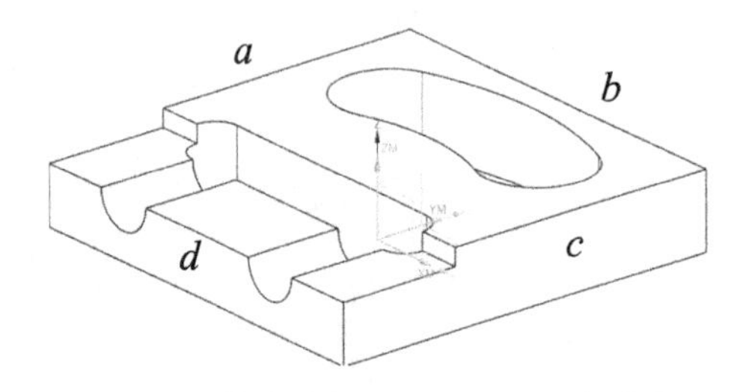

图 7-29　依次选择 *a*、*b*、*c*、*d* 4 条边线

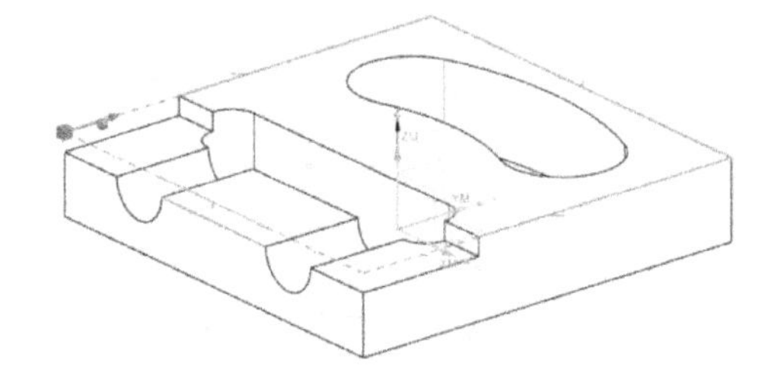

图 7-30　形成 1 个封闭的区域

（13）在【毛坯边界】对话框中，对“刀具侧”选择“内侧”选项，对“平面”选择“指定”选项。在实体上选择顶面，单击“确定”按钮。

（14）在【面铣】对话框中对“刀轴”选择“+ZM 轴”选项、“切削模式”选择“往复”选项、“步距”选择“刀具平直百分比”选项，把“平面直径百分比”值设为 75%、“毛坯距离”值设为 4mm、“每刀切削深度”值设为 0.8mm、“最终底面余量”值设为 0.1mm。

（15）单击“切削参数”按钮，在弹出的【切削参数】对话框中，单击“策略”选项卡，对“切削方向”选择“顺铣”选项、“剖切角”选择“指定”选项，把“与 XC 的夹角”值设为 0°。

（16）单击“非切削移动”按钮，在弹出的【非切削移动】对话框中选用默认参数。

（17）单击“进给率和速度 ”按钮，把主轴速度值设为 1000r/min、切削速度值设为 1200mm/min。

（18）单击“生成”按钮，生成的面铣刀路如图 7-31 所示。

（19）在“工序导航器”中选择 FACE_MILLING 选项，单击鼠标右键，在快捷菜单中单击“复制”命令。再次选择 FACE_MILLING 选项，单击鼠标右键，在快捷菜单中单击“粘贴”命令。

（20）在“工序导航器”中双击 FACE_MILLING_COPY 选项，在【面铣】对话框中单击“指定面边界”按钮。在【毛坯边界】对话框的列表栏中单击“移除”按钮，移除前面的选择；对“选择方法”选择“曲线”选项，依次选择上表面的 *e*、*f*、*g*、*h* 4 条边线，如图 7-32 所示。所选 4 条边线形成 1 个封闭的区域。

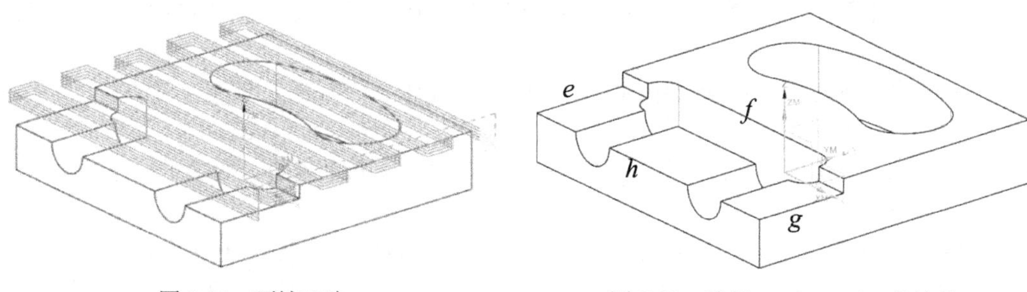

图 7-31　面铣刀路　　　　图 7-32　选择 *e*、*f*、*g*、*h* 4 条边线

（21）在【毛坯边界】对话框中，对“刀具侧”选择“内侧”选项，对“平面”选择“自动”选项。

（22）单击“确定”按钮，在【面铣】对话框中，对“切削模式”选择“跟随周边”选项、“步距”选择“刀具平直百分比”选项，把“平面直径百分比”值设为 75%、“毛坯距离”值设为 4mm、“每刀切削深度”值设为 0.8mm、“最终底面余量”值设为 0.1mm。

（23）单击“切削参数”按钮，在弹出的【切削参数】对话框中，单击“策略”选项卡，对“切削方向”选择“顺铣”选项、“刀路方向”选择“向外”选项。单击“余量”选项卡，把“部件余量”值设为 0.3mm、“壁余量”值设为 0.3mm、“最终底面余量”值设为 0.1mm。

（24）单击“非切削移动”按钮，在弹出的【非切削移动】对话框中，单击“转移/快速”选项卡。在“区域之间”列表中，对“转移类型”选择“安全距离-刀轴”选项；在“区域内”列表中，对“转移方式”选择“进刀/退刀”选项、“转移类型”选择“安全距离-刀轴”选项。单击“进刀”选项卡，在“封闭区域”列表中，对“进刀类型”选择“与开放区域相同”选项；在“开放区域”列表中，对“进刀类型”选择“线性”选项，把“长度”值设为 10mm，把“旋转角度”和“斜坡角”值都设为 0，把“高度”值设为 1mm、“最小安全距离”值设为 10mm。

（25）单击“进给率和速度 ”按钮，把主轴速度值设为 1000r/min、切削速度值设为 1200mm/min。

（26）单击“生成”按钮，生成的面铣刀路如图 7-33 所示。

（27）单击“菜单｜插入｜工序”命令，在【创建工序】对话框中，对“类型”选择“mill_planar”选项，在“工序子类型”列表中单击“平面铣”按钮，对“程序”选择“NC_PROGRAM”选项、“刀具”选择“D12R0（铣刀-5 参数）”选项、“几何体”选择“B”选项、“方法” 选择“METHOD”选项。

（28）单击“确定”按钮，在【平面铣】对话框中单击“指定部件边界”按钮，

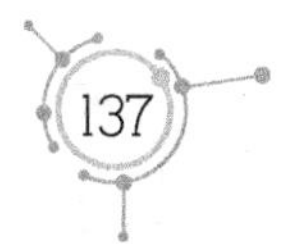

在【部件边界】对话框中对“选择方法”选择“曲线”选项。在工作区上方的工具条中选择“相切曲线”选项，选择槽的边线。

（29）在【部件边界】对话框中对“边界类型”选择“封闭”选项、“刀具侧”选择“内侧”选项、“平面”选择“指定”选项，选择实体顶面，单击“确定”按钮。

（30）在【平面铣】对话框中单击“指定底面 ”按钮，选择实体底面，把“距离”值设为 1mm。

（31）在【平面铣】对话框中对“切削模式”选择“轮廓”选项，把“附加刀路”值设为 0。

（32）单击“切削层”按钮，在弹出的【切削层】对话框中，对“类型”选择“仅底面”选项。

（33）单击“切削参数”按钮，在弹出的【切削参数】对话框中，单击“策略”选项卡，对“切削方向”选择“顺铣”选项。单击“余量”选项卡，把“部件余量”值设为 0.3 mm。

（34）单击“非切削移动”按钮，在弹出的【非切削移动】对话框中，单击“进刀”选项卡。在“封闭区域”列表中，对“进刀类型”选择“沿形状斜进刀”选项，把“斜坡角”值设为 0.2°、“高度”值设为 0.5mm；对“高度起点”选择“前一层”选项，把“最小安全距离”值设为 0、“最小斜面长度”值设为 5mm。

（35）单击“进给率和速度”按钮，把主轴速度值设为 1000r/min、切削速度值设为 1200mm/min。

（36）单击“生成”按钮，生成平面铣加工轮廓的刀路如图 7-34 所示。

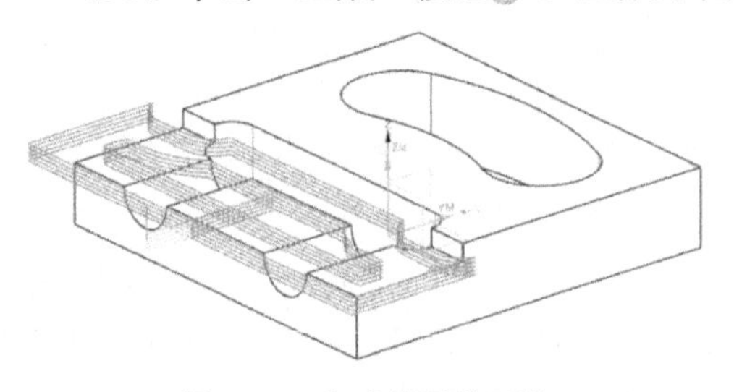

图 7-33　生成的面铣刀路

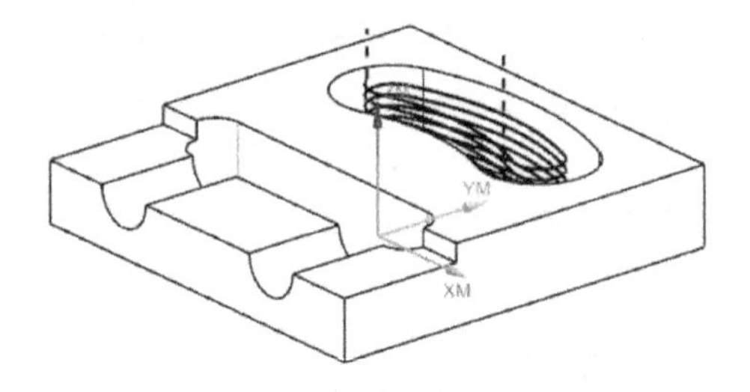

图 7-34　生成平面铣加工轮廓的刀路

（37）在辅助工具条中单击“程序顺序视图”按钮，在“工序导航器”中把 PROGRAM 文件名改为 B1，并把前面所创建的 3 个刀路程序移到 B1 程序组中。

（38）单击“菜单｜插入｜程序”命令，在【创建程序】对话框中对“类型”选择“mill_contour”选项、“程序”选择“NC_PROGRAM”选项，把“名称”设为 B2。

（39）单击“确定”按钮，创建 B2 程序组。此时，B1 与 B2 都在 NC_PROGRAM 的下级目录中。

（40）在“工序导航器”中选择 PLANAR_MILL选项，单击鼠标右键，在快捷菜单中单击“复制”命令。选择 B2，单击鼠标右键，在快捷菜单中单击“内部粘贴”命令。

（41）在“工序导航器”中双击 PLANAR_MILL_COPY选项，在【平面铣】对话框中，对“步距”选择“恒定”选项，把“最大距离”值设为 0.1mm、“附加刀路”值设

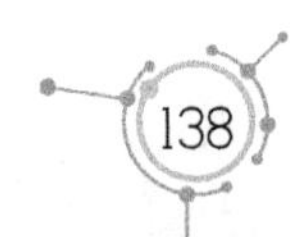

为2。单击“切削层”按钮，在弹出的【切削层】对话框中对“类型”选择“仅底面”选项。单击“切削参数”按钮，单击“余量”选项卡，把“部件余量”值设为-0.02mm（配合位，余量设为负值）。单击“非切削移动”按钮，在弹出的【非切削移动】对话框中单击“进刀”选项卡，在“封闭区域”列表中，对“进刀类型”选择“与开放区域相同”选项；在“开放区域”列表中，对“进刀类型”选择“圆弧”选项，把“半径”值设为2mm、“圆弧角度”值设为90°、“高度”值设为3mm、“最小安全距离”值设为3mm。

（42）单击“进给率和速度 ”按钮，把主轴速度值设为1200r/min、切削速度值设为500mm/min。

（43）单击“生成”按钮，生成的平面铣轮廓刀路如图7-35所示。

（44）单击“菜单｜插入｜工序”命令，在【创建工序】对话框中，对“类型”选择“mill_planar”选项。在“工序子类型”列表中单击“底壁铣”按钮，对“程序”选择B2，对“刀具”选择“D12R0（铣刀-5 参数）”选项、“几何体”选择“B”选项、“方法”选择“METHOD”选项。设置完毕，单击“确定”按钮。

（45）在【底壁铣】对话框中单击“指定切削区底面”按钮，在【切削区域】对话框中选择“面”，选择实体的平面①、②、③、④，共4个平面，如图7-36所示。

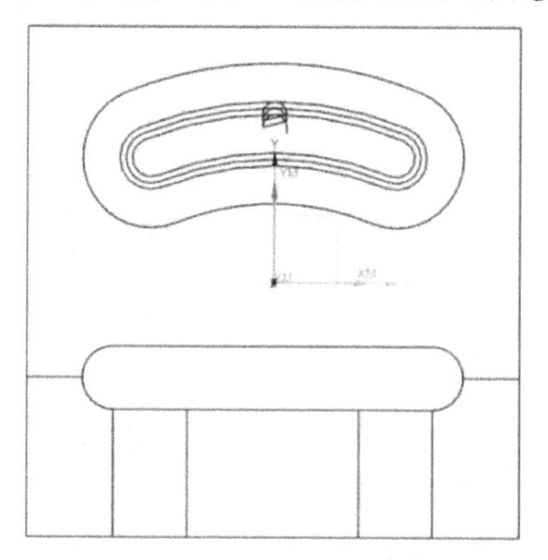

图7-35 生成的平面铣轮廓刀路

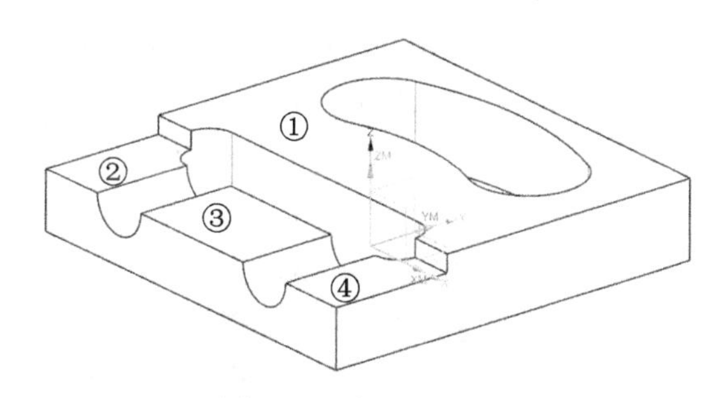

图7-36 选择4个平面

（46）在【底壁铣】对话框中，对“切削区域空间范围”选择“底面”选项，对“切削模式”选择“跟随周边”选项、“步距”选择“刀具平直百分比”选项，把“平面直径百分比”值设为75%、“每刀切削深度”值设为0、“最终底面余量”值设为0。

（47）单击“切削参数”按钮，在弹出的【切削参数】对话框中，单击“策略”选项卡，对“切削方向”选择“顺铣”选项、“刀路方向”选择“向外选项”。勾选“✓添加精加工刀路”复选框，把“刀路数”值设为2、“精加工步距”值设为0.1mm。单击“余量”选项卡，把“部件余量”值、“壁余量”值和“最终底面余量”值都设为0。

（48）单击“非切削移动”按钮，在弹出的【非切削移动】对话框中选用默认参数。

（49）单击“进给率和速度 ”按钮，把主轴速度值设为1200r/min、切削速度值设为500mm/min。

（50）单击“生成”按钮，生成的底壁铣刀路如图7-37所示。

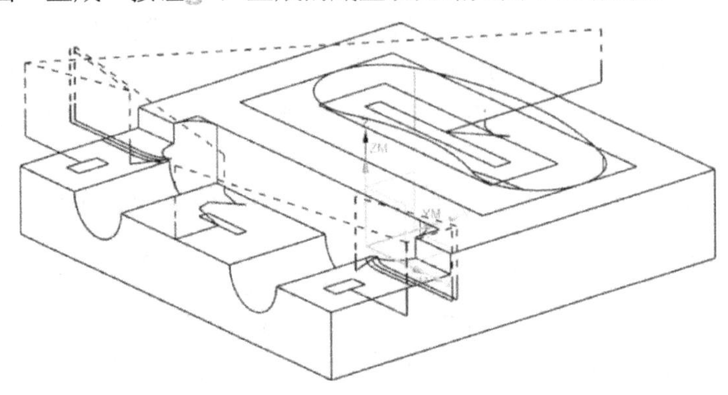

图7-37　生成的底壁铣刀路

（51）单击“菜单 | 插入 | 程序”命令，在【创建程序】对话框中对“类型”选择“mill_contour”选项、“程序”选择“NC_PROGRAM”选项，把“名称”设为B3。

（52）单击“确定”按钮，创建B3程序组。此时，B1、B2和B3都在NC_PROGRAM下级目录中。

（53）单击“菜单 | 插入 | 工序”命令，在【创建工序】对话框中对“类型”选择“mill_contour”选项，在“工序子类型”列表中单击“深度轮廓铣”按钮，对“程序”选择“B3”选项，对“刀具”选择D8R0（铣刀-5参数）”选项、“几何体”选择“B”选项、“方法”选择“METHOD”选项，设置完毕，单击“确定”按钮。

（54）在【深度轮廓铣】对话框中单击“指定切削区域”按钮，在工作区上方的工具条中选择“相切面”选项，在实体上选择曲面，如图7-38所示。

（55）单击“确定”按钮，在【深度轮廓铣】对话框中，对“公共每刀切削深度”选择“恒定”选项，把“最大距离”值设为0.3mm。

（56）单击“切削参数”按钮，在弹出的【切削参数】对话框中，单击“策略”选项卡，对“切削方向”选择“混合”选项、“切削顺序”选择“始终深度优先”选项。单击“余量”选项卡，把“部件侧面余量”值设为0.3 mm。

（57）单击“非切削移动”按钮，在【非切削移动】对话框中，单击“转移/快速”选项卡。在“区域之间”列表中，对“转移类型”选择“安全距离-刀轴”选项，在“区域内”列表中，对“转移方式”选择“进刀/退刀”选项、“转移类型”选择“直接”选项。单击“进刀”选项卡，在“封闭区域”列表中，对“进刀类型”选择“沿形状斜进刀”选项，把“斜坡角”值设为0.5°、“高度”值设为0.5mm，对“高度起点”选择“前一层”选项；在“开放区域”列表中，对“进刀类型”选择“线性”选项，把“长度”值设为6mm、“高度”值设为3mm、“最小安全距离”值设为6mm。

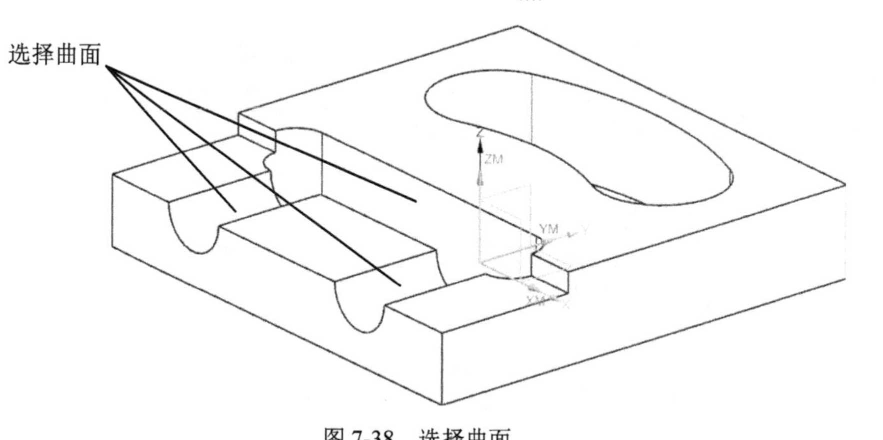

图 7-38 选择曲面

（58）单击“进给率和速度”按钮，把主轴速度值设为 1000r/min、切削速度值设为 1200mm/min。

（59）单击“生成”按钮，生成的深度轮廓刀路如图 7-39 所示。

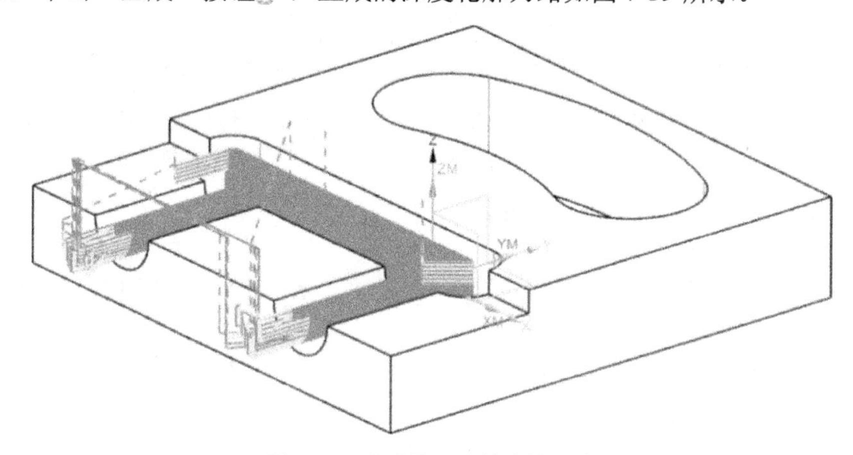

图 7-39 生成的深度轮廓铣刀路

（60）单击“菜单｜插入｜程序”命令，在【创建程序】对话框中对“类型”选择“mill_contour”选项，对“程序”选择“NC_PROGRAM”选项，把“名称”设为 B4。

（61）单击“确定”按钮，创建 B4 程序组。此时，B1、B2、B3、B4 都在 NC_PROGRAM 的下级目录中。

（62）在“工序导航器”中选择 PLANAR_MILL_COPY 选项，单击鼠标右键，在快捷菜单中单击“复制”命令。选择 B4 程序组，单击鼠标右键，在快捷菜单中单击“内部粘贴”命令。

（63）双击 PLANAR_MILL_COPY_COPY 选项，在【平面铣】对话框中单击“指定部件边界”按钮，在【部件边界】对话框中单击“移除”按钮，移除上述步骤所做的选择。在【部件边界】对话框中，对“选择方法”选择“曲线”。在工作区上方选择“相切曲线”，选择小槽边线，如图 7-40 所示。

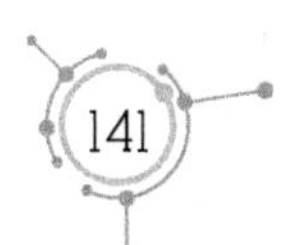

（64）在【部件边界】对话框的“边界类型”列表中选择“封闭”选项，对“刀具侧”选择“内侧”选项、“平面”选择“指定”选项，选择实体的顶面。

（65）在【平面铣】对话框中选择 D8R0 的立铣刀。

（66）单击“进给率和速度 ”按钮，把主轴速度值设为 1200r/min、切削速度值设为 500mm/min。

（67）单击“生成”按钮，生成的平面铣轮廓刀路如图 7-41 所示。

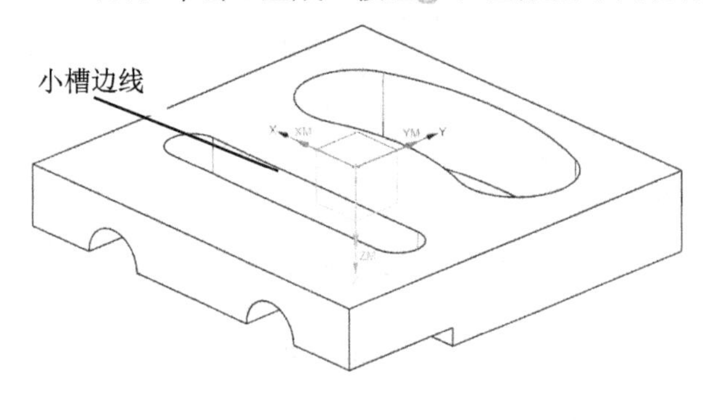

图 7-40　选择小槽边线

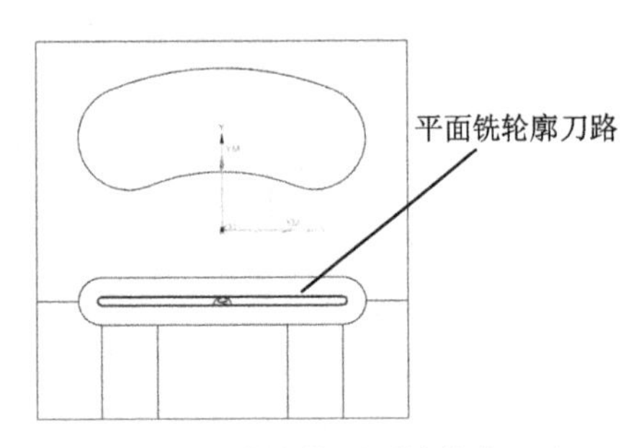

图 7-41　生成的平面铣轮廓刀路

（68）单击“菜单｜插入｜程序”命令，在【创建程序】对话框中对“类型”选择“mill_contour”选项、“程序”选择“NC_PROGRAM”选项，把“名称”设为 B5。

（69）单击“确定”按钮，创建 B5 程序组。此时，B1、B2、B3、B4、B5 都在 NC_PROGRAM 下级目录中。

（70）单击“创建刀具”按钮，“刀具子类型”选择“BALL_MILL”选项，把“名称”设为 D8R4、“球直径”值设为 8mm。

（71）单击“菜单｜插入｜工序”命令，在【创建工序】对话框中对“类型”选择“mill_contour”选项，在“工序子类型”列表中单击“固定轮廓铣”按钮，对“程序”选择“B5”选项、“刀具”选择“D8R4”选项、“几何体”选择“B”选项、“方法”选择“METHOD”选项。设置完毕，单击“确定”按钮。

（72）在【固定轮廓铣】对话框中单击“指定切削区域”按钮，在实体上选择两个半圆曲面，如图 7-42 所示。

（73）在【固定轮廓铣】对话框中，在“驱动方法”栏中选择“区域铣削”选项，在【区域铣削驱动方法】对话框中对“非陡峭切削模式”选择“往复”选项、“切削方向”选择“顺铣”选项、“步距”选择“恒定”选项，把“最大距离”值设为 0.5mm；对“剖切角”选择“指定”选项，把“与 XC 的夹角”值设为 45°。

（74）单击“切削参数”按钮，在弹出的【切削参数】对话框中，单击“余量”选项卡，把“部件侧面余量”值设为 1mm。

（75）单击“非切削移动”按钮，在弹出的【非切削移动】对话框中选择默认参数。

（76）单击“进给率和速度 ”按钮，把主轴速度值设为 1000r/min、切削速度值设为 1200mm/min。

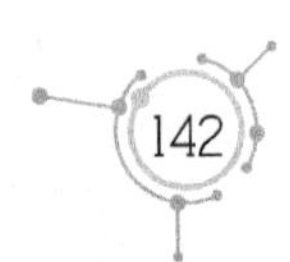

（77）单击“生成”按钮，生成的固定轮廓铣刀路如图 7-43 所示。

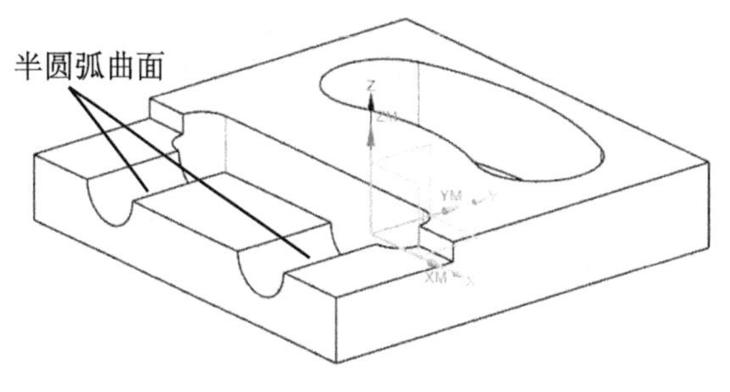

图 7-42 选择两个半圆弧曲面

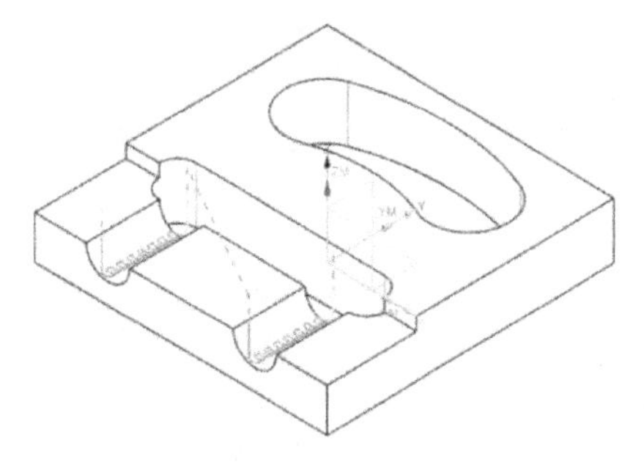

图 7-43 步骤（77）生成的固定轮廓铣刀路

（78）在“工序导航器”中选择 FIXED_CONTOUR选项，单击鼠标右键，在快捷菜单中单击“复制”命令。选择“B5”选项，单击鼠标右键，在快捷菜单中单击“内部粘贴”命令。

（79）双击 FIXED_CONTOUR_COPY 选项，在【固定轮廓铣】对话框中单击“切削参数”按钮。在弹出的【切削参数】对话框中，单击“余量”选项卡，把“部件侧面余量”值设为 0.5mm。其他参数保持不变，重新生成的刀路如图 7-44 所示。

（80）单击“菜单｜插入｜程序”命令，在【创建程序】对话框中对“类型”选择“mill_contour”选项，对“程序”选择“NC_PROGRAM”选项，把“名称”设为 B6。

（81）单击“确定”按钮，创建 B6 程序组。此时，B1、B2、B3、B4、B5、B6 都在 NC_PROGRAM 下级目录中。

（82）在“工序导航器”中选择 FIXED_CONTOUR选项，单击鼠标右键，在快捷菜单中单击“复制”命令。选择“B6”，单击鼠标右键，在快捷菜单中单击“内部粘贴”命令。

（83）双击 FIXED_CONTOUR_COPY_1 选项，在【固定轮廓铣】对话框中单击“切削参数”按钮，在弹出的【切削参数】对话框中，单击“余量”选项卡，把“部件侧面余量”值设为-0.02mm（配合位，余量设为负值）、“公差”值改为 0.01mm。

（84）在【固定轮廓铣】对话框中的“驱动方法”栏单击“编辑”按钮，在【区域铣削驱动方法】对话框中，对“步距”选择“恒定”选项，把“最大距离”值设为 0.2mm，其他参数保持不变。

（85）单击“生成”按钮，生成的固定轮廓铣刀路如图 7-45 所示。

8. 工件 2 的建模过程

（1）启动 UG 12.0，单击“新建”按钮。在弹出的【新建】对话框中单击“模型”选项卡，在模板框中把“单位”设为“毫米”，选择“模型”模板，把“名称”设为 EX7B.prt、“文件夹”路径设为“E:\UG12.0 数控编程\项目 7”。

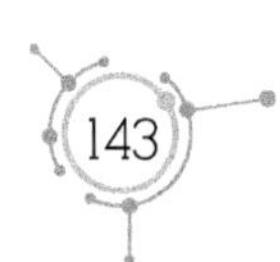

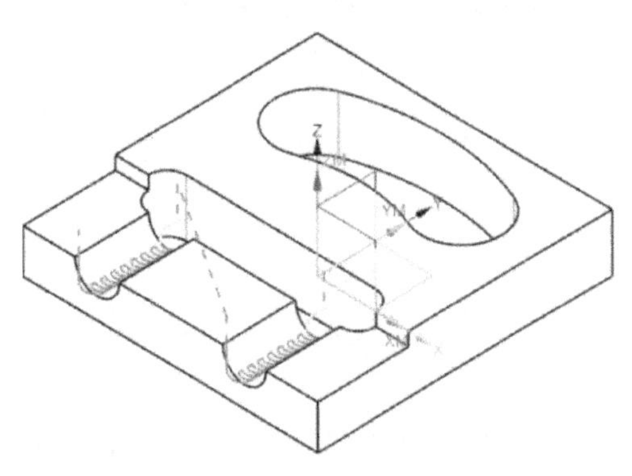

图 7-44 重新生成的刀路

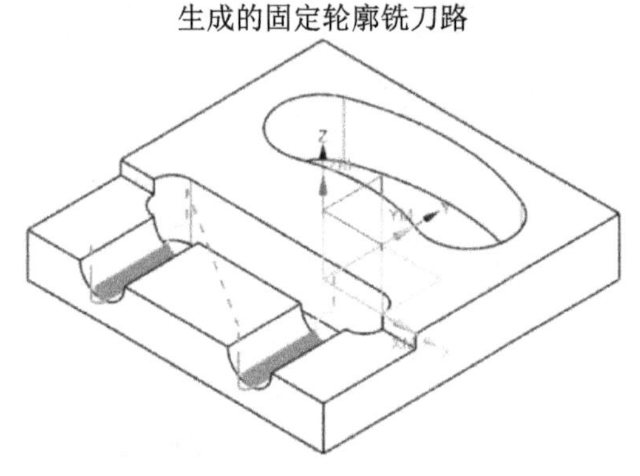

图 7-45 步骤（85）生成的固定轮廓铣刀路

（2）单击“菜单丨插入丨设计特征丨长方体”命令，在【长方体】对话框中，对“类型”选择“原点和边长”选项，把“长度（XC）”值设为 80mm、“宽度（YC）”值设为 80mm、“高度（ZC）”值设为 15mm，对“布尔”选择“无”选项。单击“指定点”按钮，在【点】对话框中，对“参考”选择“绝对一工作部件”选项，输入（-40，-40，0）。

（3）单击“拉伸”按钮，在弹出的【拉伸】对话框中单击“绘制截面”按钮，以实体上表面为草绘平面、以 *X* 轴为水平参考线，把草图原点坐标设为（0，0，0）。然后，按图 7-16～图 7-22 所示的步骤绘制截面。

（4）单击“完成”按钮，在弹出的【拉伸】对话框中，对“指定矢量”选择“ZC↑”选项。在“开始”栏中选择“值”选项，把“距离”值设为 0；在“结束”栏中选择“值”选项，把“距离”值设为 13mm；对“布尔”选择“求和”选项。

（5）单击“确定”按钮，创建第 1 个拉伸特征，如图 7-46 所示。

（6）单击“菜单丨插入丨细节特征丨圆柱”命令，在【圆柱】对话框中选择“轴、直径和高度”选项，对“指定矢量”选择“ZC↑”选项、“指定点”选择“圆心点”图标，把“直径”值设为 22mm、“高度”值设为 2mm，对“布尔”选择“求和”选项，如图 7-47 所示。

（7）选择实体上表面右圆弧的圆心，创建右侧圆柱，如图 7-48 中右侧的圆柱所示。

（8）采用相同的方法，创建左侧圆柱，如图 7-48 中左侧的圆柱所示。

（9）单击“拉伸”按钮，在弹出的【拉伸】对话框中单击“绘制截面”按钮。把实体前侧面设为草绘平面、*X* 轴设为水平参考线，把草图原点坐标设为（0，0，0），绘制截面（12mm×10.5mm），如图 7-49 所示。

（10）单击“完成”按钮，在弹出的【拉伸】对话框中，对“指定矢量”选择“YC↑”选项。在“开始”栏中选择“值”选项，把“距离”值设为 0；在“结束”栏中选择“值”选项，把“距离”值设为 20mm；对“布尔”选择“求和”选项。

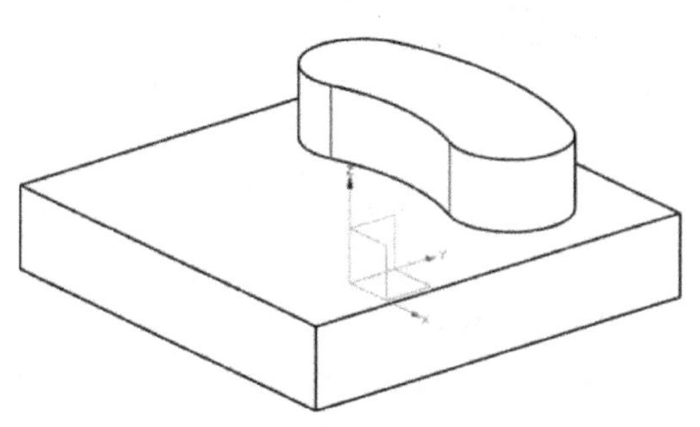

图 7-46 创建第 1 个拉伸特征

图 7-47 设置【圆柱体】对话框参数

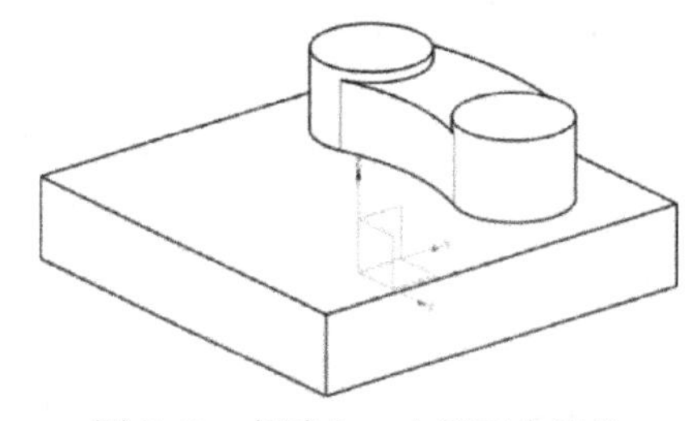

图 7-48 创建左、右侧两个圆柱

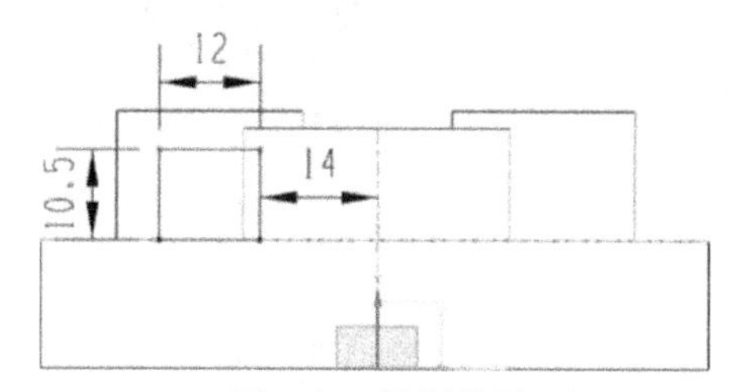

图 7-49 绘制截面

（11）单击“确定”按钮，创建第 2 个拉伸特征，如图 7-50 所示。

（12）单击“菜单｜插入｜细节特征｜面倒圆”命令，在弹出的【面倒圆】对话框中选择“三个面链倒圆”选项，创建面倒圆角特征，如图 7-51 中左侧倒圆角所示。

（13）在“部件导航器”中选择☑ 拉伸 (5)选项和☑ 面倒圆 (6)选项，单击“菜单｜插入｜关联复制｜镜像特征”命令，选择 *YC-ZC* 平面作为镜像平面，创建镜像特征，如图 7-51 中右侧倒圆角所示。

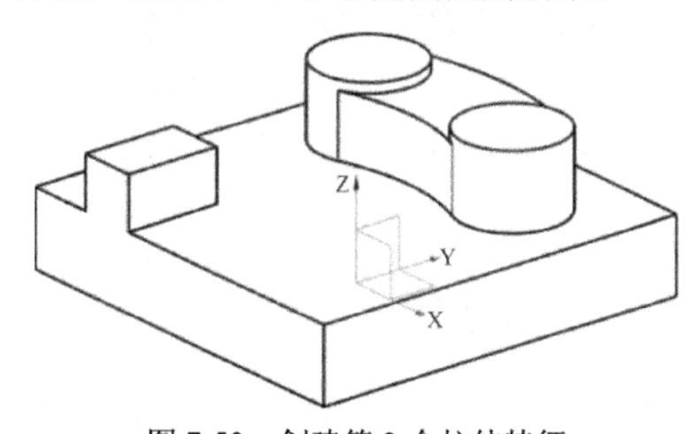

图 7-50 创建第 2 个拉伸特征

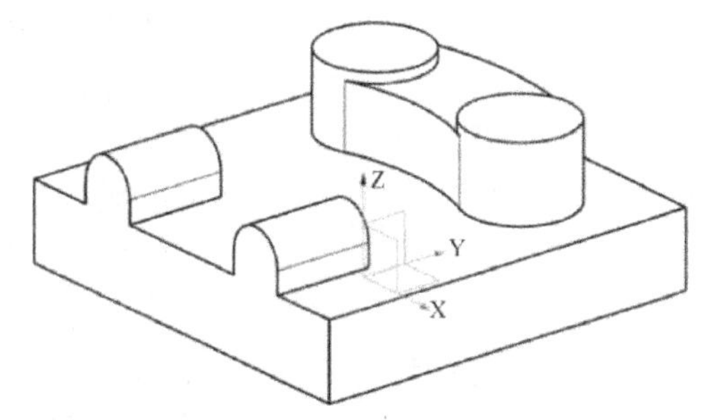

图 7-51 创建面倒圆角特征

（14）单击“保存”按钮，保存文档，文件名为 EX7B。

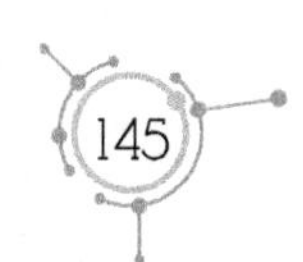

9. 工件 2 第 1 次装夹的编程过程

（1）打开 EX7B 文档，单击“文件 | 另存为”按钮，保存文档，文件名为 EX7B1。

（2）单击“菜单 | 编辑 | 特征 | 移除参数”命令，移除实体的参数。

（3）单击“菜单 | 编辑 | 移动对象”命令，在【移动对象】对话框中，对“运动”选择“角度”选项，对“指定矢量”选择“YC↑”选项，把“角度”值设为 180°。单击“指定轴点”按钮，在【点】对话框中“参考”选择“绝对坐标”选项，输入（0，0，0），对“结果”选择“◉移动原先的”单选框。

（4）单击“确定”按钮，实体旋转 180°，如图 7-52 所示。

（5）在横向菜单中先单击“应用模块”选项卡，再单击“加工”命令，在【加工环境】对话框中选择“cam_general”选项和“mill_planar”选项。单击“确定”按钮，进入 UG 加工环境。此时，实体上出现两个坐标系：工件坐标系和基准坐标系。

（6）单击“菜单 | 插入 | 几何体”命令，在【创建几何体】对话框中，对“几何体子类型”选择选项、“几何体”选择“GEOMETRY”选项，把“名称”设为 A。

（7）单击“确定”按钮，在【MCS】对话框中，对“安全设置选项”选择“自动平面”选项，把“安全距离”值设为 5mm。单击“确定”按钮，创建几何体。

（8）单击“菜单 | 插入 | 几何体”命令，在【创建几何体】对话框中，对“几何体子类型”选择“WORKPIECE”图标，对“几何体”选择“A”选项，把“名称”设为 B。

（9）单击“确定”按钮，在【工件】对话框中选择“指定部件”图标，在工作区选择整个实体，单击“确定”按钮，把实体设置为工作部件。

（10）在【工件】对话框中单击“指定毛坯”按钮，在【毛坯几何体】对话框中，对“类型”选择“包容块”选项，把“XM-”、“YM-”、“XM+”、“YM+”值都设为 2.5mm，把“ZM+”值设为 1mm。

（11）连续两次单击“确定”按钮，创建几何体 B，在“工序导航器”中展开 + A 的下级目录。可以看出，几何体 B 在 A 的下级目录中。

（12）单击“创建刀具”按钮，创建名称为 D12R0、直径为 12mm 的立铣刀。

（13）单击“菜单 | 插入 | 工序”命令，在【创建工序】对话框中，对“类型”选择“mill_planar”选项。在“工序子类型”列表中单击“带边界面铣”按钮，对“程序”选择“NC_PROGRAM”选项、“刀具”选择“D12R0（铣刀-5 参数）”选项、“几何体”选择“B”选项、“方法”选择“METHOD”选项。

（14）单击“确定”按钮，在【面铣】对话框中单击“指定面边界”按钮，在【毛坯边界】对话框中，对“选择方法”选择“面”选项；选择实体上表面，对“刀具侧”选择“内侧”选项、“平面”选择“自动”选项。

（15）单击“确定”按钮，在【面铣】对话框中，对“切削模式”选择“往复”选项、“步距”选择“刀具平直百分比”选项；把“平面直径百分比”值设为 75%，把

“毛坯距离”值设为1mm（为方便第2次装夹，在第1次加工时，对工件上表面只切除1mm）、“每刀切削深度”值设为0.8mm、“最终底面余量”值设为0.1mm。

（16）单击“切削参数”按钮，在弹出的【切削参数】对话框中，单击“策略”选项卡，对“切削方向”选择“顺铣”选项、“剖切角”选择“指定”选项，把“与XC的夹角”值设为0°。

（17）单击“非切削移动”按钮，在弹出的【非切削移动】对话框中选用默认参数。

（18）单击“进给率和速度”按钮，把主轴速度值设为1000r/min、切削速度值设为1200mm/min。

（19）单击“生成”按钮，生成的面铣刀路如图7-53所示。

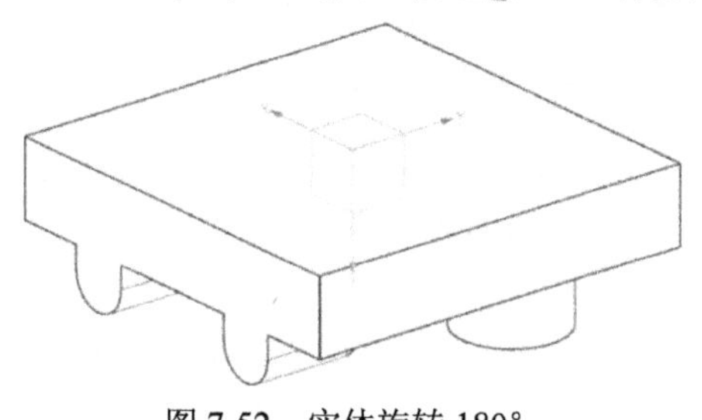

图7-52 实体旋转180°

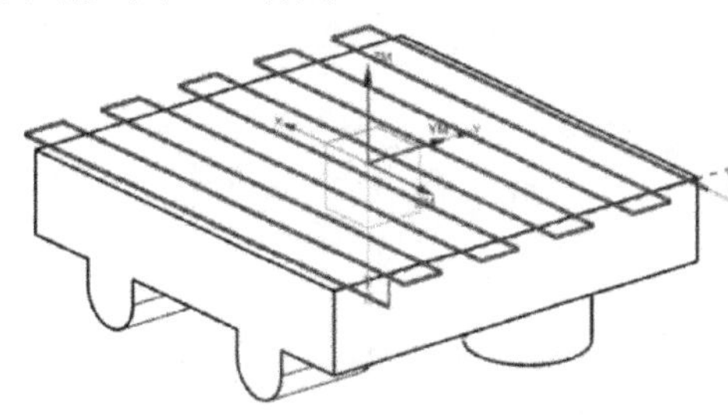

图7-53 生成的面铣刀路

（20）单击“菜单｜插入｜工序”命令，在【创建工序】对话框中，对“类型”选择“mill_planar”选项。在“工序子类型”列表中单击“平面铣”按钮，对“程序”选择“NC_PROGRAM”选项、“刀具”选择“D12R0（铣刀-5参数）”选项、“几何体”选择“B”选项、“方法”选择“METHOD”选项。

（21）单击“确定”按钮，在【平面铣】对话框中单击“指定部件边界”按钮。在【部件边界】对话框中，对“选择方法”选择“面”选项，选择实体的上表面。

（22）在【部件边界】对话框中对“刀具侧”选择“外侧”选项、“平面”选择“自动”选项，单击“确定”按钮。

（23）在【平面铣】对话框中单击“指定底面”按钮，选择实体的上表面，把“距离”值设为-27mm，如图7-54所示。

提示：第1次加工的深度要超过两个拉伸特征的高度。

（24）在【平面铣】对话框中对“切削模式”选择“轮廓”选项，把“附加刀路”值设为0。

（25）单击“切削层”按钮，在弹出的【切削层】对话框中，对“类型”选择“恒定”选项，把“公共每刀切削深度”值设为0.8mm。

（26）单击“切削参数”按钮，在弹出的【切削参数】对话框中，单击“策略”选项卡，对“切削方向”选择“顺铣”。单击“余量”选项卡，把“部件余量”值设为0.3 mm。

（27）单击“非切削移动”按钮，在弹出的【非切削移动】对话框中，单击“转移/快速”选项卡。在“区域之间”列表中，对“转移类型”选择“安全距离-刀轴”选项，在“区域内”列表中，对“转移方式”选择“进刀/退刀”选项、“转移类型”选择

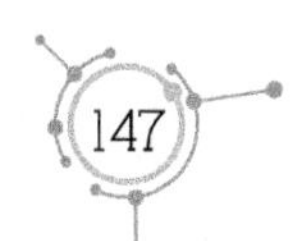

“直接”选项。单击“进刀”选项卡，在“开放区域”列表中，对“进刀类型”选择“圆弧”，把“半径”值设为 2mm、“圆弧角度”值设为 90°、“高度”值设为 1mm、“最小安全距离”值设为 10mm。选择“起点/钻点”选项卡，单击“指定点”按钮，选择“控制点”选项，选择实体的右边线，把该直线的中点设为进刀起点。

（28）单击“进给率和速度”按钮，把主轴速度值设为 1000r/min、切削速度值设为 1200mm/min。

（29）单击“生成”按钮，生成的平面铣轮廓刀路如图 7-55 所示。

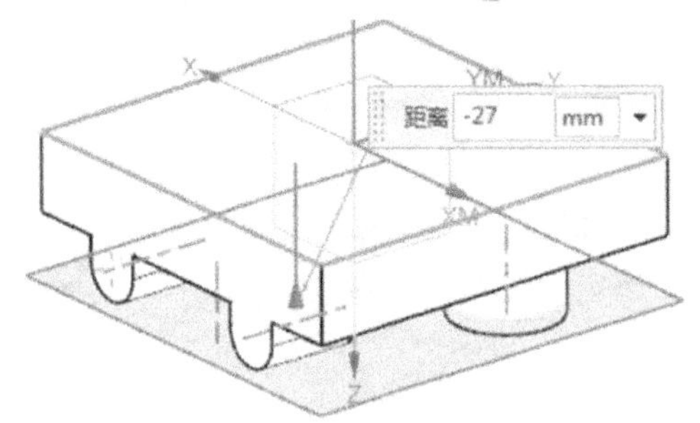

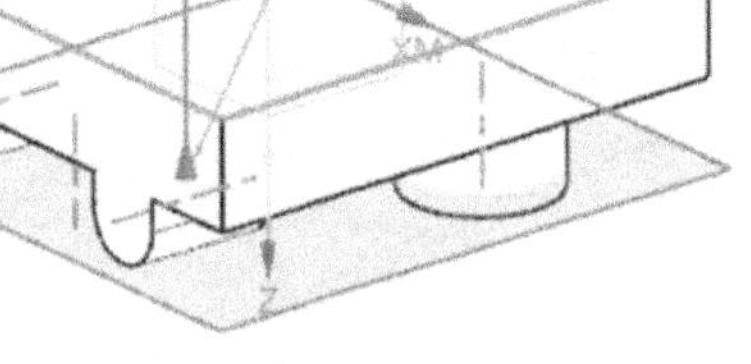

图 7-54　设置指定底面

图 7-55　步骤（29）生成的平面铣轮廓刀路

（30）在辅助工具条中单击“程序顺序视图”按钮，在“工序导航器”中把 PROGRAM 文件名改为 C1，并把前面创建的 2 个刀路程序移到 C1 程序组中。

（31）单击“菜单｜插入｜程序”命令，在【创建程序】对话框中对“类型”选择“mill_contour”选项，对“程序”选择“NC_PROGRAM”选项，把“名称”设为 C2。

（32）单击“确定”按钮，创建 C2 程序组。此时，C1 与 C2 都在 NC_PROGRAM 的下级目录中。

（33）在“工序导航器”中选择 FACE_MILLING 选项和 PLANAR_MILL 选项，单击鼠标右键，在快捷菜单中单击“复制”命令。选择 C2，单击鼠标右键，在快捷菜单中单击“内部粘贴”命令。

（34）在“工序导航器”中双击 FACE_MILLING_COPY 选项，在【面铣】对话框中，把“每刀切削深度”值设为 0、“最终底面余量”值设为 0。

（35）单击“进给率和速度 ”按钮，把主轴速度值设为 1200r/min、切削速度值设为 500mm/min。

（36）单击“生成”按钮，生成的面铣刀路如图 7-56 所示。

（37）双击 PLANAR_MILL_COPY 选项，在【平面铣】对话框中，对“步距”选择“恒定”选项，把“最大距离”值设为 0.1mm、“附加刀路”值设为 2。单击“切削层”按钮，在弹出的【切削层】对话框中对“类型”选择“仅底面”选项。单击“切削参数”按钮，单击“余量”选项卡，把“部件余量”值设为 0。

（38）单击“进给率和速度 ”按钮，把主轴速度值设为 1200r/min、切削速度值设为 500mm/min。

（39）单击“生成”按钮，生成的平面铣轮廓刀路如图 7-57 所示。

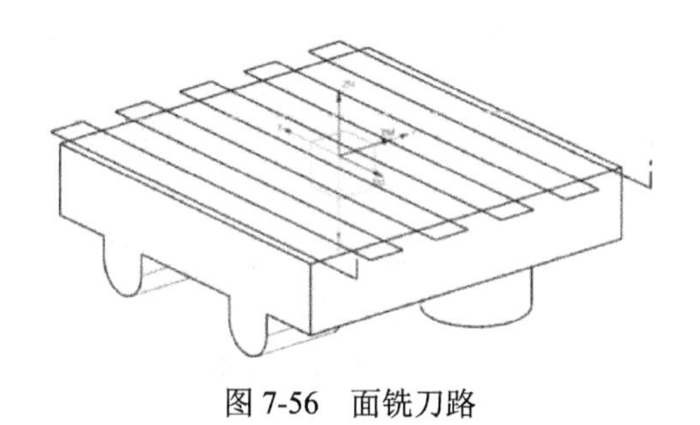
图 7-56 面铣刀路

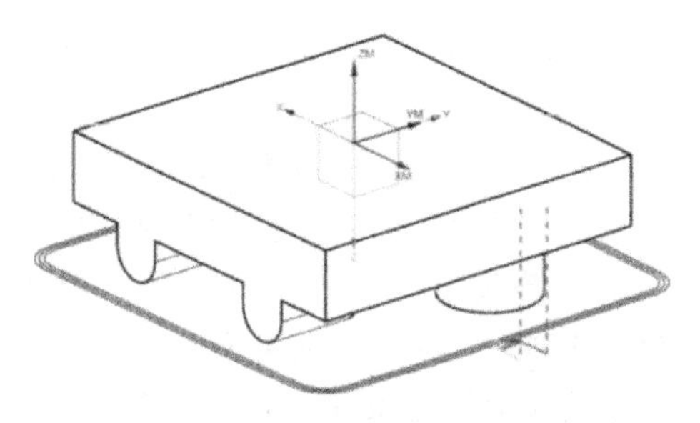
图 7-57 步骤（39）生成的平面铣轮廓刀路

（40）单击“保存”按钮，保存文档，文件名为 EX7B1。

10. 工件 2 第 2 次装夹的编程过程

（1）打开 EX7B 文档，单击“文件丨另存为”按钮，保存文档，文件名为 EX7B2。

（2）在横向菜单中先单击“应用模块”选项卡，再单击“加工”命令，在【加工环境】对话框中选择“cam_general”选项和“mill_planar”选项。单击“确定”按钮，进入 UG 加工环境。此时，实体上出现两个坐标系：工件坐标系和基准坐标系。

（3）单击“菜单丨插入丨几何体”命令，在【创建几何体】对话框中对“几何体子类型”选择选项、“几何体”选择“GEOMETRY”选项，把“名称”设为 A。

（4）单击“确定”按钮，在【MCS】对话框中“安全设置选项”选择“自动平面”选项，把“安全距离”值设为 5mm。单击“确定”按钮，创建几何体。

（5）在辅助工具条中单击“几何视图”按钮，在“工序导航器”中添加所创建的几何体 A。

（6）单击“菜单丨插入丨几何体”命令，在【创建几何体】对话框中“几何体子类型”选择“WORKPIECE”图标，对“几何体”选择“A”选项，把“名称”设为 B。

（7）单击“确定”按钮，在【工件】对话框中选择“指定部件”按钮，在工作区选择整个实体。单击“确定”按钮，把实体设置为工作部件。

（8）在【工件】对话框中单击“指定毛坯”按钮，在【毛坯几何体】对话框中，对“类型”选择“包容块”选项，把“XM-”、“YM-”、“XM+”、“YM+”值都设为 2.5mm，把“ZM+”值设为 4mm。

（9）连续两次单击“确定”按钮，创建几何体 B。在“工序导航器”中展开 A 的下级目录，可以看出几何体 B 在 A 的下级目录中。

（10）单击“创建刀具”按钮，创建名称为 D12R0、直径为 12mm 的立铣刀。

（11）单击“菜单丨插入丨工序”命令，在【创建工序】对话框中，对“类型”选择“mill_planar”选项，在“工序子类型”列表中单击“带边界面铣”按钮，对“程序”选择“NC_PROGRAM”选项、“刀具”选择“D12R0（铣刀-5 参数）”选项、“几何体”选择“B”选项、“方法”选择“METHOD”选项。设置完毕，单击“确定”按钮。

（12）在【面铣】对话框中单击“指定面边界”按钮，在【毛坯边界】对话框中，对“选择方法”选择“曲线”选项，依次选择实体平面的 *a*、*b*、*c*、*d* 4 条边线，如图 7-58 所示。

（13）在【毛坯边界】对话框中，对“刀具侧”选择“内侧”选项、“平面”选择“指定”选项；选择台阶面，把“距离”值设为 0。

（14）在【面铣】对话框中，对“刀轴”选择“+ZM 轴”选项、“切削模式”选择“往复”选项、“步距”选择“刀具平直百分比”选项，把“平面直径百分比”值设为 75%，把“毛坯距离”值设为 19mm、“每刀切削深度”值设为 0.8mm、“最终底面余量”值设为 0.1mm。

（15）单击“切削参数”按钮，在弹出的【切削参数】对话框中，单击“策略”选项卡。对“切削方向”选择“顺铣”选项、“剖切角”选择“指定”选项、把“与 XC 的夹角”值设为 0°。勾选“添加精加工刀路”复选框，把“刀路数”值设为 1、“精加工步距”值设为 1mm。单击“余量”选项卡，把“部件余量”、“壁余量”值设为 0.3mm、“最终底面余量”值设为 0.1mm。

（16）单击“非切削移动”按钮，在弹出的【非切削移动】对话框中选用默认参数。

（17）单击“进给率和速度 ”按钮，把主轴速度值设为 1000r/min、切削速度值设为 1200mm/min。

（18）单击“生成”按钮，生成的面铣刀路如图 7-59 所示。

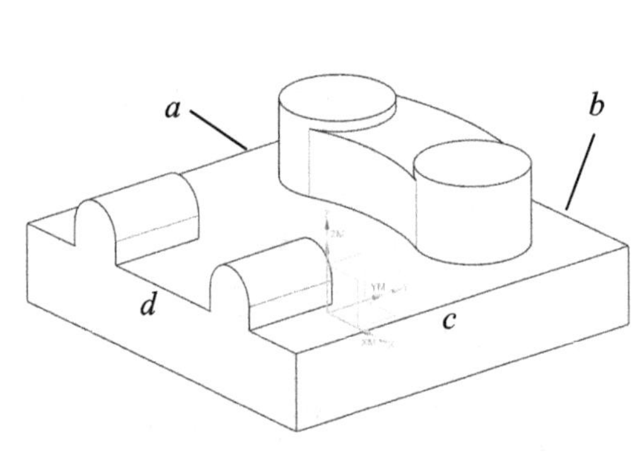

图 7-58　选择 4 条边线

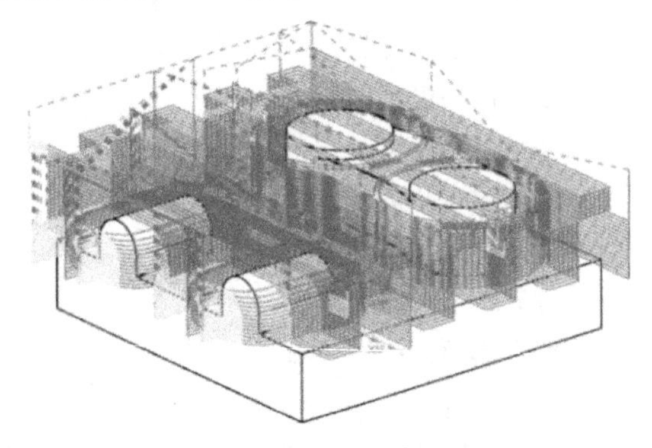

图 7-59　生成的面铣刀路

（19）在辅助工具条中单击“程序顺序视图”按钮，在“工序导航器”中把 PROGRAM 文件名改为 D1，并把前面创建的刀路程序移到 D1 程序组中。

（20）单击“菜单 | 插入 | 程序”命令，在【创建程序】对话框中对“类型”选择“mill_contour”选项，对“程序”选择“NC_PROGRAM”选项，把“名称”设为 D2。

（21）单击“确定”按钮，创建 D2 程序组。此时，D1 与 D2 都在 NC_PROGRAM 的下级目录中。

（22）单击“菜单 | 插入 | 工序”命令，在【创建工序】对话框中，对“类型”选择“mill_planar”选项，在“工序子类型”列表中单击“底壁铣”按钮，对“程序”

选择“D2”选项、“刀具”选择“D12R0（铣刀-5参数）”选项、“几何体”选择“B”选项、“方法”选择“METHOD”选项。设置完毕，单击“确定”按钮。

（23）在【底壁铣】对话框中单击“指定切削区底面”按钮，在【切削区域】对话框中对“选择方法”选择“面”选项，选择实体上的①、②、③、④平面，如图7-60所示。

（24）在【底壁铣】对话框中，对“切削区域空间范围”选择“底面”选项、“切削模式”选择“往复”选项、“步距”选择“刀具平直百分比”选项，把“平面直径百分比”值设为75%、“每刀切削深度”值设为0、“最终底面余量”值设为0。

（25）单击“切削参数”按钮，在弹出的【切削参数】对话框中，单击“策略”选项卡。对“切削方向”选择“顺铣”选项、“刀路方向”选择“向外”选项，勾选“添加精加工刀路”复选框，把“刀路数”值设为2、“精加工步距”值设为0.1mm。单击“余量”选项卡，把“部件余量”值、“壁余量”值、“最终底面余量”值都设为-0.02mm。

（26）单击“非切削移动”按钮，在弹出的【非切削移动】对话框中选用默认参数。

（27）单击“进给率和速度 ”按钮，把主轴速度值设为1200r/min、切削速度值设为500mm/min。

（28）单击“生成”按钮，生成的底壁铣刀路如图7-61所示。

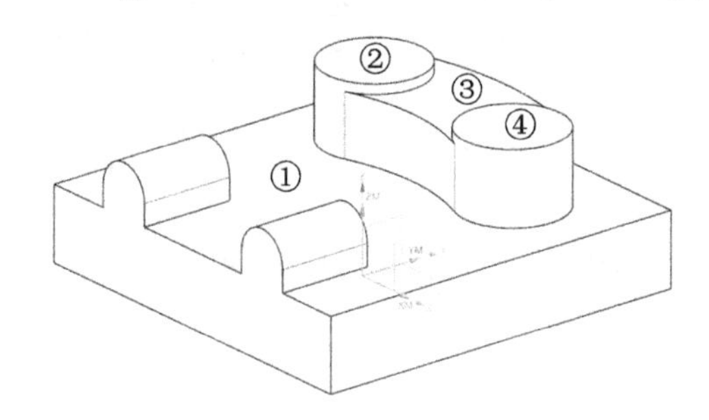

图7-60 选择4个平面

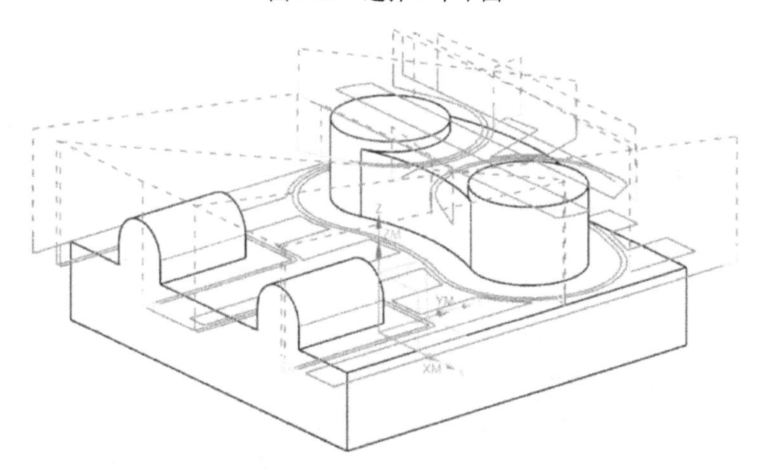

图7-61 生成的底壁铣刀路

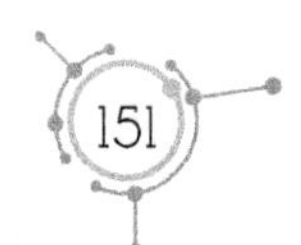

（29）单击“菜单｜插入｜程序”命令，在【创建程序】对话框中对“类型”选择“mill_contour”选项、“程序”选择“NC_PROGRAM”选项，把“名称”设为D3。

（30）单击“确定”按钮，创建B3程序组。此时，D1、D2和D3都在NC_PROGRAM的下级目录中。

（31）单击“创建刀具”按钮，“刀具子类型”选择“BALL_MILL”图标，把“名称”设为D8R4、“球直径”值设为8mm。

（32）单击“菜单｜插入｜工序”命令，在【创建工序】对话框中对“类型”选择“mill_contour”选项。在“工序子类型”列表中单击“固定轮廓铣”按钮，对“程序”选择“D3”选项，对“刀具”选择“D8R4”选项、“几何体”选择B、“方法”选择“METHOD”选项。设置完毕，单击“确定”按钮。

（33）在【固定轮廓铣】对话框中单击“指定切削区域”按钮，在实体上选择两个半圆形曲面作为加工曲面，如图7-62所示。

（34）在【固定轮廓铣】对话框中，在“驱动方法”栏中选择“区域铣削”选项，在【区域铣削驱动方法】对话框中对“非陡峭切削模式”选择“往复”选项、“切削方向”选择“顺铣”选项、“步距”选择“恒定”选项，把“最大距离”值设为0.2mm；对“剖切角”选择“指定”选项，把“与XC的夹角”值设为45°。

（35）单击“切削参数”按钮，在弹出的【切削参数】对话框中，单击“余量”选项卡，把“部件侧面余量”值设为-0.02mm。

（36）单击“非切削移动”按钮，在弹出的【非切削移动】对话框中选择默认参数。

（37）单击“进给率和速度”按钮，把主轴速度值设为1500r/min、切削速度值设为500mm/min。

（38）单击“生成”按钮，生成的固定轮廓铣刀路如图7-63所示。

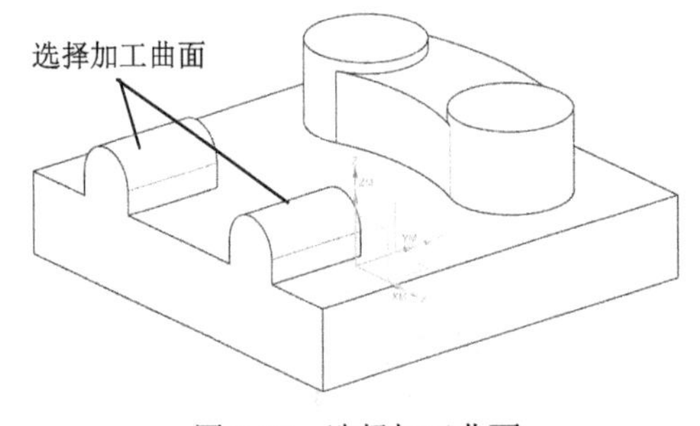

图7-62　选择加工曲面

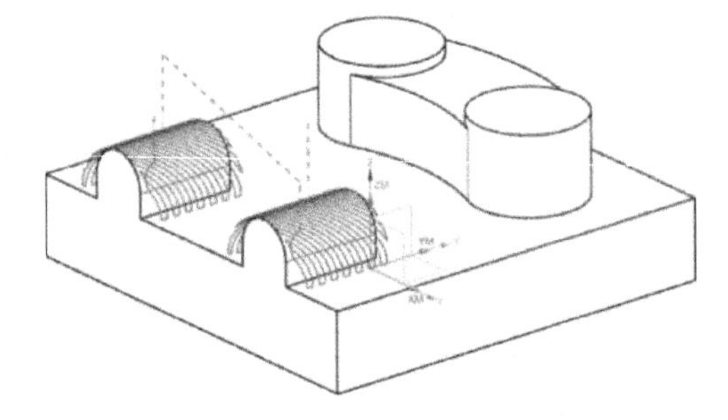

图7-63　生成的固定轮廓铣刀路

（39）单击“保存”按钮，保存文档，文件名为EX7B2。

11. 工件1第1次加工工艺

（1）工件1第1次加工程序单见表7-1。

（2）工件1在第1次加工时，毛坯的上表面整个平面降低1mm，外形实际加工深度为16mm。因此，在装夹时，要求毛坯高出台钳平面的距离至少为17mm（16+1＝17mm）。

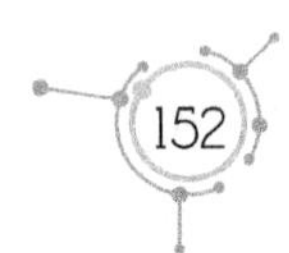

表 7-1 工件 1 第 1 次装夹时的加工程序单

序号	程序名	刀具	加工深度	备注
1	A1	ϕ12mm 平底刀	16mm	粗加工
2	A2	ϕ12mm 平底刀	16mm	精加工

（3）对刀时，采用四边分中的方法确定工件坐标系原点(0，0)。

（4）*Z* 方向对刀时，先把刀尖刚好接触工件的上表面，再稍微提升刀具，把刀具移至安全区域，然后降低 1mm，把这一位置设为 *Z*0。

12. 工件 1 第 2 次加工工艺

（1）工件 1 第 2 次装夹时的加工程序单见表 7-2。

表 7-2 工件 1 第 2 次装夹时的加工程序单

序号	程序名	刀具	加工深度	备注
1	B1	ϕ12mm 平底刀	17mm	粗加工
2	B2	ϕ12mm 平底刀	17mm	精加工
3	B3	ϕ8mm 平底刀	15mm	粗加工
4	B4	ϕ8mm 平底刀	15mm	精加工
5	B5	ϕ8*R*4 球头刀	9.5mm	粗加工
6	B6	ϕ8*R*4 球头刀	9.5mm	精加工

（2）工件 1 第 2 次加工时，毛坯的上表面整个平面降低 4mm，外形实际加工深度为 9.5mm。因此，在装夹时，要求毛坯高出台钳平面的距离至少为 12.5mm(4+9.5＝12.5mm)。

（3）对刀时，采用四边分中的方法确定工件坐标系原点(0，0)。

（4）以工件下方垫铁的上表面为 *Z* 方向的对刀位置，把这一位置设为 *Z*0。

13. 工件 2 第 1 次加工工艺

（1）工件 2 第 1 次装夹时的加工程序单见表 7-3。

表 7-3 工件 2 第 1 次装夹时的加工程序单

序号	程序名	刀具	加工深度	备注
1	C1	ϕ12mm 平底刀	27mm	粗加工
2	C2	ϕ12mm 平底刀	27mm	精加工

（2）工件 2 第 1 次加工时，毛坯的上表面整个平面降低 1mm，外形实际加工深度为 27mm。因此，在装夹时，要求毛坯高出台钳平面的距离至少为 28mm（27+1＝28mm）。

（3）对刀时，采用四边分中的方法确定工件坐标系原点(0，0)。

（4）*Z* 方向对刀时，先把刀尖刚好接触工件的上表面，再稍微提升刀具，把刀具移至安全区域，然后降低 1mm，把这一位置设为 *Z*0。

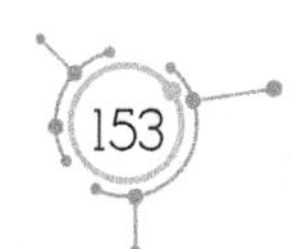

14. 工件 2 第 2 次加工工艺

（1）工件 2 第 2 次装夹时的加工程序单见表 7-4。

表 7-4　工件 2 第 2 次装夹时的加工程序单

序号	程序名	刀具	加工深度	备注
1	D1	ϕ12mm 平底刀	15mm	粗加工
2	D2	ϕ12mm 平底刀	15mm	精加工
3	D3	ϕ8*R*4 球头刀	10mm	精加工

（2）第 2 次加工时，毛坯的上表面整个平面降低 4mm，外形实际加工深度为 15mm。因此，在装夹时，要求毛坯高出台钳平面的距离至少为 19mm（15+4＝19mm）。

（3）对刀时，采用四边分中的方法确定工件坐标系原点(0，0)。

（4）以工件下方垫铁的上表面为 *Z* 方向的对刀位置，把这一位置设为 *Z*0。

台钳的装夹方式请参考前面章节的装夹方式。对于装配件而言，在加工装配位时，应特别注意加工余量；使用刚性不太好的数控机床或立铣刀加工工件，在编程时应把余量应设为负值，负值的大小应视情况而定。

技师考证篇

项目8　凸　凹　板

本项目以1个带曲面的工件为例，详细介绍建模、型腔铣、等高铣、固定轮廓铣、面铣、平面铣等内容。工件材料为铝块，工件尺寸为85mm×85mm×35mm，工件结构图如图8-1所示。

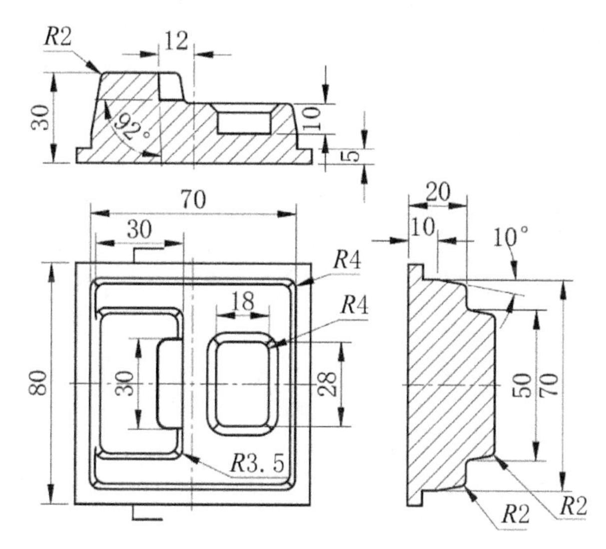

图8-1　工件结构图

1. 加工工序分析图

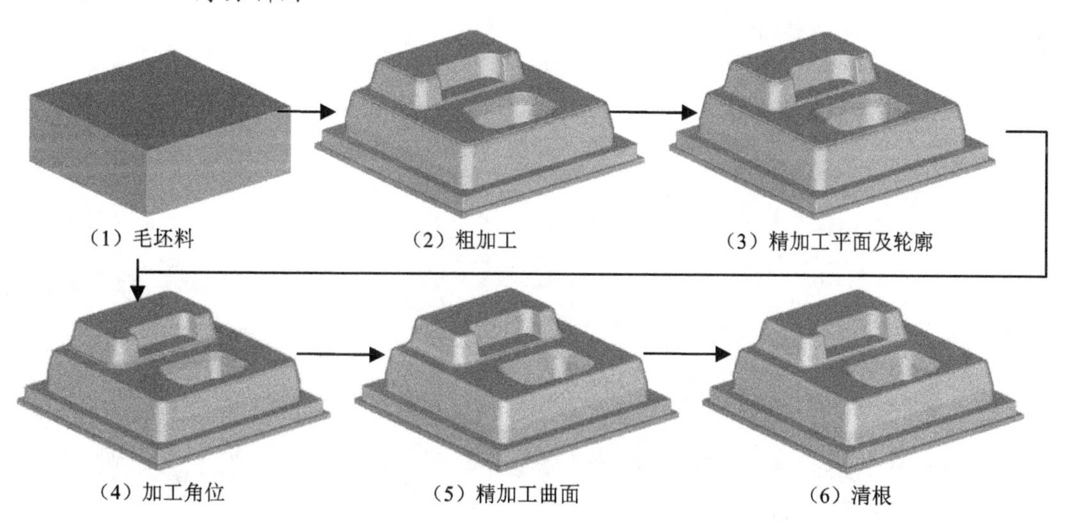

2. 建模过程

（1）启动 UG 12.0，单击“新建”按钮。在弹出的【新建】对话框中单击“模型”选项卡。在模板框中把“单位”设为“毫米”，选择“模型”模板，把“名称”设为“EX8.prt”、“文件夹”路径设为“E:\UG12.0 数控编程\项目 8。

（2）单击“拉伸”按钮，在弹出的【拉伸】对话框中单击“绘制截面”按钮。把 *XC-YC* 平面设为草绘平面、*X* 轴设为水平参考线，把草图原点坐标设为（0，0，0），以原点为中心绘制第 1 个矩形截面（80mm×80mm），如图 8-2 所示。

（3）单击“完成”命令，在弹出的【拉伸】对话框中，对“指定矢量”选择“ZC↑”选项。在“开始”栏中选择“值”选项，把“距离”值设为 0；在“结束”栏中选择“值”选项，把“距离”值设为 5mm；对“布尔”选择“无”选项。

（4）单击“确定”按钮，创建第 1 个拉伸特征，如图 8-3 所示。

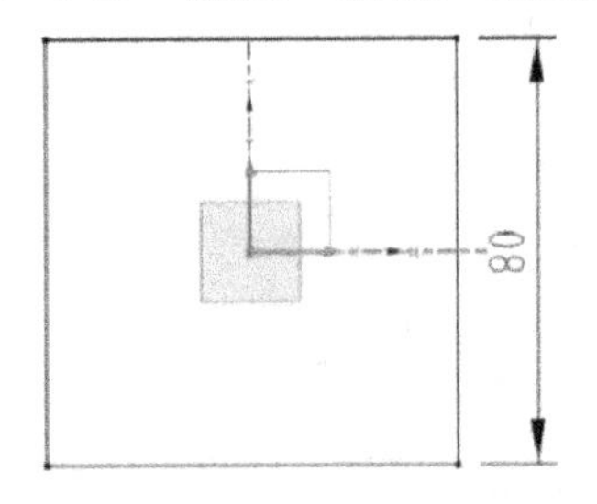

图 8-2　绘制第 1 个矩形截面

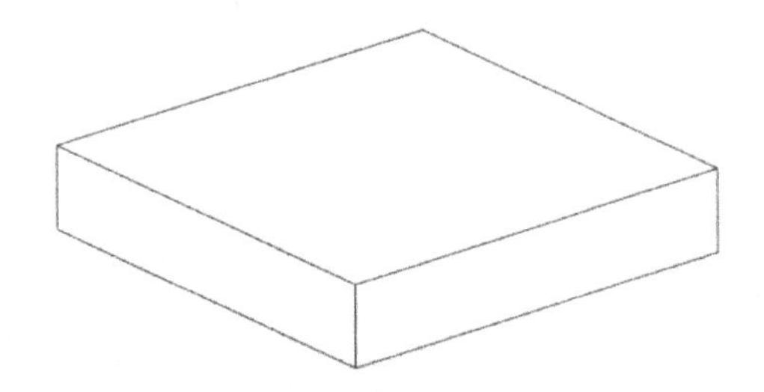

图 8-3　创建第 1 个拉伸特征

（5）单击“拉伸”按钮，在弹出的【拉伸】对话框中单击“绘制截面”按钮，把 *XC-YC* 平面设为草绘平面、*X* 轴设为水平参考线，把草图原点坐标设为（0，0，0），以原点为中心绘制第 2 个矩形截面（70mm×70mm），如图 8-4 所示。

（6）单击“完成”命令，在弹出的【拉伸】对话框中，对“指定矢量”选择“ZC↑”选项，在“开始”栏中选择“值”选项，把“距离”值设为 0；在“结束”栏中选择“值”选项，把“距离”值设为 10mm，对“布尔”选择“求和”。

（7）单击“确定”按钮，创建第 2 个拉伸特征，如图 8-5 所示。

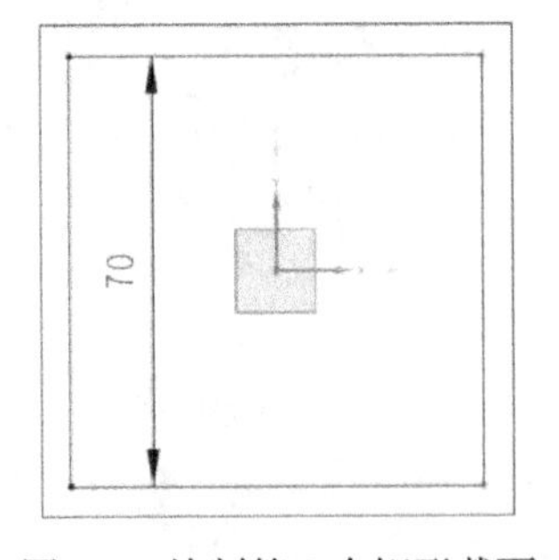

图 8-4　绘制第 2 个矩形截面

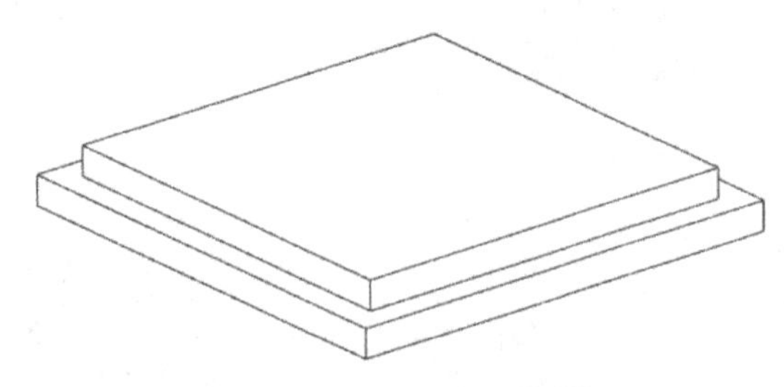

图 8-5　创建第 2 个拉伸特征

（8）单击“拉伸”按钮，在弹出的【拉伸】对话框中单击“曲线”按钮，选择实体上表面的 4 条边线，如图 8-6 所示。

（9）单击“完成”命令，在弹出的【拉伸】对话框中，对“指定矢量”选择“ZC↑”选项。在“开始”栏中选择“值”选项，把“距离”值设为0；在“结束”栏中选择“值”选项，把“距离”值设为10mm；对“布尔”选择“求和”选项、“拔模”选择“从起始限制”选项，把“角度”值设为10°，如图8-7所示。

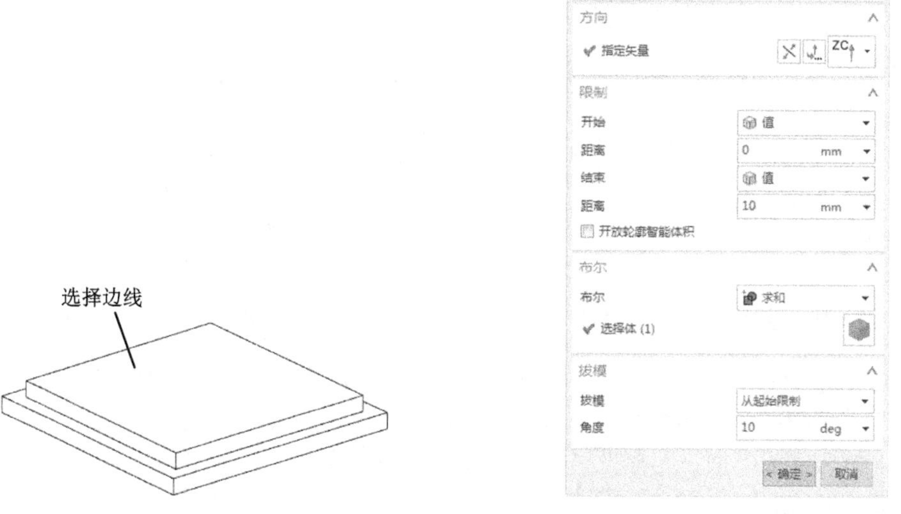

图8-6 选择实体上表面的4条边线

图8-7 设置【拉伸】对话框参数

（10）单击“确定”按钮，创建第3个拉伸特征，如图8-8所示。

（11）单击“拉伸”按钮，在弹出的【拉伸】对话框中单击“绘制截面”按钮，把实体上表面设为草绘平面、X轴设为水平参考线，草图原点坐标设为（0，0，0），绘制第3个矩形截面（30mm×50mm），如图8-9所示。其中，左边线与实体边线重合，上、下两条边线关于X轴对称。

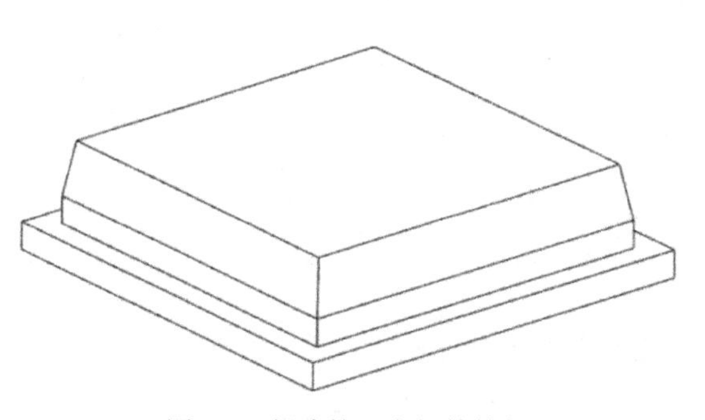

图8-8 创建第3个拉伸特征

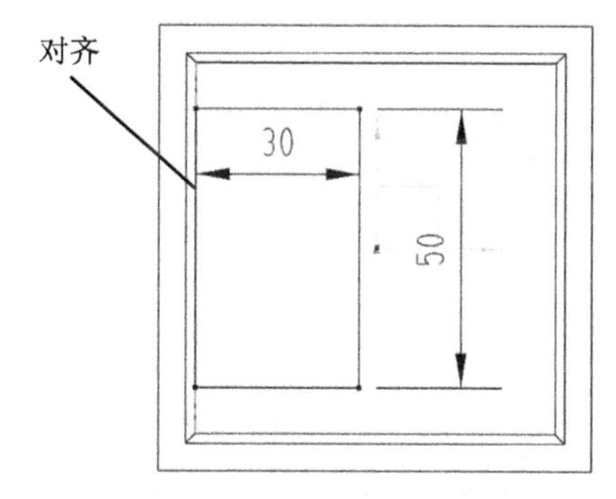

图8-9 绘制第3个矩形截面

（12）单击“完成”命令，在弹出的【拉伸】对话框中，对“指定矢量”选择“ZC↑”选项。在“开始”栏中选择“值”选项，把“距离”值设为0；在“结束”栏中选择“值”

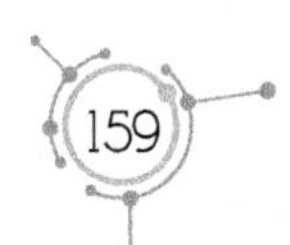

选项，把“距离”值设为 10mm；对“布尔”选择“合并”选项、“拔模”选择“从起始限制”选项，把“角度”值设为 10°。

（13）单击“确定”按钮，创建第 4 个拉伸特征，如图 8-10 所示。

（14）单击“拉伸”按钮，在弹出的【拉伸】对话框中单击“绘制截面”按钮，把实体台阶面设为草绘平面、*X* 轴设为水平参考线、草图原点坐标设为（0，0，0），绘制第 4 个矩形截面（18mm×28mm）如图 8-11 所示。其中，上、下两条边线关于 *X* 轴对称。

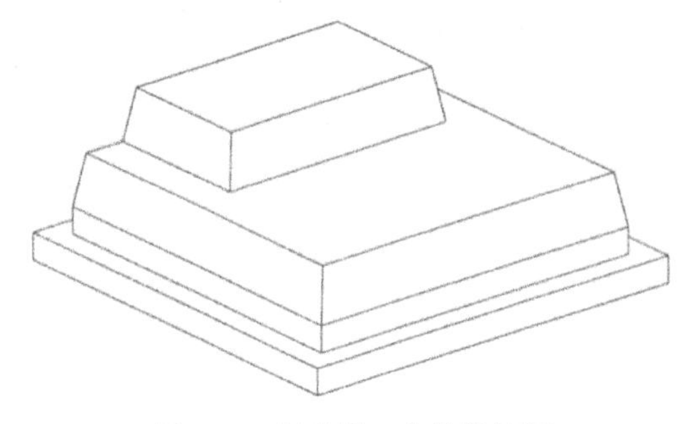

图 8-10　创建第 4 个拉伸特征

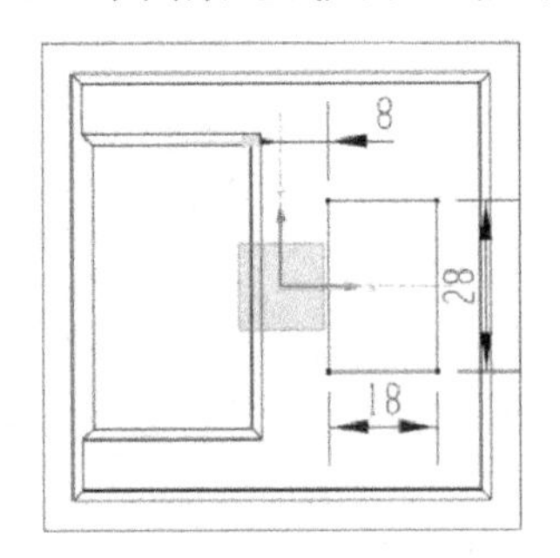

图 8-11　绘制第 4 个矩形截面

（15）单击“完成”命令，在弹出的【拉伸】对话框中，对“指定矢量”选择“-ZC↓”选项。在“开始”栏中选择“值”选项，把“距离”值设为 0；在“结束”栏中选择“值”选项，把“距离”值设为 10mm；对“布尔”选择“减去”选项、“拔模”选择“无”选项。

（16）单击“确定”按钮，创建第 5 个拉伸特征（方孔），如图 8-12 所示。

（17） 单击“边倒圆”按钮，在方孔的 4 条竖直边上创建第 1 个边倒圆角特征（*R*3.5mm），如图 8-13 所示。

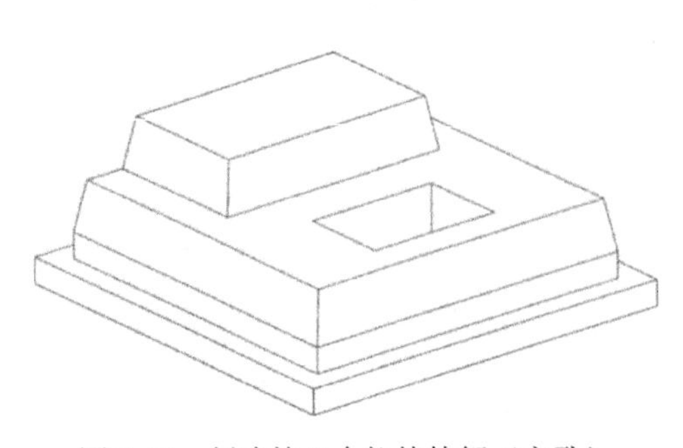

图 8-12　创建第 5 个拉伸特征（方孔）

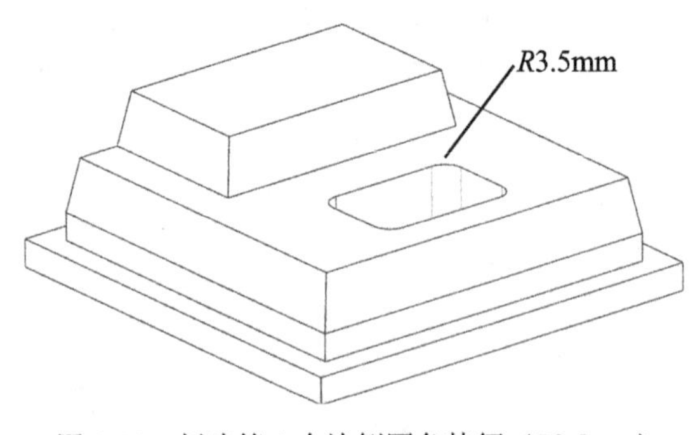

图 8-13　创建第 1 个边倒圆角特征（*R*3.5mm）

（18）单击“倒斜角”按钮，在弹出的【倒斜角】对话框中，对“横截面”选择“对称”选项，把“距离”值设为 3mm，如图 8-14 所示。选择方孔的上边线，创建倒斜角特征，如图 8-15 所示。

（19）单击“边倒圆”按钮，创建第 2 个边倒圆角特征（*R*3.5mm），如图 8-16 所示。

（20）单击“边倒圆”按钮，创建第 3 个边倒圆角特征（*R*2mm），如图 8-17 所示。

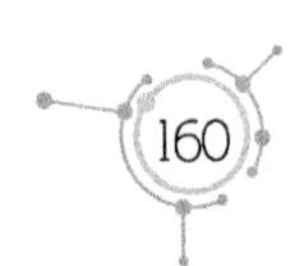

图 8-14　设置【倒斜角】对话框参数

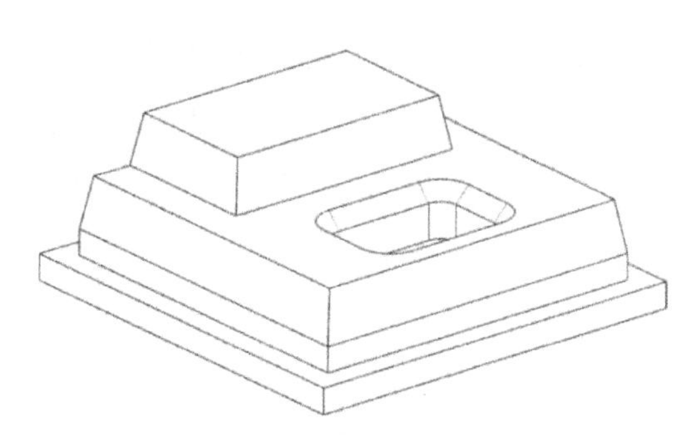

图 8-15　创建倒斜角特征

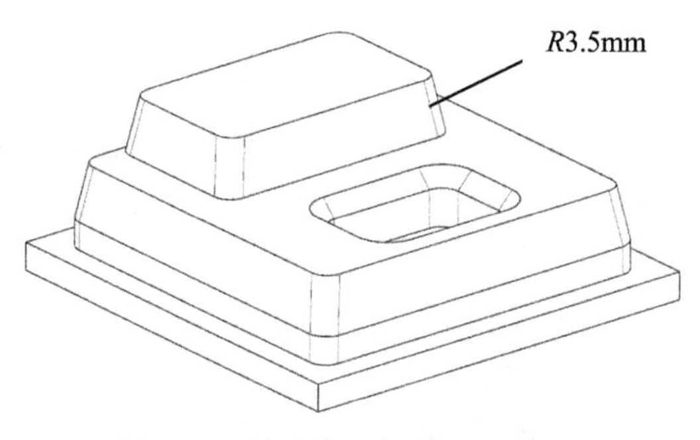

图 8-16　创建第 2 个边倒圆角特征

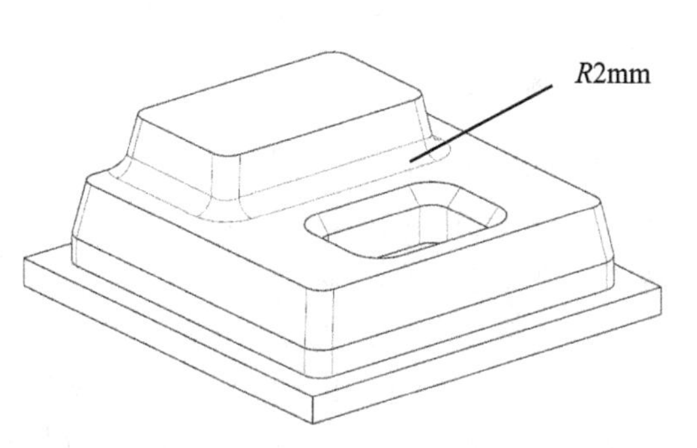

图 8-17　创建第 3 个边倒圆角特征

（21）单击“边倒圆”按钮，创建第 4 个边倒圆角特征（*R*2mm），如图 8-18 所示。

（22）单击“拉伸”按钮，在弹出的【拉伸】对话框中单击“绘制截面”按钮。把实体顶面设为草绘平面、*X* 轴设为水平参考线、草图原点坐标设为（0，0，0），绘制第 5 个矩形截面（12mm×30mm），如图 8-19 所示。其中，右边的竖直边与 *Y* 轴重合，两条水平边关于 *X* 轴对称。

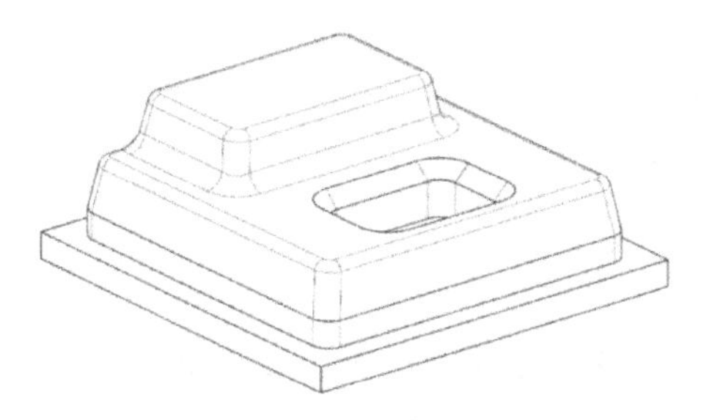

图 8-18　创建第 4 个边倒圆特征

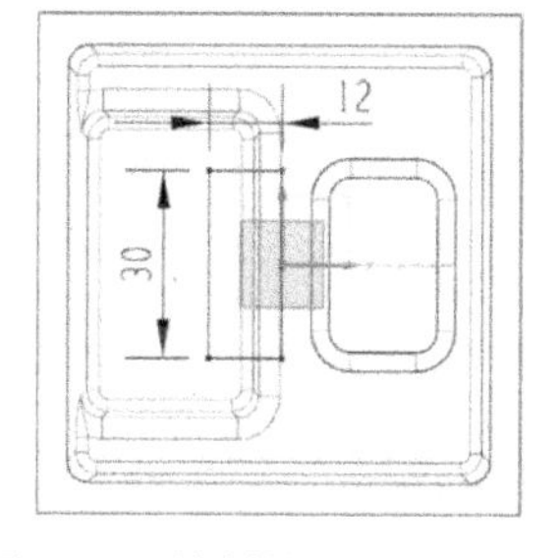

图 8-19　绘制第 5 个矩形截面

（23）单击“完成”命令，在弹出的【拉伸】对话框中，对“指定矢量”选择“-ZC↓”选项。在“开始”栏中选择“值”选项，把“距离”值设为 0；在“结束”栏中选择“值”选项，把“距离”值设为 9mm；对“布尔”选择“减去”选项、“拔模”选择“从起始限制”选项，把“角度”值设为 2°。

（24）单击“确定”按钮，创建第 6 个拉伸特征（缺口），如图 8-20 所示。

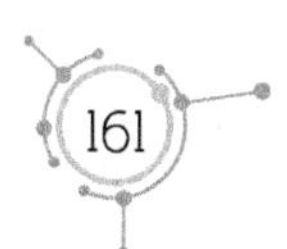

（25）单击“边倒圆”按钮，在缺口的棱线创建边倒圆角特征（R3.5mm），如图 8-21 所示。

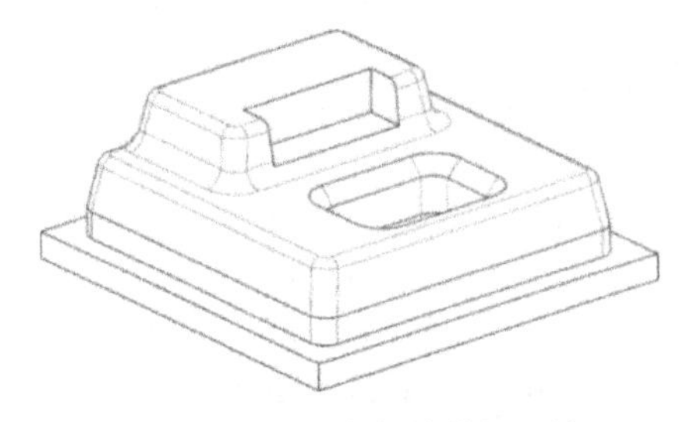

图 8-20　创建第 6 个拉伸特征（缺口）

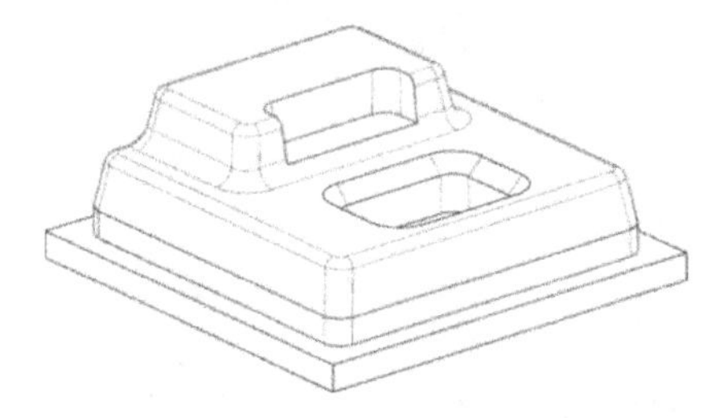

图 8-21　创建边倒圆角特征

3．数控编程过程

（1）单击“菜单｜编辑｜移动对象”命令，在【移动对象】对话框中，对“运动”选择“距离”选项，对“指定矢量”选择“-ZC↓”选项，把“距离”值设为-30mm，对“结果”选择“◉ 移动原先的”单选框。

（2）单击“确定”按钮，实体往-ZC 方向移动 30mm。

（3）在横向菜单中先单击“应用模块”选项卡，再单击“加工”命令，在【加工环境】对话框中选择“cam_general”选项和“mill_planar”选项。单击“确定”按钮，进入 UG 加工环境。此时，实体上出现两个坐标系：工件坐标系（在实体上表面）和基准坐标系（在实体下表面），如图 8-22 所示。

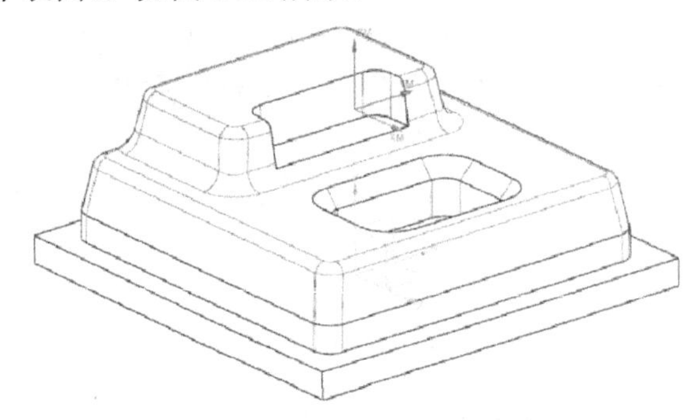

图 8-22　实体上出现两个坐标系

（4）在工作区左上方的工具条中单击“几何视图”按钮，如图 8-23 所示。

图 8-23　单击“几何视图”按钮

（5）在“工序导航器”中展开 MCS_MILL 下级目录，双击“WORKPIECE”选项。

（6）在【工件】对话框中单击“指定部件”按钮，选择整个实体，单击“确定”按钮。单击“指定毛坯”按钮，在【毛坯几何体】对话框中，对“类型”选择“包容块”选项，把“XM-”、“YM-”、“XM+”、“YM+”、“ZM+”值都设为1.0000mm，如图8-24所示。

（7）创建两把立铣刀（ϕ12mm与ϕ6mm）、两把球刀头（ϕ6mm与ϕ3mm）。

① 单击“创建刀具”按钮，对“刀具子类型”选择“MILL”图标、“名称”选择“D12R0（铣刀-5参数）”选项，把“直径”值设为12mm、“下半径”值设为0。

② 创建第2把立铣刀，把“名称”设为D6R0、“直径”值设为ϕ6mm、“下半径”值设为0。

③ 单击“创建刀具”按钮，对“刀具子类型”选择“BALL_MILL”图标，把“名称”设为SD6R3、“球直径”值设为ϕ6mm。

④ 创建第2把球头刀，把“名称”设为SD3R1.5、“球直径”值设为ϕ3mm。

（8）单击“菜单 | 插入 | 工序”命令，在【创建工序】对话框中对“类型”选择“mill_contour”选项。在“工序子类型”列表中单击“型腔铣”按钮，对“程序”选择“NC_PROGRAM”选项、“刀具”选择“D12R0（铣刀-5 参数）”选项、“几何体”选择“WORKPIECE”选项、“方法” 选择“METHOD”选项，如图8-25所示。

图8-24 设置【毛坯几何体】对话框参数

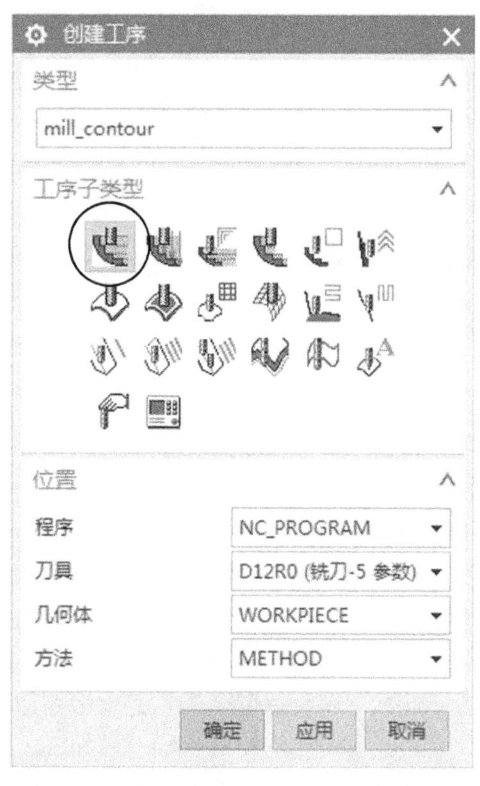

图8-25 设置【创建工序】对话框参数

（9）单击“确定”按钮，在【型腔铣】对话框中单击“指定切削区域”按钮，在【切削区域】对话框中，对“选择方法”选择“面”选项，用框选方式选择整个实体。

（10）在【型腔铣】对话框中对“切削模式”选择“跟随周边”选项、“步距”选择

“刀具平直百分比”选项，把“平面直径百分比”值设为 80%；对“公共每刀切削深度”选择“恒定”选项，把“最大距离”值设为 0.5000（单位：mm）。

（11）单击“切削层”按钮，在弹出的【切削层】对话框中连续多次单击“移除”按钮，移除“列表”中的数据。选择 80mm×80mm 的台阶面，如图 8-26 所示。在【切削层】对话框中，“范围深度”值如图 8-27 所示。

提示：“ZC”值显示为 1.0000（单位：mm），是因为前面在设置毛坯参数时，“ZM+”值被设为 1mm。

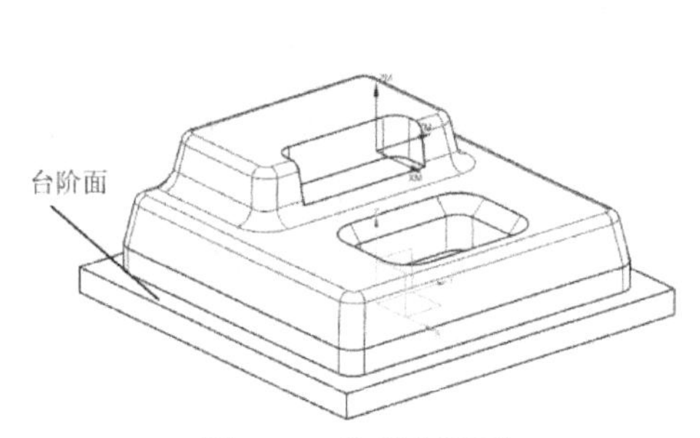

图 8-26　选择台阶面

图 8-27　“范围深度”值

（12）单击“切削参数”按钮，在弹出的【切削参数】对话框中，单击“策略”选项卡。对“切削方向”选择“顺铣”选项、“切削顺序”选择“深度优先”选项、“刀路方向”选择“向外”选项，如图 8-28 所示。单击“余量”选项卡，取消“□取消使底面余量与侧面余量一致”复选框中的“√”，把“部件侧面余量”值设为 0.3000（单位：mm）、“部件底面余量”值设为 0.1000（单位：mm），如图 8-29 所示。

（13）单击“非切削移动”按钮，在弹出的【非切削移动】对话框中，单击“转移/快速”选项卡。在“区域之间”列表中，对“转移类型”选择“安全距离-刀轴”选项；在“区域内”列表中，对“转移方式”选择“进刀/退刀”选项、“转移类型”选择“直接”选项，如图 8-30 所示。单击“进刀”选项卡，在“封闭区域”列表中，对“进刀类型”选择“螺旋”选项，把“直径”值设为 2.0000mm、“斜坡角”值设为 1.0000（单位：°）、

“高度”值设为 1.0000mm；对“高度起点”选择“前一层”选项，把“最小安全距离”值设为0.0000mm、“最小斜面长度”值设为2.0000mm。在“开放区域”列表中，对“进刀类型”选择“线性”选项，把“长度”值设为8.0000mm，把“旋转角度”值和“斜坡角”值都设为0.0000（单位：°），把“高度”值设为1.0000mm、“最小安全距离”值设为8.0000mm，如图8-31所示。

图8-28　设置“策略”选项卡参数

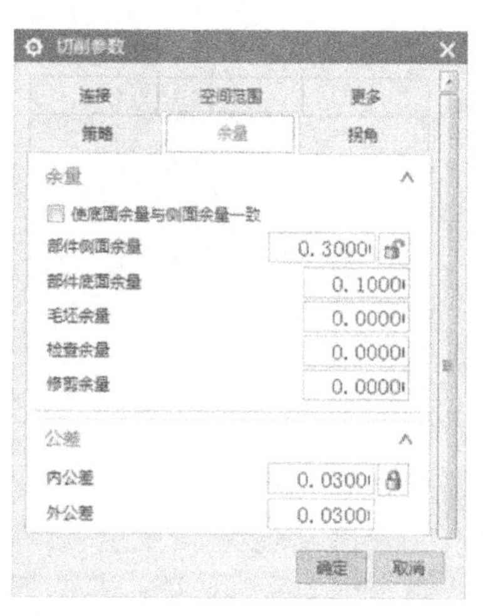

图8-29　设置“余量”选项卡参数

非切削移动
进刀
退刀
起点/钻点
转移/快速
避让
更多
安全设置
安全设置选项
使用继承的
显示
区域之间
转移类型
安全距离 - 刀轴
区域内
转移方式
进刀/退刀
转移类型
直接
初始和最终
确定
取消

图8-30　设置“转移/快速”参数

非切削移动
转移/快速
避让
更多
进刀
退刀
起点/钻点
封闭区域
进刀类型
螺旋
直径
2.0000
mm
斜坡角
1.0000
高度
1.0000
mm
高度起点
前一层
最小安全距离
0.0000
mm
最小斜面长度
2.0000
mm
开放区域
进刀类型
线性
长度
8.0000
mm
旋转角度
0.0000
斜坡角
0.0000
高度
1.0000
mm
最小安全距离
8.0000
mm
修剪至最小安全距离
忽略修剪侧的毛坯
确定
取消

图8-31　设置“进刀”参数

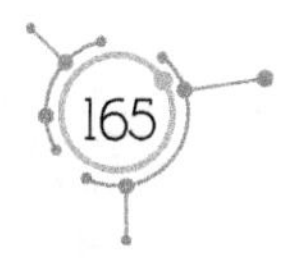

（14）单击“进给率和速度 ”按钮，把主轴速度值设为 1000r/min、切削速度值设为 1200mm/min。

（15）单击“生成”按钮，生成的型腔铣刀路如图 8-32 所示。

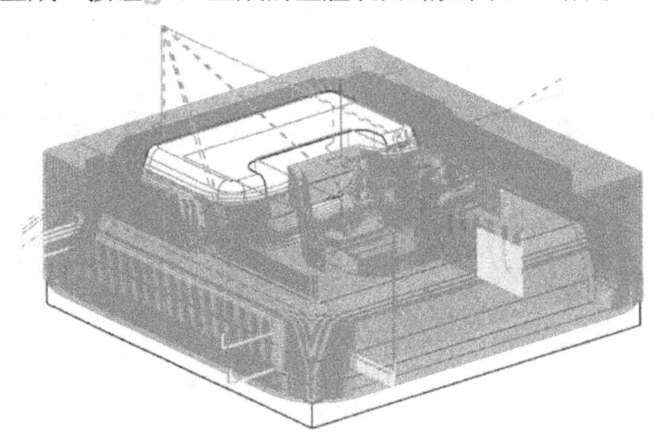

图 8-32　生成的型腔铣刀路

（16）单击“菜单 | 插入 | 工序”命令，在【创建工序】对话框中，对“类型”选择“mill_planar”选项，在“工序子类型”列表中单击“平面铣”按钮，对“程序”选择“NC_PROGRAM”选项、“刀具”选择“D12R0（铣刀-5 参数）”选项、“几何体”选择“WOEKPIECE”选项、“方法” 选择“METHOD”选项，如图 8-33 所示。

（17）在【平面铣】对话框中单击“指定部件边界”按钮，在【部件边界】对话框中，对“选择方法”选择“面”，选择实体上 80mm×80mm 台阶面，如图 8-26 所示，对“刀具侧”选择“外侧”选项、“平面”选择“自动”选项，如图 8-34 所示。设置完毕，单击“确定”按钮。

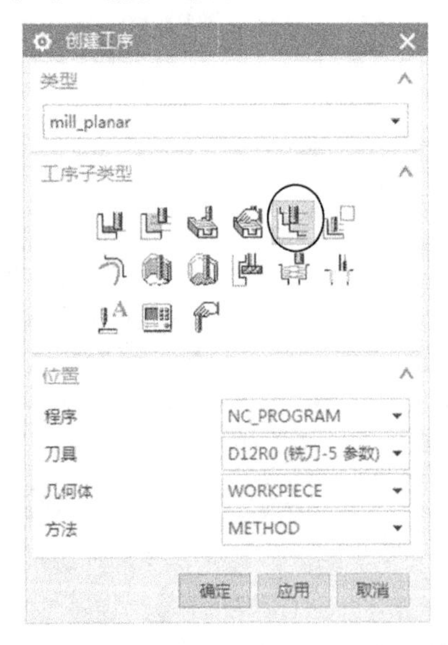

图 8-33　设置【创建工序】对话框参数

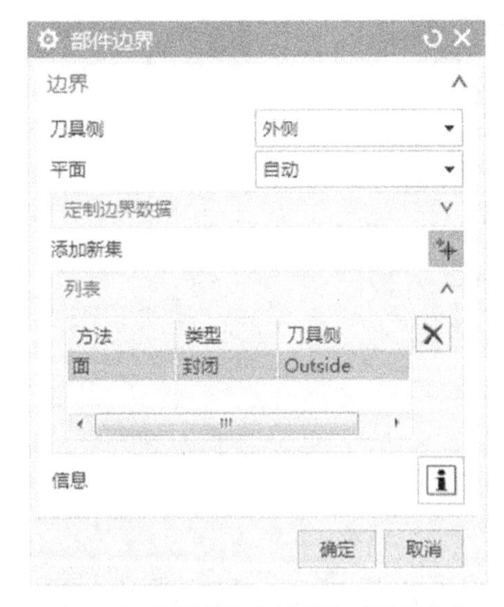

图 8-34　设置【部件边界】对话框参数

（18）在【平面铣】对话框中单击“指定底面 ”按钮，选择实体底面，把“距离”值设为0。

（19）在【平面铣】对话框中对“切削模式”选择“轮廓”选项，把“附加刀路”值设为0。

（20）单击“切削层”按钮，在弹出的【切削层】对话框中，对“类型”选择“恒定”选项，把“公共每刀切削深度”值设为0.8mm。

（21）单击“切削参数”按钮，在弹出的【切削参数】对话框中，单击“策略”选项卡，对“切削方向”选择“顺铣”选项。单击“余量”选项卡，把“部件余量”值设为0.3 mm。

（22）单击“非切削移动”按钮，在弹出的【非切削移动】对话框中，单击“转移/快速”选项卡。在“区域之间”列表中，对“转移类型”选择“安全距离-刀轴”选项；在“区域内”列表中，对“转移方式”选择“进刀/退刀”选项、“转移类型”选择“直接”选项。单击“进刀”选项卡，在“开放区域”列表中，对“进刀类型”选择“圆弧”选项，把“半径”值设为 2mm、“圆弧角度”值设为 90°、“高度”值设为 1mm、“最小安全距离”值设为10mm。

（23）选择“起点/钻点”选项卡，把“重叠距离”值设为1mm，单击“指定点”按钮，选择“控制点”选项，如图 8-35 所示。选择实体的右边线，把该直线的中点设为进刀起点。

（24）单击“进给率和速度 ”按钮，把主轴速度值设为1000r/min、切削速度值设为1200mm/min。

（25）单击“生成”按钮，生成的平面铣轮廓刀路如图8-36所示。

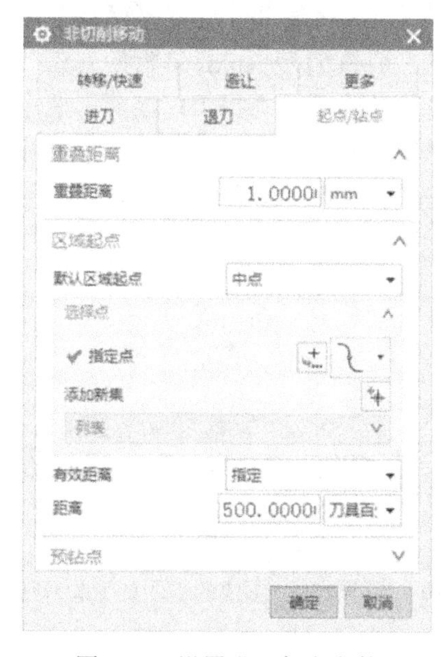

图 8-35 设置进刀起点参数

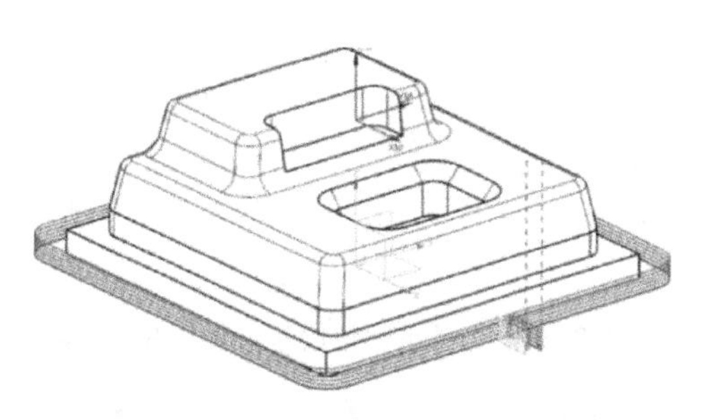

图 8-36 步骤（25）生成的平面铣轮廓刀路

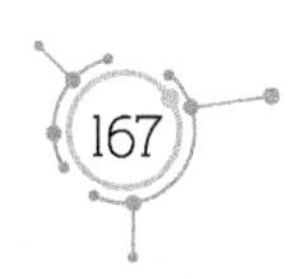

（26）在工作区上方的工具条中单击“程序顺序视图”按钮，如图 8-37 所示。

图 8-37　单击“程序顺序视图”按钮

（27）在“工序导航器”中把 PROGRAM 文件名改为 A1，把所创建的两个刀路程序移到 A1 程序组中，如图 8-38 所示。

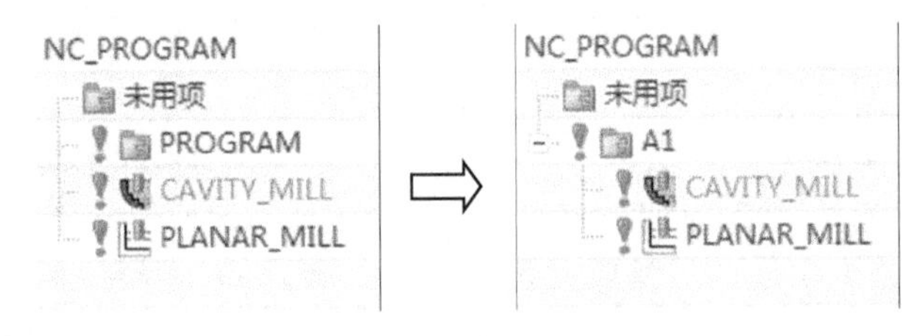

图 8-38　把 PROGRAM 文件名改为 A1，把所创建的两个刀路程序移到 A1 程序组中

（28）单击“菜单｜插入｜程序”命令，在【创建程序】对话框中，对“类型”选择“mill_planar”选项、“程序”选择“NC_PROGRAM”选项，把“名称”设为 A2。

（29）单击“确定”按钮，创建 A2 程序组。此时，A2 与 A1 都在 NC_PROGRAM 的下级目录中。

（30）在“工序导航器”中选择 PLANAR_MILL选项，单击鼠标右键，在快捷菜单中单击“复制”命令。选择 A2，单击鼠标右键，在快捷菜单中单击“内部粘贴”命令，把 PLANAR_MILL程序粘贴到 A2 程序组，如图 8-39 所示。

（31）在“工序导航器”中双击 PLANAR_MILL_COPY 选项，在【平面铣】对话框中，对“步距”选择“恒定”选项，把“最大距离”值设为 0.1mm、“附加刀路”值设为 2。单击“切削层”按钮，在弹出的【切削层】对话框中选择“仅底面”选项。单击“切削参数”按钮，在弹出的【切削参数】对话框中把“余量”值改为 0。单击“进给率和速度 ”按钮，把主轴速度值设为 1200 r/min、切削速度值设为 500 mm/min。

（32）单击“生成”按钮，生成的平面铣轮廓刀路如图 8-40 所示。

图 8-39　复制并粘贴程序选中的选项

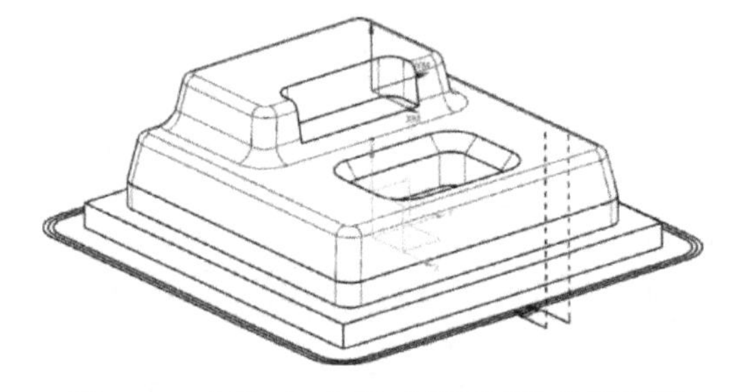

图 8-40　步骤（32）生成的平面铣轮廓刀路

（33）在“工序导航器”中选择 PLANAR_MILL_COPY 选项，单击鼠标右键，在快捷菜单中单击“复制”命令。选择 A2，单击鼠标右键，在快捷菜单中单击“内部粘贴”

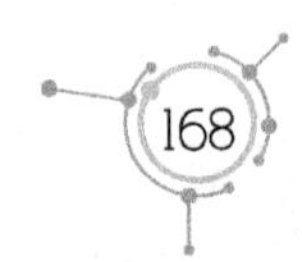

命令，把 PLANAR_MILL_COPY 粘贴到 A2 程序组。

（34）在“工序导航器”中双击 PLANAR_MILL_COPY_COPY选项，在【平面铣】对话框中单击“指定部件边界”按钮，在【部件边界】对话框中单击“移除”按钮，移除前面选择的边界。在【部件边界】对话框中，对“选择方法”选择“曲线”选项，如图 8-41 所示。在工作区上方的工具条中选择“相切曲线”选项，如图 8-42 所示。

图 8-41 对“选择方法”选择“曲线”选项

图 8-42 选择“相切曲线”选项

（35）在实体图上选择 1 条边线，与之相切的边线全部选择，如图 8-43 所示。

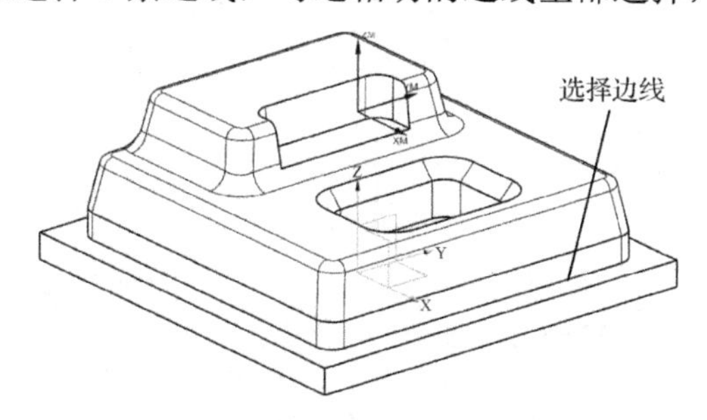

图 8-43 选择边线

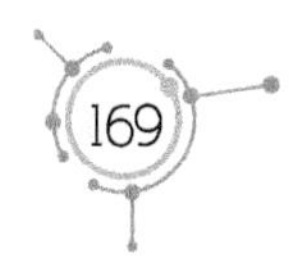

（36）在【部件边界】对话框中，对“边界类型”选择“封闭”选项、“平面”选择“自动”选项、“刀具侧”选择“外侧”选项。

（37）在【平面铣】对话框中单击“指定底面 ”按钮，选择实体台阶面，把“距离”值设为 0。

（38）单击“生成”按钮，生成的平面铣轮廓刀路如图 8-44 所示。

（39）在“工序导航器”中选择 PLANAR_MILL_COPY_COPY 选项，单击鼠标右键，在快捷菜单中单击“复制”命令。选择 A2，单击鼠标右键，在快捷菜单中单击“内部粘贴”命令，把 PLANAR_MILL_COPY_COPY 粘贴到 A2 程序组。

（40）在“工序导航器”中双击 PLANAR_MILL_COPY_COPY_COPY 选项，在【平面铣】对话框中单击“指定部件边界”按钮，在【部件边界】对话框中单击“移除”按钮，移除前面选择的边界；对“选择方法”选择“曲线”选项、“边界类型”选择“开放的”选项、“刀具侧”选择“左”选项、“平面”选择“自动”选项，如图 8-45 所示。

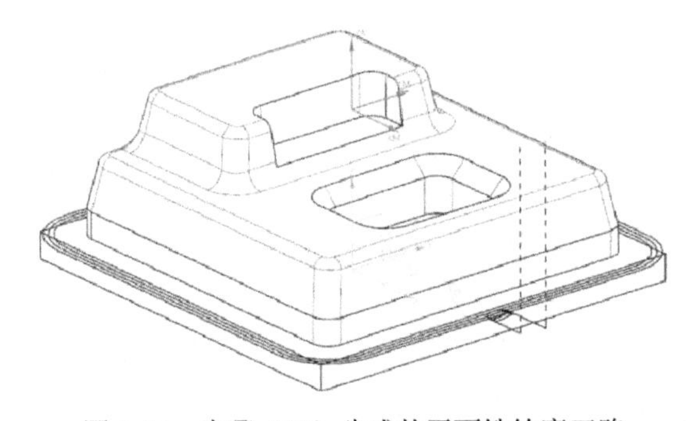

图 8-44　步骤（38）生成的平面铣轮廓刀路

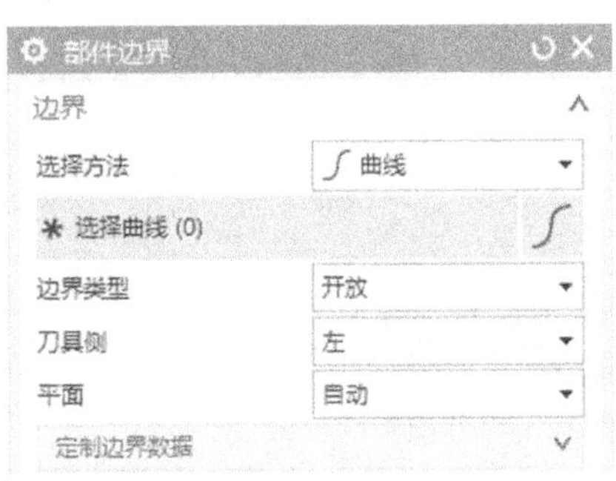

图 8-45　设置【部件边界】对话框参数

（41）在工作区上方的工具条中选择“相切曲线”选项。

（42）单击“俯视图”按钮，在箭头处选择倒圆角的边线，与之相切的曲线全部选择，分支朝外，如图 8-46 所示。

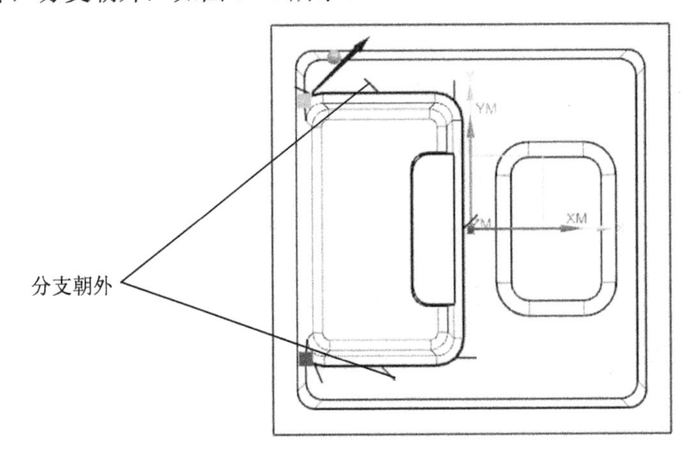

图 8-46　选择开放式曲线

（43）单击“指定底面”按钮，选择圆弧边线所在的平面，把“距离”值设为0mm，如图8-47所示。

（44）单击“非切削移动”按钮，在弹出的【非切削移动】对话框中单击“进刀”选项卡。在“开放区域”列表中，对“进刀类型”选择“线性”选项，把“长度”值设为8mm，其他参数保持不变。

（45）单击“生成”按钮，生成的开放式平面铣轮廓刀路如图8-48所示。

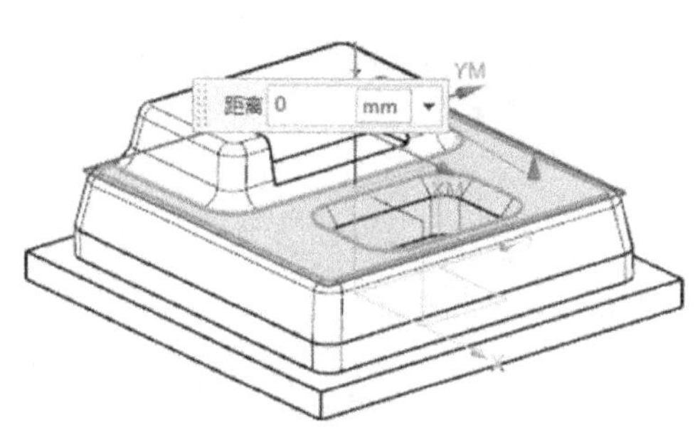

图8-47　把“距离”值设为0mm

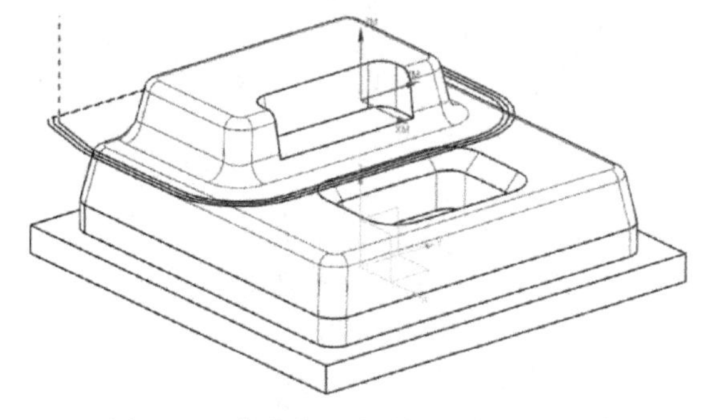

图8-48　生成的开放式平面铣轮廓刀路

（46）单击“菜单｜插入｜工序”命令，在【创建工序】对话框中，对“类型”选择“mill_planar”选项。在“工序子类型”列表中单击“底壁铣”按钮，对“程序”选择“A2”选项、“刀具”选择“D12R0（铣刀-5 参数）”选项、“几何体”选择“WOEKPIECE”选项、“方法”选择“METHOD”选项，如图8-49所示。

（47）在【底壁铣】对话框中单击“指定切削区底面”按钮，选择实体的两个平面，如图8-50所示。

图8-49　设置工序参数

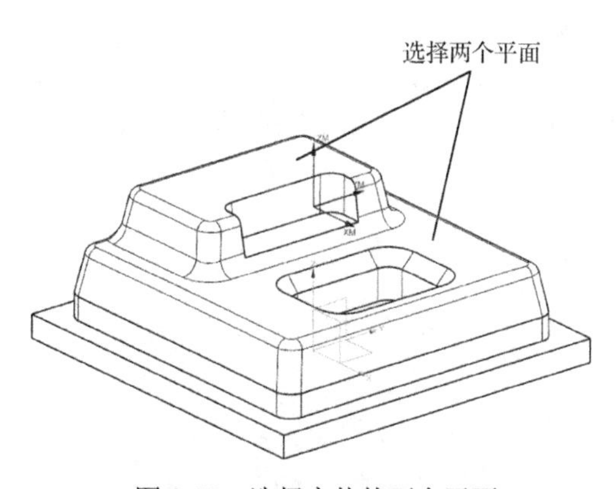

图8-50　选择实体的两个平面

（48）在【底壁铣】对话框中，对“切削区域空间范围”选择“底面”选项、“切削模式”选择“跟随周边”选项、“步距”选择“刀具平直百分比”选项，把“平面直径百分比”值设为 80%、“每刀切削深度”值设为 0、“Z 向深度偏置”值设为 0。

（49）单击“切削参数”按钮，在弹出的【切削参数】对话框中，单击“策略”选项卡。对“切削方向”选择“顺铣”选项、“刀路方向”选择“向外”选项。单击“余量”选项卡，把“部件侧面余量”、“壁余量”和“最终底面余量”值都设为 0。

（50）单击“非切削移动”按钮，在弹出的【非切削移动】对话框中选择默认值。

（51）单击“进给率和速度 ”按钮，把主轴速度值设为 1200 r/min、切削速度值设为 500 mm/min。

（52）单击“生成”按钮，生成的底壁铣刀路如图 8-51 所示。

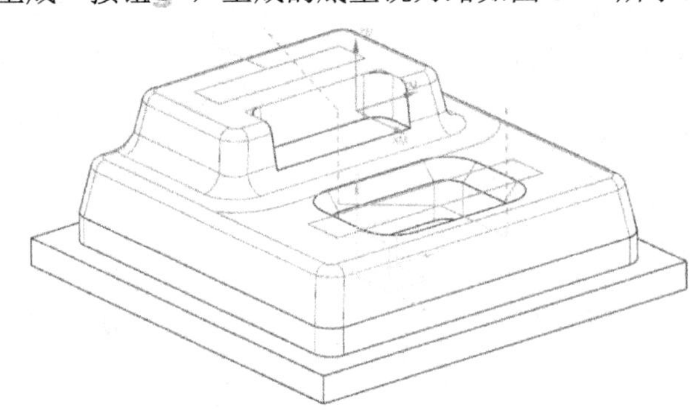

图 8-51　生成的底壁铣刀路

（53）单击“菜单｜插入｜程序”命令，在【创建程序】对话框中，对“类型”选择“mill_planar”选项、“程序”选择“NC_PROGRAM”选项，把“名称”设为 A3。

（54）单击“确定”按钮，创建 A3 程序组，如图 8-52 所示。此时，A3、A1、A2 都在 NC_PROGRAM 的下级目录中。

（55）在“工序导航器”中选择 CAVITY_MILL 选项，单击鼠标右键，在快捷菜单中单击“复制”命令。选择 A3，单击鼠标右键，在快捷菜单中单击“内部粘贴”命令，把 CAVITY_MILL 粘贴到 A3 程序组。

（56）双击 CAVITY_MILL_COPY 选项，在【型腔铣】对话框中，对“刀具”选择“D6R0（铣刀-5 参数）”选项、“切削模式”选择“轮廓”选项，如图 8-53 所示。

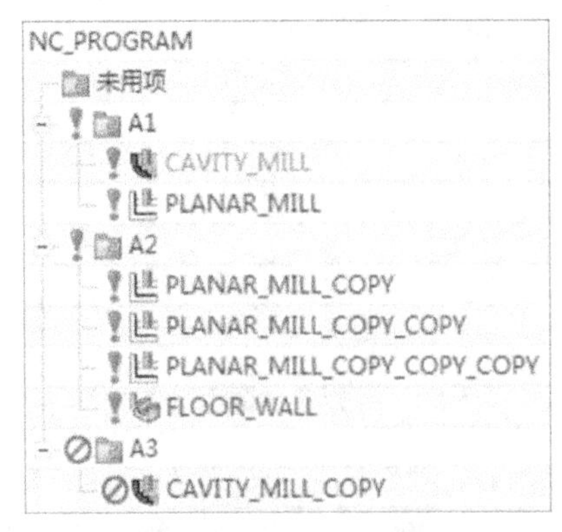

图 8-52　创建 A3 程序组

图 8-53　设置“刀具”和“切削模式”参数

（57）单击“切削参数”按钮，在弹出的【切削参数】对话框中单击“空间范围”选项卡。在“参考刀具”栏中选择“D12R0（铣刀-5 参数）”选项，把“重叠距离”值设为1.0000（单位：mm），如图8-54所示，其他参数保持不变。

（58）单击“非切削移动”，在弹出的【非切削移动】对话框中单击“进刀”选项卡，在“封闭区域”列表中，对“进刀类型”选择“与开放区域相同”选项，在“开放区域”列表中，对“进刀类型”选择“线性”选项，把“长度”值设为3mm、“高度”值设为1mm、“最小安全距离”值设为3mm。

（59）单击“生成”按钮，生成的拐角加工刀路如图8-55所示。

图8-54 对“参考刀具”选择“D12R0（铣刀-5 参数）”选项

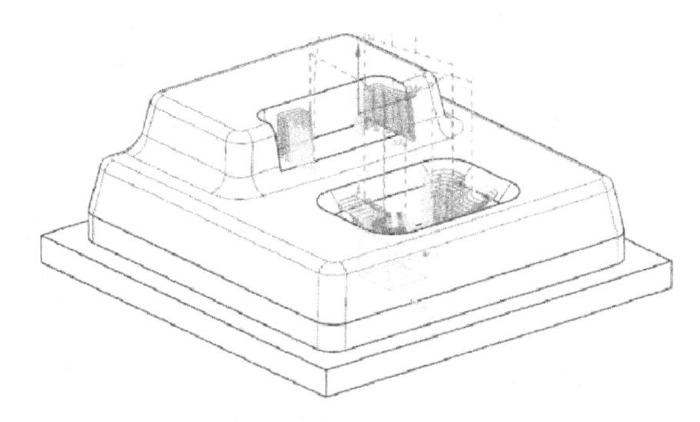

图8-55 生成的拐角加工刀路

（60）单击“菜单｜插入｜工序”命令，在【创建工序】对话框中对“类型”选择“mill_contour”选项。在“工序子类型”列表中单击“深度轮廓铣”按钮，对“程序”选择“A3”选项、“刀具”选择“D6R0（铣刀-5 参数）”选项、“几何体”选择“WORKPIECE”选项、“方法”选择“METHOD”选项，如图8-56所示。

（61）在【深度轮廓铣】对话框中选择“指定切削区域”按钮，在工作区上方的工具条中选择“相切面”选项，在实体上选择缺口所在的侧面作为加工曲面如图8-57所示。与该曲面相切的曲面全部选择。

图8-56 设置【创建工序】对话框参数

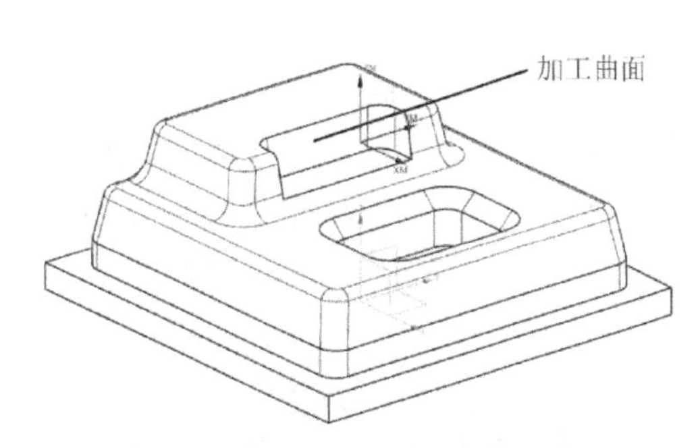

图8-57 步骤（61）选择的加工曲面

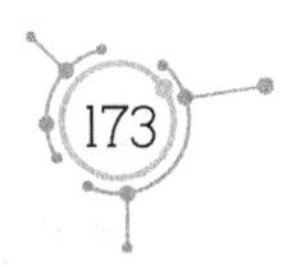

（62）在【深度轮廓铣】对话框中，对“公共每刀切削深度”选择“恒定”选项，把“最大距离”值设为 0.2mm。

（63）单击“切削参数”按钮，在弹出的【切削参数】对话框中，单击“策略”选项卡。对“切削方向”选择“混合”选项、“切削顺序”选择“深度优先”选项。单击“余量”选项卡，把“部件侧面余量”值和“部件底面余量”值都设为 0。

（64）单击“非切削移动”按钮，在弹出的【非切削移动】对话框中，单击“转移/快速”选项卡。在“区域之间”列表中，对“转移类型”选择“安全距离-刀轴”选项；在“区域内”列表中，对“转移方式”选择“进刀/退刀”选项、“转移类型”选择“直接”选项。单击“进刀”选项卡，在“开放区域”列表中，对“进刀类型”选择“线性”选项，把“长度”值设为 5mm，把“旋转角度”值和“斜坡角”值都设为 0°，把“高度”值设为 1mm、“最小安全距离”值设为 5mm。单击“退刀”选项卡，对“退刀类型”选择“与进刀相同”选项。

（65）单击“生成”按钮，生成的深度轮廓铣刀路如图 8-58 所示。

（66）在“工序导航器”中选择 ZLEVEL_PROFILE 选项，单击鼠标右键，在快捷菜单中单击“复制”命令。选择 A3，单击鼠标右键，在快捷菜单中单击“内部粘贴”命令，把 ZLEVEL_PROFILE 粘贴到 A3 程序组。

（67）双击 ZLEVEL_PROFILE_COPY 选项，在【深度轮廓铣】对话框中选择“指定切削区域”按钮，在【切削区域】对话框中单击“移除”按钮，移除“列表”中的数据，在工作区上方的工具条中选择“相切面”选项，在实体上选择倒斜角曲面作为加工曲面，如图 8-59 所示。与该曲面相切的曲面全部选择。

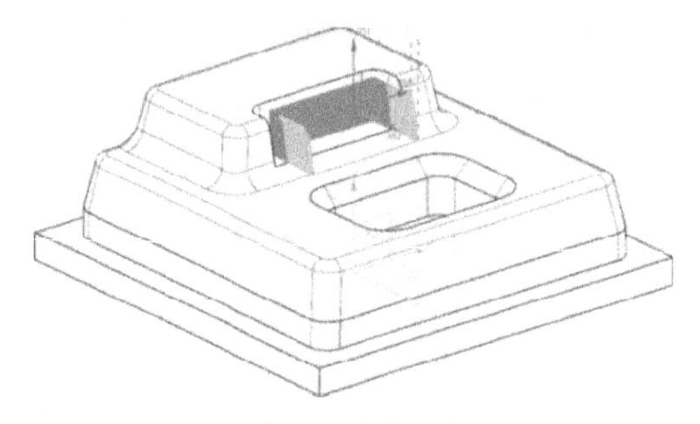

图 8-58 生成的深度轮廓铣刀路

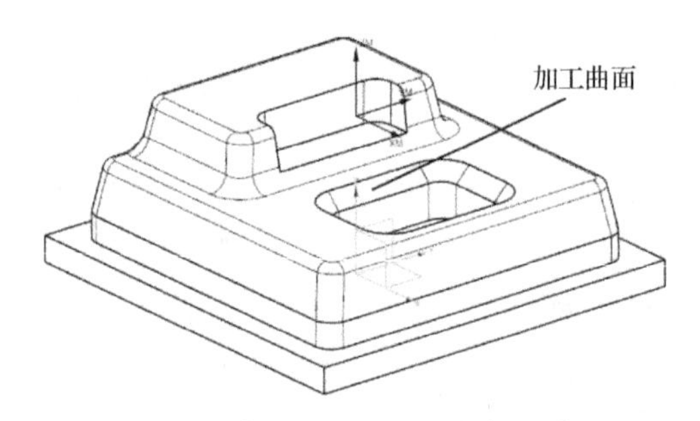

图 8-59 步骤（67）选择的加工曲面

（68）单击“切削层”按钮，在【切削层】对话框中连续多次单击“移除”按钮，移除“列表”框中的数据。在【切削层】对话框中的“范围 1 的顶部”区域单击“选择对象”按钮，选择倒斜角面的上边线，“ZC”一栏的值显示为-10.0000mm。在“范围定义”区域单击“选择对象”按钮，选择倒斜角面的下边线，“范围深度”值如图 8-60 所示。

（69）单击“切削参数”按钮，在【切削参数】对话框中，单击“策略”选项卡，对“切削方向”选择“顺铣”选项。

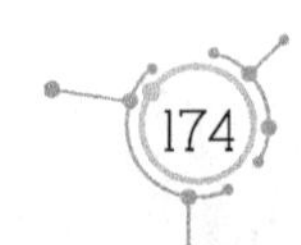

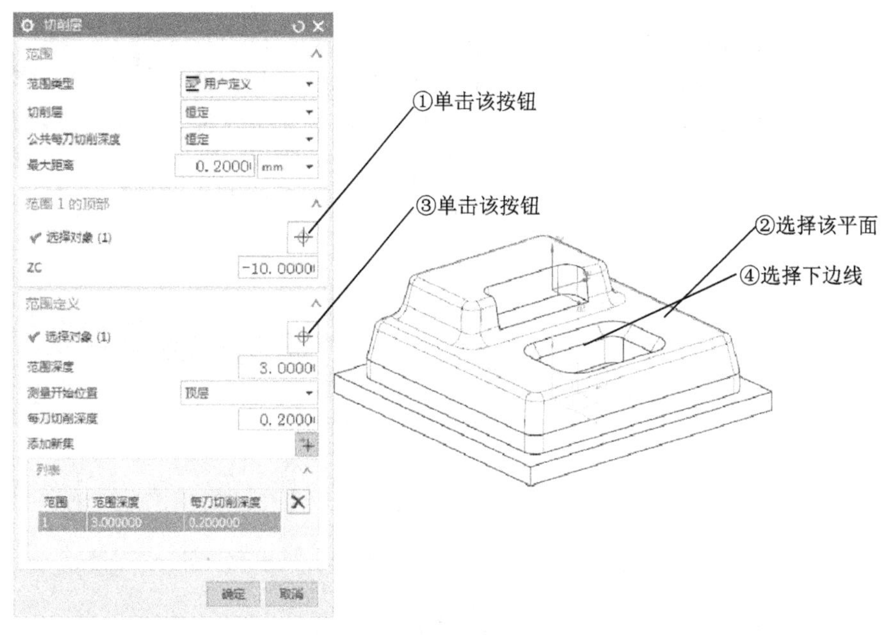

图 8-60　设置【切削层】对话框参数

（70）单击“非切削移动”按钮，在弹出的【非切削移动】对话框中单击“进刀”选项卡。在“封闭区域”列表中，对“进刀类型”选择“与开放区域相同”选项；在“开放区域”列表中，对“进刀类型”选择“圆弧”选项，把“半径”值设为 2mm、“圆弧角度”值设为 90°、“高度”值设为 1mm、“最小安全距离”值设为 5mm。

（71）单击“生成”按钮，生成的深度轮廓铣刀路如图 8-61 所示。

（72）在“工序导航器”中选择 FLOOR_WALL 选项，单击鼠标右键，在快捷菜单中单击“复制”命令。选择 A3，单击鼠标右键，在快捷菜单中单击“内部粘贴”命令，把 FLOOR_WALL 粘贴到 A3 程序组。

（73）双击 FLOOR_WALL_COPY 选项，在【底壁铣】对话框中单击“指定切削区底面”按钮，在【切削区域】对话框中单击“移除”按钮，移除“列表”中的数据。在实体上选择方形凹坑的底面和缺口的底面作为加工曲面，如图 8-62 所示。

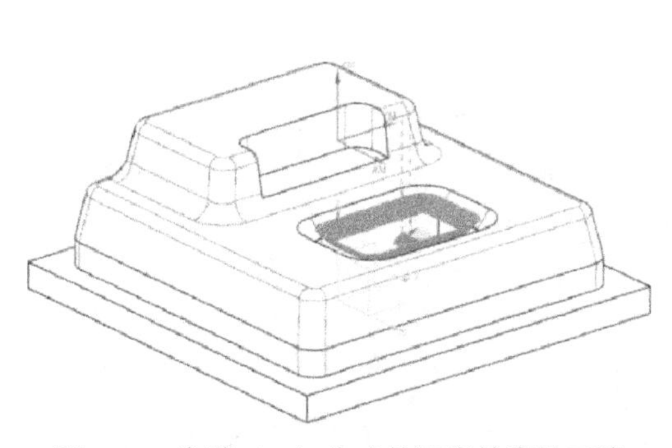

图 8-61　步骤（71）生成的深度轮廓铣刀路

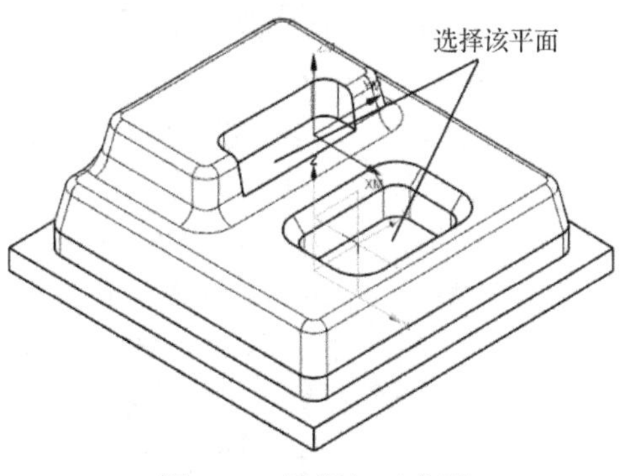

图 8-62　选择加工曲面

（74）在【底壁铣】对话框中对“刀具”选择“D6R0（铣刀-5 参数）”选项。

（75）单击“切削参数”按钮，在弹出的【切削参数】对话框中，单击“策略”选项卡，勾选“✓添加精加工刀路”复选框，把“刀路数”值设为 2、“精加工步距”值设为 0.1mm，其他参数保持不变。

（76）单击“生成”按钮，生成的底壁铣刀路如图 8-63 所示。

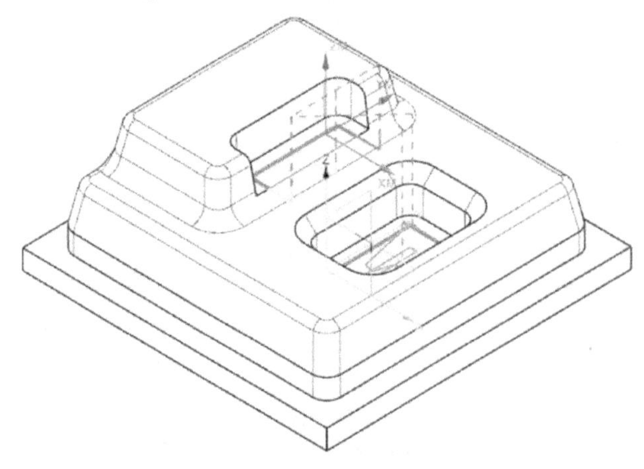

图 8-63　生成的底壁铣刀路

（77）单击“菜单｜插入｜程序”命令，在【创建程序】对话框中，对“类型”选择“mill_planar”选项、“程序”选择“NC_PROGRAM”选项，把“名称”设为 A4。

（78）单击“确定”按钮，创建 A4 程序组。此时，A4、A1、A2、A3 都在 NC_PROGRAM 的下级目录中。

（79）单击“菜单｜插入｜工序”命令，在【创建工序】对话框中对“类型”选择“mill_contour”选项。在“工序子类型”列表中单击“深度轮廓铣”按钮，对“程序”选择“A4”选项、“刀具”选择“DS6R3（铣刀-球头铣）”选项、“几何体”选择“WORKPIECE”选项、“方法”选择“METHOD”选项。

（80）在【深度轮廓铣】对话框中单击“指定切削区域”按钮，选择实体外表面中的斜面和圆弧面。

（81）在【深度轮廓铣】对话框中，对“公共每刀切削深度”选择“恒定”选项，把“最大距离”值设为 0.1mm。

（82）单击“切削参数”按钮，在弹出的【切削参数】对话框中，单击“策略”选项卡。对“切削方向”选择“混合”选项、“切削顺序”选择“深度优先”选项。单击“余量”选项卡，把“部件侧面余量”值和“部件底面余量”值都设为 0。

（83）单击“非切削移动”按钮，在弹出的【非切削移动】对话框中，单击“转移/快速”选项卡。在“区域之间”列表中，对“转移类型”选择“安全距离-刀轴”选项；在“区域内”列表中，对“转移方式”选择“进刀/退刀”选项、“转移类型”选择“直接”选项。单击“进刀”选项卡，在“开放区域”列表中，对“进刀类型”选择“圆弧”选项，把“半径”值设为 2mm、“圆弧角度”值设为 90°、“高度”值设为 1mm、

“最小安全距离”值设为5mm。

（84）单击“生成”按钮，生成的深度轮廓铣刀路如图8-64所示。

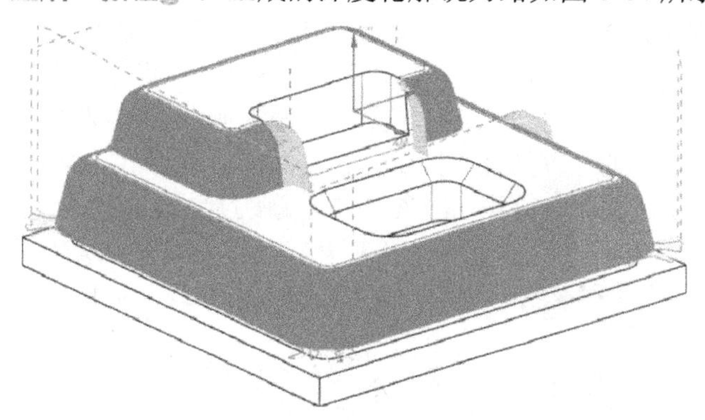

图8-64 步骤（84）生成的深度轮廓铣刀路

（85）单击“菜单｜插入｜程序”命令，在【创建程序】对话框中，对“类型”选择“mill_planar”选项。对“程序”选择“NC_PROGRAM”选项，把“名称”设为A5。

（86）单击“确定”按钮，创建A5程序组，A5、A1、A2、A3、A4都在NC_PROGRAM的下级目录中。

（87）单击“菜单｜插入｜工序”命令，在【创建工序】对话框中对“类型”选择“mill_contour”选项。在“工序子类型”列表中单击“固定轮廓铣”按钮，对“程序”选择“A5”选项、“刀具”选择“SD3R1.5（铣刀-球头铣）”选项、“几何体”选择“WORKPIECE”选项、“方法”选择“METHOD”选项，如图8-65所示。

（88）在【固定轮廓铣】对话框中选择“指定切削区域”按钮，选择实体外表面。

（89）在【固定轮廓铣】对话框中的“驱动方法”选项一栏选择“清根”选项，如图8-66所示。

图8-65 设置【创建工序】对话框参数

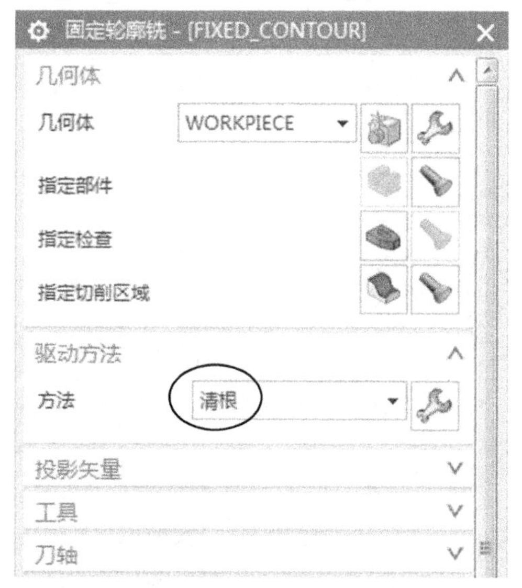

图8-66 选择“清根”选项

（90）在【清根驱动方法】对话框中，对“清根类型”选择“参考刀具偏置”选项，把“陡角”值设为 65°；对“非陡峭切削模式”选择“往复”选项、“切削方向”选择“顺铣”选项，把“步距”值设为 0.1mm；对“顺序”选择“由外向内交替”选项、“陡峭切削模式”选择“单向横切”选项、“切削方向”选择“顺铣”选项、“陡峭切削方向”选择“高到低”选项，把“步距”值设为 0.1000mm；对“参考刀具”选择“SD6R3（铣刀-球头铣”选项，把“重叠距离”值设为 1.0000mm，如图 8-67 所示。

（91）单击“切削参数”按钮，在弹出的【切削参数】对话框中选择默认值。

（92）单击“非切削移动”按钮，在弹出的【非切削移动】对话框中选择默认值。

（93）单击“进给率和速度 ”按钮，把主轴速度值设为 1200 r/min、切削速度值设为 500 mm/min。

（94）单击“生成”按钮，生成的清根刀路如图 8-68 所示。

图 8-67　设置【清根驱动方法】对话框参数

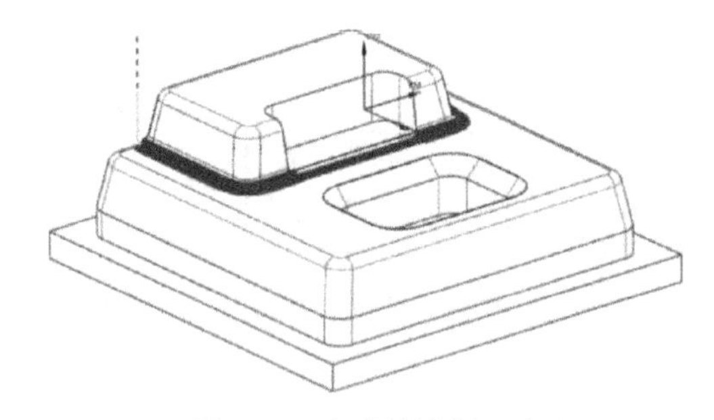

图 8-68　生成的清根刀路

4. 装夹方式

（1）用台钳装夹工件时，要求工件的上表面至少高出台钳平面 30mm。

（2）对工件采用四边分中，把工件的上表面设为 $Z0$。

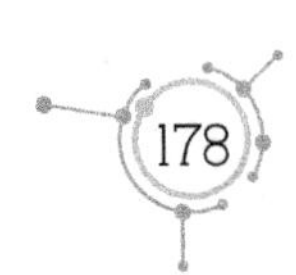

5. 加工程序单

加工程序单见表8-1。

表8-1 加工程序单

序号	刀具	加工深度	备注
A1	ϕ12 平底刀	30mm	粗加工
A2	ϕ12 平底刀	30mm	精加工
A3	ϕ6 平底刀	20mm	精加工
A4	$\phi 6R3$ 球头刀	25mm	精加工
A5	$\phi 3R1.5$ 球头刀	10mm	精加工

数控竞赛篇

项目9 梅花板

本项目以全国数控铣竞赛题为例，详细介绍草绘、建模、加工工艺、编程等内容。工件1结构图和工件2的结构图分别如图9-1与图9-2所示，毛坯材料为铝块。

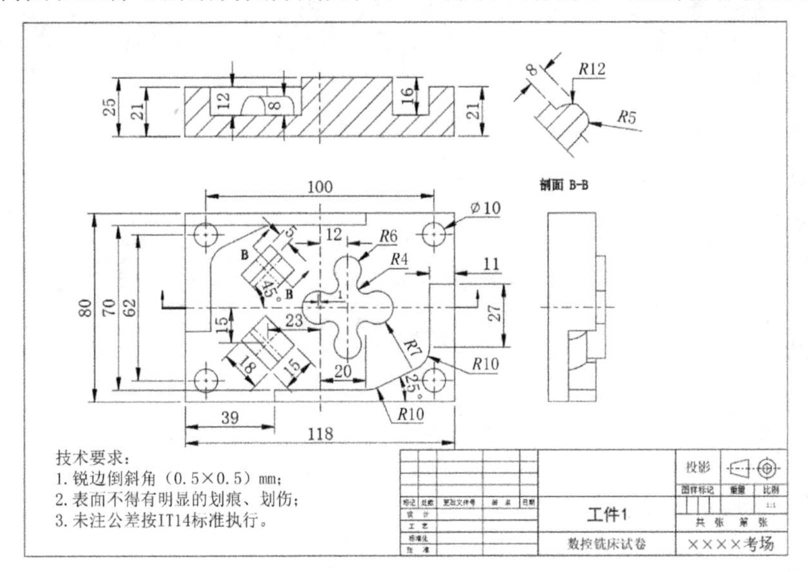

图9-1　工件1结构图

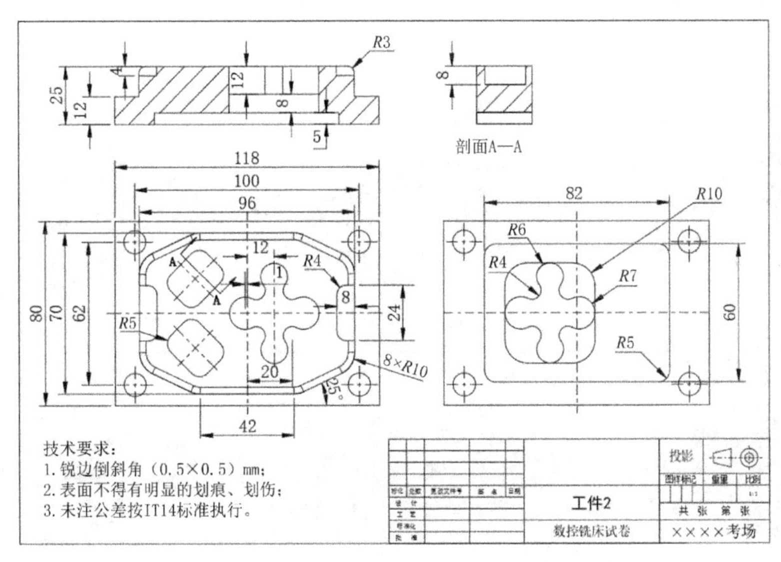

图9-2　工件2结构图

考核要求：

（1）两个工件能正常配合，配合间隙应小于 0.1mm；

（2）工件 1 和工件 2 的轮廓形面配合间隙为 0.06mm；

（3）不准用砂布及锉刀修饰表面（可修理毛刺）；

（4）未注公差尺寸按 GB1804-M。

1. 工件 1 的第 1 面加工工序分析图

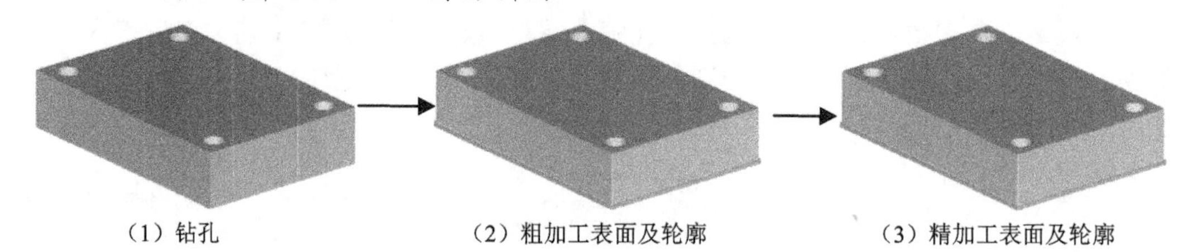

（1）钻孔　（2）粗加工表面及轮廓　（3）精加工表面及轮廓

2. 工件 1 的第 2 面加工工序分析图

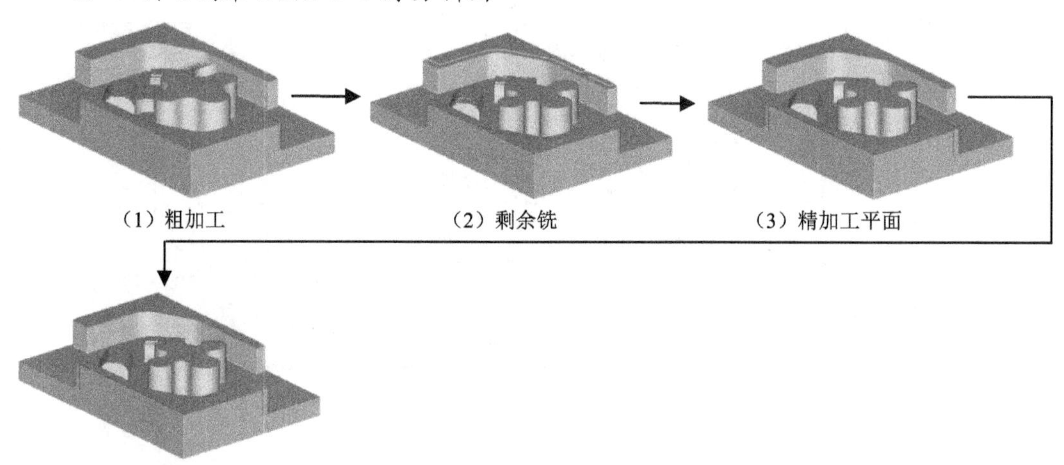

（1）粗加工　（2）剩余铣　（3）精加工平面　（4）精加工曲面

3. 工件 2 的第 1 面加工工序分析图

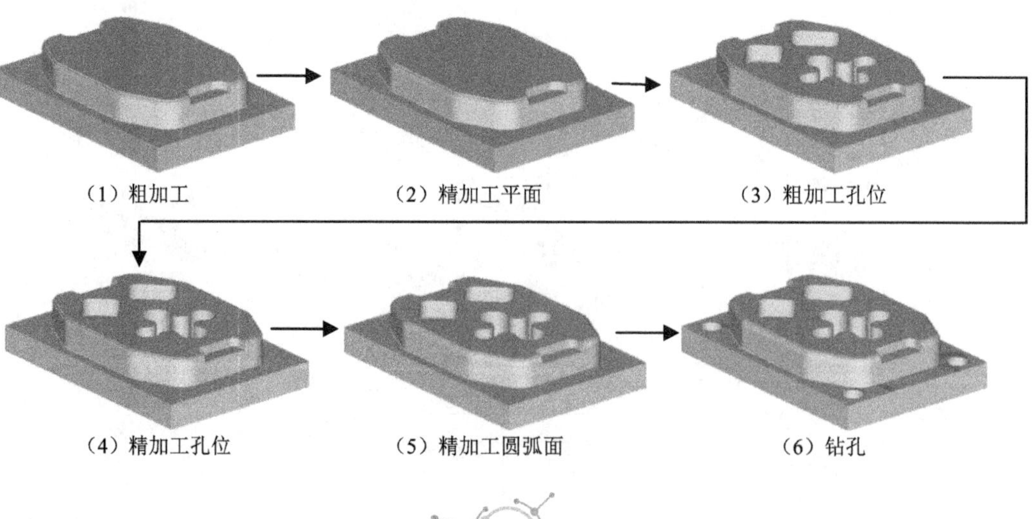

（1）粗加工　（2）精加工平面　（3）粗加工孔位　（4）精加工孔位　（5）精加工圆弧面　（6）钻孔

4. 工件 2 的第 2 面加工工序分析图

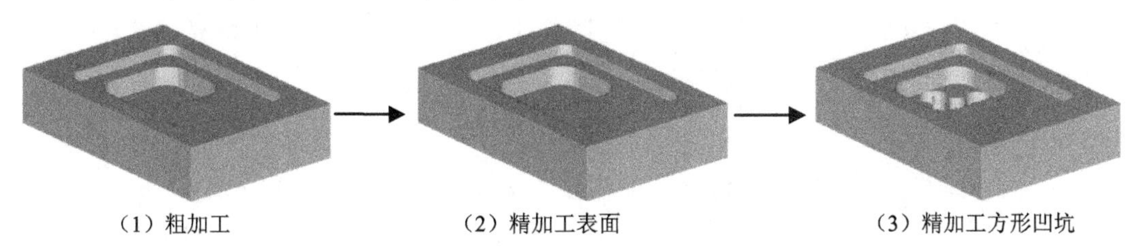

5. 工件 1 的建模过程

（1）启动 UG 12.0，单击“新建”按钮，在弹出的【新建】对话框中单击“模型”选项卡。在模板框中把“单位”设为“毫米”，选择“模型”模板，把“名称”设为“EX9A.prt”、“文件夹”路径设为“E:\UG12.0 数控编程\项目 9”。

（2）单击“拉伸”按钮，在弹出的【拉伸】对话框中单击“绘制截面”按钮。把 *XC-YC* 平面设为草绘平面、*X* 轴设为水平参考线，把草图原点坐标设为（0，0，0），以原点为中心绘制第 1 个矩形截面（118mm×80mm），如图 9-3 所示。

（3）单击“完成”按钮，在弹出的【拉伸】对话框中，对“指定矢量”选择“ZC↑”选项。在“开始”栏中选择“值”选项，把“距离”值设为 0；在“结束”栏中选择“值”选项，把“距离”值设为 9mm；对“布尔”选择“无”选项

（4）单击“确定”按钮，创建第 1 个拉伸特征，如图 9-4 所示。

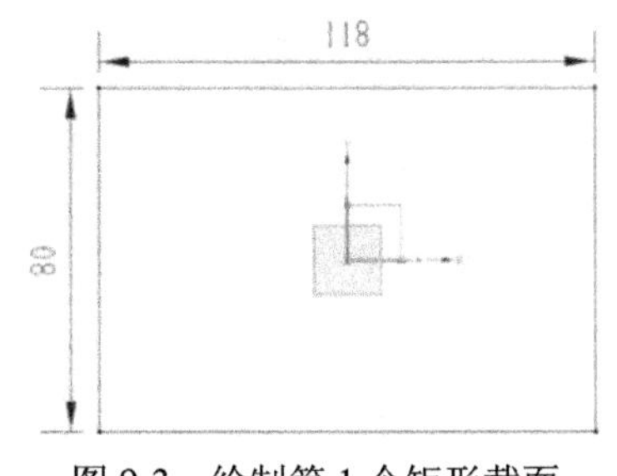

图 9-3 绘制第 1 个矩形截面

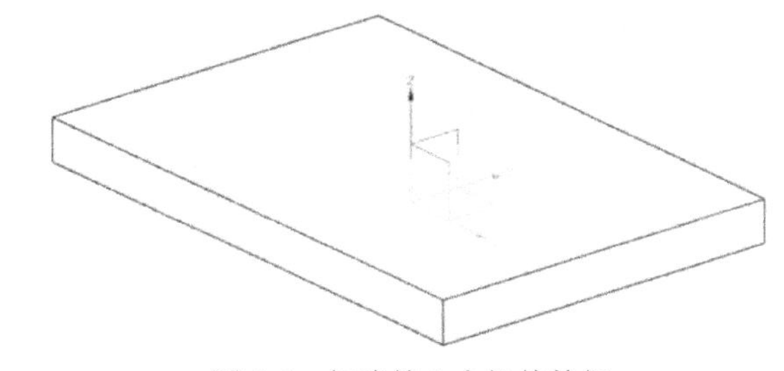
图 9-4 创建第 1 个拉伸特征

（5）单击“拉伸”按钮，在弹出的【拉伸】对话框中单击“绘制截面”按钮，把 *XC-YC* 平面设为草绘平面、*X* 轴设为水平参考线，把草图原点坐标设为（0，0，0），绘制第 2 个矩形截面，如图 9-5 所示。

（6）单击“完成”按钮，在弹出的【拉伸】对话框中，对“指定矢量”选择“ZC↑”选项。在“开始”栏中选择“值”选项，把“距离”值设为 0；在“结束”栏中选择“值”选项，把“距离”值设为 21mm；对“布尔”选择“合并”选项。

（7）单击“确定”按钮，创建第 2 个拉伸特征，如图 9-6 所示。

（8）单击“菜单｜插入｜关联复制｜阵列特征”命令，在弹出的【阵列特征】对话框中对“布局”选择“圆形”选项、“指定矢量”选择“ZC↑”选项。单击“指定点”按钮，在【点】对话框中输入（0，0，0）；对“间距”选择“数量和间隔”选项，把“数量”值设为 2、“节距角”值设为 180°，如图 9-7 所示。

（9）单击“确定”按钮，创建阵列特征，如图 9-8 所示。

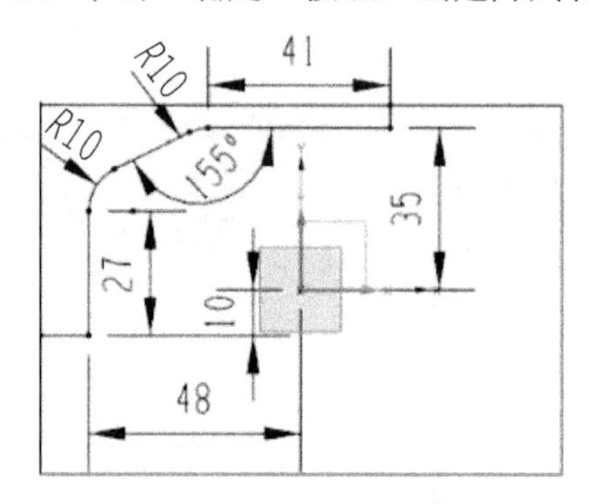

图 9-5　绘制第 2 个截面

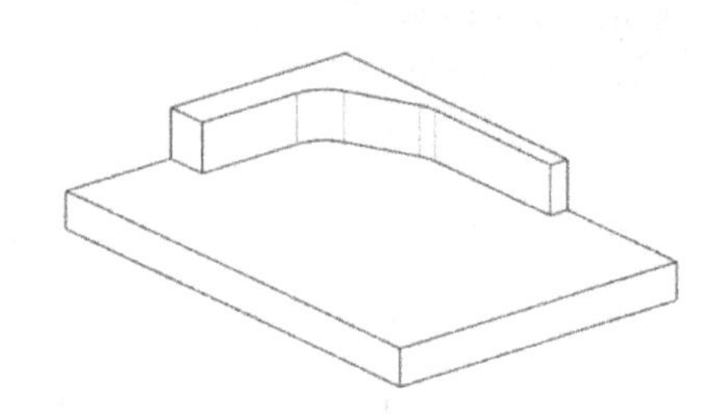

图 9-6　创建第 2 个拉伸特征

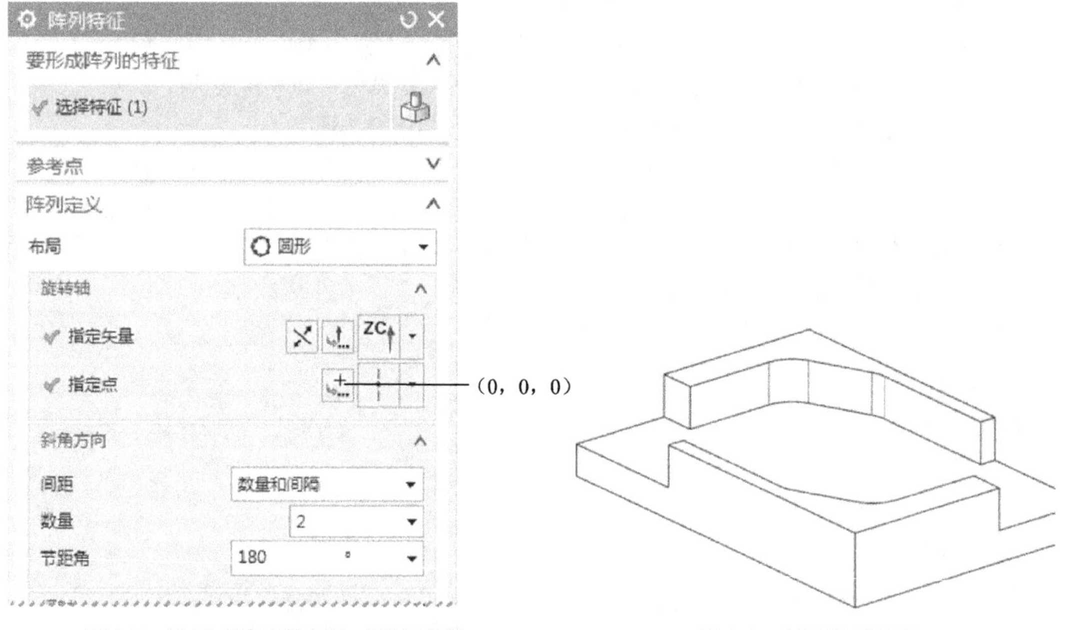

图 9-7　设置【阵列特征】对话框参数

图 9-8　创建阵列特征

（10）单击“拉伸”按钮，在弹出的【拉伸】对话框中单击“绘制截面”按钮。把 *XC-YC* 平面设为草绘平面、*X* 轴设为水平参考线，把草图原点坐标设为（0，0，0），在【创建草图】对话框中单击“指定点”按钮，在【点】对话框中输入（-23，15，0），如图 9-9 所示。

（11）单击“确定”按钮，进入草绘模式。此时，动态坐标系与基准坐标系分开，如图 9-10 所示。

（12）在快捷菜单栏中单击“矩形”按钮，在弹出的【矩形】对话框中，对“矩形方法”选择“从中心”图标、“输入模式”选择“XY”图标，如图 9-11 所示。

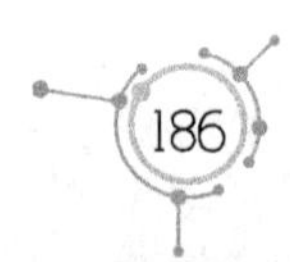

图 9-9 设置【创建草图】对话框参数

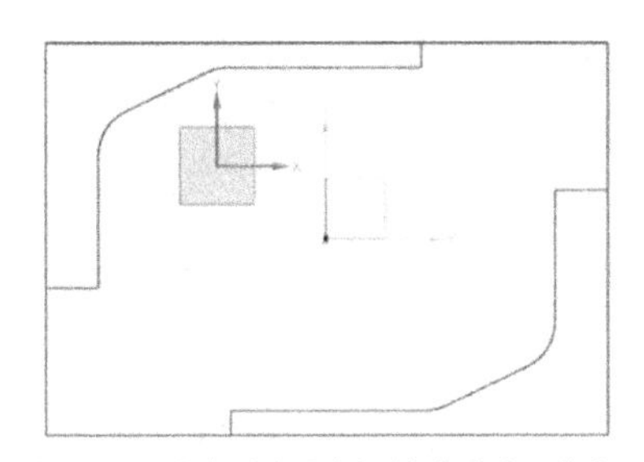

图 9-10 动态坐标系与基准坐标系分开

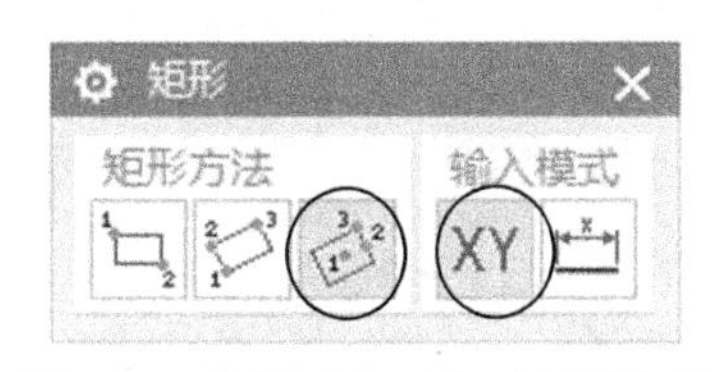

图 9-11 设置【矩形】对话框参数

（13）以动态坐标系的原点为中心，任意绘制 1 个矩形截面（尺寸为任意值），如图 9-12 所示。修改所绘制的矩形截面尺寸，长度为 18mm，宽度为 15mm，斜度为 45°。修改尺寸后的矩形截面如图 9-13 所示。

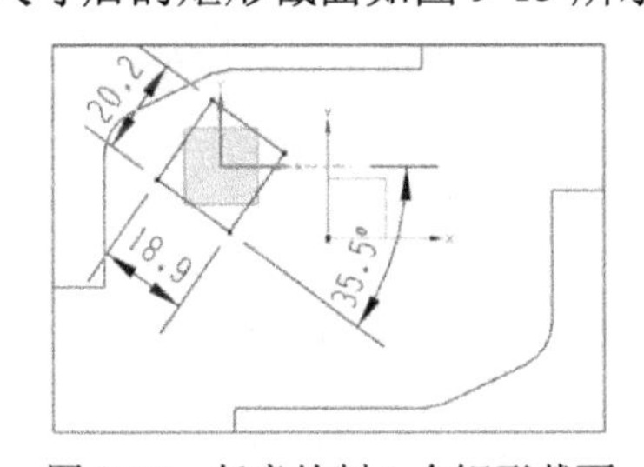

图 9-12 任意绘制 1 个矩形截面

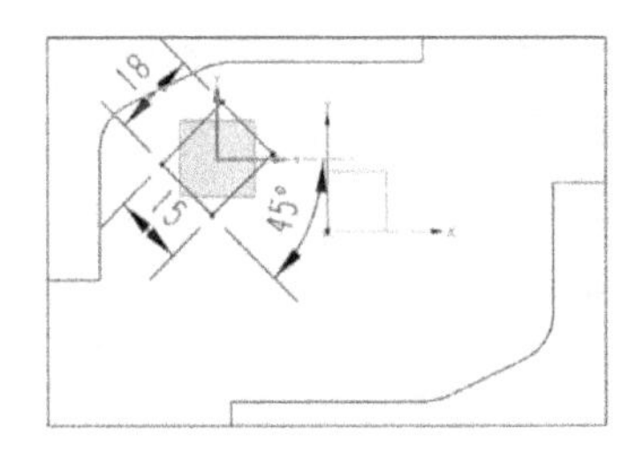

图 9-13 修改尺寸后的矩形截面

（14）单击“完成”按钮，在弹出的【拉伸】对话框中，对“指定矢量”选择“ZC↑”选项。在“开始”栏中选择“值”选项，把“距离”值设为 0；在“结束”栏中选择“值”选项，把“距离”值设为 17mm；“布尔”选择“合并”选项。

（15）单击“确定”按钮，创建第 3 个拉伸特征，如图 9-14 所示。

（16）单击“拉伸”按钮，在弹出的【拉伸】对话框中单击“绘制截面”按钮，选择第 3 个拉伸特征的侧面作为草绘平面，如图 9-15 所示。

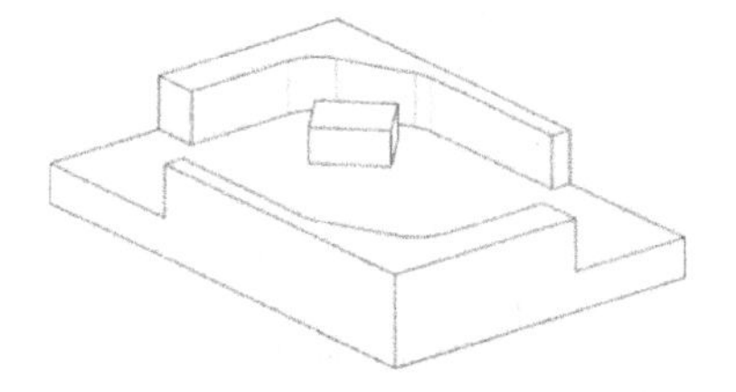

图 9-14　创建第 3 个拉伸特征

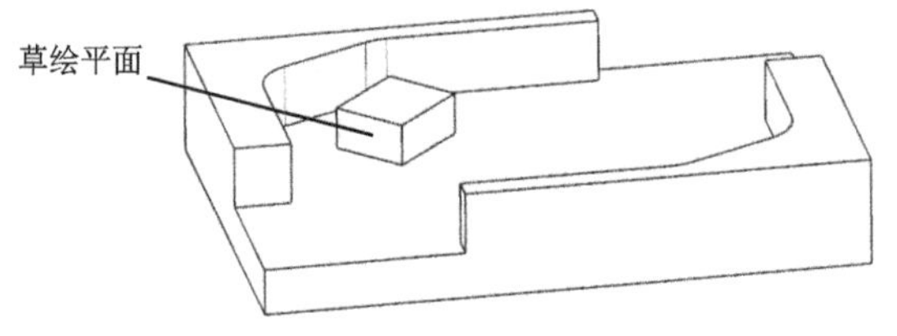

图 9-15　草绘平面

（17）绘制 1 个封闭的截面，如图 9-16 所示。

（18）单击“完成”按钮，在弹出的【拉伸】对话框中，对“指定矢量”选择“面/平面法向”按钮。在“开始”栏中选择“值”选项，把“距离”值设为 0；在“结束”栏中选择“值”选项，把“距离”值设为 18mm；对“布尔”选择“减去”选项。

（19）单击“确定”按钮，在第 3 个拉伸特征上创建圆弧面特征，如图 9-17 左侧所示。

（20）单击“边倒圆”按钮，创建边倒圆角特征（*R*5mm），如图 9-17 右侧所示。

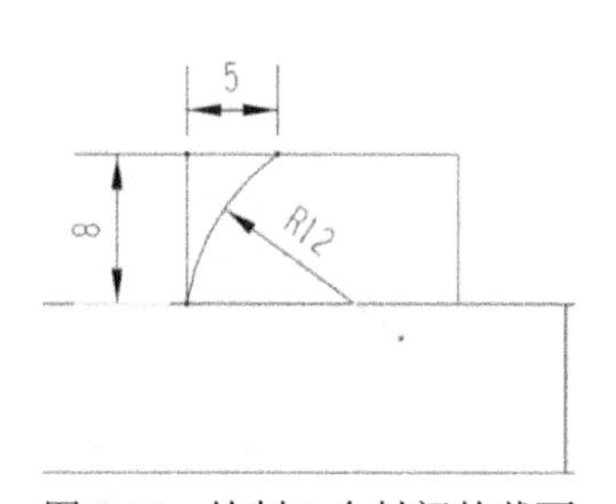

图 9-16　绘制 1 个封闭的截面

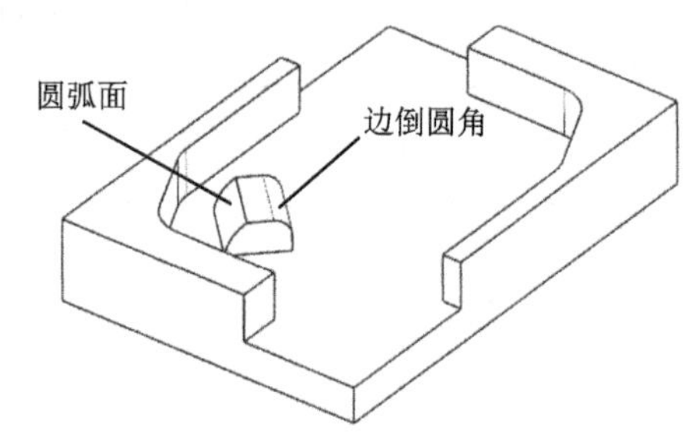

图 9-17　创建圆弧面特征与边倒圆角特征

（21）单击“菜单｜插入｜关联复制｜镜像特征”命令，按住键盘上的 Ctrl 键，在【部件导航器】中选择☑拉伸 (4)、☑拉伸 (5)、☑边倒圆 (6)作为需要镜像的特征，选择 *XC-ZC* 平面作为镜像平面。单击“确定”按钮，创建镜像特征，如图 9-18 所示。

（22）单击“拉伸”按钮，在弹出的【拉伸】对话框中单击“绘制截面”按钮，把 *XC-YC* 平面设为草绘平面、*X* 轴设为水平参考线，把草图原点坐标设为（0，0，0），任意绘制 8 个圆，如图 9-19 所示。

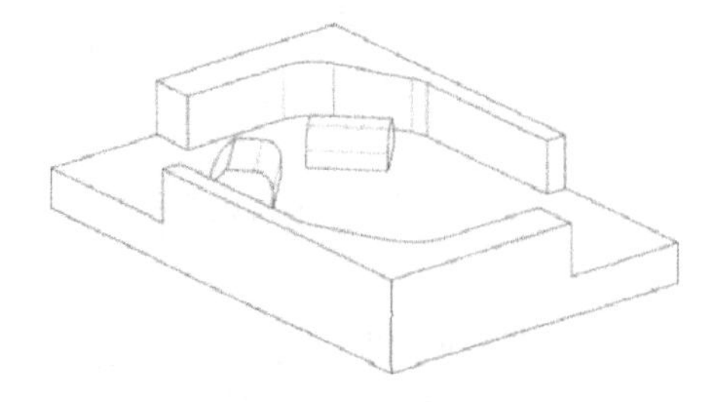

图 9-18　创建镜像特征

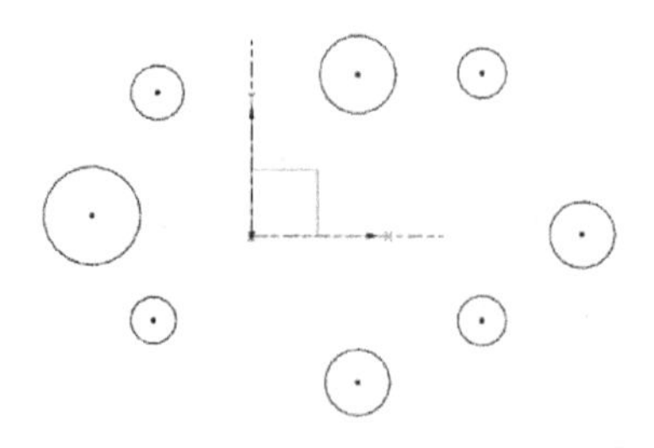

图 9-19　任意绘制 8 个圆

（23）单击“设为对称”按钮，先选择圆 B，再选择圆 H，最后选择 X 轴，设置圆 B 与圆 H 关于 X 轴对称。

（24）采用相同的方法，设置圆 C 与圆 G、圆 D 与圆 F 都关于 X 轴对称，如图 9-20 所示。

（25）单击“几何约束”按钮，在弹出的【几何约束】对话框中单击“点在曲线上”按钮，如图 9-21 所示。

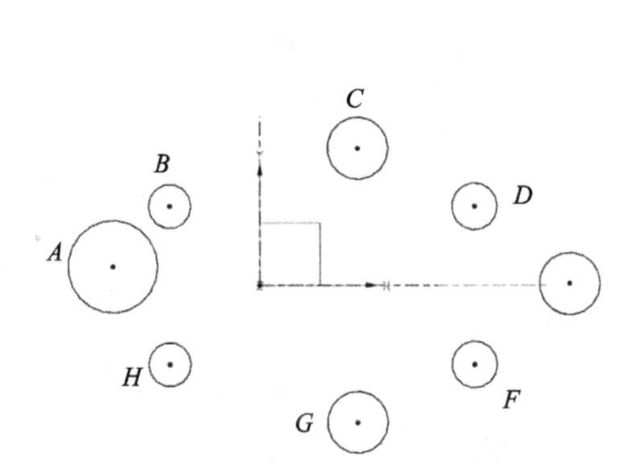

图 9-20 圆 B 与圆 H、圆 C 与圆 G、圆 D 与圆 F 都关于 X 轴对称

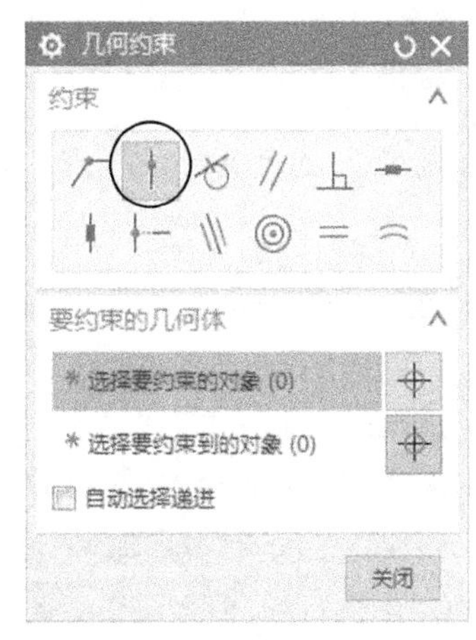

图 9-21 单击“点在曲线上”按钮

（26）选择圆 A 的圆心与圆 F 的圆心作为要约束的对象，选择 X 轴作为需要约束到的对象，要求圆 A 与圆 E 的圆心都在 X 轴上，如图 9-22 所示。

（27）在【几何约束】对话框中选择“等半径”按钮，如图 9-21 所示。设置圆 A 与圆 E 的半径相等，圆 C 与圆 G 的半径相等，圆 B、圆 D、圆 F、圆 H 的半径相等。

（28）单击“快速尺寸”按钮，标上圆 A、圆 C、圆 D 圆心到 Y 轴的水平尺寸，圆 B、圆 C、圆 E 标上直径，如图 9-23 所示。

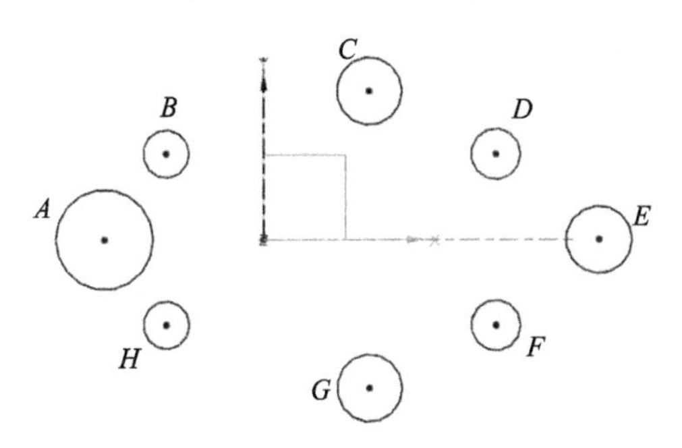

图 9-22 圆 A 与圆 F 的圆心都在 X 轴上

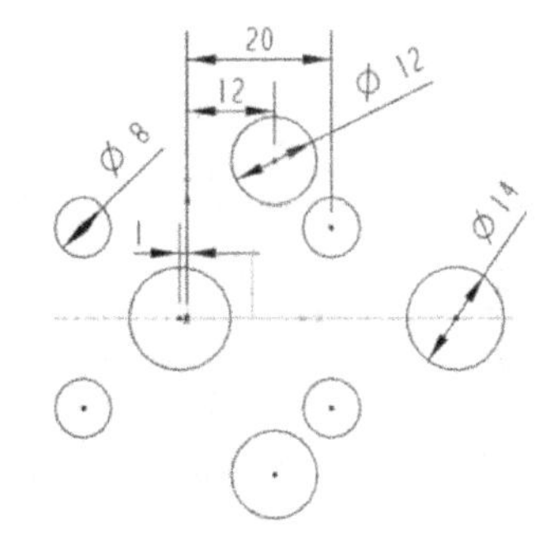

图 9-23 标上尺寸

（29）单击“几何约束”按钮，在弹出的【几何约束】对话框中选择“相切”按钮，选择圆 B 为要约束的对象，再选择圆 C 作为需要约束到的对象，使圆 B 与圆 C

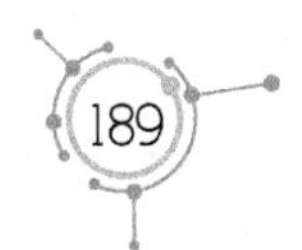

相切，如图 9-24 所示。

（30）采用相同的方法，使圆 *B* 与圆 *A* 相切，如图 9-25 所示。

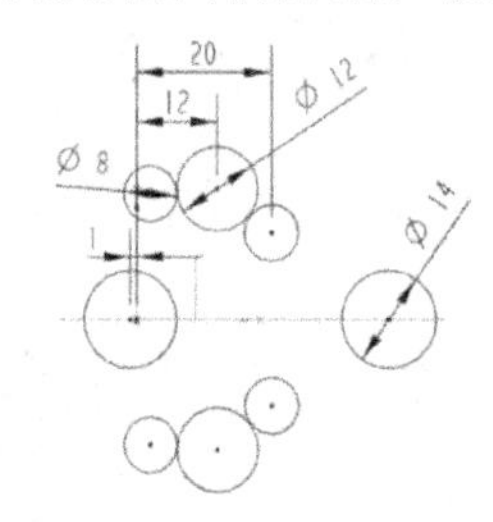

图 9-24　使圆 *B* 与圆 *C* 相切

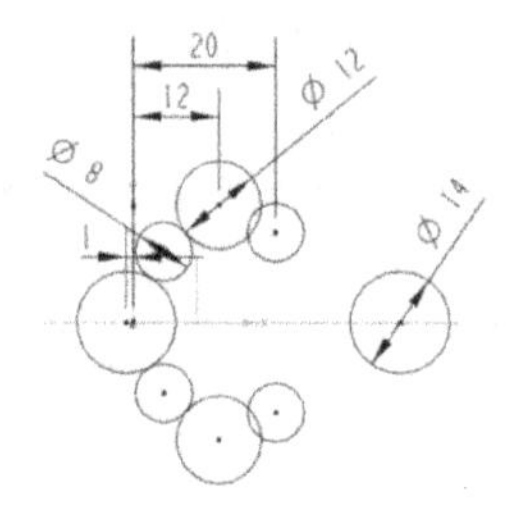

图 9-25　使圆 *B* 与圆 *A* 相切

（31）采用相同的方法，使圆 *D* 与圆 *E* 相切、圆 *D* 与圆 *F* 相切，如图 9-26 所示。

（32）单击“快速修剪”按钮，修剪不需要的曲线，修剪后的曲线如图 9-27 所示。

（33）单击“直线”按钮，连接圆 *H* 与圆 *F* 的圆心，如图 9-28 所示。

（34）单击“几何约束”按钮，在弹出的【几何约束】对话框中单击“水平”按钮，选择所创建的直线，把该直线转化为水平参考线，如图 9-29 所示。

（35）单击“关闭”按钮后，再选择该直线，然后单击鼠标右键，在下拉菜单中选择“转化为参考”命令，把该直线转化为水平参考线，如图 9-29 所示。

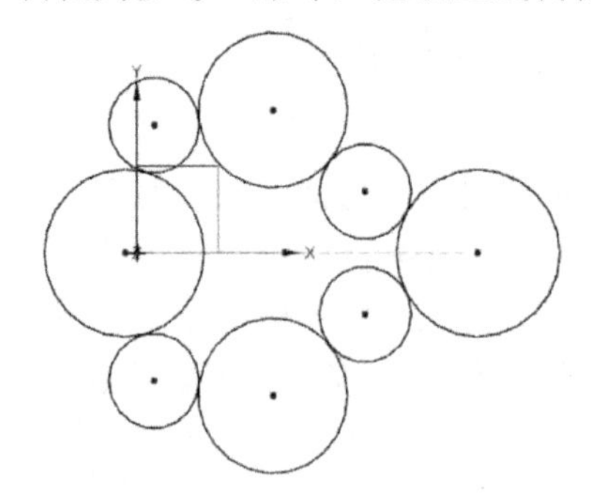

图 9-26　圆 *D* 与圆 *E*、圆 *F* 相切

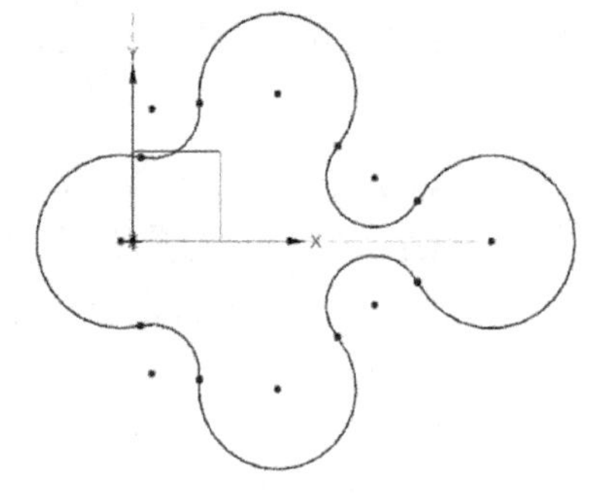

图 9-27　修剪后的曲线

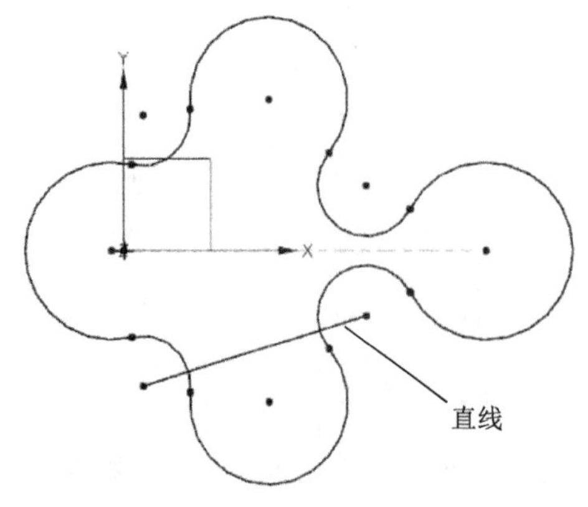

图 9-28　绘制直线

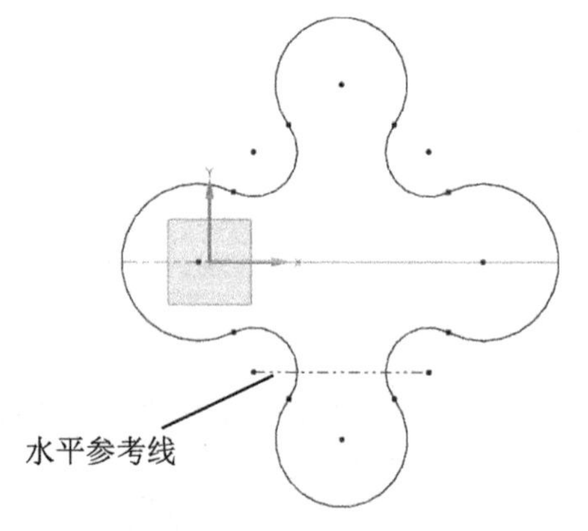

图 9-29　把直线转化为水平参考线

（36）单击“完成”按钮，在弹出的【拉伸】对话框中，对“指定矢量”选择“ZC↑”选项。在“开始”栏中选择“值”选项，把“距离”值设为0；在“结束”栏中选择“值”选项，把“距离”值设为25mm，对“布尔”选择“合并”选项。

（37）单击“确定”按钮，创建第4个拉伸特征，如图9-30所示。

（38）单击“菜单｜插入｜设计特征｜孔”命令，在弹出的【孔】对话框中单击“绘制截面”按钮。以*XC-YC*平面为草绘平面、*X*轴为水平参考线，把草图原点坐标设为（0，0，0），绘制4个点，如图9-31所示。

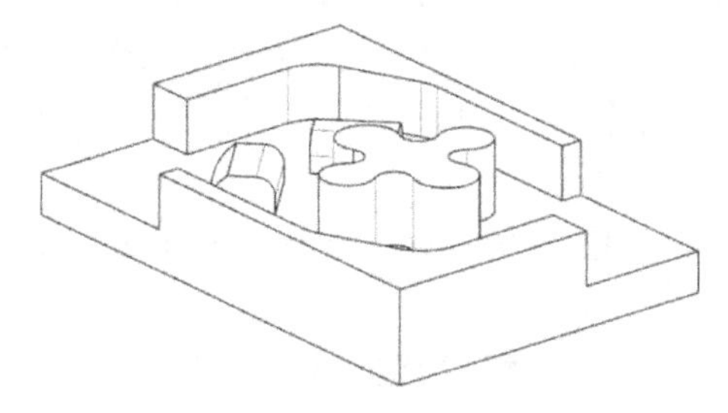

图9-30　创建第4个拉伸特征

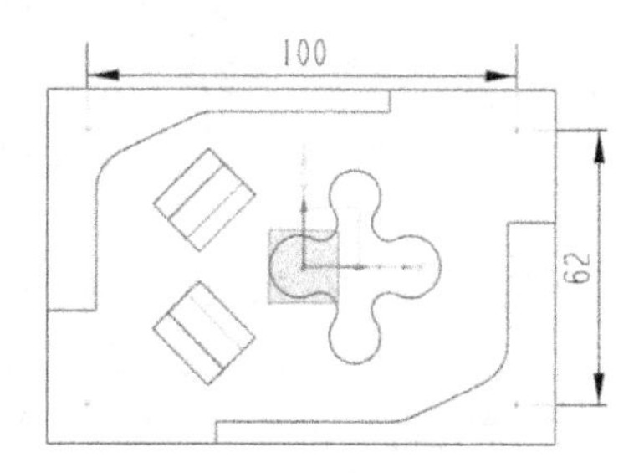

图9-31　绘制4个点

（39）在【孔】对话框中，对“类型”选择“常规孔”选项、“孔方向”选择“↑沿矢量”选项、“指定矢量”选择“ZC↑”选项、“成形”选择“简单孔”选项，把“直径”值设为10mm；对“深度限制”选择“贯通体”选项、“布尔”选择“减去”选项，如图9-32所示。

（40）单击“确定”按钮，创建4个孔特征，如图9-33所示。

（41）单击“保存”按钮，保存文档。

图9-32　设置【孔】对话框参数

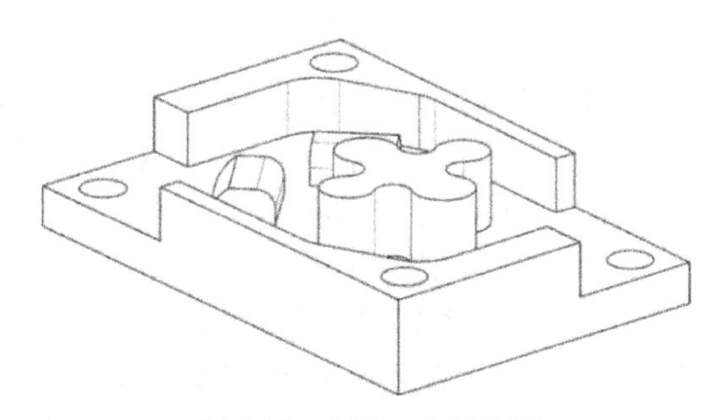

图9-33　创建4个孔特征

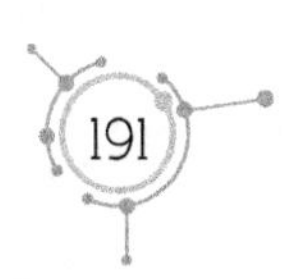

6. 工件1第1次装夹的数控编程过程

（1）单击“菜单｜格式｜复制至图层”命令，选择实体后，单击“确定”按钮，在【图层复制】对话框中的“目标图层或类别”文本框输入“10”。

（2）单击“确定”按钮，把实体复制到第10个图层。

（3）单击“菜单｜格式｜图层设置”命令，在【图层设置】对话框中取消图层“☐10”前面的“√”，隐藏第10个图层。

（4）单击“菜单｜编辑｜移动对象”命令，在【移动对象】对话框中，对“运动”选择“角度”选项、“指定矢量”选择“YC↑”选项，把“角度”值设为180°；对“结果”选择“◉移动原先的”单选框。单击“指定轴点”按钮，在【点】对话框中输入（0，0，0）。

（5）单击“确定”按钮，把实体旋转180°，如图9-34所示。此时“拉伸4”、“拉伸5”、“拉伸8”和孔特征没有创建成功。

（6）双击 简单孔 (9) 选项，在【孔】对话框中，对“指定矢量”选择“-ZC↓”选项，即可重新生成孔特征，如图9-35所示。

（7）采用相同的方法，把“拉伸4”、“拉伸5”、“拉伸8”的“指定矢量”改为“-ZC↓”选项，即可重新生成拉伸特征。

（8）在横向菜单中先单击“应用模块”选项卡，再单击“加工”命令。在【加工环境】对话框中选择“cam_general”选项和“mill_planar”选项。单击“确定”按钮，进入UG加工环境。此时，实体上出现两个坐标系：基准坐标系（Z轴方向朝下）和工件坐标系（Z轴方向朝上），如图9-35所示。

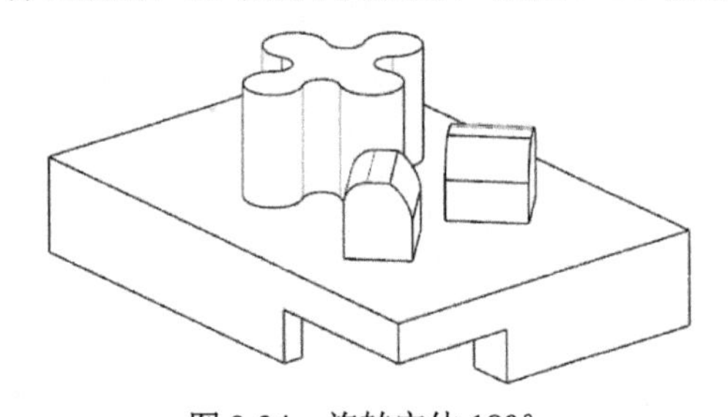

图9-34　旋转实体180°

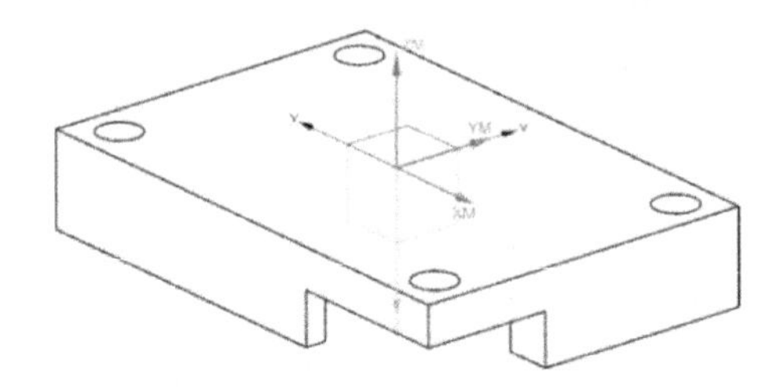

图9-35　两个坐标系的Z轴方向

（9）在工件区左上方的工具条中单击“几何视图”按钮，在“工序导航器”中展开+ MCS_MILL下级目录，双击“WORKPIECE”选项。

（10）在【工件】对话框中单击“指定部件”按钮，选择整个实体，单击“确定”按钮。单击“指定毛坯”按钮，在弹出的【毛坯几何体】对话框中，对“类型”选择“包容块”选项，把“XM-”、“YM-”、“XM+”、“YM+”、“ZM+”值都设为1mm。

（11）创建一把立铣刀（ϕ12mm）、一把钻刀（ϕ10mm）。

① 单击“创建刀具”按钮，对“刀具子类型”选择“MILL”图标、“名称”选择“D12R0（铣刀-5 参数）”选项，把“直径”值设为12mm、“下半径”值设为0。

② 单击“创建刀具”按钮，对“类型”选择“drill”选项、“刀具子类型”选择

"DRILLING_TOOL"图标，把"名称"设为Dr10，把"直径"值设为10mm。

（12）单击"菜单｜插入｜工序"命令，在【创建工序】对话框中，对"类型"选择"drill"选项。在"工序子类型"列表中单击"啄钻"按钮，对"程序"选择"NC_PROGRAM"选项、"刀具"选择"Dr10（钻刀）"选项、"几何体"选择"WORKPIECE"选项、"方法"选择"DRILL_METHOD"选项。

（13）单击"确定"按钮。在【啄钻】对话框中单击"指定孔"按钮。

（14）在【点到点几何体】对话框中单击"选择"按钮，在弹出的对话框中单击"一般点"按钮。

（15）在【点】对话框中，对"类型"选择"⊙圆弧中心/椭圆中心/球心"选项，在实体上选择4个孔的圆心。

（16）连续3次单击"确定"按钮。在【啄钻】对话框中单击"指定顶面"按钮，在【顶面】对话框中的"顶面选项"列表选择"平面"选项，选择实体的上表面，把"距离"值设为2mm。

（17）在【啄钻】对话框中单击"指定底面"按钮，在【底部曲面】对话框中的"底面选项"列表选择"平面"选项，选择实体的底面，把"距离"值设为5mm。

（18）在【啄钻】对话框中，把"最小安全距离"值设为5mm，对"循环类型"选择"啄钻"选项，把"距离"值设为1.0mm。单击"确定"按钮，在【指定参数组】对话框中，把"Number of Sets"值设为1。

（19）单击"确定"按钮，在【Cycle 参数】对话框中单击"Depth－模型深度"按钮。

（20）在【Cycle 参数】对话框中单击"穿过底面"按钮。

（21）先单击"确定"按钮，再单击"Increment－无"按钮，在【增量】对话框中单击"恒定"按钮。

（22）在"增量"文本框中输入1mm，单击"确定"按钮。

（23）单击"进给率和速度"按钮，把主轴速度值设为1000r/min、切削速度值设为250mm/min。

（24）单击"生成"按钮，生成钻孔刀路，如图9-36所示。

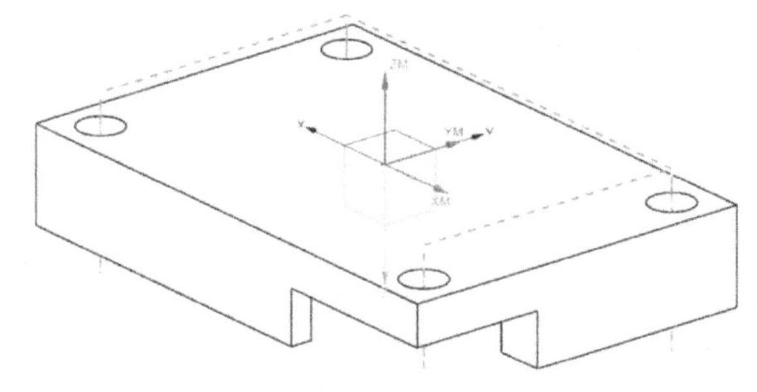

图9-36 钻孔刀路

（25）在工作区上方的工具条中单击"程序顺序视图"按钮。

（26）在"工序导航器"中把PROGRAM的名称改为A。

（27）单击“菜单｜插入｜程序”命令，在【创建程序】对话框中对“类型”选择“mill_contour”选项、“程序”选择“A”选项，把“名称”设为A1。单击“确定”按钮，创建A1程序组如图9-37所示。此时，A1在A的下级目录中，并把刚才创建钻孔刀路程序移到A1程序组中。

（28）单击“菜单｜插入｜程序”命令，在【创建程序】对话框中对“类型”选择“mill_contour”选项、“程序”选择“A”选项，把“名称”设为A2。单击“确定”按钮，创建A2程序组，如图9-38所示。此时，A2在A的下级目录中，并且A1与A2并列。

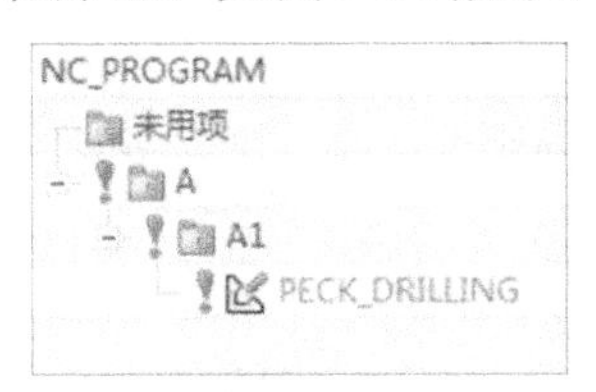

图9-37　创建A1程序组

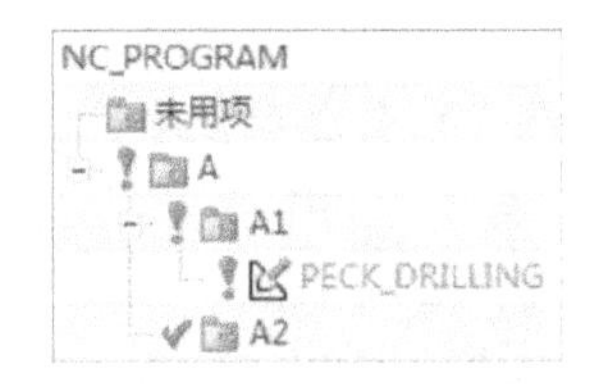

图9-38　创建A2程序组

（29）单击“菜单｜插入｜工序”命令，在【创建工序】对话框中，对“类型”选择“mill_planar”选项。在“工序子类型”列表中单击“带边界面铣”按钮，对“程序”选择“A2”选项、“刀具”选择“D12R0（铣刀-5参数）”选项、“几何体”选择“WORKPIECE”选项、“方法”选择“METHOD”选项。

（30）单击“确定”按钮。在【面铣】对话框中单击“指定面边界”按钮，在【毛坯边界】对话框中，对“选择方法”选择“面”选项，选择实体上表面作为边界面，对“刀具侧”选择“内侧”选项，对“平面”选择“自动”选项。设置完毕，单击“确定”按钮。

（31）在【面铣】对话框中对“切削模式”选择“往复”选项、“步距”选择“刀具平直百分比”选项，把“平面直径百分比”设为75%、“毛坯距离”值设为2mm、“每刀切削深度”值设为0.8mm、“最终底面余量”值设为0.1mm。

（32）单击“切削参数”按钮，在弹出的【切削参数】对话框中，单击“策略”选项卡，对“切削方向”选择“顺铣”选项、“剖切角”选择“指定”选项、把“与XC的夹角”值设为0。

（33）单击“非切削移动”按钮，在弹出的【非切削移动】对话框中选择默认值。

（34）单击“进给率和速度 ”按钮，把主轴速度值设为1000r/min、切削速度值设为1200mm/min。

（35）单击“生成”按钮，生成面铣粗加工刀路，如图9-39所示。

（36）单击“菜单｜插入｜工序”命令，在【创建工序】对话框中，对“类型”选择“mill_planar”选项。在“工序子类型”列表中单击“平面铣”按钮，对“程序”选择“A2”选项、“刀具”选择“D12R0（铣刀-5参数）”选项、“几何体”选择“WORKPIECE”选项、“方法”选择“METHOD”选项。

（37）在【平面铣】对话框中单击“指定部件边界”按钮，在【部件边界】对话框中，对“选择方法”选择“面”选项，选择实体上表面。

（38）在【部件边界】对话框中，对“刀具侧”选择“外侧”选项、“平面”选择“自动”选项，在“列表”栏中删除4条Inside所在的行，只保留Outside所在行。设置完毕，单击“确定”按钮。

（39）在【平面铣】对话框中单击“指定底面”按钮，选择实体底面，把“距离”值设为2mm。

（40）在【平面铣】对话框中对“切削模式”选择“轮廓”选项、“附加刀路”值设为0。

（41）单击“切削层”按钮，在弹出的【切削层】对话框中，对“类型”选择“恒定”选项，把“公共每刀切削深度”值设为0.8mm。

（42）单击“切削参数”按钮，在弹出的【切削参数】对话框中，单击“策略”选项卡，对“切削方向”选择“顺铣”选项。单击“余量”选项卡，把“部件余量”值设为0.3 mm。

（43）单击“非切削移动”按钮，在弹出的【非切削移动】对话框中，单击“转移/快速”选项卡。在“区域之间”列表中，对“转移类型”选择“安全距离-刀轴”选项；在“区域内”列表中，对“转移方式”选择“进刀/退刀”选项、“转移类型”选择“直接”选项。单击“进刀”选项卡，在“开放区域”列表中，对“进刀类型”选择“圆弧”选项，把“半径”值设为2mm、“圆弧角度”值设为90°、“高度”值设为1mm、“最小安全距离”值设为5mm。选择“起点/钻点”选项卡，把“重叠距离”值设为1mm。单击“指定点”按钮，选择“控制点”选项，选择实体的右边线，把该直线的中点设为进刀起点。

（44）单击“进给率和速度”按钮，把主轴速度值设为1000r/min、切削速度值设为1200mm/min。

（45）单击“生成”按钮，生成平面铣加工轮廓刀路，如图9-40所示。

（46）单击“菜单｜插入｜程序”命令，在【创建程序】对话框中对“类型”选择“mill_contour”选项、“程序”选择“A”选项，把“名称”设为A3。单击“确定”按钮，创建A3程序组。此时，A3在A的下级目录中。

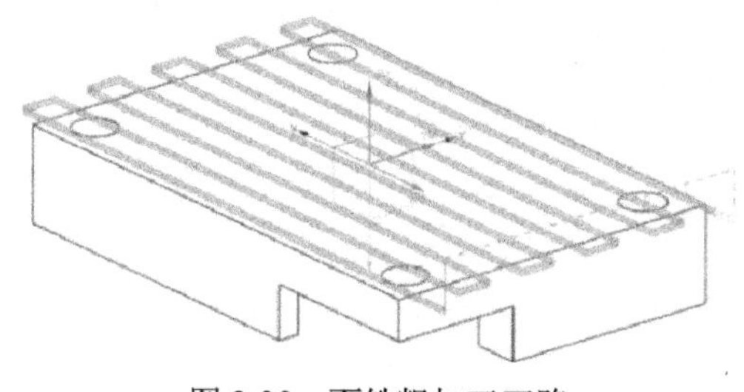

图9-39 面铣粗加工刀路

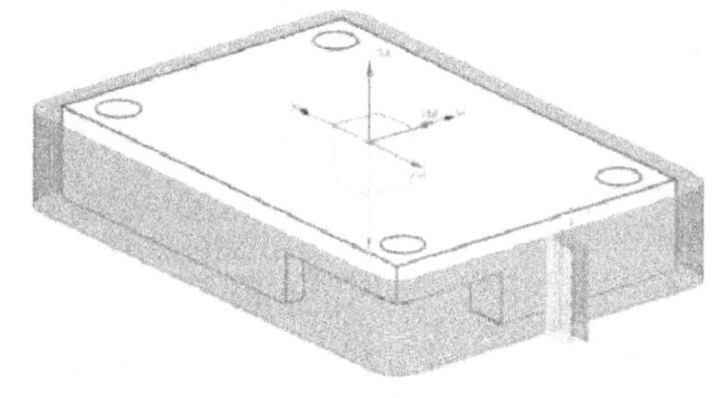

图9-40 平面铣粗加工轮廓

（47）在“工序导航器”中选择FACE_MILLING选项和PLANAR_MILL选项，单击鼠标右键，在快捷菜单中单击“复制”命令。选择A3，单击鼠标右键，在快捷菜单中单击“内部粘贴”命令。

（48）双击PLANAR_MILL_COPY选项，在【平面铣】对话框中，对“步距”选择“恒定”选项，把“最大距离”值设为0.1mm、“附加刀路”值设为2。单击“切削层”按钮，在弹出的【切削层】对话框中对“类型”选择“仅底面”选项。单击“切削

参数”按钮，单击“余量”选项卡，把“部件余量”值设为 0。

（49）单击“进给率和速度 ”按钮，把主轴速度值设为 1200r/min、切削速度值设为 500mm/min。

（50）单击“生成”按钮，生成的平面铣轮廓精加工刀路如图 9-41 所示。

（51）在“工序导航器”中双击 FACE_MILLING_COPY 选项，在【面铣】对话框中，把“每刀切削深度”值设为 0、“最终底面余量”值设为 0。

（52）单击“进给率和速度”按钮，把主轴速度值设为 1200r/min、切削速度值设为 500mm/min。

（53）单击“生成”按钮，生成的面铣精加工刀路如图 9-42 所示。

（54）单击“保存”按钮，保存文档。

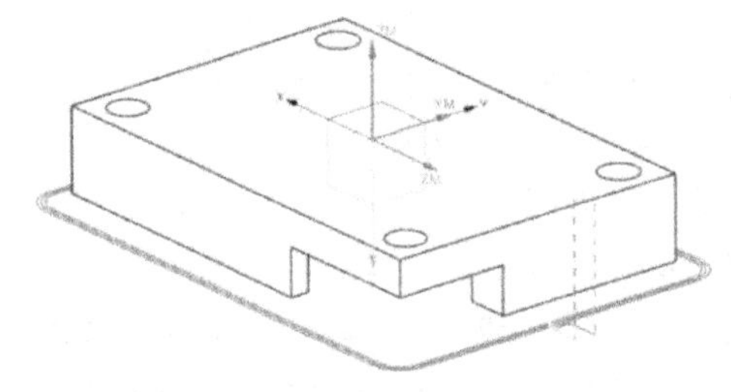

图 9-41　生成的平面铣轮廓精加工刀路

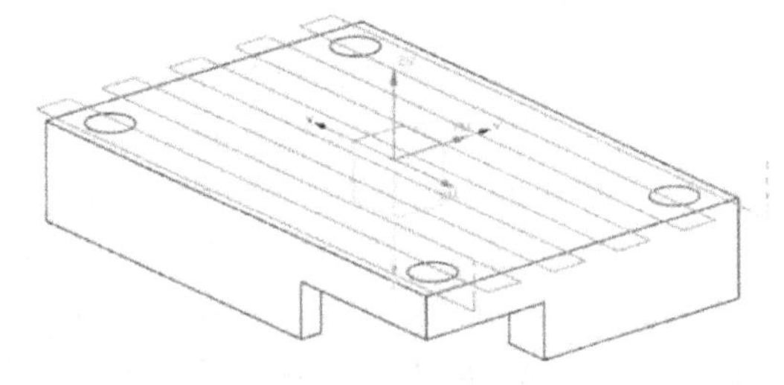

图 9-42　生成的面铣精加工刀路

7. 工件 1 第 2 次装夹的数控编程过程

（1）单击“菜单｜格式｜图层设置”命令，在【图层设置】对话框中双击“□10”，把图层 10 设为工作层，取消图层“□1”前面的“√”，隐藏第 1 个图层，如图 9-43 所示。

（2）在横向菜单中单击“应用模块”选项卡，再单击“建模”命令按钮，进入建模环境。

（3）单击“菜单｜插入｜同步建模｜删除面”命令，删除 4 个圆柱孔，如图 9-44 所示。

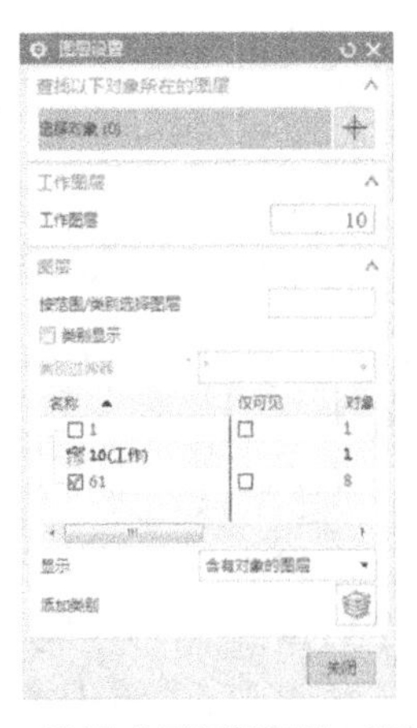

图 9-43　设置【图层设置】对话框参数

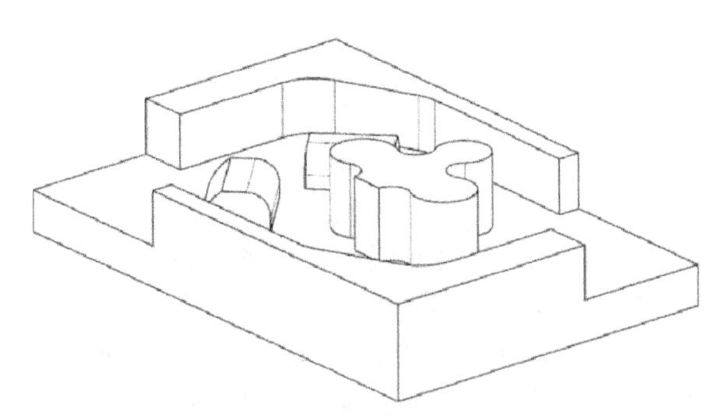

图 9-44　删除 4 个圆柱孔

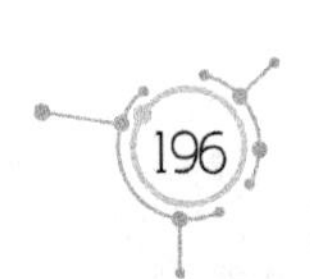

（4）在横向菜单中先单击“应用模块”选项卡，再单击“加工”按钮，进入UG加工环境。

（5）单击“菜单｜插入｜几何体”命令，在【创建几何体】对话框中对“几何体子类型”选择图标、“几何体”选择“GEOMETRY”选项，把“名称”设为MY_MCS，如图9-45所示。

（6）单击“确定”按钮，在【MCS】对话框中，对“安全设置选项”选择“自动平面”选项，把“安全距离”值设为5mm。

（7）单击“确定”按钮，创建几何体。

（8）单击“菜单｜插入｜几何体”命令，在【创建几何体】对话框中，对“几何体子类型”选择“WORKPIECE”图标、“几何体”选择“MY-MCS”选项，把“名称”设为WORKPIECE_B，如图9-46所示。

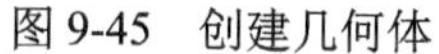
图9-45　创建几何体

图9-46　把“名称”设为WORKPIECE_B

（9）单击“确定”按钮。在【工件】对话框中单击“指定部件”按钮，在工作区选择整个实体。单击“确定”按钮，把实体设置为工作部件。

（10）在【工件】对话框中单击“指定毛坯”按钮，在【毛坯几何体】对话框中，对“类型”选择“包容块”选项，把“XM-”、“YM-”、“XM+”、“YM+”值都设为1mm，把“ZM+”值设为2mm。

（11）连续两次单击“确定”按钮，创建几何体“MY-MCS”。

（12）在工作区上方的工具条中单击“几何视图”按钮，如图9-47所示。

图9-47　单击“几何视图”按钮

（13）在“工序导航器”中展开+ MY-MCS的下级目录，可以看出几何体“WORKPIECE_B”在MY-MCS的下级目录中，如图9-48所示。

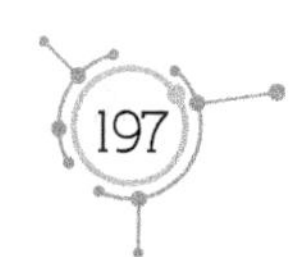

（14）单击“菜单｜插入｜程序”命令，在【创建程序】对话框中，对“类型”选择“mill_planar”选项、“程序”选择“NC_PROGRAM”选项，把“名称”设为B。

（15）连续两次单击“确定”按钮，创建B程序组，如图9-49所示。此时，B与A并列。

（16）单击“菜单｜插入｜程序”命令，在【创建程序】对话框中，对“类型”选择“mill_planar”选项、“程序”选择“B”选项，把“名称”设为B1。

（17）连续两次单击“确定”按钮，创建B1程序组，如图9-49所示。

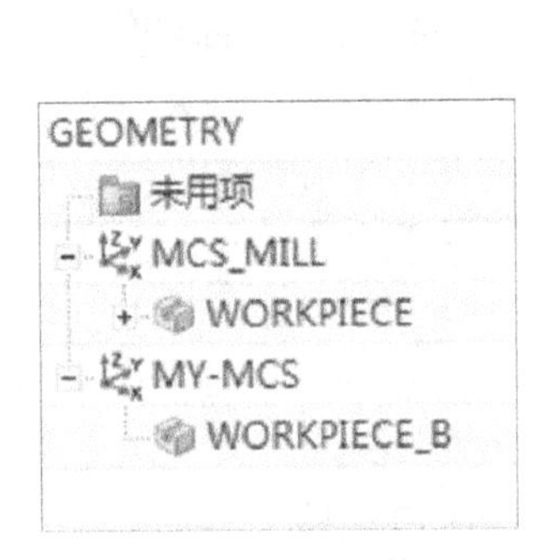

图9-48 工序导航器

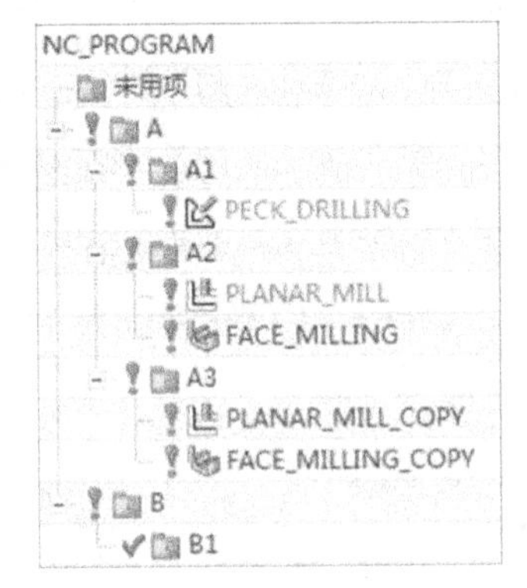

图9-49 创建B程序组和B1程序组

（18）单击“菜单｜插入｜工序”命令，在【创建工序】对话框中，对“类型”选择“mill_planar”选项。在“工序子类型”列表中单击“带边界面铣”按钮，对“程序”选择“B1”选项、“刀具”选择“D12R0（铣刀-5 参数）”选项、“几何体”选择“WORKPIECE_B”选项、“方法”选择“METHOD”选项。

（19）在【面铣】对话框中单击“指定面边界”按钮，在【毛坯边界】对话框中，对“选择方法”选择“曲线”选项、“刀具侧”选择“内侧”选项、“平面”选择“自动”选项。选择实体的4条边线，使之形成1条封闭的曲线，如图9-50中的虚线所示。

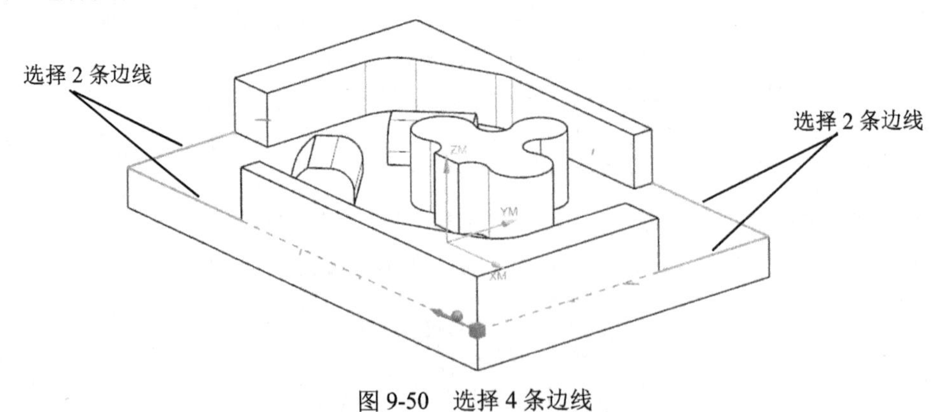

图9-50 选择4条边线

（20）在【面铣】对话框中，对“刀轴”选择“+ZM轴”选项、“切削模式”选择“往复”选项、“步距”选择“刀具平直百分比”选项，把“平面直径百分比”值设为75%、

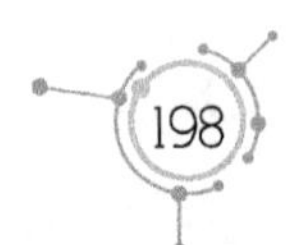

“毛坯距离”值设为18mm、“每刀切削深度”值设为0.8mm、“最终底面余量”值设为0.1mm。

（21）单击“切削参数”按钮，在弹出的【切削参数】对话框中，单击“策略”选项卡，对“切削方向”选择“顺铣”选项、“剖切角”选择“指定”选项，把“与XC的夹角”值设为0。勾选“✓添加精加工刀路”复选框，把“刀路数”值设为1、“精加工步距”值设为1mm。单击“余量”选项卡，把“部件余量”值和“壁余量”值都设为0.25mm，把“最终底面余量”值设为0.1mm。

（22）单击“非切削移动”按钮，在弹出的【非切削移动】对话框中，单击“转移/快速”选项卡。在“区域之间”列表中，对“转移类型”选择“安全距离-刀轴”选项；在“区域内”列表中，对“转移方式”选择“进刀/退刀”选项、“转移类型”选择“安全距离-刀轴”选项。单击“进刀”选项卡，在“封闭区域”列表中，对“进刀类型”选择“螺旋”选项，把“直径”值设为5mm、“斜坡角”值设为1°、“高度”值设为1mm；对“高度起点”选择“前一层”选项，把“最小安全距离”值设为0、“最小斜面长度”值设为5mm。在“开放区域”列表中，对“进刀类型”选择“线性”选项，把“长度”值设为8mm，把“旋转角度”值和“斜坡角”值都设为0°，“高度”值设为1mm、“最小安全距离”值设为8mm。

（23）单击“进给率和速度 ”按钮，把主轴速度值设为1000r/min、切削速度值设为1200mm/min。

（24）单击“生成”按钮，生成面铣粗加工刀路，如图9-51所示。此时，系统可能会发出警告，如图9-52所示。这是因为实体的中间部分无法正常进刀，有可能出现踩刀现象，需要修改进刀参数。

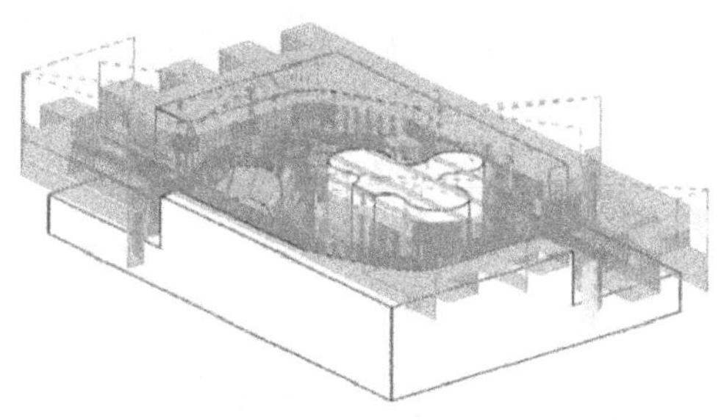

图9-51 面铣粗加工刀路

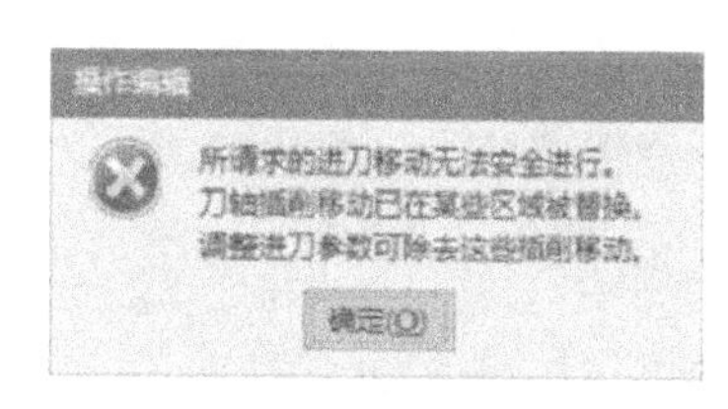

图9-52 警告

（25）双击 FACE_MILLING_1选项，在【面铣】对话框中单击“非切削移动”按钮，在【非切削移动】对话框中单击“进刀”选项卡。在“封闭区域”列表中，对“进刀类型”选择“螺旋”选项，把“直径”值设为15mm、“最小斜面长度”值设为15mm。单击“生成”按钮，警告消失，没有出现踩刀现象。

（26）单击“菜单｜分析｜测量｜简单距离”命令，测得左侧两个凸起端点间的距离为6.6655mm，如图9-53所示。由此可知，用直径为12mm的立铣刀无法加工，下1个程序需用直径为6mm立铣刀比较合适。

（27）单击“创建刀具”按钮，“刀具子类型”选择“MILL”图标，把“名称”设为D6R0、“直径”值设为6mm、“下半径”值设为0。

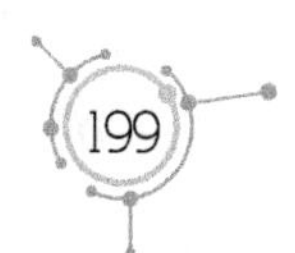

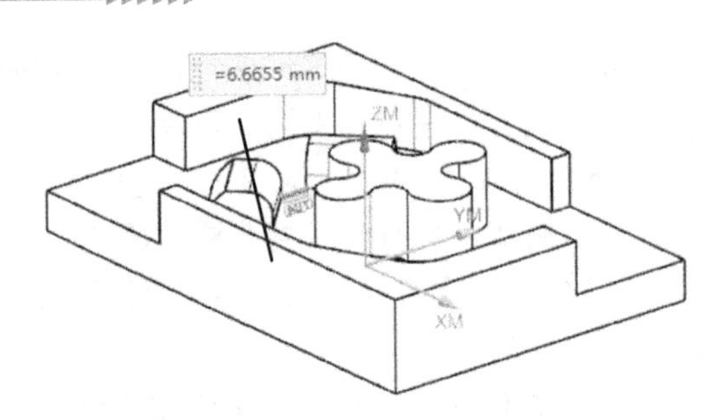

图 9-53　测得两点间的距离为 6.6655mm

（28）单击“菜单 | 插入 | 程序”命令，在【创建程序】对话框中，对“类型”选择“mill_planar”选项、“程序”选择“B”选项，把“名称”设为 B2，创建 B2 程序组。

（29）单击“菜单 | 插入 | 工序”命令，在【创建工序】对话框中对“类型”选择“mill_contour”选项。在“工序子类型”列表中单击“剩余铣”按钮，对“程序”选择“B2”选项、“刀具”选择“D6R0（铣刀-5 参数）”选项、“几何体”选择“WORKPIECE_B”选项、“方法”选择“METHOD”选项，如图 9-54 所示。

（30）在【剩余铣】对话框中单击“指定切削区域”按钮，用框选方式选择整个实体。对“切削模式”选择“跟随周边”选项、“步距”选择“刀具平直百分比”选项，把“平面直径百分比”值设为 75%；对“公共每刀切削深度”选择“恒定”选项，把“最大距离”值设为 0.3500mm。

（31）单击“切削层”按钮，在弹出的【切削层】对话框中连续多次单击“移除”按钮，移除列表框中的参数。在“范围 1 的顶部”区域单击“选择对象”按钮，选择实体的顶面，“ZC”数值显示为 25.0000（单位：mm）。在“范围定义”区域中单击“选择对象”按钮，选择实体的台阶面，“深度范围”数值显示为 16.0000（单位：mm），如图 9-55 所示。

图 9-54　设置【创建工序】对话框参数

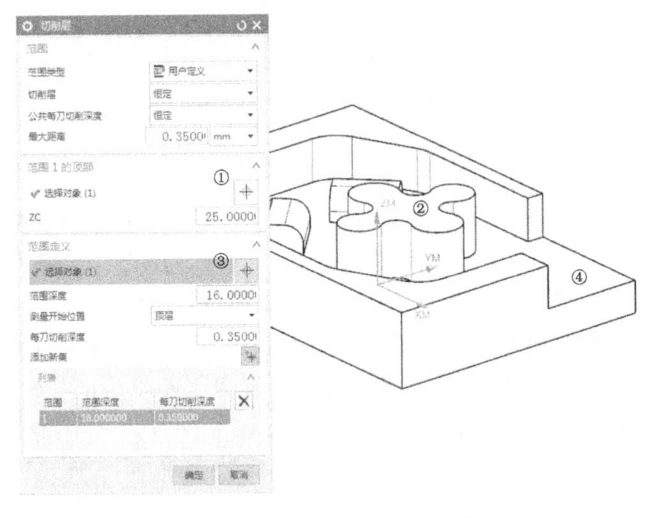

图 9-55　设置【切削层】对话框参数

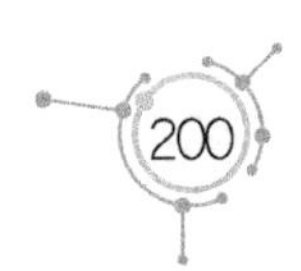

（32）单击“切削参数”按钮，在弹出的【切削参数】对话框中，单击“策略”选项卡，对“切削方向”选择“顺铣”、“切削顺序”选择“深度优先”，“刀路方向”选择“向外”。单击“余量”选项卡，取消“□使底面余量与侧面余量一致”前面的“√”，把“部件侧面余量”值设为 0.26mm，“部件底面余量”值设为 0.26mm（余量的设置比粗加工时稍大）。

（33）单击“非切削移动”按钮，在弹出的【非切削移动】对话框中，单击“转移/快速”选项卡，在“区域之间”列表中，对“转移类型”选择“安全距离-刀轴”选项，区域内的“转移方式”选择“进刀/退刀”选项，“转移类型”选择“安全距离-刀轴”选项。单击“进刀”选项卡，在“封闭区域”列表中，对“进刀类型”选择“螺旋”选项，把“直径”值设为 3mm、“斜坡角”值设为 1°、“高度”值设为 1mm；对“高度起点”选择“前一层”选项，把“最小安全距离”值设为 0、“最小斜面长度”值设为 3mm。在“开放区域”列表中，对“进刀类型”选择“线性”选项，把“长度”值设为 3mm，把“旋转角度”值和“斜坡角”值都设为 0°，把“高度”值设为 1mm、“最小安全距离”值设为 3mm。

（34）单击“进给率和速度 ”按钮，把主轴速度值设为 1000r/min、切削速度值设为 1200mm/min。

（35）单击“生成”按钮，生成剩余铣刀路，如图 9-56 所示。

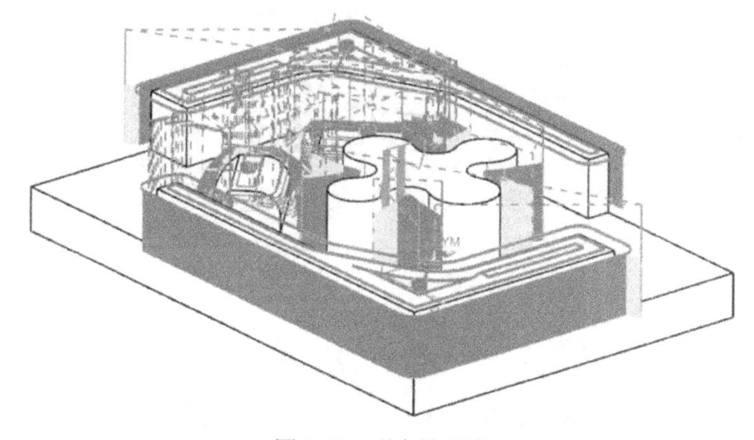

图 9-56 剩余铣刀路

（36）从图 9-56 中可以看出，有太多的多余刀路，刀路需要修改。在“工序导航器”中双击 REST_MILLING 选项，在【剩余铣】对话框中单击“指定修剪边界”按钮，在【修剪边界】对话框中对“选择方法”选“面”选项，选择实体的台阶面，如图 9-57 所示。

（37）在【修剪边界】对话框中，对台阶面最大外形的修剪侧选择“Outside”选项、平面上 3 个凸起边界的修剪侧选择“Inside”选项，如图 9-58 所示。

（38）单击“生成”按钮，生成修剪后的剩余铣刀路，如图 9-59 所示。从图中可以看出，修剪后的刀路减少了多余的刀路。

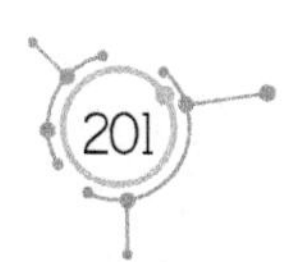

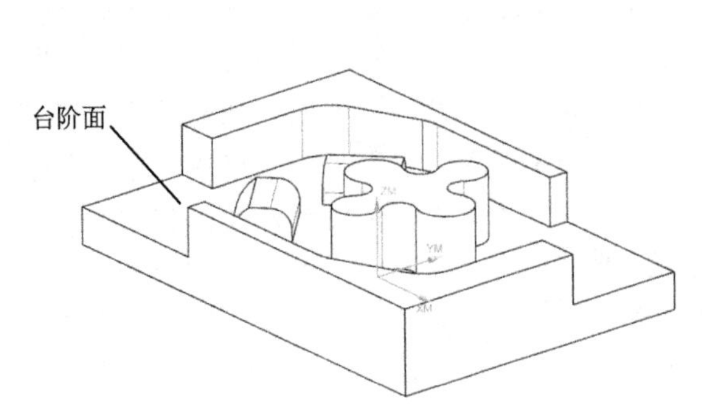

图 9-57　选择实体的台阶面

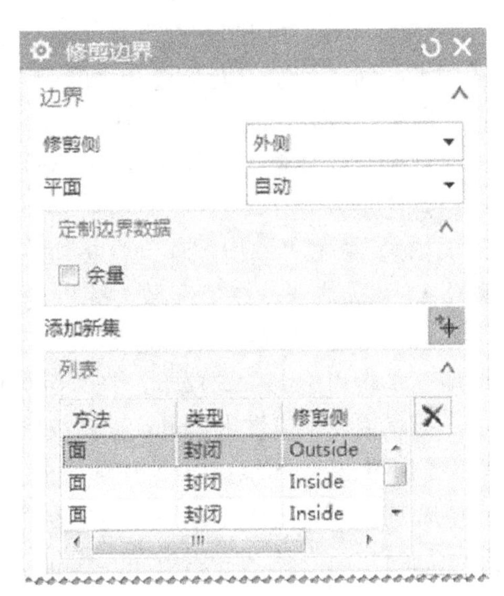

图 9-58　设置【修剪边界】对话框参数

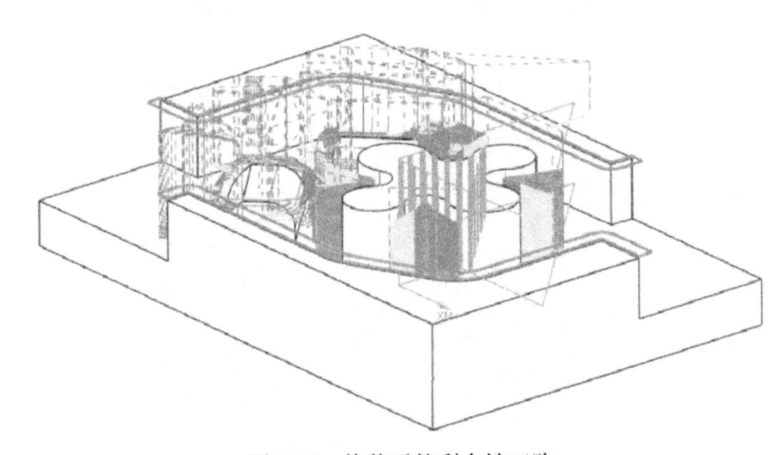

图 9-59　修剪后的剩余铣刀路

（39）单击“菜单｜插入｜程序”命令，在【创建程序】对话框中，对“类型”选择“mill_planar”选项、“程序”选择“B”选项，把“名称”设为 B3，创建 B3 程序组。

（40）单击“菜单｜插入｜工序”命令，在【创建工序】对话框中，对“类型”选择“mill_planar”选项。在“工序子类型”列表中单击“底壁铣”按钮，对“程序”选择“B3”选项、“刀具”选择“D6R0（铣刀-5 参数）”选项、“几何体”选择“WORKPIECE_B”选项、“方法”选择“METHOD”选项。

（41）在【底壁铣】对话框中单击“指定切削区底面”按钮，在实体上选择 6 个平面。

（42）在【底壁铣】对话框中“切削区域空间范围”选择“底面”选项，对“切削模式”选择“往复”选项、“步距”选择“刀具平直百分比”选项，把“平面直径百分比”值设为75%，把“每刀切削深度”值和“Z向深度偏置”值都设为0。

（43）单击“切削参数”按钮，在弹出的【切削参数】对话框中，单击“策略”选项卡，对“切削方向”选择“顺铣”选项、“剖切角”选择“自动”选项，勾选“√添加精加工刀路”复选框，把“刀路数”值设为2、“精加工步距”值设为0.1mm。单击“余量”选项卡，把“部件余量”值、“壁余量”值、“最终底面余量”值都设为0。

（44）单击“非切削移动”按钮，在弹出的【非切削移动】对话框中选择默认值。

（45）单击“进给率和速度 ”按钮，把主轴速度值设为1200r/min、切削速度值设为500mm/min。

（46）单击“生成”按钮，生成精加工底壁的刀路，如图9-60所示。

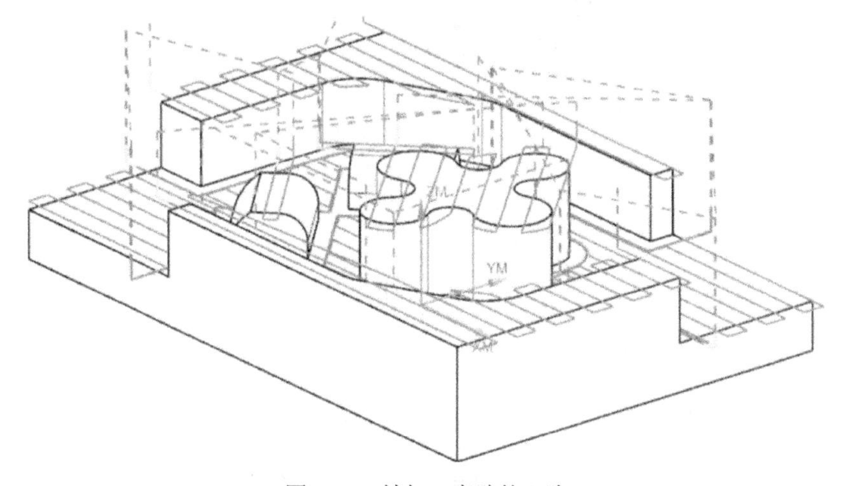

图9-60 精加工底壁的刀路

（47）单击“菜单｜插入｜工序”命令，在【创建工序】对话框中对“类型”选择“mill_contour”选项。在“工序子类型”列表中单击“深度轮廓铣”按钮，对“程序”选择“B3”，对“刀具”选择“D6R0（铣刀-5 参数）”选项、“几何体”选择“WORKPIECE_B”选项、“方法”选择“METHOD”选项。

（48）在【深度轮廓铣】对话框中单击“指定切削区域”按钮，选择4个圆弧面。对“陡峭空间范围”选择“无”选项、“公共每刀切削深度”选择“恒定”选项，把“最大距离”值设为0.1mm。

（49）单击“切削层”按钮，在弹出的【切削层】对话框中选用默认值。

（50）单击“切削参数”按钮，在弹出的【切削参数】对话框中，单击“策略”选项卡，对“切削方向”选择“混合”选项、“切削顺序”选择“始终深度优先”选项。单击“余量”选项卡，取消“☐使底面余量与侧面余量一致”复选框中的“√”，把“部件侧面余量”值和“部件底面余量”值设为0。

（51）单击“非切削移动”按钮，在弹出的【非切削移动】对话框中，单击“转移/快速”选项卡。在“区域之间”列表中，对“转移类型”选择“安全距离-刀轴”选项；在“区域内”列表中，对“转移方式”选择“进刀/退刀”选项、“转移类型”选择

“直接”选项。单击“进刀”选项卡，在“开放区域”列表中，对“进刀类型”选择“线性”选项，把“长度”值设为1mm，把“旋转角度”值、“斜坡角”值、“高度”值都设为0mm，把“最小安全距离”值设为1mm。

（52）单击“进给率和速度 ”按钮，把主轴速度值设为1000r/min、切削速度值设为1200mm/min。

（53）单击“生成”按钮，生成深度轮廓铣刀路，如图9-61所示。

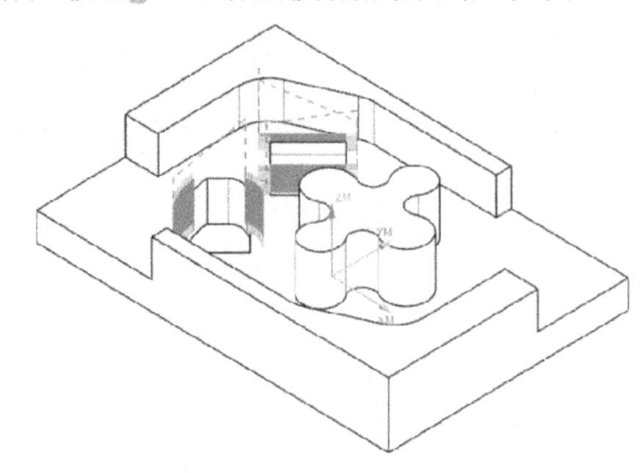

图9-61　深度轮廓铣刀路

（54）单击“保存”按钮，保存文档。

8. 工件2的建模过程

（1）启动UG 12.0，单击“新建”按钮，在弹出的【新建】对话框中单击“模型”选项卡。在模板框中把“单位”设为“毫米”，选择“模型”模板，把“名称”设为“EX9B.prt”、“文件夹”路径设为“E:\UG12.0数控编程\项目9”。

（2）单击“拉伸”按钮，在弹出的【拉伸】对话框中单击“绘制截面”按钮。把*XC-YC*平面设为草绘平面、*X*轴设为水平参考线，把草图原点坐标设为（0，0，0），以原点为中心绘制矩形截面（118mm×80mm）。

（3）单击“完成”按钮，在弹出的【拉伸】对话框中，对“指定矢量”选择“ZC↑”选项。在“开始”栏中选择“值”选项，把“距离”值设为0；在“结束”栏中选择“值”选项，把“距离”值设为12mm，对“布尔”选择“无”选项。

（4）单击“确定”按钮，创建第1个拉伸特征。

（5）单击“拉伸”按钮，在弹出的【拉伸】对话框中单击“绘制截面”按钮，把*XC-YC*平面设为草绘平面、*X*轴设为水平参考线，把草图原点坐标设为（0，0，0），绘制截面，如图9-62所示。

（6）单击“完成”按钮，在弹出的【拉伸】对话框中，对“指定矢量”选择“ZC↑”选项。在“开始”栏中选择“值”选项，把“距离”值设为0；在“结束”栏中选择“值”选项，把“距离”值设为25mm，对“布尔”选择“求和”选项。

（7）单击“确定”按钮，创建第2个拉伸特征，如图9-63所示。

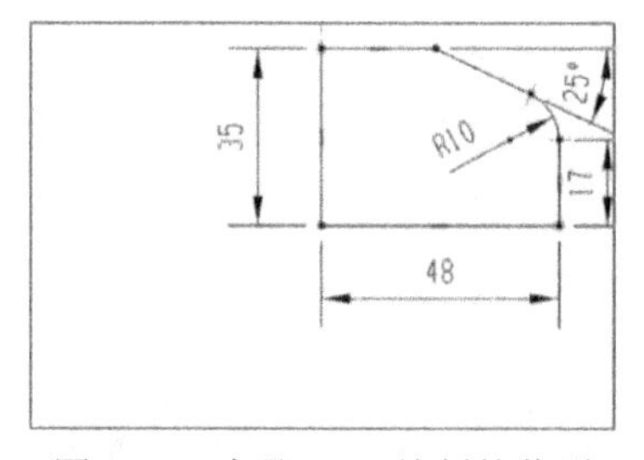

图 9-62　步骤（5）绘制的截面

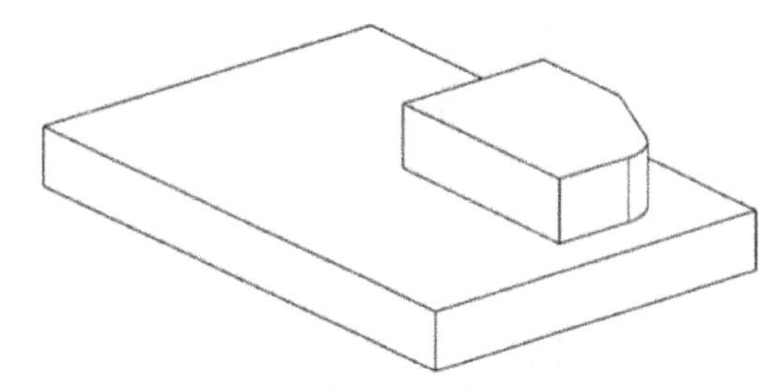
图 9-63　创建第 2 个拉伸特征

（8）单击“菜单 | 插入 | 关联复制 | 镜像特征”命令，选择☑ 拉伸 (2)作为镜像特征，*YC-ZC* 平面为镜像平面，创建第 1 个镜像特征如图 9-64 所示。

（9）单击“菜单 | 插入 | 关联复制 | 镜像特征”命令，选择☑ 拉伸 (2)、☑ 镜像特征 (3)作为镜像特征，以 *XC-ZC* 平面为镜像平面，创建第 2 个镜像特征，如图 9-65 所示。

提示：先创建特征的 1/4，再用镜像的方法，创建其他部分，有利于简化草绘步骤。

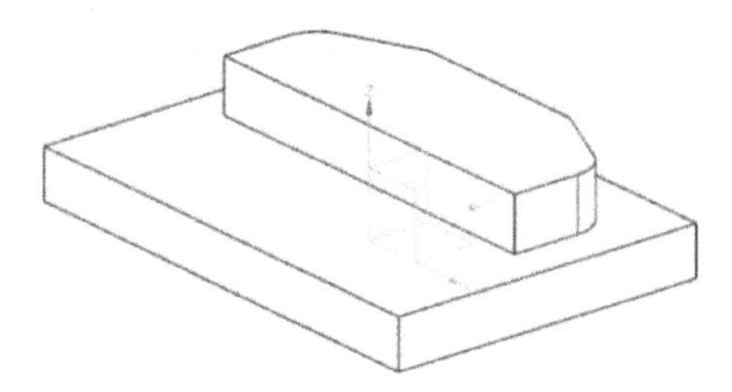
图 9-64　创建第 1 个镜像特征

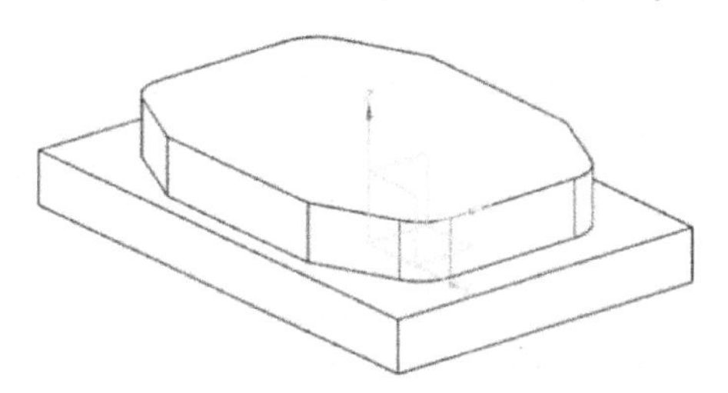
图 9-65　创建第 2 个镜像特征

（10）单击“边倒圆”按钮，选择实体上的 4 条边线，创建第 1 个边倒圆角特征（R10mm），如图 9-66 所示。

（11）单击“边倒圆”按钮，选择实体上的 4 条边线，创建第 2 个边倒圆角特征（R3mm），如图 9-67 所示。

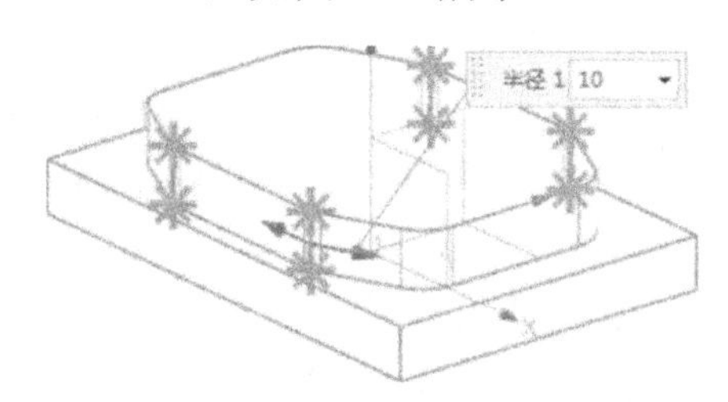

图 9-66　创建第 1 个边倒圆角特征

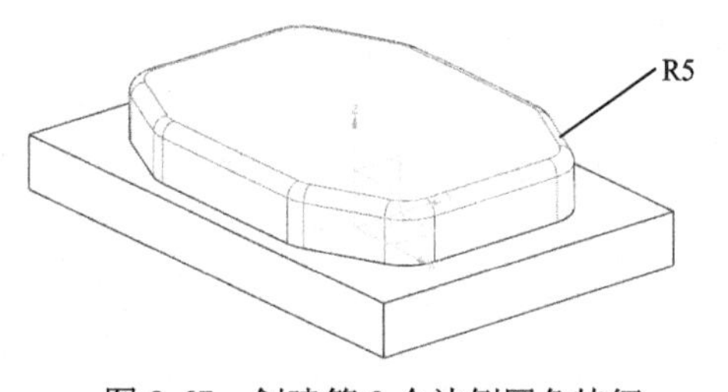

图 9-67　创建第 2 个边倒圆角特征

（12）单击“拉伸”按钮，在弹出的【拉伸】对话框中单击“绘制截面”按钮，选择 *XC-YC* 平面作为草绘平面，按照图 9-9～图 9-13 的方法，绘制 1 个矩形截面，如图 9-68 所示。

（13）单击“完成”按钮，在弹出的【拉伸】对话框中，对“指定矢量”选择“ZC↑”选项。在“开始”栏中选择“值”选项，把“距离”值设为 17mm；在“结束”

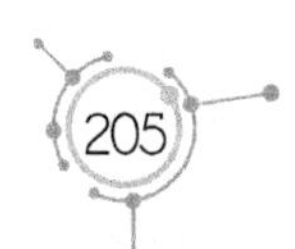

栏中选择“贯通”，对“布尔”选择“求差”选项。

（14）单击“确定”按钮，创建第 3 个拉伸特征，如图 9-69 所示。

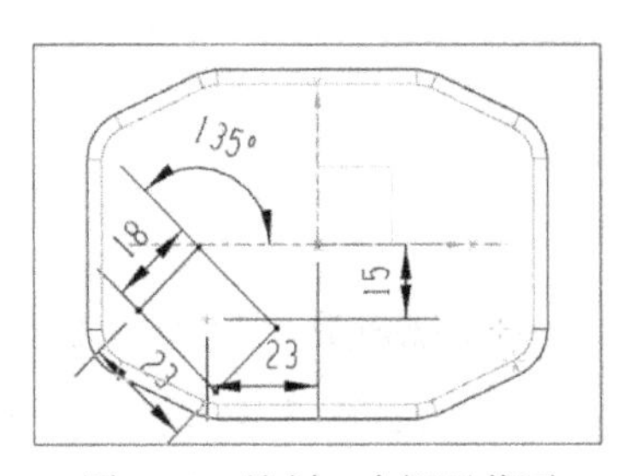

图 9-68　绘制 1 个矩形截面

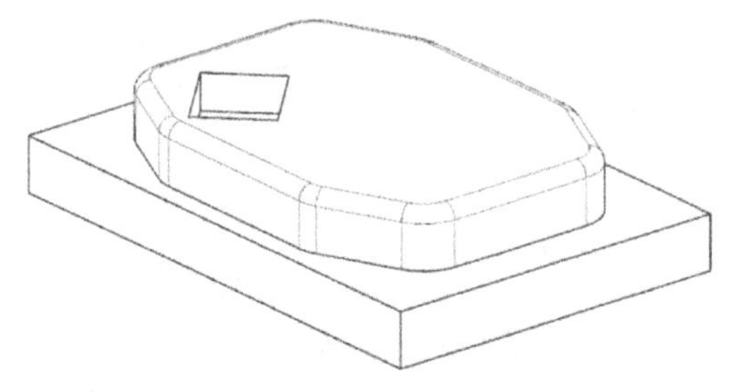
图 9-69　创建第 3 个拉伸特征

（15）单击“边倒圆”按钮，选择实体上的 4 条边线，创建第 3 个边倒圆角特征（R5mm），如图 9-70 所示。

（16）单击“菜单 | 插入 | 关联复制 | 镜像特征”命令，选择拉伸 (7)和边倒圆 (8)作为镜像特征，以 *XC-ZC* 平面为镜像平面，创建第 3 个镜像特征，如图 9-71 所示。

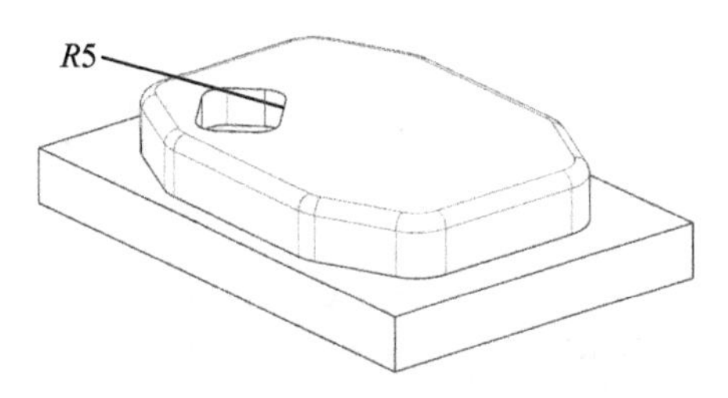

图 9-70　创建第 3 个边倒圆角特征

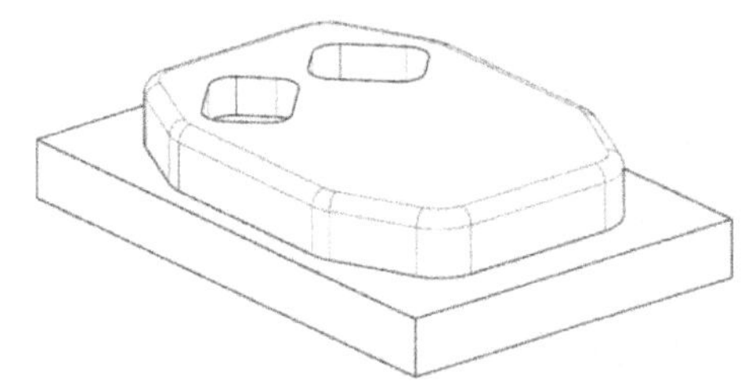
图 9-71　创建第 3 个镜像特征

（17）单击“拉伸”按钮，在弹出的【拉伸】对话框中单击“绘制截面”按钮。把实体上表面设为草绘平面、*X* 轴设为水平参考线，把草图原点坐标设为（0，0，0），绘制截面（8mm×24mm），其中竖直边与实体边线重合，两条水平边关于 *X* 轴对称，如图 9-72 所示。

（18）单击“完成”按钮，在弹出的【拉伸】对话框中，对“指定矢量”选择“-ZC ↓”选项，在“开始”栏中选择“值”选项，把“距离”值设为 0；在“结束”栏中选择“值”选项，把“距离”值设为 4mm，对“布尔”选择“求差”选项。

（19）单击“确定”按钮，创建右端的缺口，如图 9-73 所示。

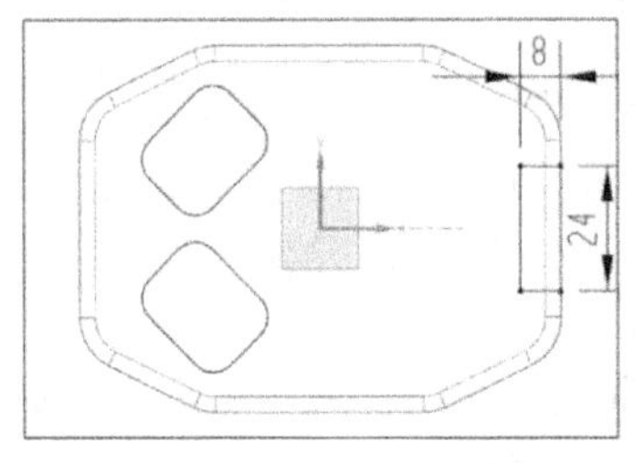

图 9-72　步骤（17）绘制的截面

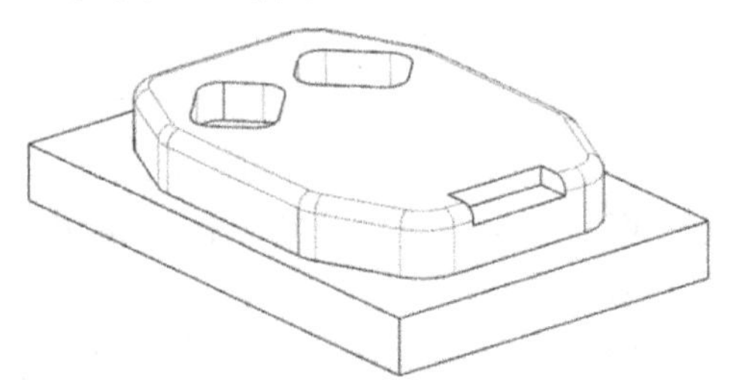
图 9-73　创建右端的缺口

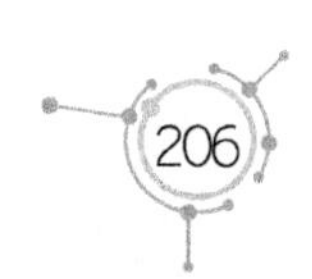

（20）单击“边倒圆”按钮，选择缺口上的 2 条边线，创建第 4 个边倒圆角特征（*R*4mm），如图 9-74 所示。

（21）单击“菜单｜插入｜关联复制｜镜像特征”命令，选择☑ 边倒圆 (11)为镜像特征，以 *YC*-ZC 平面为镜像平面，创建第 4 个镜像特征，如图 9-75 所示。

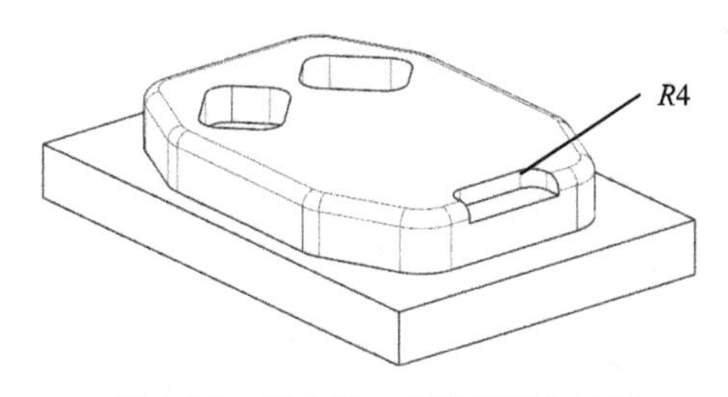

图 9-74 创建第 4 个边倒圆角特征

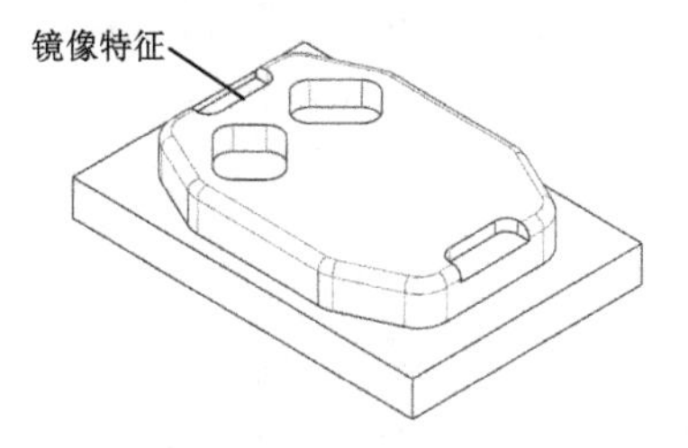

图 9-75 创建第 4 个镜像特征

（22）按照第 1 个实体的绘制方法，绘制梅花状的通孔及 4 个 ϕ10mm 小孔，如图 9-76 所示。

（23）单击“拉伸”按钮，在弹出的【拉伸】对话框中单击“绘制截面”按钮。把 *XC*-*YC* 平面设为草绘平面、*X* 轴设为水平参考线，把草图原点坐标设为（0，0，0），绘制截面（82mm×60mm），如图 9-77 所示。

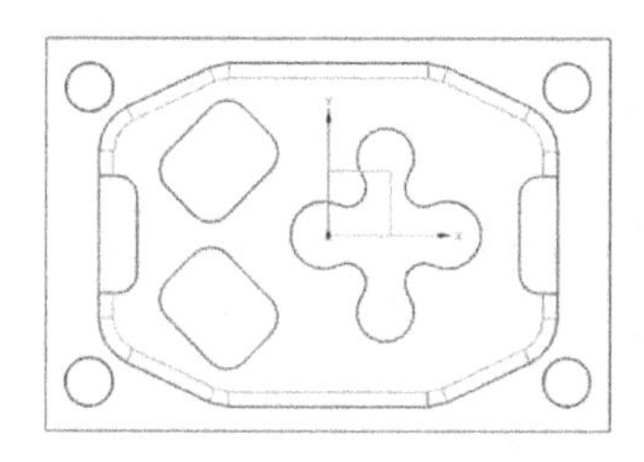

图 9-76 绘制梅花状的通孔和 4 个小孔通孔

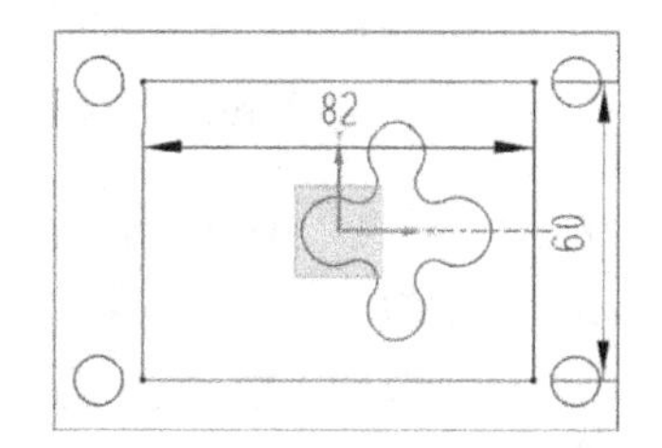

图 9-77 步骤（23）绘制的截面

（24）单击“完成”按钮，在弹出的【拉伸】对话框中，对“指定矢量”选择“ZC↑”选项。在“开始”栏中选择“值”选项，把“距离”值设为 0；在“结束”栏中选择“值”选项，把“距离”值设为 5mm，对“布尔”选择“求差”选项。

（25）单击“确定”按钮，在实体底面创建第 1 个方形凹坑，如图 9-78 所示。

（26）单击“拉伸”按钮，在弹出的【拉伸】对话框中单击“绘制截面”按钮，把 *XC*-*YC* 平面设为草绘平面、*X* 轴设为水平参考线，把草图原点坐标设为（0，0，0），绘制矩形截面，如图 9-79 所示。此时，与梅花状通孔的边线相切。

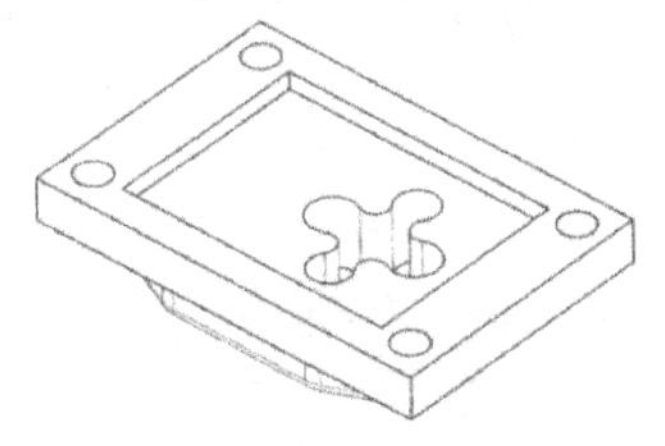

图 9-78 创建第 1 个方形凹坑

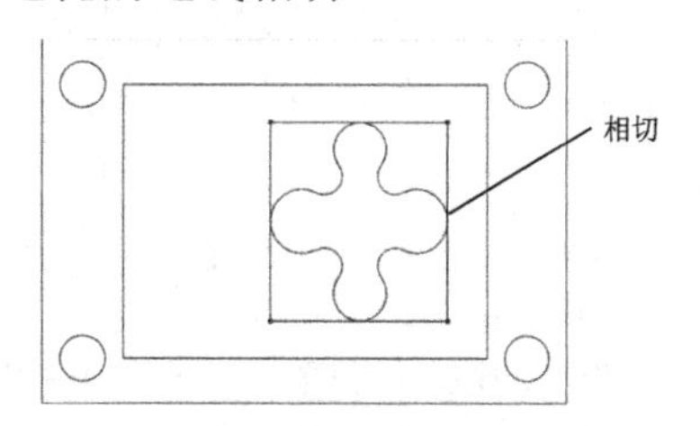

图 9-79 步骤（26）绘制的矩形截面

（27）单击“完成”按钮，在弹出的【拉伸】对话框中，对“指定矢量”选择“ZC↑”选项。在“开始”栏中选择“值”选项，把“距离”值设为0；在“结束”栏中选择“值”选项，把“距离”值设为13mm，对“布尔”选择“减去”选项。

（28）单击“确定”按钮，在实体底面创建第2个方形凹坑，如图9-80所示。

（29）单击“边倒圆”按钮，选择底部方形凹坑的边线，创建边倒圆角特征（*R*4mm及 *R*10mm），如图9-81所示。

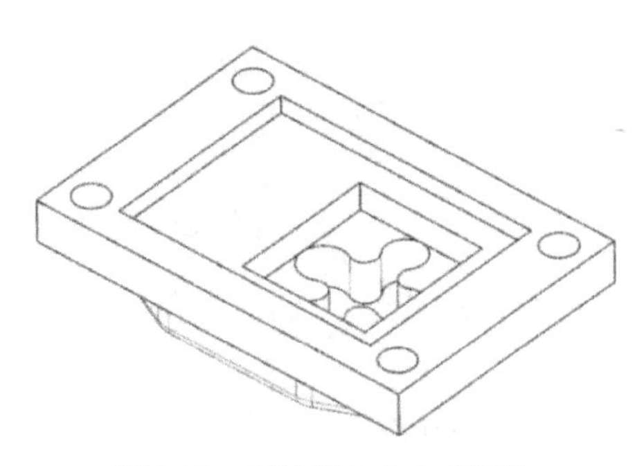

图9-80　创建第2个方形凹坑

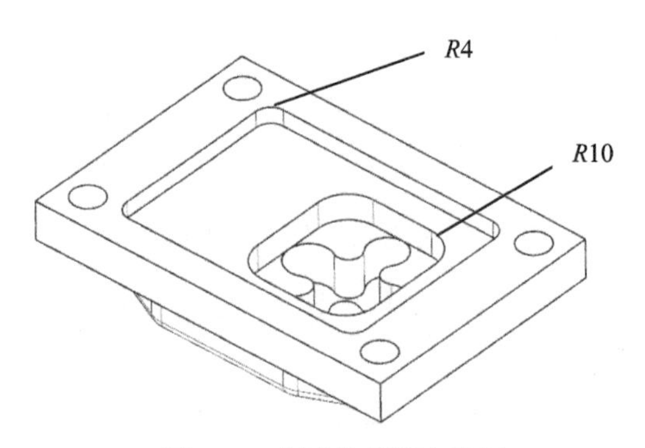

图9-81　创建边倒圆角特征

（30）单击“保存”按钮，保存文档。

9. 工件2第1次装夹的数控编程过程

（1）单击“菜单｜编辑｜特征｜移除参数”命令，移除实体的参数。

（2）单击“菜单｜编辑｜移动对象”命令，在【移动对象】对话框中，对“运动”选择“距离”选项、“指定矢量”选择“-ZC↓”选项，把“距离”值设为25mm；对“结果”选择“◉移动原先的”单选框，如图9-82所示。

（3）单击“确定”按钮，把实体往-*ZC*方向移动25mm。

（4）单击“菜单｜格式｜复制至图层”命令，选择实体后，单击“确定”按钮。在【图层复制】对话框中的“目标图层或类别”文本框中输入“10”。

（5）单击“确定”按钮，把实体复制到第10个图层。

（6）单击“菜单｜格式｜图层设置”命令，在【图层设置】对话框中取消图层“□10”前面的“√”，隐藏第10个图层。

（7）在横向菜单中单击“应用模块”选项卡，再单击“加工”命令，在【加工环境】对话框中选择“cam_general”选项和“mill_planar”选项。单击“确定”按钮，进入UG加工环境。此时，实体上出现两个坐标系：基准坐标系和工件坐标系，这两个坐标系重合在一起，如图9-83所示

（8）在工件区左上方的工具条中单击“几何视图”按钮，在“工序导航器”中展开+ MCS_MILL的下级目录，再双击“WORKPIECE”选项。

（9）在【工件】对话框中单击“指定部件”按钮，在绘图区选择整个实体，单击“确定”按钮。单击“指定毛坯”按钮，在【毛坯几何体】对话框中，对“类型”选择“包容块”选项，把“XM-”、“YM-”、“XM+”、“YM+”、“ZM+”值都设为1mm。

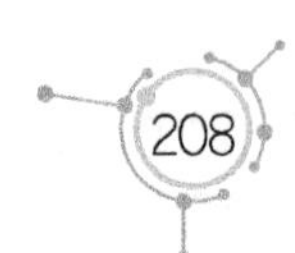

图 9-82 设置【移动对象】对话框参数

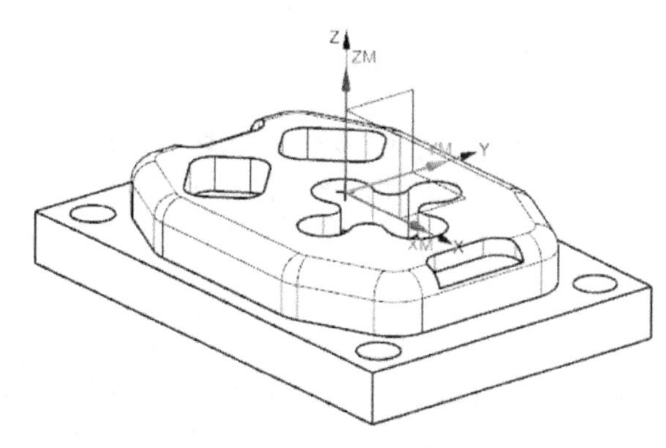

图 9-83 两个坐标系重合在一起

（10）创建 4 把刀具：1 把立铣刀（ϕ12mm）、1 把立铣刀（ϕ6mm）、1 把球头刀（ϕ6R3mm）、1 把钻刀（ϕ10mm）。

（11）单击“菜单｜插入｜工序”命令，在【创建工序】对话框中，对“类型”选择“mill_planar”选项。在“工序子类型”列表中单击“带边界面铣”按钮，对“程序”选择“NC_PROGRAM”选项、“刀具”选择“D12R0（铣刀-5 参数）”选项、“几何体”选择“WORKPIECE”选项、“方法”选择“METHOD”选项。

（12）在【面铣】对话框中单击“指定面边界”按钮，在【毛坯边界】对话框中，对“选择方法”选择“曲线”选项、“刀具侧”选择“内侧”选项、“平面”选择“自动”选项，选择实体台阶面的边线（118mm×80mm）。设置完毕，单击“确定”按钮。

（13）在【面铣】对话框中，对“刀轴”选择“+ZM 轴”选项、“切削模式”选择“往复”选项、“步距”选择“刀具平直百分比”，“平面直径百分比”值设为 75%，把“毛坯距离”值设为 15mm、“每刀切削深度”值设为 0.8mm、“最终底面余量”值设为 0.1mm。

（14）单击“切削参数”按钮，在弹出的【切削参数】对话框中，单击“策略”选项卡，对“切削方向”选择“顺铣”选项、“剖切角”选择“指定”选项，把“与 XC 的夹角”值设为 0。勾选“✓添加精加工刀路”复选框，把“刀路数”值设为 1、“精加工步距”值设为 1mm。单击“余量”选项卡，把“部件余量”值和“壁余量”值都设为 0.25mm，把“最终底面余量”值设为 0.1mm。

（15）单击“非切削移动”按钮，在弹出的【非切削移动】对话框中，单击“转移/快速”选项卡。在“区域之间”列表中，对“转移类型”选择“安全距离-刀轴”选项；在“区域内”列表中，对“转移方式”选择“进刀/退刀”选项、“转移类型”选择“安全距离-刀轴”选项。单击“进刀”选项卡，在“封闭区域”列表中，对“进刀类型”选择“螺旋”选项，把“直径”值设为 5mm、“斜坡角”值设为 1°、“高度”值设为 1mm；对“高度起点”选择“前一层”选项，把“最小安全距离”值设为 0、“最小斜面长度”值设为 5mm。在“开放区域”列表中，对“进刀类型”选择“线性”选项，把“长度”值设为 8mm，把“旋转角度”值和“斜坡角”值都设为 0°，把“高度”值设为 1mm、

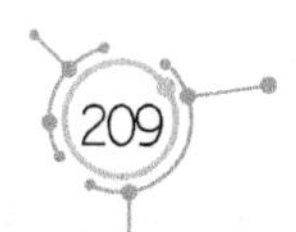

“最小安全距离”值设为 8mm。

（16）单击“进给率和速度 ”按钮，把主轴速度值设为 1000r/min、切削速度值设为 1200mm/min。

（17）单击“生成”按钮，生成面铣粗加工刀路，如图 9-84 所示。从图中可以看出，有些加工区域太小，不能按螺旋方式进刀，而是按斜插方式进刀，而且由于空间范围太小，加工时排屑困难，也容易出现踩刀现象，应该避免使用这种刀路。

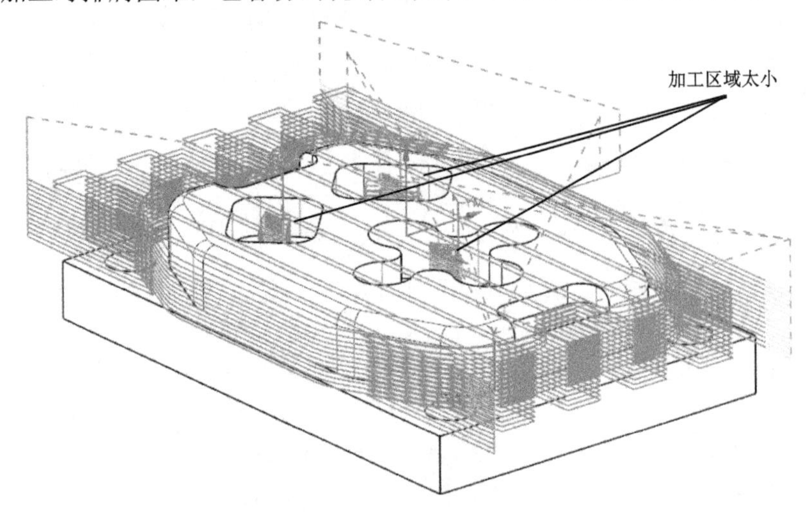

图 9-84　面铣粗加工刀路

（18）在“工序导航器”中，双击 FACE_MILLING 选项，在【面铣】对话框中单击“非切削移动”按钮。在弹出的【非切削移动】对话框中单击“进刀”选项卡，在“封闭区域”列表中，对“进刀类型”选择“螺旋”选项，把“直径”值设为 15mm、“最小斜面长度”值设为 15mm。修改后的刀路，如图 9-85 所示。此时，空间较小的区域没有加工刀路。

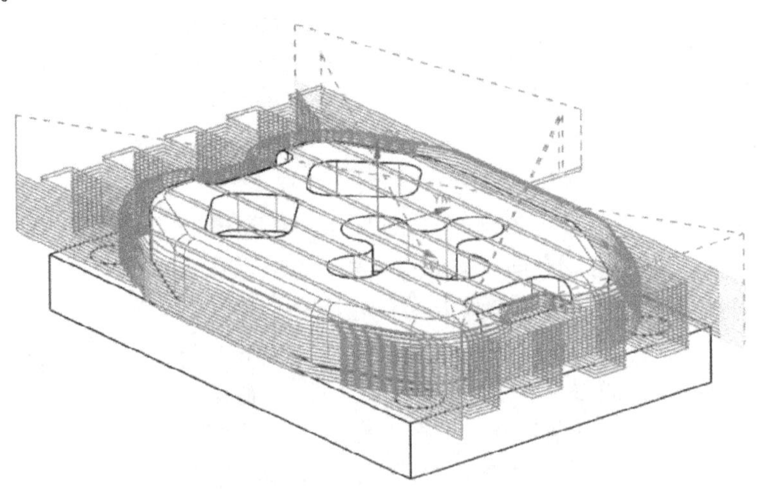

图 9-85　修改后的刀路

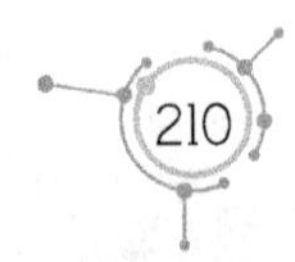

（19）单击“菜单丨插入丨工序”命令，在【创建工序】对话框中，对“类型”选择“mill_planar”选项。在“工序子类型”列表中单击“平面铣”按钮，对“程序”选择“NC_PROGRAM”选项、“刀具”选择“D12R0（铣刀-5 参数）”选项、“几何体”选择“WORKPIECE”选项、“方法”选择“METHOD”选项。

（20）在【平面铣】对话框中单击“指定部件边界”按钮，在【部件边界】对话框中，对“选择方法”选择“面”选项，选择实体台阶面。

（21）在【部件边界】对话框中对“刀具侧”选择“外侧”选项、“平面”选择“自动”选项，在“列表”栏中删除 4 行 Inside 所在的行，只保留 Outside 所在行，单击“确定”按钮。

（22）在【平面铣】对话框中单击“指定底面 ”按钮，选择下底面，把“距离”值设为 2mm。

（23）在【平面铣】对话框中对“切削模式”选择“轮廓”选项，把“附加刀路”值设为 0。

（24）单击“切削层”按钮，在弹出的【切削层】对话框中，对“类型”选择“恒定”选项，把“公共每刀切削深度”值设为 0.8mm。

（25）单击“切削参数”按钮，在弹出的【切削参数】对话框中，单击“策略”选项卡，对“切削方向”选择“顺铣”选项。单击“余量”选项卡，把“部件余量”值设为 0.3 mm。

（26）单击“非切削移动”按钮，在弹出的【非切削移动】对话框中，单击“转移/快速”选项卡。在“区域之间”列表中，对“转移类型”选择“安全距离-刀轴”选项，在“区域内”列表中，对“转移方式”选择“进刀/退刀”选项、“转移类型”选择“直接”选项。单击“进刀”选项卡，在“开放区域”列表中，对“进刀类型”选择“圆弧”选项，把“半径”值设为 2mm、“圆弧角度”值设为 90°、“高度”值设为 1mm、“最小安全距离”值设为 10mm。单击“起点/钻点”选项卡，把“重叠距离”值设为 1mm，单击“指定点”按钮，选择“控制点”选项，选择实体的右边线，把该直线的中点设为进刀起点。

（27）单击“进给率和速度 ”按钮，把主轴速度值设为 1000r/min、切削速度值设为 1200mm/min。

（28）单击“生成”按钮，生成平面铣加工轮廓的刀路，如图 9-86 所示。

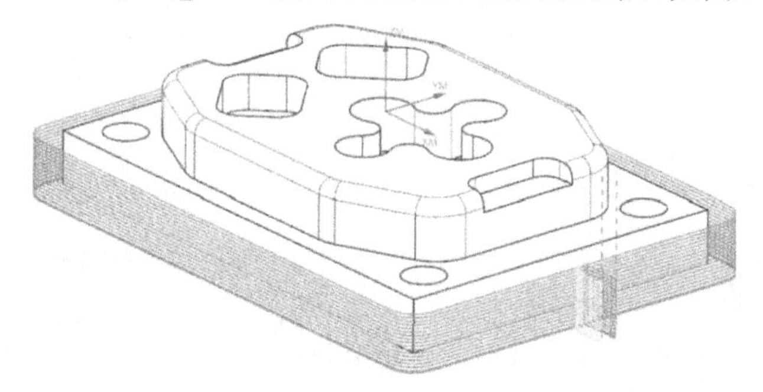

图 9-86 平面铣加工轮廓的刀路

（29）在工作区上方的工具条中单击“程序顺序视图”按钮，在“工序导航器”中把 PROGRAM 名称改为 C。

（30）单击“菜单 | 插入 | 程序”命令，在【创建程序】对话框中对“类型”选择“mill_contour”选项、“程序”选择“C”选项，把“名称”设为 C1。单击“确定”按钮，创建 C1 程序组，如图 9-87 所示。此时，C1 在 C 的下级目录中，并把刚才创建刀路程序移到 C1 文件里面。

（31）单击“菜单 | 插入 | 程序”命令，在【创建程序】对话框中对“类型”选择“mill_contour”选项、“程序”选择“C”选项，把“名称”设为 C2。单击“确定”按钮，创建 C2 程序组，如图 9-87 所示。此时，C2 在 C 的下级目录中，并且 C1 与 C2 并列。

（32）在“工序导航器”中选择 FACE_MILLING 选项和 PLANAR_MILL 选项，单击鼠标右键，在快捷菜单中单击“复制”命令。选择 C2，单击鼠标右键，在快捷菜单中单击“内部粘贴”命令。

（33）在“工序导航器”中双击 FACE_MILLING_COPY 选项，在【面铣】对话框中单击“指定面边界”按钮，在【毛坯边界】对话框中多次单击“移除”按钮，移除前面所选择的选项。在【毛坯边界】对话框中，对“选择方法”选择“面”选项、“刀具侧”选择“内侧”选项、“平面”选择“自动”选项，选择实体上表面。在【毛坯边界】对话框中单击“添加新集”按钮，选择实体的台阶面，单击“确定”按钮。

（34）在【面铣】对话框中，把“毛坯距离”值设为 1mm、“每刀切削深度”值设为 0、“最终底面余量”值设为 0。

（35）单击“切削参数”按钮，在弹出的【切削参数】对话框中，单击“策略”选项卡，勾选“添加精加工刀路”复选框，把“刀路数”值设为 2、“精加工步距”值设为 0.1mm。

（36）单击“进给率和速度 ”按钮，把主轴速度值设为 1200r/min、切削速度值设为 500mm/min。

（37）单击“生成”按钮，生成的面铣精加工刀路如图 9-88 所示。

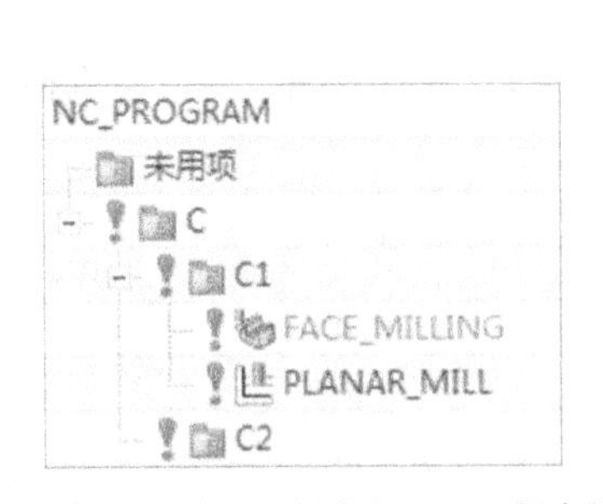

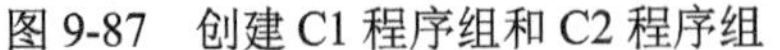
图 9-87　创建 C1 程序组和 C2 程序组

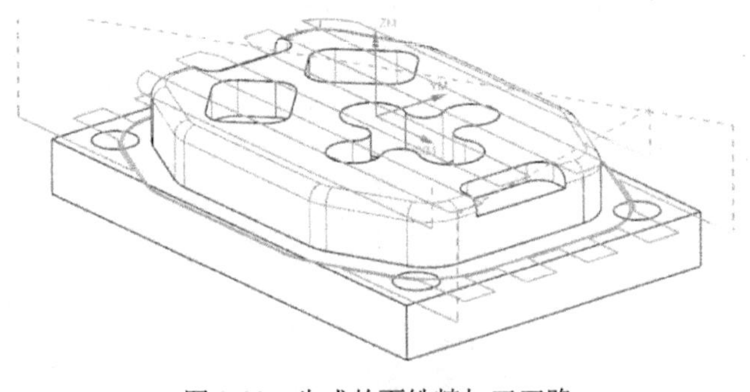
图 9-88　生成的面铣精加工刀路

（38）双击 PLANAR_MILL_COPY 选项，在【平面铣】对话框中，对“步距”选择“恒定”选项，“最大距离”值设为 0.1mm、“附加刀路”值设为 2。单击“切削层”按钮，在【切削层】对话框中对“类型”选择“仅底面”。单击“切削参数”按钮，单击“余量”选项卡，把“部件余量”值设为 0。

（39）单击“进给率和速度”按钮，把主轴速度值设为1200r/min、切削速度值设为500mm/min。

（40）单击“生成”按钮，生成的平面铣轮廓精加工刀路如图9-89所示。

（41）单击“菜单｜插入｜程序”命令，在【创建程序】对话框中对“类型”选择“mill_contour”选项、“程序”选择“C”选项，把“名称”设为C3。单击“确定”按钮，创建C3程序组。此时，C3在C的下级目录中，并且C1、C2和C3并列。

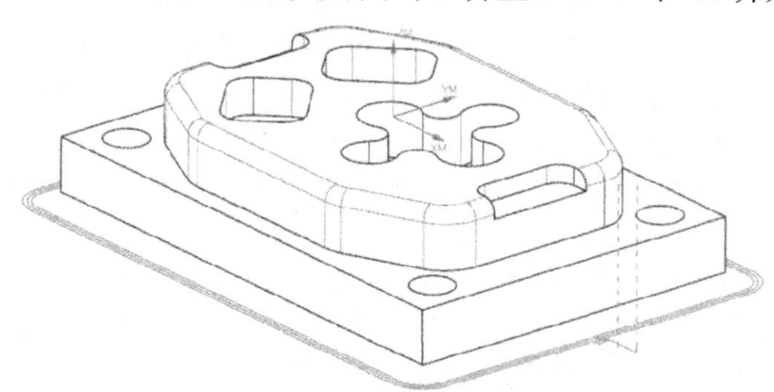

图9-89 生成的平面铣轮廓精加工刀路

（42）在“工序导航器”中，选择 FACE_MILLING选项，单击鼠标右键，在快捷菜单中单击“复制”命令。选择C3，单击鼠标右键，在快捷菜单中单击“内部粘贴”命令。

（43）在“工序导航器”中，双击 FACE_MILLING_COPY_1选项，在【面铣】对话框中单击“指定面边界”按钮，在【毛坯边界】对话框的列表栏中单击“移除”按钮，移除前面所选择的选项。在【毛坯边界】对话框中，对“选择方法”选择“曲线”选项，在工作区上方的工具条中选择“相切曲线”选项，选择梅花状孔口部的曲线作为边界线，对“刀具侧”选择“内侧”选项、“平面”选择“指定”选项；选择台阶面作为指定平面，把“距离”值设为0，如图9-90所示。

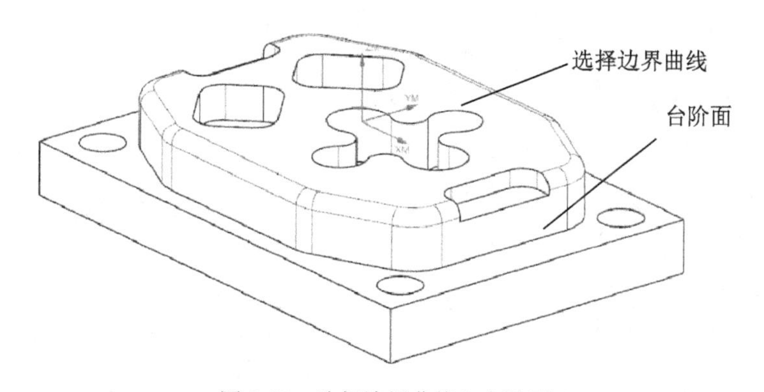

图9-90 选择边界曲线和台阶面

（44）在【毛坯边界】对话框中单击“添加新集”按钮，选择其中1个方孔口部的边线作为边界线，选择台阶面作为指定平面，把“距离”值设为0。

（45）在【毛坯边界】对话框中单击“添加新集”按钮，选择第2个方孔口部的

边线作为边界线，选择台阶面作为指定平面，把“距离”值设为 0。

（46）在【面铣】对话框中，对“刀具”选择“D6R0”立铣刀、“切削模式”选择“跟随周边”选项、“步距”选择“刀具平直百分比”选项，把“平面直径百分比”值设为 75%，把“毛坯距离”值设为 13mm、“每刀切削深度”值设为 0.3mm、“最终底面余量”值设为 0.1mm。

（47）单击“切削参数”按钮，在弹出的【切削参数】对话框中，单击“策略”选项卡。对“切削方向”选择“顺铣”选项、“刀路方向”选择“向外”选项，取消“□添加精加工刀路”复选框中的“√”。单击“余量”选项卡，把“部件余量”值和“壁余量”值都设为 0.25mm，把“最终底面余量”值设为 0.1mm。

（48）单击“非切削移动”按钮，在弹出的【非切削移动】对话框中，单击“转移/快速”选项卡。在“区域之间”列表中，对“转移类型”选择“安全距离-刀轴”选项。在“区域内”列表中对“转移方式”选择“进刀/退刀”选项、“转移类型”选择“安全距离-刀轴”选项。单击“进刀”选项卡，在“封闭区域”列表中，对“进刀类型”选择“螺旋”选项，把“直径”值设为 5mm、“斜坡角”值设为 1°、“高度”值设为 1mm；对“高度起点”选择“前一层”选项，把“最小安全距离”值设为 0、“最小斜面长度”值设为 5mm。

（49）单击“进给率和速度 ”按钮，把主轴速度值设为 1000r/min、切削速度值设为 1200mm/min。

（50）单击“生成”按钮，生成面铣粗加工刀路，如图 9-91 所示。

（51）在“工序导航器”中选择 PLANAR_MILL 选项，单击鼠标右键，在快捷菜单中单击“复制”命令。选择“C2”，单击鼠标右键，在快捷菜单中单击“内部粘贴”命令。

（52）双击 PLANAR_MILL_COPY_1 选项，在【平面铣】对话框中单击“指定部件边界”按钮，在【部件边界】对话框中单击“移除”按钮，移除前面所选择的选项。在【部件边界】对话框中对“选择方法”选择“曲线”选项，在工作区上方选择“相切曲线”选项，选择缺口底面的边线，如图 9-92 中的粗线所示（注意箭头方向）。对“边界类型”选择“开放”选项、“刀具侧”选择“左”选项、“平面”选择“指定”选项，选择实体顶面作为指定平面，把“距离”值设为 0。

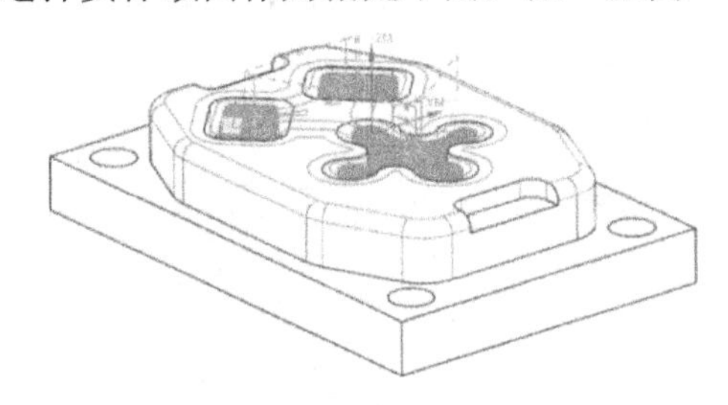

图 9-91　用面铣粗加工刀路加工小孔

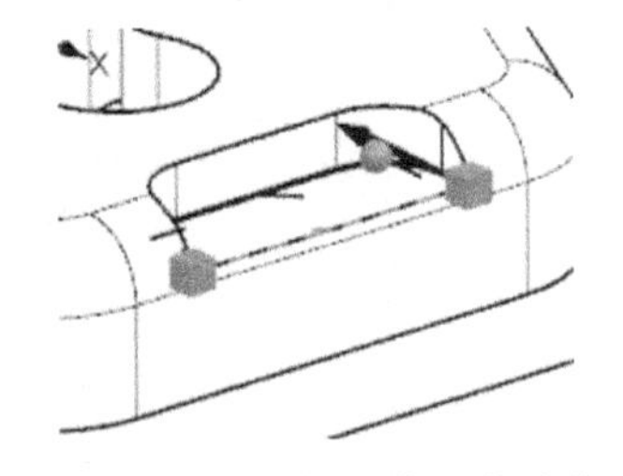

图 9-92　选择缺口底面的边线

（53）在【部件边界】对话框中单击“添加新集”按钮，选择另一端缺口底面的边线。

（54）在【平面铣】对话框中单击“指定底面 ”按钮，选择缺口底面，把“距离”

值设为0mm。

（55）在【平面铣】对话框中对“刀具”选择“D6R0”（立铣刀）选项。

（56）单击“切削层”按钮，在弹出的【切削层】对话框中，对“类型”选择“恒定”选项，把“公共每刀切削深度”值设为0.3mm。

（57）单击“切削参数”按钮，在弹出的【切削参数】对话框中，单击“策略”选项卡，对“切削方向”选择“顺铣”选项、“切削顺序”选择“深度优先”选项。单击“余量”选项卡，把“部件余量”值设为0.3mm、“最终底面余量”值设为0.1mm。

（58）单击“非切削移动”按钮，在弹出的【非切削移动】对话框中单击“进刀”选项卡。在“开放区域”列表中，对“进刀类型”选择“线性”选项，把“长度”值设为5mm，把“旋转角度”值、“斜坡角”值、“高度”值都设为0，把“最小安全距离”值设为5mm。

（59）单击“进给率和速度 ”按钮，把主轴速度值设为1000r/min、切削速度值设为1200mm/min。

（60）单击“生成”按钮，生成平面铣加工轮廓的刀路如图9-93所示。

（61）单击“菜单｜插入｜程序”命令，在【创建程序】对话框中对“类型”选择“mill_contour”选项、“程序”选择“C”选项，把“名称”设为C4。单击“确定”按钮，创建C4程序组。此时，C4在C的下级目录中，并且C1、C2、C3和C4并列。

（62）在“工序导航器”中，选择 FACE_MILLING_COPY 选项，单击鼠标右键，在快捷菜单中单击“复制”命令。选择C4，单击鼠标右键，在快捷菜单中单击“内部粘贴”命令。

（63）在“工序导航器”中，双击 FACE_MILLING_COPY_COPY 选项，在【面铣】对话框中单击“指定面边界”按钮，在【毛坯边界】对话框中多次单击“移除”按钮，移除前面所选择的选项。

（64）在【毛坯边界】对话框中，对“选择方法”选择“面”选项，先选其中1个方孔的底面。在【毛坯边界】对话框中单击“添加新集”按钮，选择第2个方孔底面。单击“添加新集”按钮，选择左端缺口的底面；再次单击“添加新集”按钮，选择右端缺口的底面。

（65）在【毛坯边界】对话框中，对“刀具侧”选择“内侧”选项、“平面”选择“自动”选项，如图9-94所示。

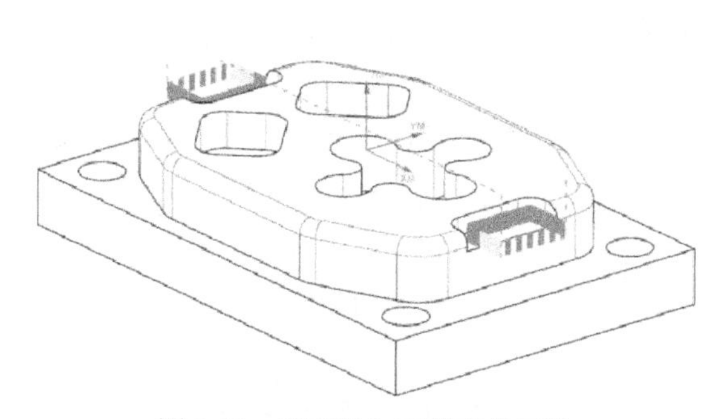

图9-93　平面铣加工轮廓的刀路

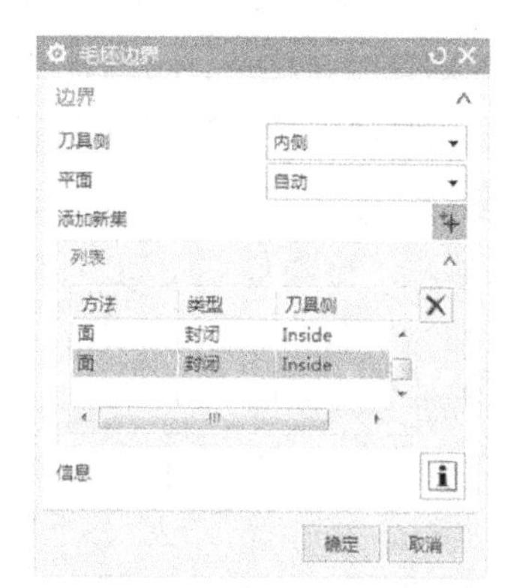

图9-94　设置【毛坯边界】对话框参数

（66）在【面铣】对话框中对“刀具”选择“D6R0”（立铣刀）选项、“切削模式”选择“跟随周边”选项。

（67）单击“切削参数”按钮，在弹出的【切削参数】对话框中，单击“余量”选项卡，把“部件余量”值和“最终底面余量”值都设为0。

（68）单击“生成”按钮，生成的面铣精加工刀路如图9-95所示。

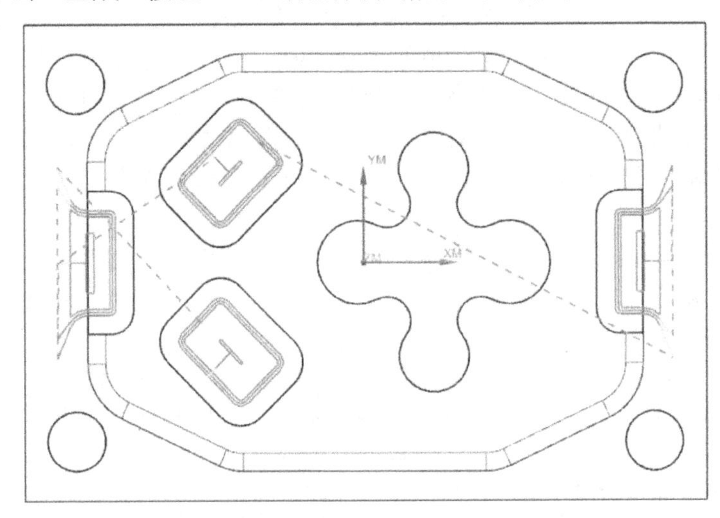

图9-95　生成的面铣精加工刀路

（69）单击“菜单｜插入｜程序”命令，在【创建程序】对话框中对“类型”选择“mill_contour”选项、“程序”选择C，把“名称”设为C5。单击“确定”按钮，创建C5程序组。此时C5在C的下级目录中，并且C1、C2、C3、C4和C5并列。

（70）单击“菜单｜插入｜工序”命令，在【创建工序】对话框中对“类型”选择“mill_contour”选项。在“工序子类型”列表中单击“固定轮廓铣”按钮，对“程序”选择“C5”选项、“刀具”选择“D6R3”选项、“几何体”选择“WORKPIECE”选项、“方法”选择“METHOD”选项。

（71）在【固定轮廓铣】对话框中，单击“指定切削区域”按钮，选择上表面与侧面的倒圆角面（R3mm的圆角）。

（72）在【固定轮廓铣】对话框中对“驱动方法”选择“区域铣削”选项。在【区域铣削驱动方法】对话框中对“非陡峭切削模式”选择“往复”选项、“步距”选择“恒定”选项，把“最大距离”值设为0.3mm；对“步距已应用”选择“在平面上”选项、“剖切角”选择“指定”选项，把“与XC的夹角”值设为45.0000（单位：°），如图9-96所示。

（73）单击“进给率和速度”按钮，把主轴速度值设为1200r/min、切削速度值设为500mm/min。

（74）单击“生成”按钮，生成的固定铣轮廓精加工刀路如图9-97所示。

（75）单击“菜单｜插入｜程序”命令，在【创建程序】对话框中对“类型”选择“mill_contour”选项、“程序”选择“C”选项，把“名称”设为 C6。单击“确定”按钮，创建 C6 程序组。此时，C6 在 C 的下级目录中，并且 C1、C2、C3、C4、C5 与 C6 并列。

（76）单击“菜单｜插入｜工序”命令，在【创建工序】对话框中，对“类型”选择“drill”选项。在“工序子类型”列表中单击“啄钻”按钮，对“程序”选择“C6”选项、“刀具”选择“Dr10”（钻刀）选项、“几何体”选择“WORKPIECE”选项、“方法”选择“METHOD”选项，按照工件 1 的步骤，创建钻孔刀路，如图 9-98 所示。

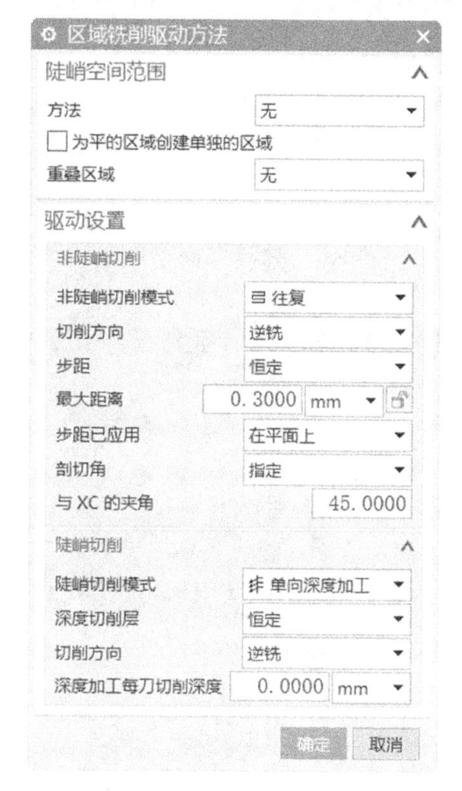

图 9-96　设置【区域铣削驱动方法】对话框参数

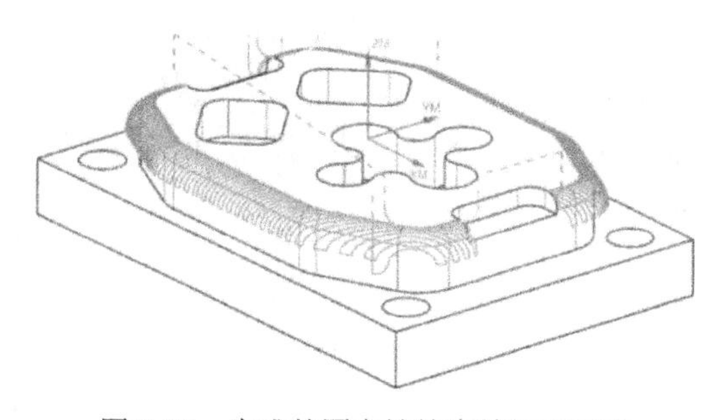

图 9-97　生成的固定铣轮廓精加工刀路

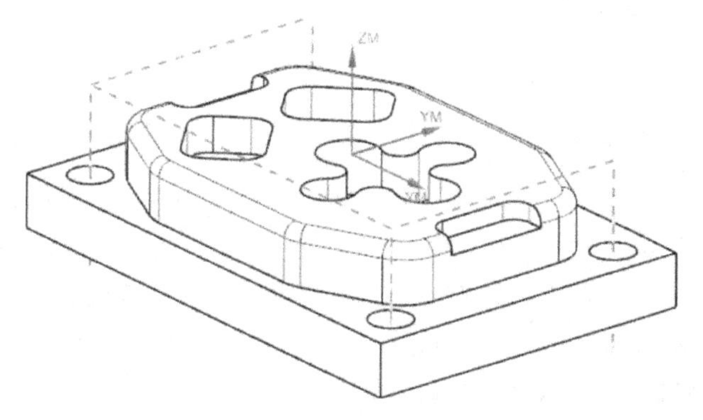

图 9-98　钻孔刀路（啄钻）

10. 工件2第2次装夹的数控编程过程

（1）单击“菜单｜格式｜图层设置”命令，在弹出的【图层设置】对话框中双击“□10”选项，把图层10设为工作层。取消图层“□1”前面的“√”，隐藏第1个图层的图素。

（2）单击“菜单｜编辑｜移动对象”命令，在【移动对象】对话框中，对“运动”选择“角度”选项、“指定矢量”选择“YC↑”选项，把“角度”值设为180°；对“结果”选择“◉移动原先的”单选框，单击“指定轴点”按钮，在【点】对话框中输入（0，0，0）。

（3）单击“确定”按钮，实体旋转180°。

（4）如果孔特征没有创建成功，可在“部件导航器”中单击 简单孔(9)选项。在【孔】对话框中，对“指定矢量”选择“-ZC↓”选项，即可重新生成孔特征（本实例已移除了实体的参数，可直接跳过该步骤）。

（5）在横向菜单中先单击“应用模块”选项卡，再单击“建模”命令按钮，进入UG建模环境。

（6）单击“菜单｜插入｜同步建模｜删除面”命令，删除4个孔特征，如图9-99所示。

（7）在横向菜单中先单击“应用模块”选项卡，再单击“加工”命令，进入UG加工环境。

（8）单击“菜单｜插入｜程序”命令，在【创建程序】对话框中对“类型”选择“mill_contour”选项、“程序”选择“NC_PROGRAM”选项，把“名称”设为D。单击“确定”按钮，创建D程序组，如图9-100所示。此时，D在NC_PROGRAM的下级目录中，并且D与C并列。

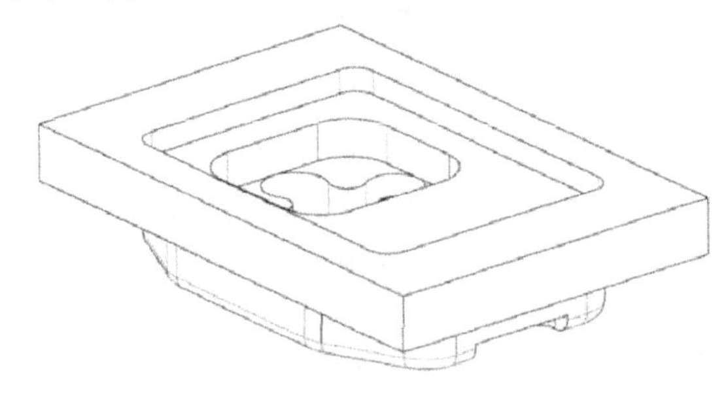

图9-99 删除4个孔特征

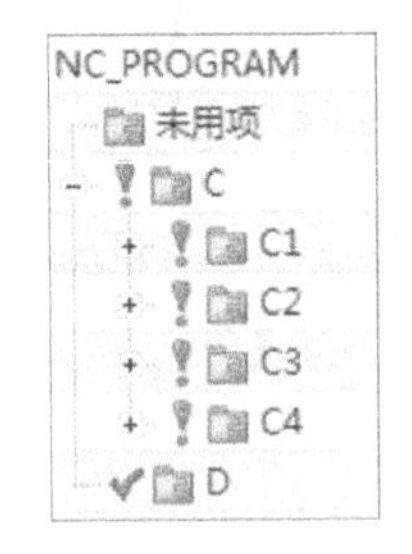

图9-100 创建D程序组

（9）单击“菜单｜插入｜几何体”命令，在【创建几何体】对话框中“几何体子类型”选择图标、“几何体”选择“GEOMETRY”选项，把“名称”设为USE-WORKPIECE。

（10）单击“确定”按钮。在【MCS】对话框中对“安全设置选项”选择“自动平面”选项，把“安全距离”值设为5mm。

（11）单击“确定”按钮，创建几何体。

（12）单击“菜单｜插入｜几何体”命令，在【创建几何体】对话框中对“几何体

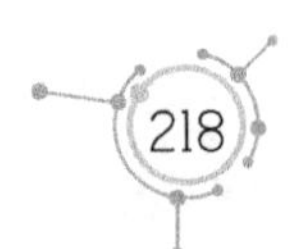

子类型”选择“WORKPIECE”图标、“几何体”选择“USE-WORKPIECE”选项，把“名称”设为WORKPIECE_D，如图9-102所示。

（13）单击“确定”按钮，在【工件】对话框中单击“指定部件”按钮，在工作区选择整个实体。单击“确定”按钮，把实体设置为工作部件。

（14）在【工件】对话框中单击“指定毛坯”按钮，在【毛坯几何体】对话框中，对“类型”选择“包容块”选项，把“XM-”、“YM-”、“XM+”、“YM+”值都设为1mm，把“ZM+”值设为2mm。

（15）连续两次单击“确定”按钮，创建几何体WORKPIECE_D。

图9-101 把“名称”设为USE-WORKPIECE

图9-102 把“名称”设为WORKPIECE_D

（16）单击“菜单｜插入｜程序”命令，在【创建程序】对话框中对“类型”选择“mill_contour”选项、“程序”选择“D”选项，把“名称”设为D1。单击“确定”按钮，创建D1程序组。此时，D1在D的下级目录中。

（17）单击“菜单｜插入｜工序”命令，在【创建工序】对话框中，对“类型”选择“mill_planar”选项。在“工序子类型”列表中单击“带边界面铣”按钮，对“程序”选择“D1”选项、“刀具”选择“D12R0（铣刀-5 参数）”选项、“几何体”选择“WORKPIECE_D”选项、“方法”选择“METHOD”选项。

（18）在【面铣】对话框中单击“指定面边界”按钮，在【毛坯边界】对话框中，对“选择方法”选择“曲线”选项，选择实体上表面的外边线（118mm×80mm）；对“刀具侧”选择“内侧”选项、“平面”选择“指定”选项，选择梅花状通孔的上表面作为指定平面，把“距离”值设为0。

（19）单击“确定”按钮，在【面铣】对话框中，对“刀轴”选择“+ZM轴”选项、“切削模式”选择“跟随周边”选项、“步距”选择“刀具平直百分比”选项，把“平面直径百分比”值设为75%、“毛坯距离”值设为6mm、“每刀切削深度”值设为0.8mm、“最终底面余量”值设为0.1mm。

（20）单击“切削参数”按钮，在弹出的【切削参数】对话框中，单击“策略”选项卡，对“切削方向”选择“顺铣”选项、“刀路方向”选择“向外”选项。单击“余量”选项卡，把“部件余量”值和“壁余量”值都设为0.3mm，把“最终底面余量”值设为0.1mm。

（21）单击“非切削移动”按钮，在弹出的【非切削移动】对话框中，单击“转移/快速”选项卡。在“区域之间”列表中，对“转移类型”选择“安全距离-刀轴”选项；在“区域内”列表中，对“转移方式”选择“进刀/退刀”选项、“转移类型”选择“直接”选项。单击“进刀”选项卡，在“封闭区域”列表中，对“进刀类型”选择“螺旋”选项，把“直径”值设为15mm、“斜坡角”值设为1°、“高度”值设为1mm；对“高度起点”选择“前一层”选项，把“最小安全距离”值设为0、“最小斜面长度”值设为15mm。在“开放区域”列表中，对“进刀类型”选择“线性”选项，把“长度”值设为8mm，把“旋转角度”值和“斜坡角”值都设为0°，把“高度”值设为1mm、“最小安全距离”值设为8mm。

（22）单击“进给率和速度 ”按钮，把主轴速度值设为1000r/min、切削速度值设为1200mm/min。

（23）单击“生成”按钮，生成面铣粗加工刀路，如图9-103所示。

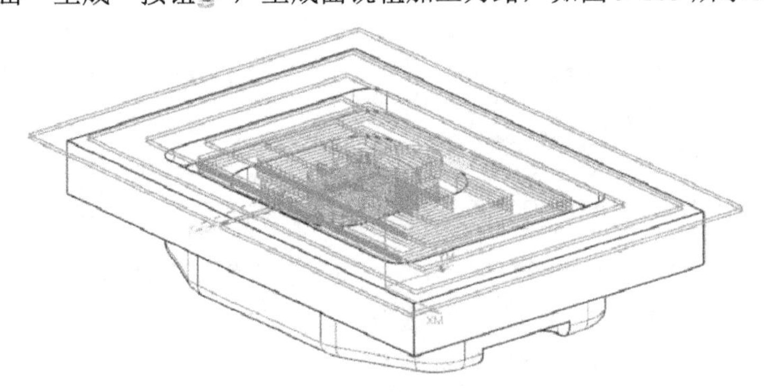

图9-103　面铣粗加工刀路

（24）单击“菜单｜插入｜程序”命令，在【创建程序】对话框中对“类型”选择“mill_contour”选项、“程序”选择“D”选项，把“名称”设为D2。单击“确定”按钮，创建D2程序组。此时，D2在D的下级目录中，D1与D2并列。

（25）单击“菜单｜插入｜工序”命令，在【创建工序】对话框中，对“类型”选择“mill_planar”选项。在“工序子类型”列表中单击“底壁铣”按钮，对“程序”选择“D2”选项、“刀具”选择“D12R0（铣刀-5 参数）”选项、“几何体”选择“WORKPIECE_D”选项、“方法”选择“METHOD”选项。

（26）在【底壁铣】对话框中单击“指定切削区底面”按钮，选择实体上表面。

（27）在【底壁铣】对话框中“切削区域空间范围”选择“底面”选项，对“切削模式”选择“往复”选项、“步距”选择“刀具平直百分比”选项，把“平面直径百分比”值设为75%，把“每刀切削深度”值和“Z向深度偏置”设为0。

（28）单击“切削参数”按钮，在弹出的【切削参数】对话框中选择默认值。

（29）单击“非切削移动”按钮，在弹出的【非切削移动】对话框中选择默认值。

（30）单击“进给率和速度”按钮，把主轴速度值设为 1200r/min、切削速度值设为 500mm/min。

（31）单击“生成”按钮，生成的底壁精加工刀路如图 9-104 所示。

（32）在“工序导航器”中双击 FLOOR_WALL 选项，在【底壁铣】对话框中单击“指定修剪边界”按钮。在【修剪边界】对话框中，对“选择方法”选择“曲线”选项。在工作区上方的工具条中选择“相切曲线”选项，在实体上表面选择 82mm×60mm 的矩形边线。在【修剪边界】对话框中“修剪侧”选择“内侧”选项，单击“确定”按钮。

（33）单击“生成”按钮，修剪后的底壁精加工刀路，如图 9-105 所示。

（34）单击“菜单｜插入｜程序”命令，在【创建程序】对话框中对“类型”选择“mill_contour”选项、“程序”选择“D”选项，把“名称”设为 D3。单击“确定”按钮，创建 D3 程序组。此时 D3 在 D 的下级目录中，并且 D1、D2 与 D3 并列。

（35）在“工序导航器”中选择 FLOOR_WALL 选项，单击鼠标右键，在快捷菜单中单击“复制”命令。选择 D3 程序组，单击鼠标右键，在快捷菜单中单击“内部粘贴”命令。

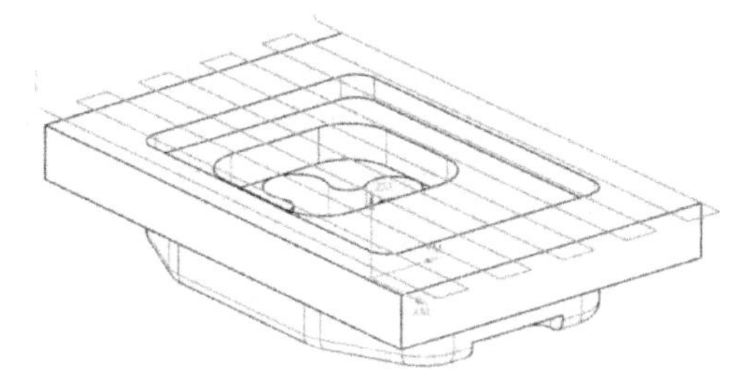

图 9-104 步骤（31）生成的底壁精加工刀路

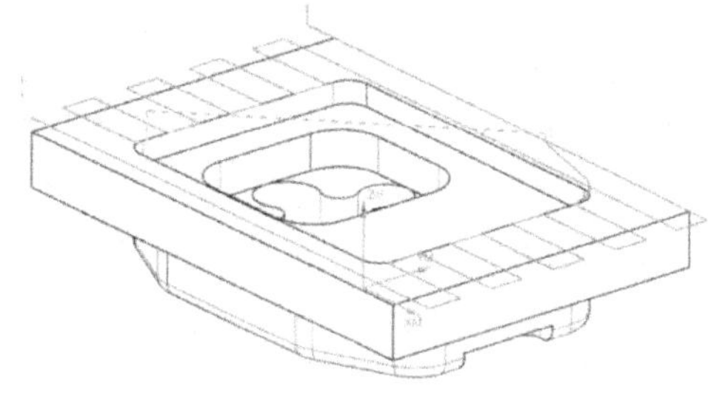

图 9-105 修剪后的底壁精加工刀路

（36）双击 FLOOR_WALL_COPY 选项，在【底壁铣】对话框中单击“指定切削区底面”按钮。在【切削区域】对话框中单击“移除”按钮，移除前面所选择的选项后，再选择 82mm×60mm 方形凹坑的底面。

（37）在【底壁铣】对话框中单击“指定修剪边界”按钮，在【修剪边界】对话框中单击“移除”按钮，移除前面所选择的选项，再选择方形凹坑口部的边线作为修剪边界。

（38）在【底壁铣】对话框中对“刀具”选择“D6R0（铣刀-5 参数）”选项，即立铣刀（ϕ6mm）。

（39）单击“切削参数”按钮，在弹出的【切削参数】对话框中，单击“策略”选项卡，勾选“添加精加工刀路”复选框，把“刀路数”值设为 2、“精加工步距”值设为 0.1mm。

（40）单击“生成”按钮，生成的底壁精加工刀路如图 9-106 所示。

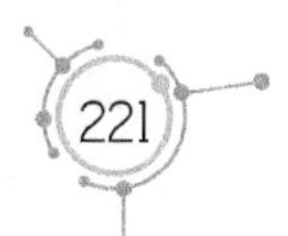

（41）在“工序导航器”中选择 FLOOR_WALL_COPY 选项，单击鼠标右键，在快捷菜单中单击“复制”命令。选择 D3 程序组，单击鼠标右键，在快捷菜单中单击“内部粘贴”命令。

（42）双击 FLOOR_WALL_COPY_COPY 选项，在【底壁铣】对话框中单击“指定切削区底面”按钮。在【切削区域】对话框中单击“移除”按钮，移除前面所选择的选项后，再选择梅花状通孔的上表面。

（43）在【底壁铣】对话框中单击“指定修剪边界”按钮，在【修剪边界】对话框中单击“移除”按钮，移除前面所选择的选项。

（44）单击“生成”按钮，生成的底壁精加工刀路如图 9-107 所示。

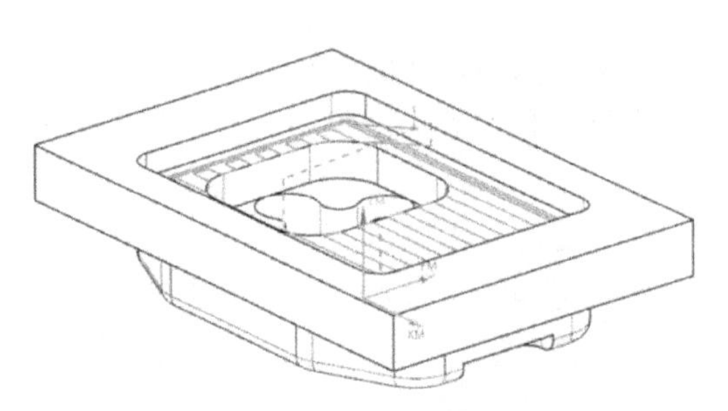

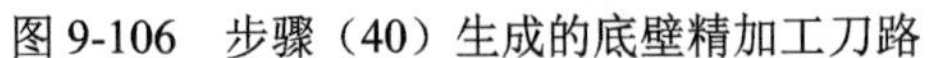

图 9-106　步骤（40）生成的底壁精加工刀路

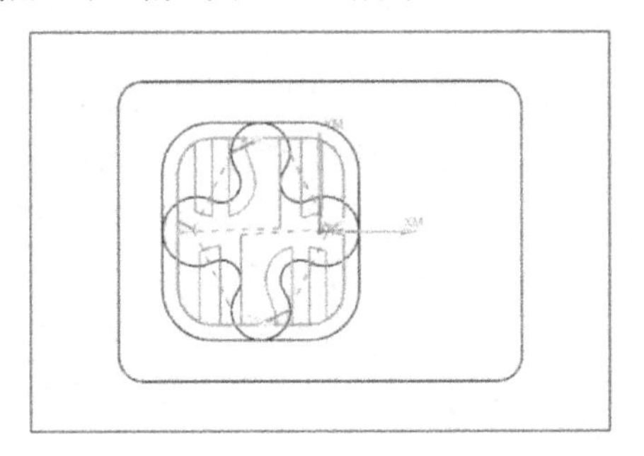

图 9-107　步骤（44）生成的底壁精加工刀路

（45）单击“菜单｜插入｜工序”命令，在【创建工序】对话框中，对“类型”选择“mill_planar”选项。在“工序子类型”列表中单击“平面铣”按钮，对“程序”选择“D3”选项、“刀具”选择“D6R0（铣刀-5 参数）”选项、“几何体”选择“WORKPIECE_D”选项、“方法”选择“METHOD”选项。

（46）在【平面铣】对话框中单击“指定部件边界”按钮，在【部件边界】对话框中对“选择方法”选择“曲线”选项。在工作区上方的工具条中选择“相切曲线”选项，选择梅花状通孔的边线（最好选择下底面的边线）。在【部件边界】对话框中，对“类型”选择“封闭”选项、“刀具侧”选择“内侧”选项、“平面”选择“自动”选项。

（47）在【平面铣】对话框中单击“指定底面 ”按钮，选择实体底面，把“距离”值设为 2mm。

（48）在【平面铣】对话框中对“切削模式”选择“轮廓”选项、“步距”选择“恒定”选项，把“最大距离”值设为 0.1mm、“附加刀路”值设为 2。

（49）单击“切削层”按钮，在弹出的【切削层】对话框中对“类型”选择“仅底面”选项。

（50）单击“切削参数”按钮，在弹出的【切削参数】对话框中，单击“策略”选项卡。对“切削方向”选择“顺铣”选项。单击“余量”选项卡，把“部件余量”值设为 0。

（51）单击“非切削移动”按钮，在弹出的【非切削移动】对话框中，单击“转移/快速”选项卡。在“区域之间”列表中，对“转移类型”选择“安全距离-刀轴”选

项；在“区域内”列表中，对“转移方式”选择“进刀/退刀”选项、“转移类型”选择“直接”选项。单击“进刀”选项卡，在“封闭区域”列表中，对“进刀类型”选择“与在开放区域相同”选项；在“开放区域”列表中，对“进刀类型”选择“圆弧”选项，把“半径”值设为1mm、“圆弧角度”值设为90°、“高度”值设为1mm、“最小安全距离”值设为3mm。

（52）单击“进给率和速度 ”按钮，把主轴速度值设为1000r/min、切削速度值设为500mm/min。

（53）单击“生成”按钮，生成的平面铣轮廓精加工刀路如图9-108所示。

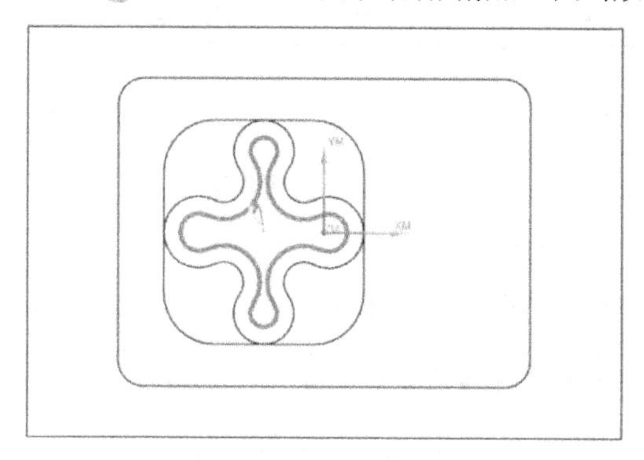

图9-108 生成的平面铣轮廓精加工刀路

（54）单击“保存”按钮，保存文档。

11. 工件1第1次装夹方式

（1）用台钳装夹工件时，工件的上表面至少高出台钳平面27mm。
（2）对工件采用四边分中，把工件的上表面设为$Z0$。

12. 工件1第1次装夹的加工程序单

工件1第1次装夹的加工程序单如表9-1所示。

表9-1 工件1第1次装夹的加工程序单

序 号	刀 具	加工深度	备 注
A1	ϕ10钻头	35mm	钻孔
A2	ϕ12平底刀	23mm	粗加工
A3	ϕ12平底刀	23mm	精加工

13. 工件1第2次装夹方式

（1）用台钳装夹工件时，工件的上表面至少高出台钳平面18mm。
（2）对工件采用四边分中，设工件下表面为$Z0$。

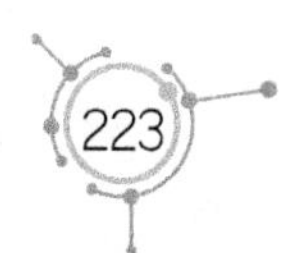

14. 工件 1 第 2 次装夹的加工程序单

工件 1 第 2 次装夹的加工程序单见表 9-2。

表 9-2 工件 1 第 2 次装夹的加工程序单

序　　号	刀　　具	加工深度	备　　注
B1	ϕ12 平底刀	12mm	粗加工
B2	ϕ6 平底刀	12mm	粗加工
B3	ϕ6 平底刀	12mm	精加工

15. 工件 2 第 1 次装夹方式

（1）用台钳装夹工件时，工件的上表面至少高出台钳平面 28mm。

（2）对工件采用四边分中，把工件的上表面设为 *Z*0。

16. 工件 2 第 1 次装夹的加工程序单

工件 2 第 1 次装夹的加工程序单见表 9-3。

表 9-3 工件 2 第 1 次装夹的加工程序单

序　　号	刀　　具	加工深度	备　　注
C1	ϕ12 平底刀	25mm	粗加工
C2	ϕ12 平底刀	25mm	精加工
C3	ϕ6 平底刀	13mm	粗加工
C4	ϕ6 平底刀	13mm	精加工
C5	ϕ6*R*3 球头刀	10mm	精加工
C6	ϕ10 钻头	20mm	钻孔

17. 工件 2 第 2 次装夹方式

（1）用台钳装夹工件时，工件的上表面至少高出台钳平面 18mm。

（2）对工件采用四边分中，设工件下表面为 *Z*0。

18. 工件 2 第 2 次装夹的加工程序单

工件 2 第 2 次装夹的加工程序单见表 9-4。

表 9-4 工件 2 第 2 次装夹的加工程序单

序　　号	刀　　具	加工深度	备　　注
D1	ϕ12 平底刀	12mm	粗加工
D2	ϕ12 平底刀	12mm	精加工
D3	ϕ6 平底刀	12mm	精加工

项目10 同 心 板

本项目以全国数控铣竞赛题为例，详细介绍草绘、建模、加工工艺、编程等内容。工件结构图如图10-1和图10-2所示，毛坯材料为铝块。

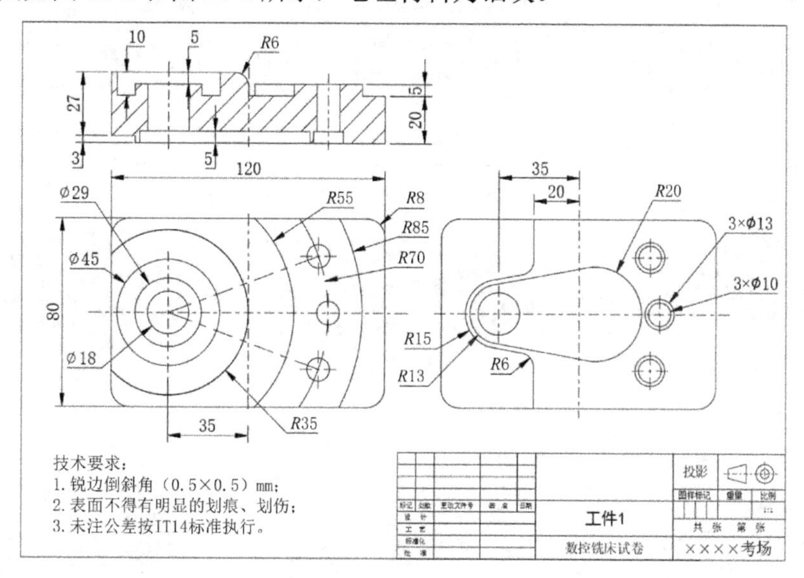

图10-1　工件1结构图

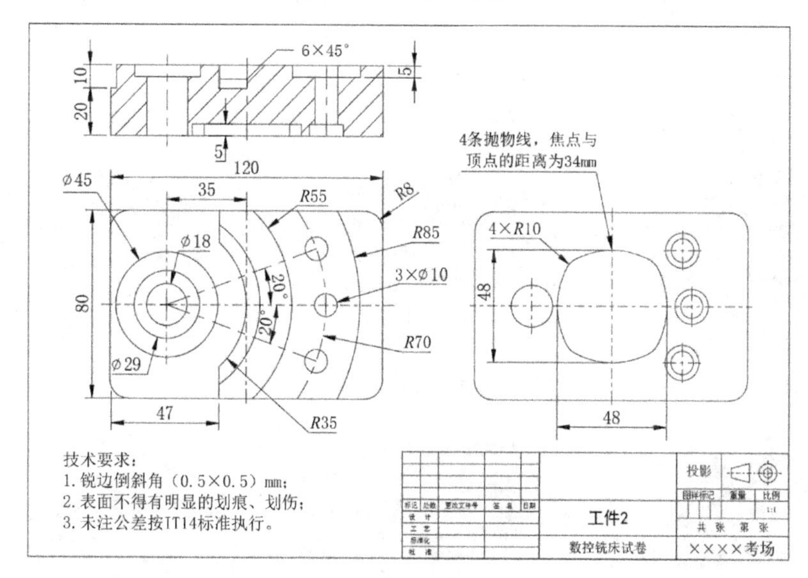

图10-2　工件2结构图

考核要求：

（1）两个工件能正常配合，配合间隙应小于 0.1mm。

（2）工件 1 和工件 2 的轮廓形面配合间隙为 0.06mm。

（3）不准用砂布及锉刀修饰表面（可修理毛刺）。

（4）未注公差尺寸按 GB 1804-M。

1. 工件 1 的第 1 面加工工序分析图

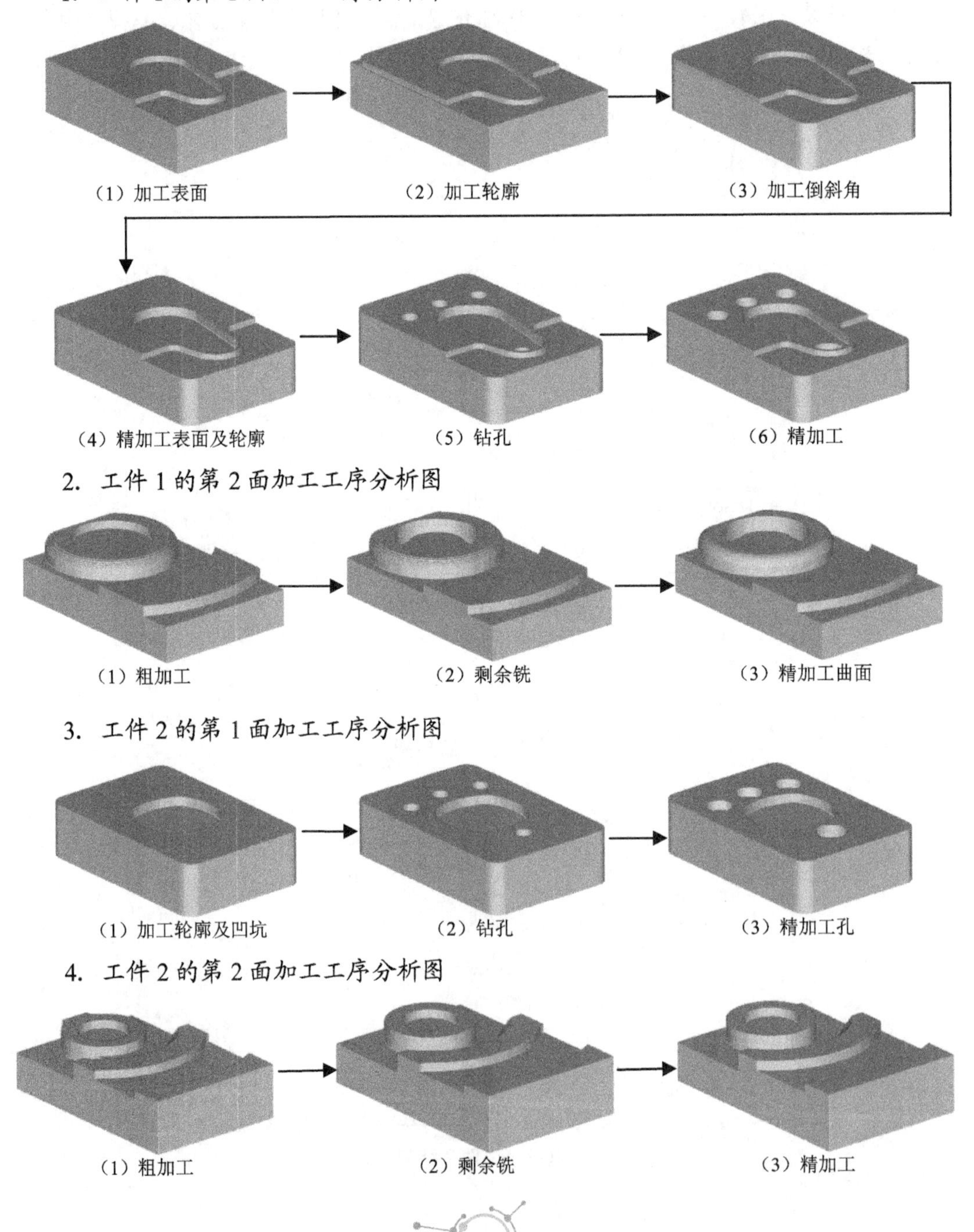

5. 工件1的建模过程

（1）启动UG 12.0，单击“新建”按钮，在弹出的【新建】对话框中单击“模型”选项卡。在模板框中把“单位”设为“毫米”，选择“模型”模板，把“名称”设为EX10A.prt、“文件夹”路径设为“E:\UG12.0数控编程\项目10”。

（2）单击“拉伸”按钮，在弹出的【拉伸】对话框中单击“绘制截面”按钮。把*XC-YC*平面设为草绘平面、*X*轴设为水平参考线，把草图原点坐标设为（0，0，0），以原点为中心绘制第1个截面（120mm×80mm），如图10-3所示。

（3）单击“完成”按钮，在弹出的【拉伸】对话框中，对“指定矢量”选择“ZC↑”选项。在“开始”栏中选择“值”选项，把“距离”值设为0；在“结束”栏中选择“值”选项，把“距离”值设为20mm，对“布尔”选择“无”选项。

（4）单击“确定”按钮，创建第1个拉伸特征，如图10-4所示。

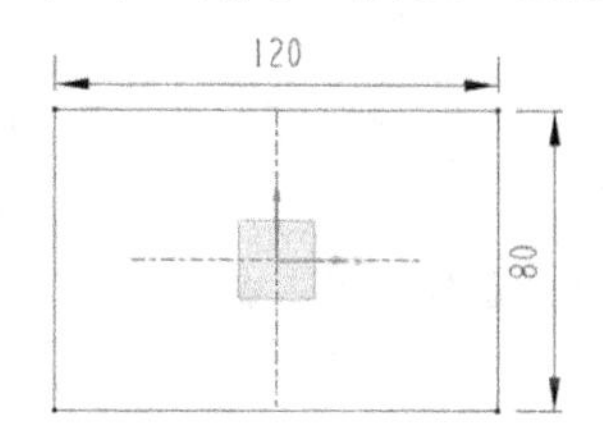

图10-3　绘制第1个截面

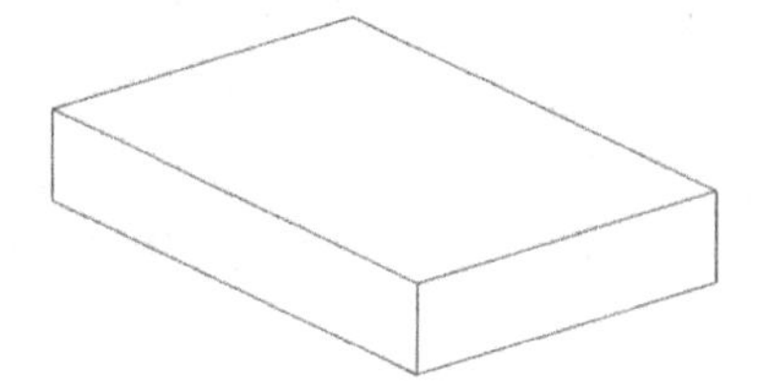
图10-4　创建第1个拉伸特征

（5）单击“拉伸”按钮，在弹出的【拉伸】对话框中单击“绘制截面”按钮。把*XC-YC*平面设为草绘平面、*X*轴设为水平参考线，把草图原点坐标设为（0，0，0），绘制第2个截面，如图10-5所示。

（6）单击“完成”按钮，在弹出的【拉伸】对话框中，对“指定矢量”选择“ZC↑”选项。在“开始”栏中选择“值”选项，把“距离”值设为0；在“结束”栏中选择“值”选项，把“距离”值设为30mm，对“布尔”选择“合并”选项。

（7）单击“确定”按钮，创建第2个拉伸特征，如图10-6所示。

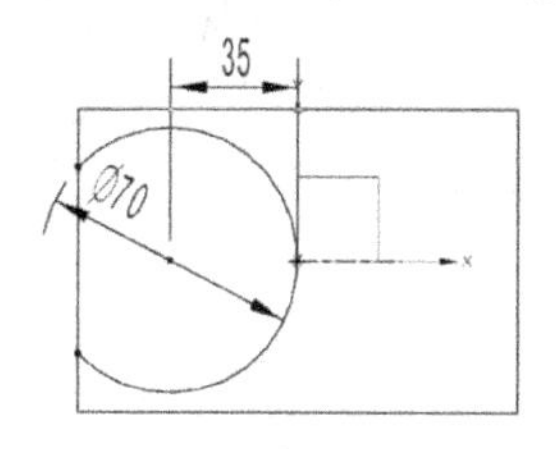

图10-5　绘制第2个截面

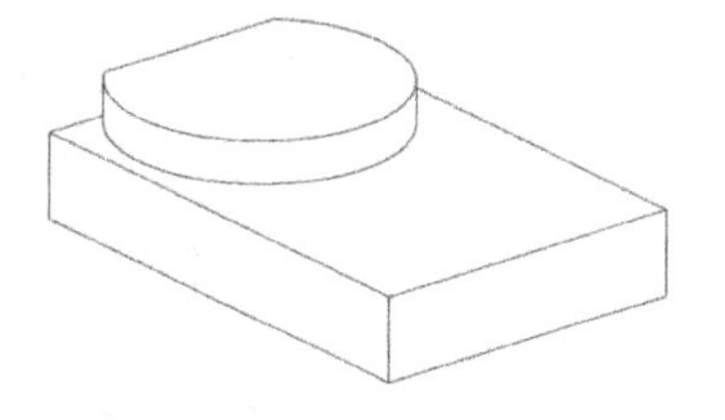
图10-6　创建第2个拉伸特征

（8）单击“拉伸”按钮，在弹出的【拉伸】对话框中单击“绘制截面”按钮。选择顶面作为草绘平面，把*X*轴设为水平参考线，把草图原点坐标设为（0，0，0），绘制第3个截面，如图10-7所示。

（9）单击“完成”按钮，在弹出的【拉伸】对话框中，对“指定矢量”选择“-ZC↓”按钮。在“开始”栏中选择“值”选项，把“距离”值设为0；在“结束”栏中选择“值”

选项，把“距离”值设为10mm，对“布尔”选择“减去”选项。

（10）单击“确定”按钮，创建第3个拉伸特征（圆孔），如图10-8所示。

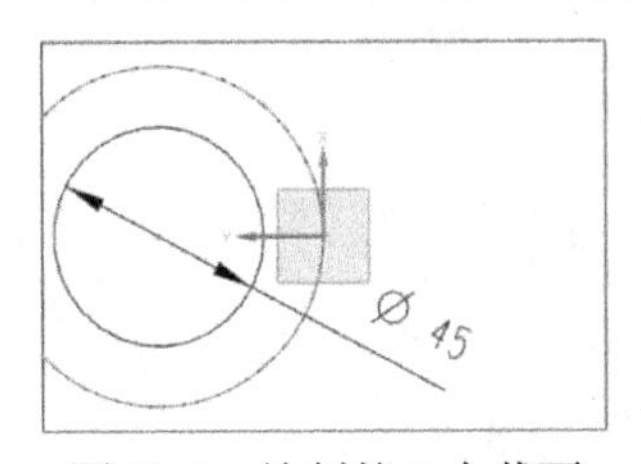

图10-7　绘制第3个截面

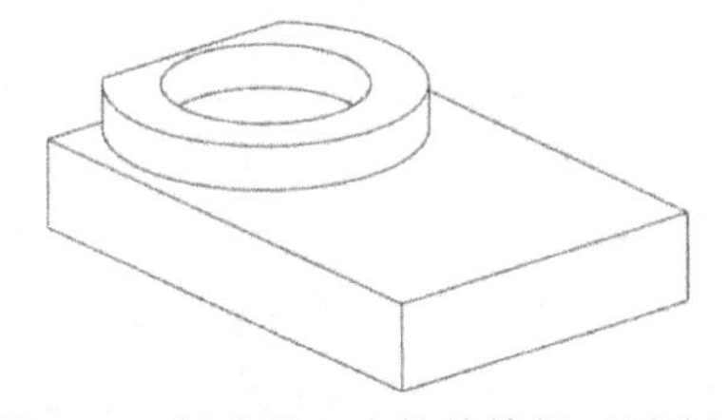

图10-8　创建第3个拉伸特征（圆孔）

（11）单击“拉伸”按钮，在弹出的【拉伸】对话框中单击“绘制截面”按钮。把*XC-YC*平面设为草绘平面、*X*轴设为水平参考线，把草图原点坐标设为（0，0，0），绘制第4个截面，如图10-9所示。

（12）单击“完成”按钮，在弹出的【拉伸】对话框中，对“指定矢量”选择“ZC↑”选项。在“开始”栏中选择“值”选项，把“距离”值设为0；在“结束”栏中选择“值”选项，把“距离”值设为25mm，对“布尔”选择“合并”选项。

（13）单击“确定”按钮，创建第4个拉伸特征，如图10-10所示。

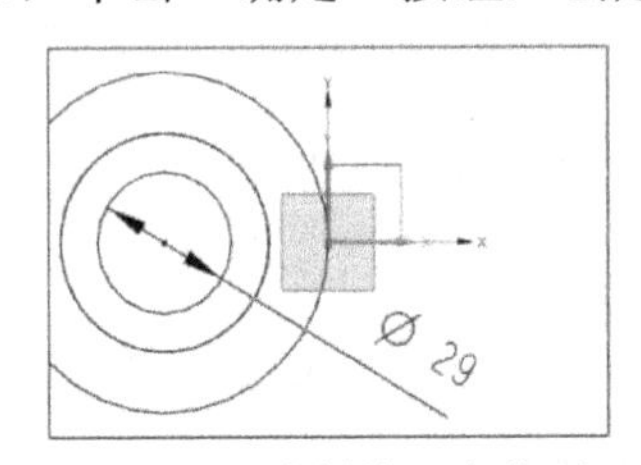

图10-9　绘制第4个截面

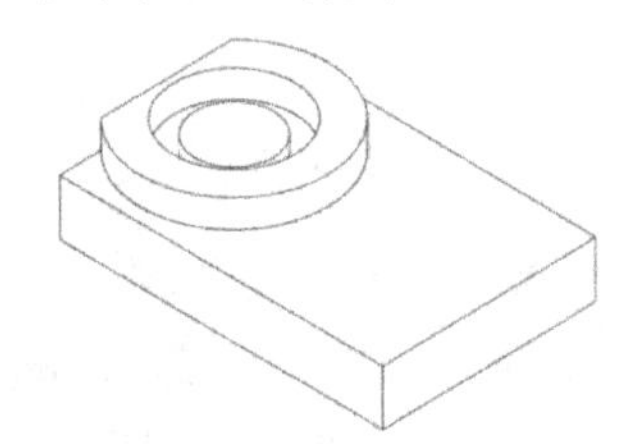

图10-10　创建第4个拉伸特征

（14）单击“菜单｜插入｜设计特征｜孔”命令，在弹出的【孔】对话框中单击“绘制截面”按钮。以底面为草绘平面、*X*轴设为水平参考线，把草图原点坐标设为（0，0，0），在圆心处绘制1个点，如图10-11所示。

（15）单击“完成”按钮，在【孔】对话框中，对“类型”选择“常规孔”选项、“孔方向”选择“垂直于面”选项、“成形”选择“简单孔”选项，把“直径”值设为18mm；对“深度限制”选择“贯通体”选项、“布尔”选择“减去”选项。

（16）单击“确定”按钮，创建孔特征，如图10-12所示。

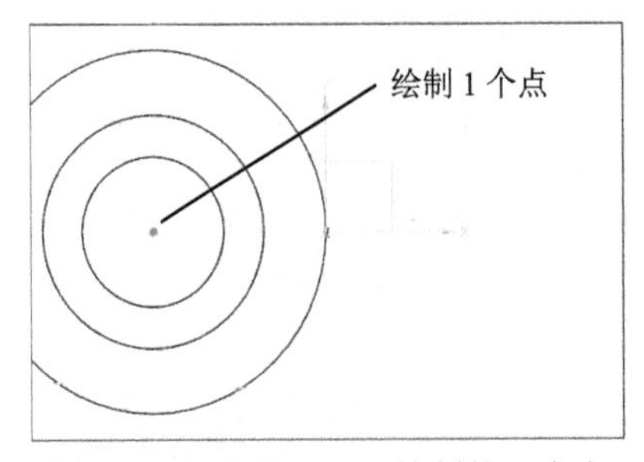

图10-11　步骤（14）绘制的1个点

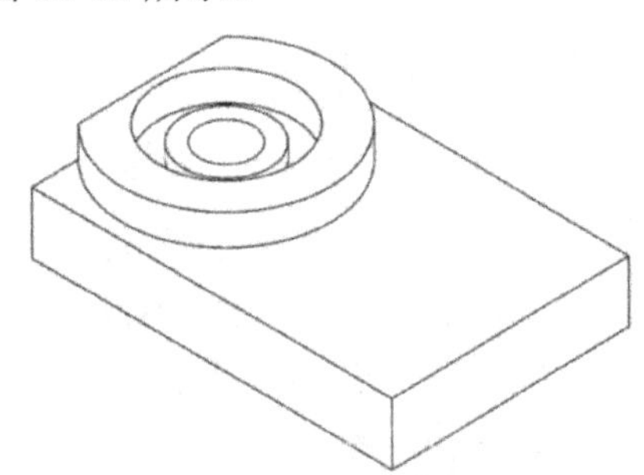

图10-12　创建孔特征

（17）单击“拉伸”按钮，在弹出的【拉伸】对话框中单击“绘制截面”按钮。把 *XC-YC* 平面设为草绘平面、*X* 轴设为水平参考线，把草图原点坐标设为（0，0，0），绘制第 5 个截面，如图 10-13 所示。其中，两条圆弧的圆心与圆柱的圆心重合。

（18）单击“完成”按钮，在弹出的【拉伸】对话框中，对“指定矢量”选择“ZC↑”选项。在“开始”栏中选择“值”选项，把“距离”值设为 0；在“结束”栏中选择“值”选项，把“距离”值设为 25mm，对“布尔”选择“合并”选项。

（19）单击“确定”按钮，创建第 5 个拉伸特征，如图 10-14 所示。

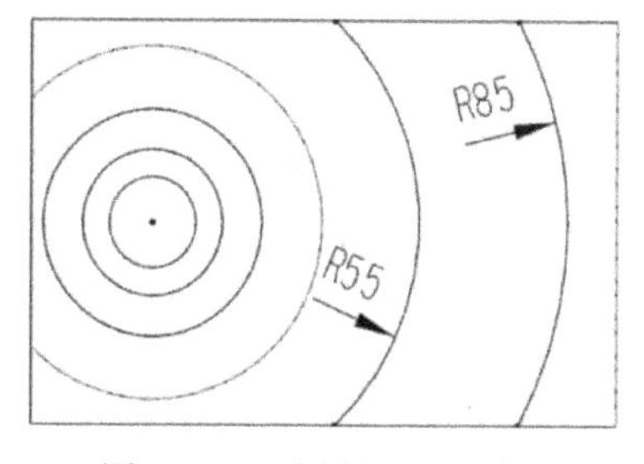

图 10-13　绘制第 5 个截面

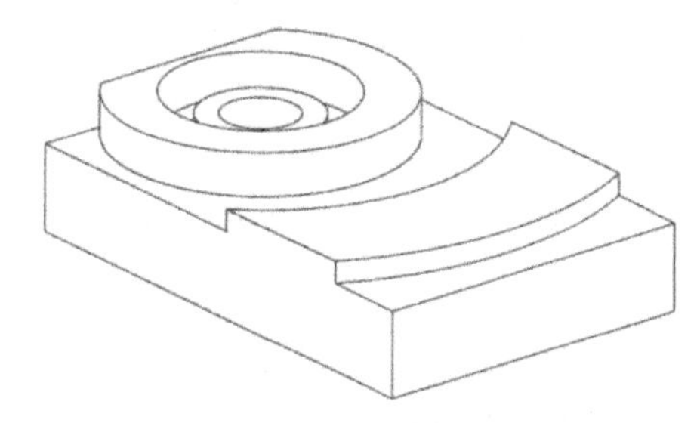

图 10-14　创建第 5 个拉伸特征

（20）单击“菜单｜插入｜设计特征｜孔”命令，在弹出的【孔】对话框中单击“绘制截面”按钮。以底面为草绘平面、*X* 轴为水平参考线，把草图原点坐标设为（0，0，0），在 *X* 轴上绘制 1 个点，如图 10-15 所示。

（21）单击“完成”按钮，在【孔】对话框中，对“类型”选择“常规孔”选项、“孔方向”选择“垂直于面”选项、“成形”选择“沉头”选项，把“沉头直径”值设为 13mm、“沉头深度”设为 5mm、“直径”值设为 10mm；对“深度限制”选择“贯通体”选项、“布尔”选择“减去”选项。

（22）单击“确定”按钮，创建沉头孔特征，如图 10-16 所示。

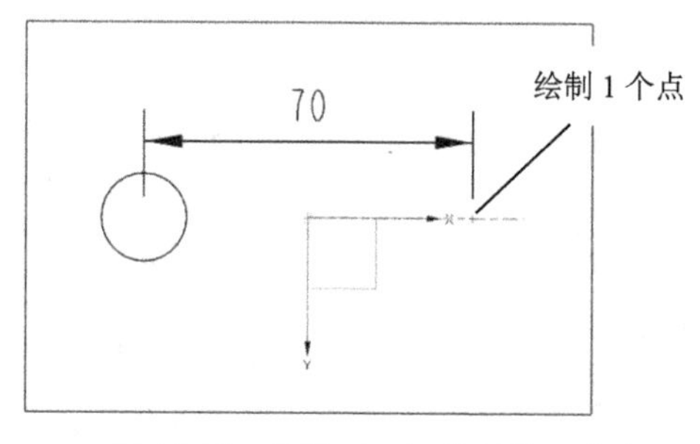

图 10-15　步骤（20）绘制的 1 个点

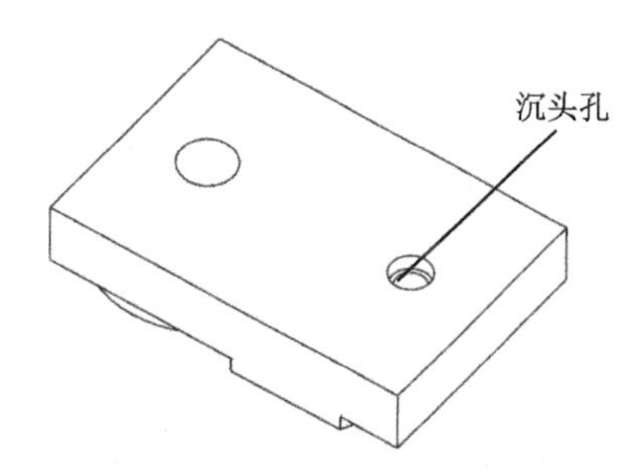

图 10-16　创建沉头孔特征

（23）单击“菜单｜插入｜关联复制｜阵列特征”命令，选择上一步骤所创建的沉头孔作为要阵列的对象。在【阵列特征】对话框中的“布局”一栏选择“圆形”选项，对“指定矢量”选择“ZC↑”选项、“指定点”坐标选择“圆弧中心/椭圆中心/球心”选项。选择圆柱的圆心，对“间距”选择“数量和跨距”选项，把“数量”值设为 2、

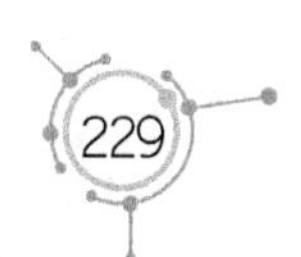

“跨角”值设为20°，如图10-17所示。

（24）单击“确定”按钮，创建第1个旋转阵列特征，如图10-18所示。

（25）采用相同的方法，对“指定矢量”选择“-ZC↓”选项，创建第2个旋转阵列特征，如图10-19所示。

图10-17　设置【阵列特征】对话框参数

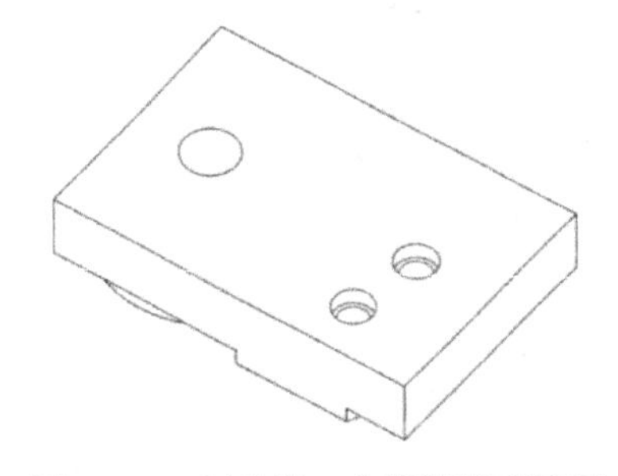

图10-18　创建第1个旋转阵列特征

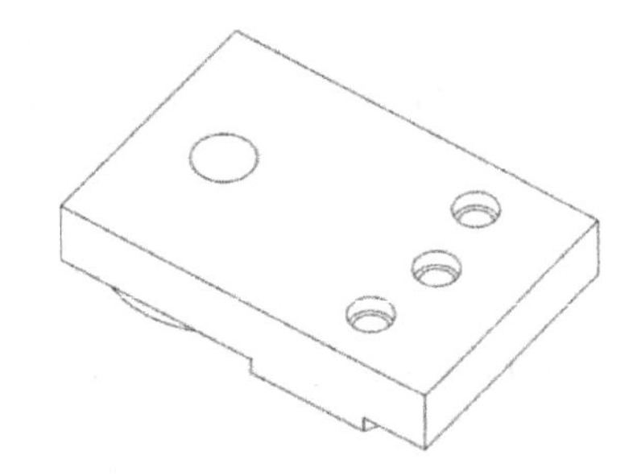

图10-19　创建第2个旋转阵列特征

（26）单击“拉伸”按钮，在弹出的【拉伸】对话框中单击“绘制截面”按钮。以底面为草绘平面、*X*轴为水平参考线，把草图原点坐标设为（0，0，0），绘制第6个截面，如图10-20所示。

（27）单击“完成”按钮，在弹出的【拉伸】对话框中，对“指定矢量”选择“ZC↑”选项。在“开始”栏中选择“值”选项，把“距离”值设为0；在“结束”栏中选择“值”选项，把“距离”值设为5mm，对“布尔”选择“减去”选项。

（28）单击“确定”按钮，创建第6个拉伸特征，如图10-21所示。

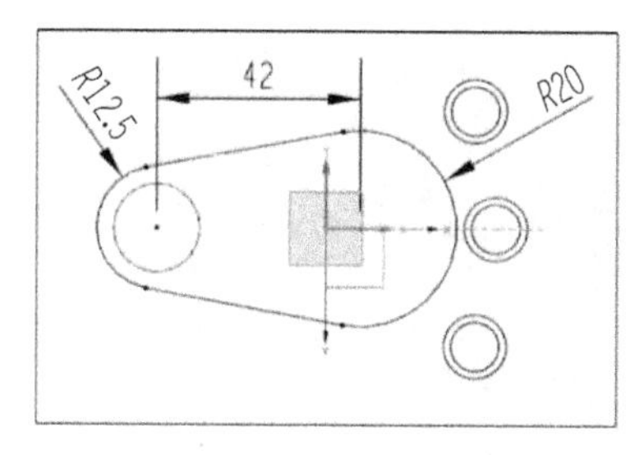

图 10-20 绘制第 6 个截面

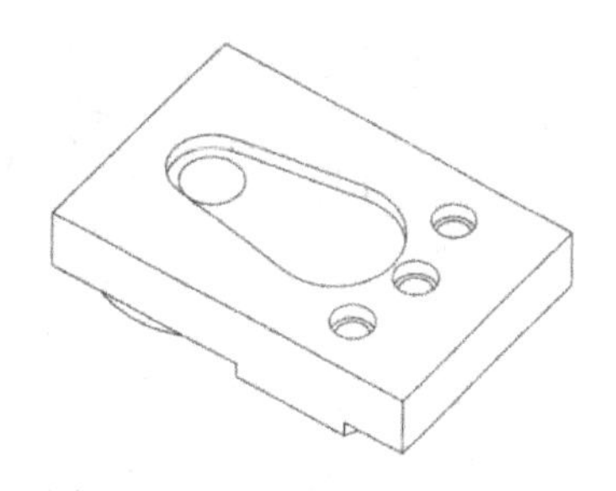

图 10-21 创建第 6 个拉伸特征

(29) 单击“拉伸”按钮，在弹出的【拉伸】对话框中单击“绘制截面”按钮，以底面为草绘平面、*X* 轴为水平参考线，把草图原点坐标设为（0，0，0），以端点为顶点，绘制第 7 个截面（矩形），如图 10-22 所示。

(30) 单击“菜单 | 插入 | 来自曲线集的曲线 | 偏置曲线”命令，在工作区上方的工具条中选择“单条曲面”选项。选择第 6 个拉伸特征的边线，把“距离”值设为 2（单位：mm)，绘制偏置曲线，如图 10-23 所示。

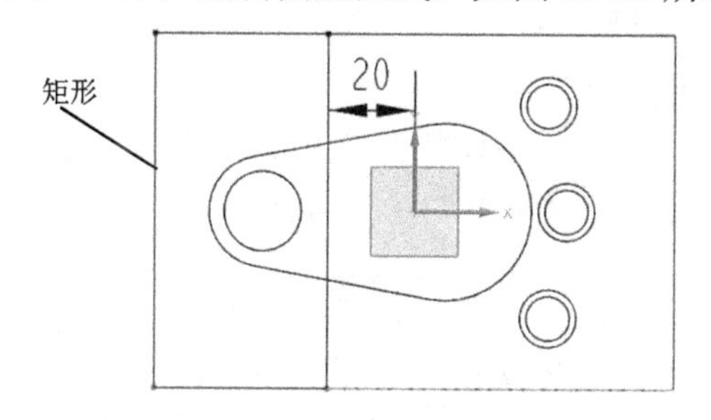

图 10-22 绘制第 7 个截面（矩形）

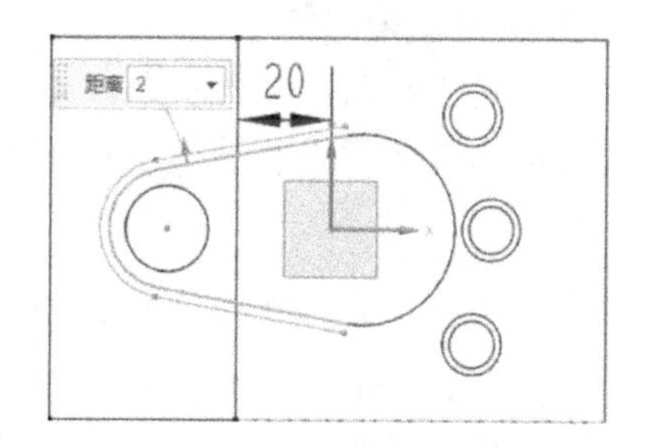

图 10-23 绘制偏置曲线

(31) 单击“菜单 | 编辑 | 曲线 | 快速修剪”命令，修剪后的曲线如图 10-24 所示。

(32) 单击“完成”按钮，在弹出的【拉伸】对话框中，对“指定矢量”选择“ZC↑”选项。在“开始”栏中选择“值”选项，把“距离”值设为 0；在“结束”栏中选择“值”选项，把“距离”值设为 5mm，对“布尔”选择“减去”选项。

(33) 单击“确定”按钮，创建第 7 个拉伸特征，如图 10-25 所示。

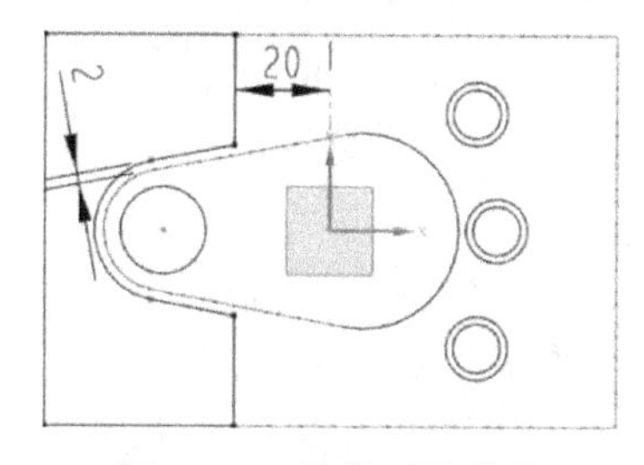

图 10-24 修剪后的曲线

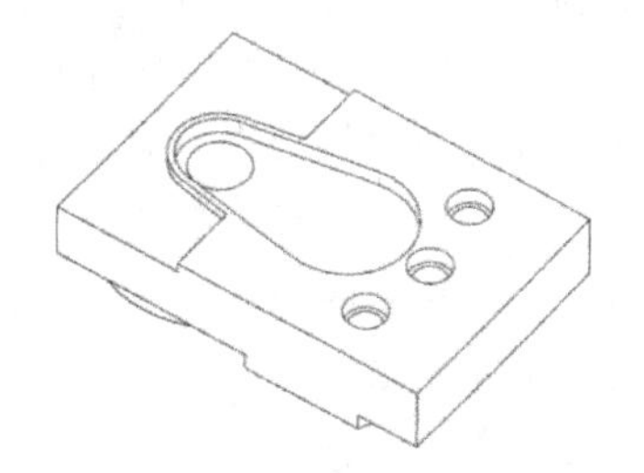

图 10-25 创建第 7 个拉伸特征

(34) 单击“边倒圆”按钮，创建边倒圆角特征（*R*6mm)，如 10-26 所示。

(35) 采用相同的方法，创建其他位置的边倒圆角特征，如图 10-27 所示。

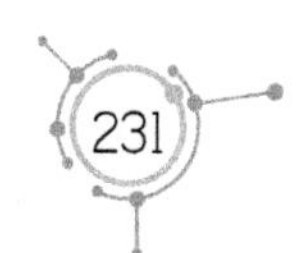

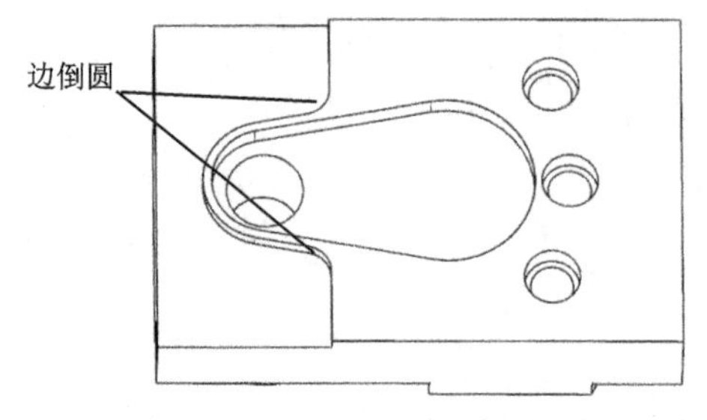

图 10-26　创建边倒圆角特征

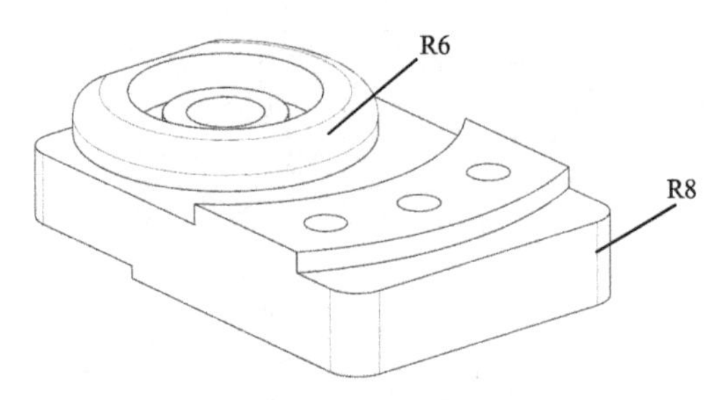

图 10-27　创建其他位置的边倒圆角特征

6. 工件 1 第 1 次装夹的数控编程过程

（1）单击“菜单｜格式｜移动至图层”命令，选择实体后，单击“确定”按钮。在【图层复制】对话框中的“目标图层或类别”文本框输入“10”。

（2）单击“确定”按钮，把实体移动到第 10 个图层。

（3）单击“菜单｜格式｜复制至图层”命令，选择实体后，单击“确定”按钮。在【图层复制】对话框中的“目标图层或类别”文本框输入“1”。

（4）单击“确定”按钮，把实体复制到第 1 个图层。

（5）单击“菜单｜格式｜图层设置”命令，在【图层设置】对话框中双击“□1”选项，把第 1 个图层设为工作层，取消图层“□10”前面的“√”，隐藏第 10 个图层。

提示：上述步骤的目的是把原图放在第 10 个图层，原图不做任何改动。

（6）单击“菜单｜编辑｜移动对象”命令，在弹出的【移动对象】对话框中，对“运动”选择“角度”选项“指定矢量”选择“YC↑”选项，把“角度”值设为 180°；对“结果”选择“◉移动原先的”单选框，单击“指定轴点”按钮，在【点】对话框中输入（0，0，0）。

（7）单击“确定”按钮，实体旋转 180°，如图 10-28 所示。

（8）在横向菜单中先单击“应用模块”选项卡，再单击“加工”命令。在【加工环境】对话框中选择“cam_general”选项和“mill_planar”选项。单击“确定”按钮，进入 UG 加工环境。此时，实体上出现两个坐标系：基准坐标系和工件坐标系。

（9）单击“创建刀具”按钮，对“类型”选择“mill_contour”选项、“刀具子类型”选择 MILL 图标、“名称”选择“D12R0（铣刀-5 参数）”选项，把“直径”值设为 12mm、“下半径”值设为 0。

（10）采用相同的方法，创建 D10R0 立铣刀，“直径”值设为 10mm，“下半径”值设为 0。创建 D6R0 立铣刀，把“直径”值设为 6mm、“下半径”值设为 0。

（11）单击“创建刀具”按钮，对“类型”选择“drill”选项、“刀具子类型”选择“DRILLING_TOOL”图标、“名称”选择“Dr10”选项，把“直径”值设为 10mm。

（12）单击“菜单｜插入｜工序”命令，在【创建工序】对话框中，对“类型”选择“mill_planar”选项。在“工序子类型”列表中单击“带边界面铣”按钮，对“程序”选择“NC_PROGRAM”选项、“刀具”选择“D12R0（铣刀-5 参数）”选项、“几何体”选择“MCS_MILL”选项、“方法”选择“METHOD”选项。

（13）在【面铣】对话框中单击“指定部件”按钮，选择整个实体。

（14）在【面铣】对话框中单击“指定面边界”按钮，在【毛坯边界】对话框中，对“选择方法”选择“曲线”选项，选择实体上表面的 4 条边线，如图 10-29 所示。

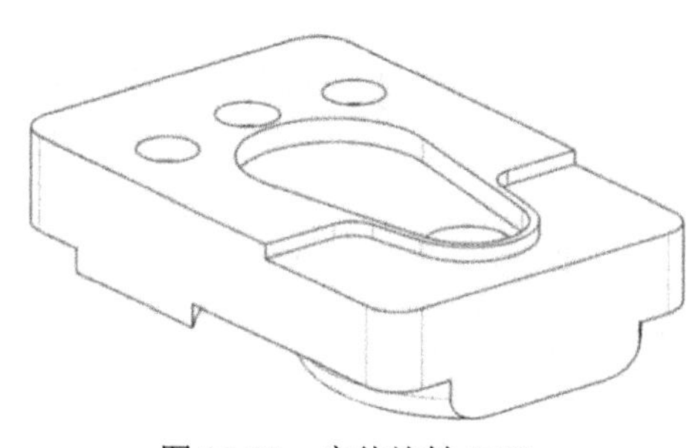

图 10-28 实体旋转 180°

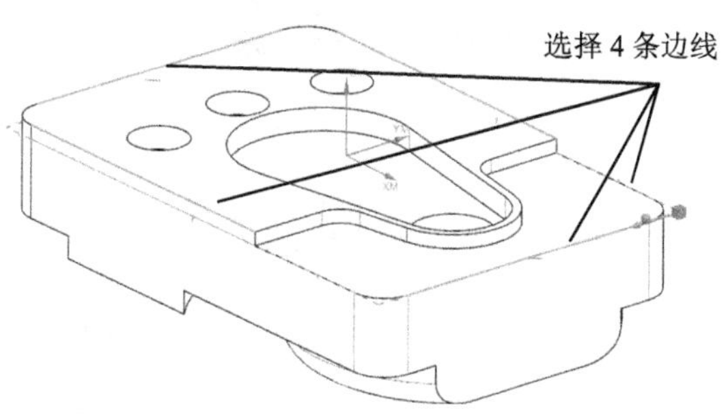

图 10-29 选择 4 条边线

（15）在【毛坯边界】对话框中，对“刀具侧”选择“内侧”，对“平面”选择“指定”选项，选择台阶面作为指定平面，如图 10-30 所示。设置完毕，单击“确定”按钮。

（16）在【面铣】对话框中，对“刀轴”选择“+ZM 轴”选项、“切削模式”选择“跟随周边”选项、“步距”选择“刀具平直百分比”选项，把“平面直径百分比”值设为 75%、“毛坯距离”值设为 6mm、“每刀切削深度”值设为 0.8mm、“最终底面余量”值设为 0.1mm。

（17）单击“切削参数”按钮，在弹出的【切削参数】对话框中，单击“策略”选项卡。对“切削方向”选择“顺铣”选项、“刀路方向”选择“向外”选项。单击“余量”选项卡，把“部件余量”值和“壁余量”值都设为 0.3mm，把“最终底面余量”值设为 0.1mm，把“内公差”值和“外公差”值都设为 0.01。

（18）单击“非切削移动”按钮，在弹出的【非切削移动】对话框中，单击“转移/快速”选项卡。在“区域之间”列表中，对“转移类型”选择“安全距离-刀轴”选项；在“区域内”列表中，对“转移方式”选择“进刀/退刀”选项、“转移类型”选择“安全距离-刀轴”选项。单击“进刀”选项卡，在“封闭区域”列表中，对“进刀类型”选择“螺旋”选项，把“直径”值设为 10mm、“斜坡角”值设为 1°、“高度”值设为 1mm；对“高度起点”选择“前一层”选项，把“最小安全距离”值设为 0、“最小斜面长度”值设为 10mm。在“开放区域”列表中，对“进刀类型”选择“线性”选项，把“长度”值设为 8mm，把“旋转角度”值和“斜坡角”值都设为 0°，把“高度”值设为 1mm、“最小安全距离”值设为 8mm。

（19）单击“进给率和速度 ”按钮，把主轴速度值设为 1000r/min、切削速度值设为 1200mm/min。

（20）单击“生成”按钮，生成面铣粗加工刀路，如图 10-31 所示。

（21）单击“切削参数”按钮，在弹出的【切削参数】对话框中，单击“策略”选项卡，把“刀具延展量”值改为 50.0000%，如图 10-32 所示。

（22）单击“生成”按钮，优化后的面铣粗加工刀路，如图 10-33 所示。从图中可以看出，实体以外的刀路被取消，这种优化后的刀路可以有效地避免空刀。

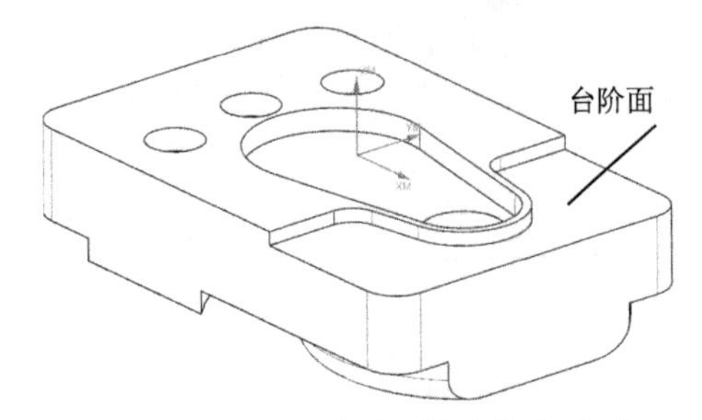

图 10-30　选择台阶面作为指定平面

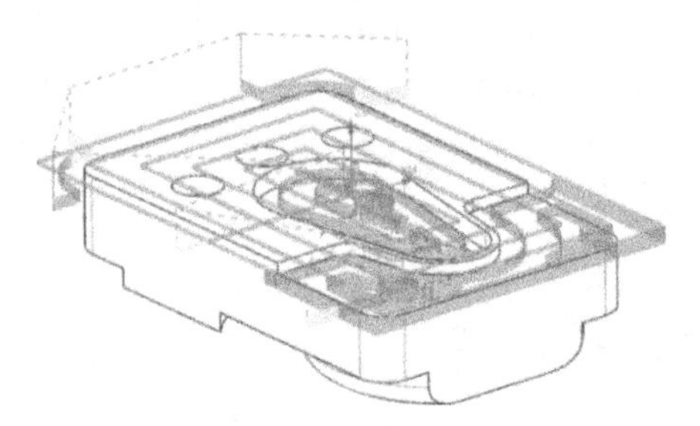
图 10-31　面铣粗加工刀路

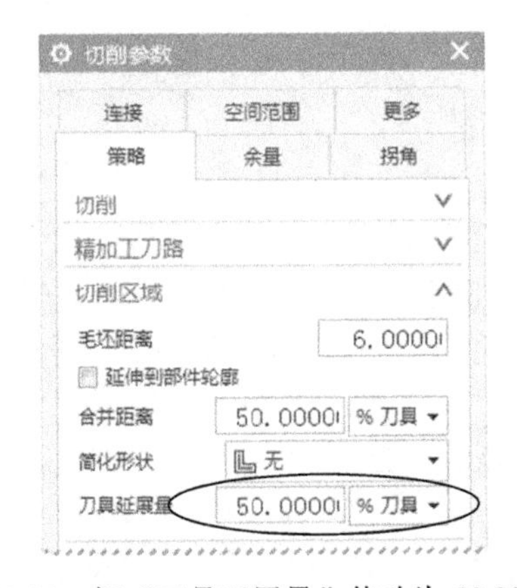

图 10-32　把“刀具延展量”值改为 50.0000%

（23）单击“菜单｜插入｜工序”命令，在【创建工序】对话框中，对“类型”选择“mill_planar”选项。在“工序子类型”列表中单击“平面铣”按钮，对“程序”选择“NC_PROGRAM”选项、“刀具”选择“D12R0（铣刀-5 参数）”选项、“几何体”设为“MCS_MILL”、“方法”选择“METHOD”选项。设置完毕，单击“确定”按钮。

（24）在【平面铣】对话框中单击“指定部件边界”按钮，在【部件边界】对话框中，对“选择方法”选择“曲线”选项。在工作区上方的工具条中选择“相切曲线”选项，在实体上选择需要加工的边线，如图 10-34 所示。

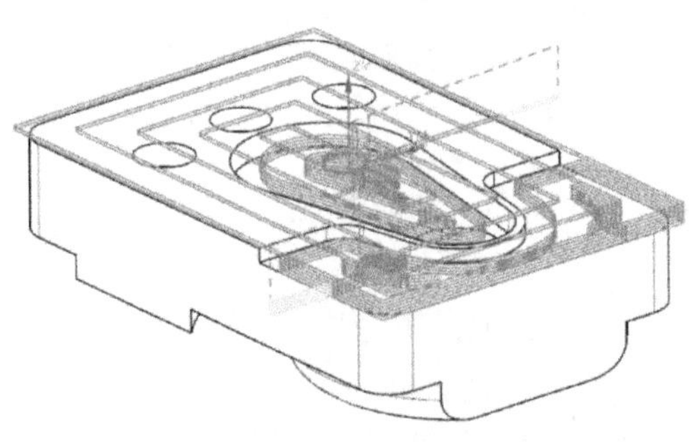
图 10-33　优化后的面铣粗加工刀路

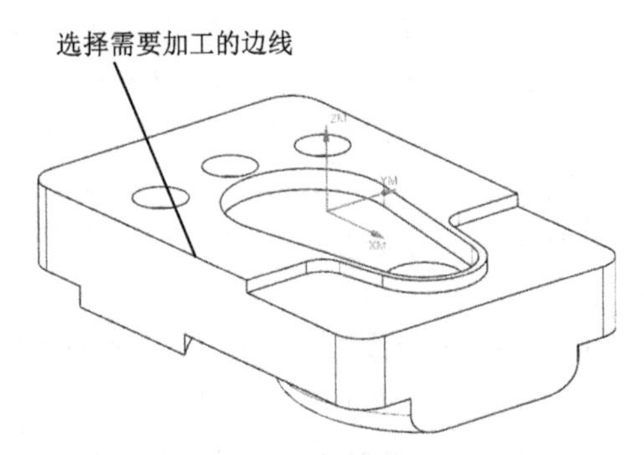

图 10-34　选择需要加工的边线

（25）在【部件边界】对话框中，对“边界类型”选择“开放”选项、“刀具侧”选择“左”选项、“平面”选择“自动”选项。设置完毕，单击“确定”按钮。

（26）在【平面铣】对话框中单击“指定底面”按钮，选择台阶面，把“距离”值设为0。

（27）在【平面铣】对话框中，对“切削模式”选择“轮廓”选项，把“附加刀路”值设为0。

（28）单击“切削层”按钮，在弹出的【切削层】对话框中，对“类型”选择“恒定”选项，把“公共每刀切削深度”值设为0.8mm。

（29）单击“切削参数”按钮，在弹出的【切削参数】对话框中，单击“策略”选项卡，对“切削方向”选择“顺铣”选项。单击“余量”选项卡，把“部件余量”值设为0.3 mm。

（30）单击“非切削移动”按钮，在弹出的【非切削移动】对话框中，单击“转移/快速”选项卡。在“区域之间”列表中，对“转移类型”选择“安全距离-刀轴”选项；在“区域内”列表中，对“转移方式”选择“进刀/退刀”选项、“转移类型”选择“安全距离-刀轴”选项。单击“进刀”选项卡，在“开放区域”列表中，对“进刀类型”选择“线性”选项，把“长度”值设为10mm、“高度”值设为1mm、“最小安全距离”值设为10mm。

（31）单击“进给率和速度 ”按钮，把主轴速度值设为1000r/min、切削速度值设为1200mm/min。

（32）单击“生成”按钮，生成平面铣加工轮廓的刀路，如图10-35所示。

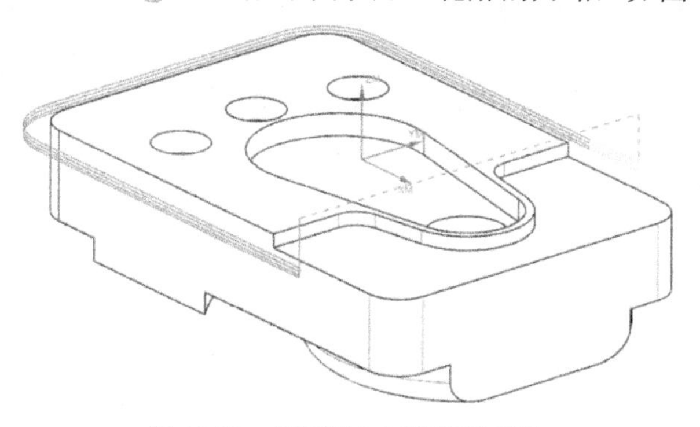

图10-35　平面铣加工轮廓的刀路

（33）在“工序导航器”中选择 PLANAR_MILL选项，单击鼠标右键，在快捷菜单中单击“复制”命令。再次选择 PLANAR_MILL选项，单击鼠标右键，在快捷菜单中单击“粘贴”命令。

（34）双击 PLANAR_MILL_COPY选项，在【平面铣】对话框中单击“指定部件边界”按钮。在【部件边界】对话框中单击“移除”按钮，移除前面所选择的选项；对“选择方法”选择“曲线”选项。在工作区上方的工具条中选择“相切曲线”选项，在实体上选择需要加工的边线（注意选择的先后顺序），如图10-36所示。

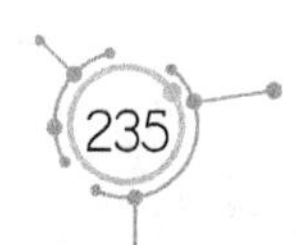

（35）在【部件边界】对话框中，对“边界类型”选择“封闭”选项、“刀具侧”选择“外侧”选项、“平面”选择“自动”选项，如图 10-37 所示。

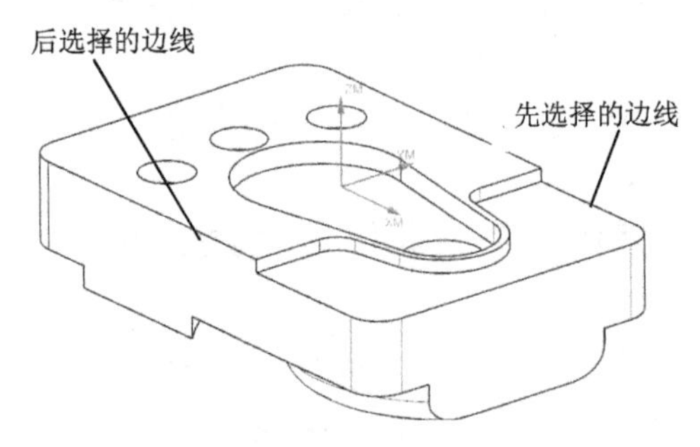

图 10-36　按先后顺序选择边线

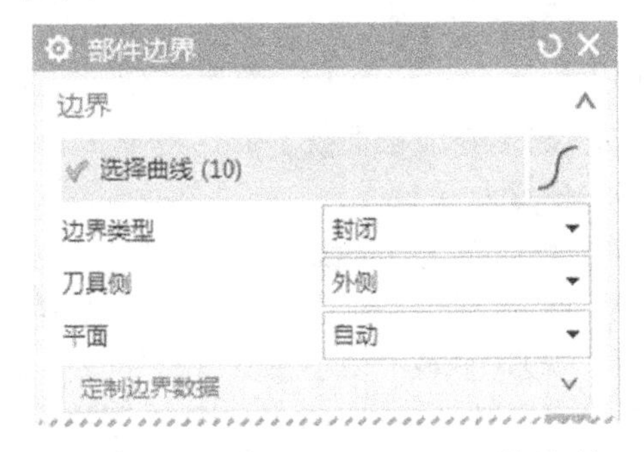

图 10-37　设置【部件边界】对话框参数

（36）在【平面铣】对话框中单击“指定底面 ”按钮，选择实体底面，把“距离”值设为 1mm，如图 10-38 所示。

（37）单击“非切削移动”按钮，在弹出的【非切削移动】对话框中，单击“转移/快速”选项卡。在“区域之间”列表中，对“转移类型”选择“安全距离-刀轴”选项；在“区域内”列表中，对“转移方式”选择“进刀/退刀”选项、“转移类型”选择“直接”选项。单击“进刀”选项卡，在“开放区域”列表中，对“进刀类型”选择“圆弧”选项，把“半径”值设为 2mm、“圆弧角度”值设为 90°、“高度”值设为 1mm、“最小安全距离”值设为 10mm。选择“起点/钻点”选项卡，把“重叠距离”值设为 1mm，单击“指定点”按钮，选择“控制点”选项，选择实体的右边线，把该直线的中点设为进刀起点。

（38）单击“生成”按钮，生成平面铣加工轮廓的刀路，如图 10-39 所示。

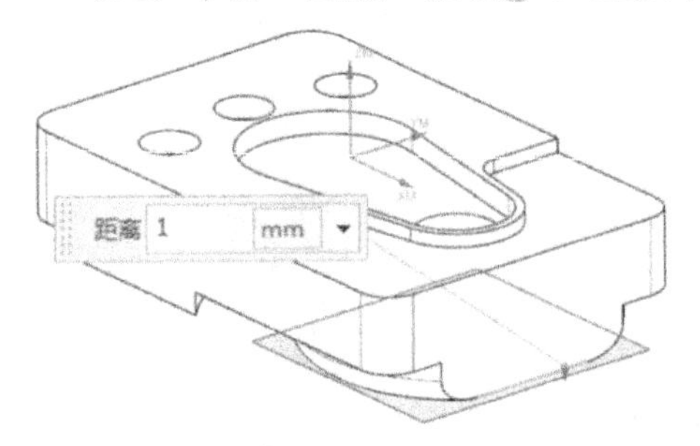

图 10-38　把“距离”值设为 1mm

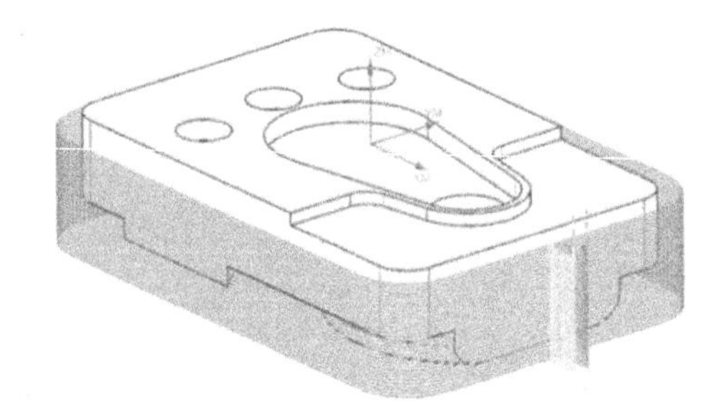

图 10-39　步骤（38）生成的平面铣加工轮廓的刀路

（39）在工作区上方的工具条中单击“程序顺序视图”按钮，在“工序导航器”中把 PROGRAM 名称改为 A。

（40）单击“菜单｜插入｜程序”命令，在【创建程序】对话框中对“类型”选择“mill_contour”选项、“程序”选择“A”选项，把“名称”设为“A1-开粗-D12R0”，单击“确定”按钮，创建 A1 程序组，如图 10-40 所示。此时，A1 在 A 的下级目录中，并把前面所创建的 3 个刀路工序移到 A1 程序组中。

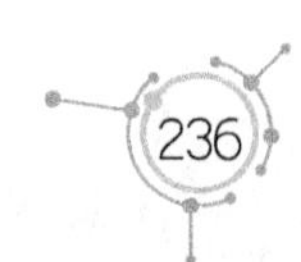

（41）单击“菜单｜插入｜程序”命令，在【创建程序】对话框中对“类型”选择“mill_contour”选项、“程序”选择“A”选项，把“名称”设为“A2-精加工-D12R0”。单击“确定”按钮，创建A2程序组，如图10-40所示。此时，A2在A的下级目录中，A1与A2并列。

（42）在“工序导航器”中选择 FACE_MILLING选项，单击鼠标右键，在快捷菜单中单击“复制”命令。选择A2，单击鼠标右键，在快捷菜单中单击“内部粘贴”命令。

（43）在“工序导航器”中双击 FACE_MILLING_COPY选项，在【面铣】对话框中单击“指定面边界”按钮，在【毛坯边界】对话框的列表栏中单击“移除”按钮，移除前面所选择的选项；对“选择方法”选择“面”选项、“刀具侧”选择“内侧”选项、“平面”选择“自动”选项；在实体上选择平面①，在【毛坯边界】对话框中单击“添加新集”按钮，选择平面②；再次单击“添加新集”按钮，选择平面③，如图10-41所示。

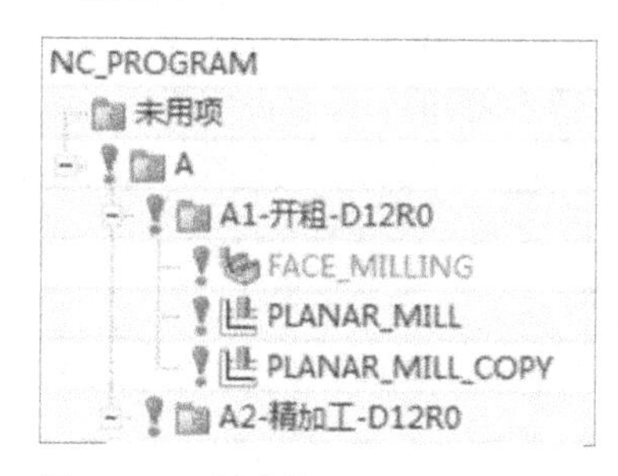

图10-40　创建的A1和A2程序组

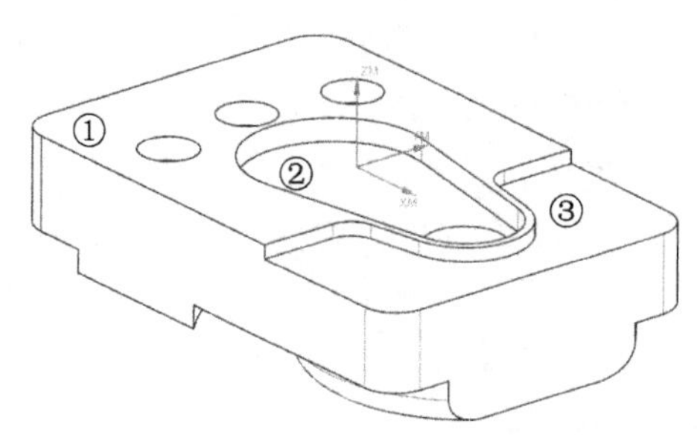

图10-41　选择3个平面

（44）在【面铣】对话框中把“每刀切削深度”值设为0、“最终底面余量”值设为0。

（45）单击“切削参数”按钮，在弹出的【切削参数】对话框中，单击“策略”选项卡，勾选“✓添加精加工刀路”复选框，把“刀路数”值设为2、“精加工步距”值设为0.1mm。单击“余量”选项卡，把“部件余量”值和“壁余量”值设为0。

（46）单击“进给率和速度 ”按钮，把主轴速度值设为1200r/min、切削速度值设为500mm/min。

（47）单击“生成”按钮，生成面铣精加工刀路，如图10-42所示。

（48）在“工序导航器”中选择 PLANAR_MILL_COPY选项，单击鼠标右键，在快捷菜单中单击“复制”命令。选择A2，单击鼠标右键，在快捷菜单中单击“内部粘贴”命令。

（49）双击 PLANAR_MILL_COPY_COPY选项，在【平面铣】对话框中，对“步距”选择“恒定”选项，把“最大距离”值设为0.1mm、“附加刀路”值设为2。单击“切削层”按钮，在【切削层】弹出的对话框中对“类型”选择“仅底面”选项。

（50）单击“切削参数”按钮，在弹出的【切削参数】对话框中，单击“余量”选项卡，把“部件余量”值和“最终底面余量”值都设为0。

（51）单击“进给率和速度”按钮，把主轴速度值设为 1200r/min、切削速度值设为500mm/min。

（52）单击“生成”按钮，生成平面铣精加工轮廓的刀路，如图10-43所示。

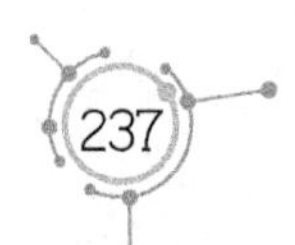

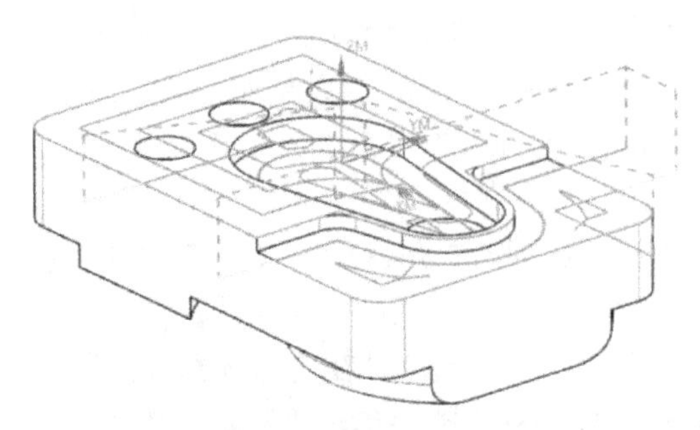

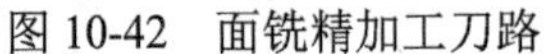
图 10-42　面铣精加工刀路

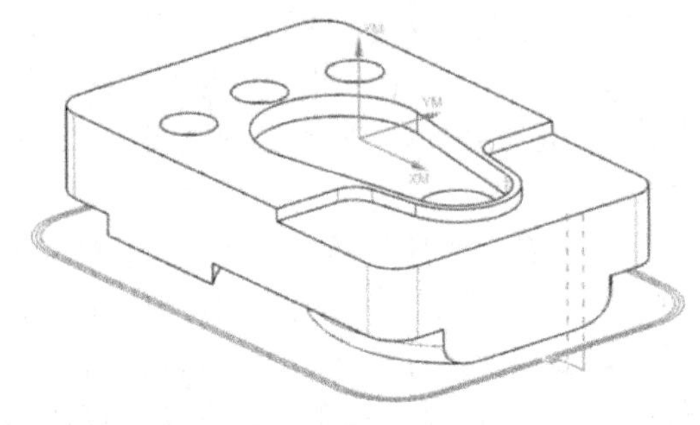

图 10-43　步骤（52）生成的平面铣加工轮廓的刀路

（53）单击“菜单｜插入｜程序”命令，在【创建程序】对话框中对“类型”选择“mill_contour”选项，对“程序”选择 A，把“名称”设为“A3-钻孔-DR10”；单击“确定”按钮，创建 A3 程序组。此时，A3 在 A 的下级目录中，A1、A2 和 A3 并列。

（54）单击“菜单｜插入｜工序”命令，在【创建工序】对话框中，对“类型”选择“drill”选项。在“工序子类型”列表中单击“啄钻”按钮，对“程序”选择“A3-钻孔-DR10”选项、“刀具”选择“Dr10”（钻刀）选项、“几何体”选择“MCS-MILL”选项、“方法”选择“METHOD”选项。

（55）在【啄钻】对话框中单击“指定孔”按钮。

（56）在【点到点几何体】对话框中单击“选择”按钮，在弹出的对话框中单击“一般点”按钮。

（57）在【点】对话框中，对“类型”选择“圆弧中心/椭圆中心/球心”选项，在实体上选择 4 个孔的圆心。

（58）连续 3 次单击“确定”按钮，在【啄钻】对话框中单击“指定顶面”按钮。在【顶面】对话框中，对“顶面选项”选择“平面”图标 平面，选择实体的上表面，把“距离”值设为 2mm。

（59）在【啄钻】对话框中单击“指定底面”按钮，在【底部曲面】对话框中，对“底面选项”选择“平面”图标 平面，选择实体的底面，把“距离”值设为 5mm。

（60）在【啄钻】对话框中，把“最小安全距离”值设为 5mm，对“循环类型”选择“啄钻”选项，把“距离”值设为 1.0mm。单击“确定”按钮，在【指定参数组】对话框中，把“Number of Sets”值设为 1。

（61）单击“确定”按钮，在【Cycle 参数】对话框中单击“Depth－模型深度”按钮。

（62）在【Cycle 参数】对话框中单击“穿过底面”按钮。

（63）先单击“确定”按钮，再单击“Increment－无”按钮，在【增量】对话框中单击“恒定”按钮。

（64）在“增量”文本框中输入 1mm。

（65）单击“进给率和速度 ”按钮，把主轴速度值设为 1000r/min、切削速度值设为 250mm/min。

（66）单击“生成”按钮，生成钻孔刀路，如图 10-44 所示。

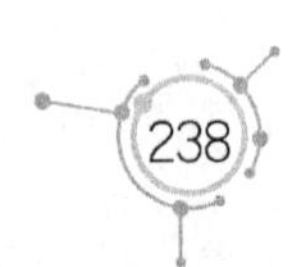

（67）单击“菜单｜插入｜程序”命令，在【创建程序】对话框中对“类型”选择“mill_contour”选项、“程序”选择“A”选项，把“名称”设为“A4-粗加工-D10R0”。单击“确定”按钮，创建 A4 程序组。此时，A4 在 A 的下级目录中，A1、A2、A3 和 A4 并列。

（68）单击“菜单｜插入｜工序”命令，在【创建工序】对话框中，对“类型”选择“mill_planar”选项。在“工序子类型”列表中单击“平面铣”按钮，对“程序”选择“A4-粗加工-D10R0”选项、“刀具”选择“D10R0”选项、“几何体”选择“MCS_MILL”选项、“方法”选择“METHOD”选项。

（69）在【平面铣】对话框中单击“指定部件边界”按钮，在【部件边界】对话框中，对“选择方法”选择“曲线”选项、“边界类型”选择“封闭”选项、“平面”选择“自动”选项、“刀具侧”选择“内侧”选项，选择第 1 个沉头的边线。单击“添加新集”按钮，选择第 2 个沉头的边线；再次单击“添加新集”按钮，选择第 3 个沉头的边线。

（70）在【平面铣】对话框中单击“指定底面 ”按钮，选择沉头底面作为加工底面，把“距离”值设为 0mm，如图 10-45 所示。

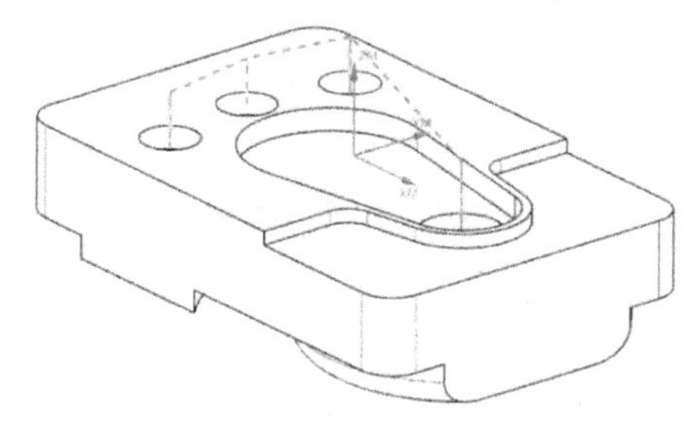
图 10-44　钻孔刀路

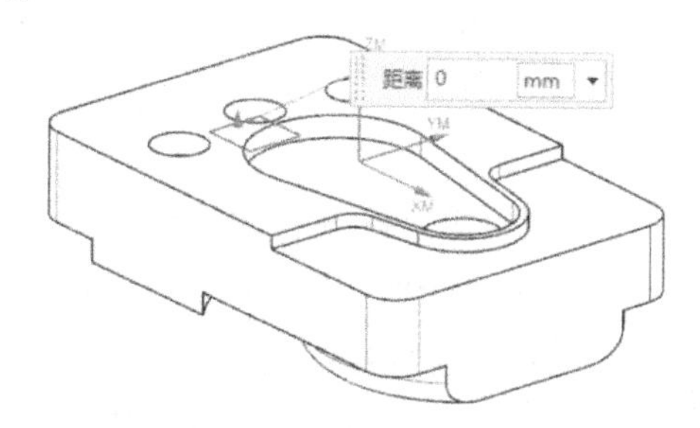

图 10-45　把“距离”值设为 0mm

（71）在【平面铣】对话框中，对“切削模式”选择“轮廓”选项，把“附加刀路”值设为 0。

（72）单击“切削层”按钮，在弹出【切削层】对话框中，对“类型”选择“恒定”选项，把“公共每刀切削深度”值设为 0.3mm。

（73）单击“切削参数”按钮，在弹出【切削参数】对话框中，单击“策略”选项卡，对“切削方向”选择“顺铣”选项。单击“余量”选项卡，把“部件余量”值设为 0.3mm、“最终底面余量”值设为 0.1mm。

（74）单击“非切削移动”按钮，在弹出【非切削移动】对话框中，单击“转移/快速”选项卡。在“区域之间”列表中，对“转移类型”选择“安全距离-刀轴”选项；在“区域内”列表中，对“转移方式”选择“进刀/退刀”选项、“转移类型”选择“直接”。单击“进刀”选项卡，在“封闭区域”列表中，对“进刀类型”选择“与开放区域相同”选项；在“开放区域”列表中，对“进刀类型”选择“圆弧”选项，把“半径”值设为 0.5mm、“圆弧角度”值设为 90°、“高度”值设为 1mm、“最小安全距离”值设为 1mm。

（75）单击“进给率和速度 ”按钮，把主轴速度值设为 1000r/min、切削速度值设为 1200mm/min。

（76）单击“生成”按钮，生成平面铣粗加工轮廓的刀路，如图 10-46 所示。

（77）在“工序导航器”中选择 PLANAR_MILL_1选项，单击鼠标右键，在快捷菜单中单击“复制”命令。选择 A4 程序组，单击鼠标右键，在快捷菜单中单击“内部粘贴”命令。

（78）双击 PLANAR_MILL_1_COPY 选项，在【平面铣】对话框中单击“指定部件边界”按钮。在【部件边界】对话框中单击“移除”按钮，移除前面所选择的选项。

（79）在【部件边界】对话框中，对“选择方法”选择“曲线”选项、“边界类型”选择“封闭”选项、“刀具侧”选择“内侧”选项、“平面”选择“自动”选项，选择 ϕ18mm 圆孔的边线，如图 10-47 所示。

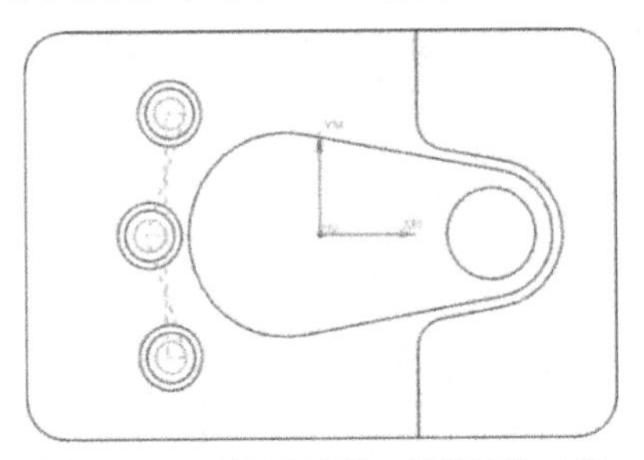

图 10-46　平面铣粗加工轮廓的刀路

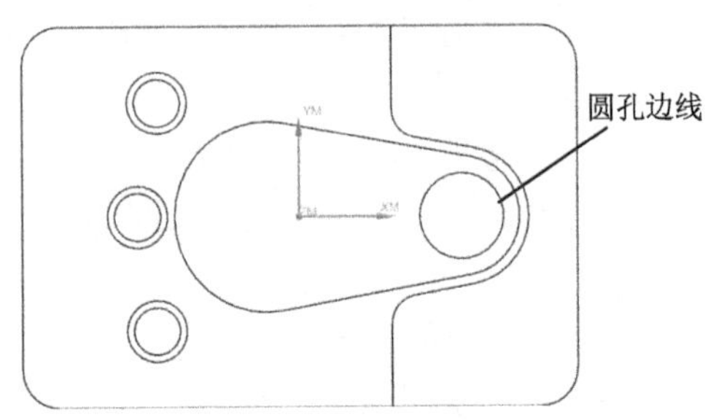

图 10-47　选择圆孔边线

（80）在【平面铣】对话框中单击“指定底面 ”按钮，选择 ϕ18mm 圆孔的底面，把“距离”值设为 2mm。

（81）单击“非切削移动”按钮，在弹出的【非切削移动】对话框中，单击“进刀”选项卡。在“开放区域”列表中，对“进刀类型”选择“圆弧”选项，把“半径”值设为 0.5mm，“圆弧角度”值设为 90° 、“高度”值设为 1mm、“最小安全距离”值设为 3mm。

（82）单击“生成”按钮，生成加工 ϕ18mm 圆孔刀路，如图 10-48 所示。

（83）单击“菜单｜插入｜程序”命令，在【创建程序】对话框中对“类型”选择“mill_contour”选项，对“程序”选择 A，把“名称”设为“A5-精加工-D10R0”，单击“确定”按钮，创建 A5 程序组。此时，A5 在 A 的下级目录中，A1、A2、A3、A4 和 A5 并列。

（84）在“工序导航器”中选择 PLANAR_MILL_1选项和 PLANAR_MILL_1_COPY 选项，单击鼠标右键，在快捷菜单中单击“复制”命令。选择 A5 程序组，单击鼠标右键，在快捷菜单中单击“内部粘贴”命令。

（85）双击 PLANAR_MILL_1_COPY_1选项，在【平面铣】对话框中，对“步距”选择“恒定”选项，把“最大距离”值设为 0.1mm、“附加刀路”值设为 2。

（86）单击“切削层”按钮，在弹出的【切削层】对话框中，对“类型”选择“仅底面”选项。

（87）单击“切削参数”按钮，在弹出的【切削参数】对话框中，单击“余量”选项卡，把“部件余量”值和“最终底面余量”值都设为0。

（88）单击“进给率和速度 ”按钮，把主轴速度值设为1000r/min、切削速度值设为500mm/min。

（89）单击“生成”按钮，生成平面铣精加工轮廓的刀路，如图10-49所示。

（90）相同的方法，修改PLANAR_MILL_1_COPY_COPY刀路。

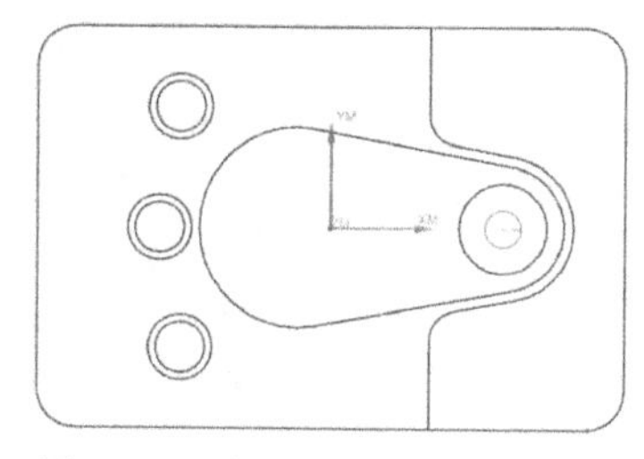

图10-48 加工ϕ18mm圆孔刀路

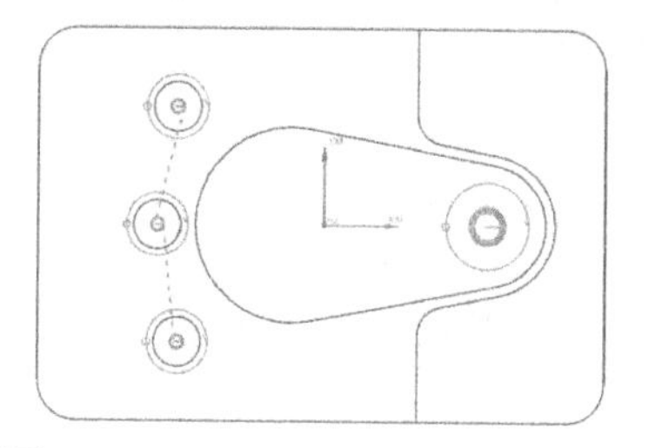

图10-49 平面铣精加工轮廓的刀路

7. 工件1第2次装夹的数控编程过程

（1）单击“菜单｜格式｜图层设置”命令，在【图层设置】对话框中双击“□10”，把图层10设为工作层，取消图层“□1”前面的“√”，隐藏图层1。

（2）单击“菜单｜格式｜复制至图层”命令，选择实体后，单击“确定”按钮，在【图层复制】对话框中“目标图层或类别”文本框中输入“2”。

（3）单击“确定”按钮，把实体复制到图层2。

（4）单击“菜单｜格式｜图层设置”命令，在【图层设置】对话框中双击“□2”选项，把图层2设为工作层。取消图层“□10”前面的“√”，隐藏图层10。

提示：上述步骤的目的是保护原图，因为后面的步骤需要对原图进行修改。

（5）单击“菜单｜插入｜程序”命令，在【创建程序】对话框中对“类型”选择“mill_contour”选项、“程序”选择“NC-PROGRAM”选项，把“名称”设为B。单击“确定”按钮，创建B程序组。此时，B与A并列。

（6）单击“菜单｜插入｜程序”命令，在【创建程序】对话框中对“类型”选择“mill_contour”选项、“程序”选择B，把“名称”设为“B1-粗加工-D12R0”。单击“确定”按钮，创建B1程序组，如图10-50所示。此时，B1在B的下级目录中。

（7）在横向菜单中先单击“应用模块”选项卡，再单击“建模”按钮，进入UG建模环境。

（8）单击“菜单｜插入｜同步建模｜删除面”命令，删除ϕ18mm圆孔与3个ϕ10mm圆孔删除圆孔后的效果如图10-51所示。

（9）在横向菜单中先单击“应用模块”选项卡，再单击“加工”按钮，进入UG加工环境。

（10）单击“菜单｜插入｜工序”命令，在【创建工序】对话框中，对“类型”选

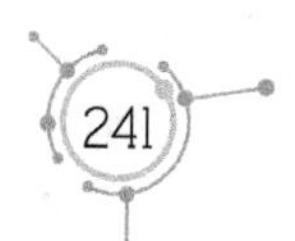

择“mill_planar”选项。在“工序子类型”列表中单击“带边界面铣”按钮，对“程序”选择“B1-粗加工-D12R0”选项、“刀具”选择“D12R0（铣刀-5 参数）”选项、“几何体”选择“MCS_MILL”选项、“方法”选择“METHOD”选项。

（11）在【面铣】对话框中单击“指定部件”按钮，选择整个实体。

图 10-50 创建 B1 程序组

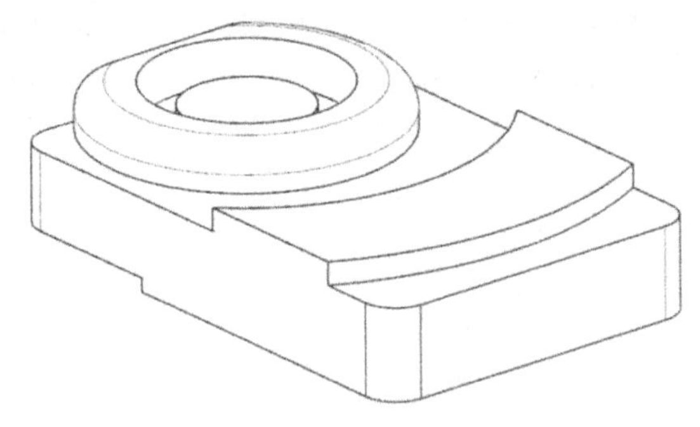

图 10-51 删除圆孔后的效果

（12）在【面铣】对话框中单击“指定面边界”按钮，在【毛坯边界】对话框中，对“选择方法”选择“曲线”选项。然后，选择实体上表面的 4 条边线，如图 10-52 所示。

（13）在【毛坯边界】对话框中，对“刀具侧”选择“内侧”选项、“平面”选择“自动”选项，单击“确定”按钮。

（14）在【面铣】对话框中，对“刀轴”选择“+ZM 轴”选项、“切削模式”选择“跟随周边”、“步距”选择“刀具平直百分比”选项，把“平面直径百分比”值设为 75%、“毛坯距离”值设为 12mm、“每刀切削深度”值设为 0.8mm、“最终底面余量”值设为 0.1mm。

（15）单击“切削参数”按钮，在弹出的【切削参数】对话框中，单击“策略”选项卡，对“切削方向”选择“顺铣”选项、“刀路方向”选择“向外”选项，把“刀具延展量”值改为 80%。单击“余量”选项卡，把“部件余量”值和“壁余量”值都设为 0.3mm，把“最终底面余量”值设为 0.1mm，把“内公差”值和“外公差”值都设为 0.01。

（16）单击“非切削移动”按钮，在弹出的【非切削移动】对话框中，单击“转移/快速”选项卡，在“区域之间”列表中，对“转移类型”选择“安全距离-刀轴”选项；在“区域内”列表中，对“转移方式”选择“进刀/退刀”选项、“转移类型”选择“安全距离-刀轴”选项。单击“进刀”选项卡，在“封闭区域”列表中，对“进刀类型”选择“螺旋”选项，把“直径”值设为 10mm、“斜坡角”值设为 1°、“高度”值设为 1mm；对“高度起点”选择“前一层”选项，把“最小安全距离”值设为 0、“最小斜面长度”值设为 10mm。在“开放区域”列表中，对“进刀类型”选择“线性”选项，把“长度”值设为 8mm，把“旋转角度”值和“斜坡角”值都设为 0°，把“高度”值设为 1mm、“最小安全距离”值设为 8mm。

（17）单击“进给率和速度”按钮，把主轴速度值设为 1000r/min、切削速度值设为 1200mm/min。

（18）单击“生成”按钮，生成的面铣粗加工刀路如图 10-53 所示。

（19）单击“菜单｜插入｜程序”命令，在【创建程序】对话框中对“类型”选择

“mill_contour”选项、“程序”选择“B”选项，把“名称”设为“B2-精加工-D12R0”。单击“确定”按钮，创建B2程序组。此时，B2在B的下级目录中，B2与B1并列。

（20）选择 FACE_MILLING_1选项，单击鼠标右键，在快捷菜单中单击“复制”命令。选择B2程序组，单击鼠标右键，在快捷菜单中单击“内部粘贴”命令。

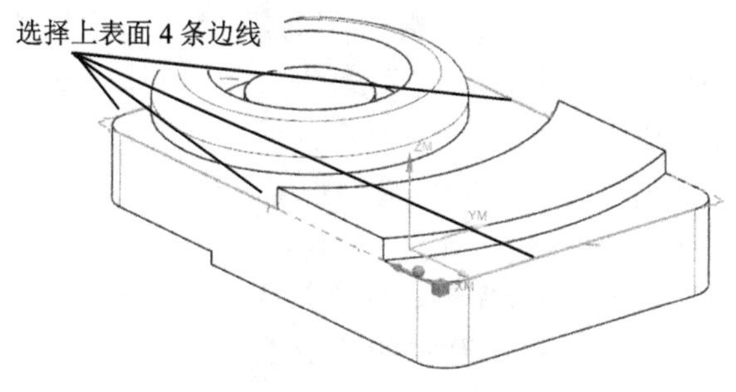

图10-52 选择上表面的4条边线

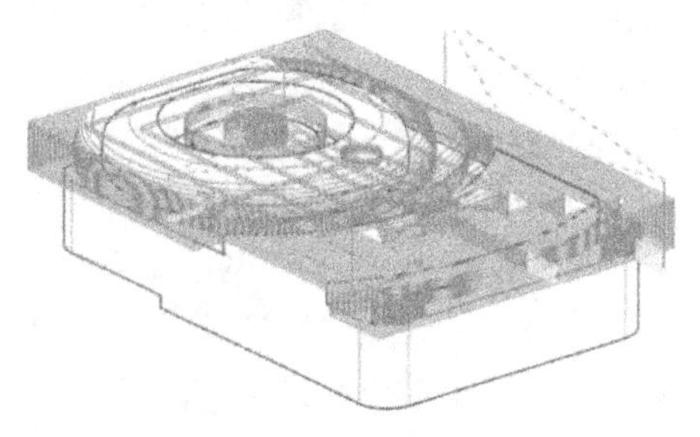

图10-53 生成的面铣粗加工刀路

（21）双击 FACE_MILLING_1_COPY选项，在【面铣】对话框中单击“指定面边界”按钮。在【毛坯边界】对话框的列表栏中单击“移除”按钮，移除前面所选择的选项；对“选择方法”选择“面”选项，选择实体上的4个平面，如图10-54所示。

提示：选择多个平面的方法如下：先选择1个平面，在【毛坯边界】对话框中单击“添加新集”按钮，选择下1个平面，重复这个操作，可选择多个平面。

（22）在【毛坯边界】对话框中，对“刀具侧”选择“内侧”选项、“平面”选择“自动”选项，单击“确定”按钮。

（23）在【面铣】对话框中，把“每刀切削深度”值设为0、“最终底面余量”值设为0。

（24）单击“切削参数”按钮，在弹出的【切削参数】对话框中，单击“策略”选项卡，“勾选“添加精加工刀路”复选框，把“刀路数”值设为2、“精加工步距”值设为0.1mm。单击“余量”选项卡，把“部件余量”值、“壁余量”值、“最终底面余量”值都设为0。

（25）单击“进给率和速度 ”按钮，把主轴速度值设为1000r/min、切削速度值设为500mm/min。

（26）单击“生成”按钮，生成的面铣精加工刀路如图10-55所示。

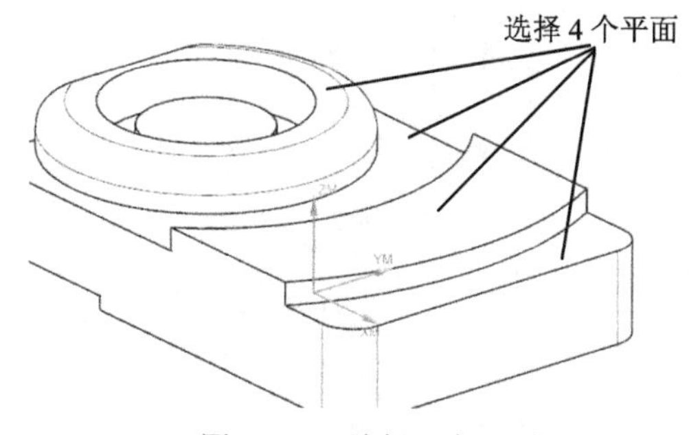

图10-54 选择4个平面

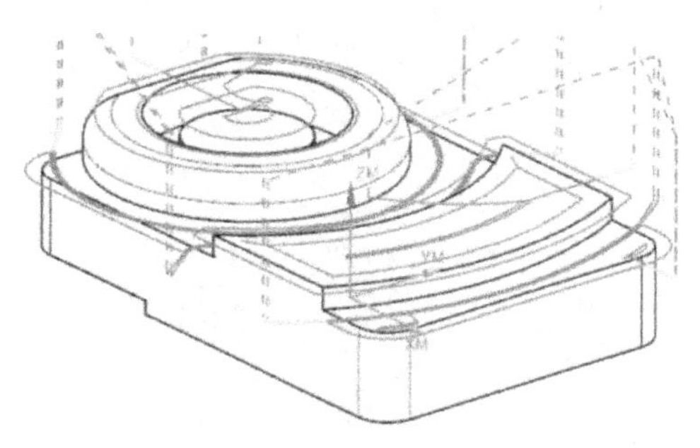

图10-55 生成的面铣精加工刀路

（27）单击“菜单｜插入｜程序”命令，在【创建程序】对话框中对“类型”选择“mill_contour”选项、“程序”选择“B”选项，把“名称”设为“B3-粗加工-D6R0”。单击“确定”按钮，创建B3程序组。此时，B3在B的下级目录中，B3、B1和B2并列。

（28）单击“菜单｜插入｜工序”命令，在【创建工序】对话框中对“类型”选择“mill_contour”选项。在“工序子类型”列表中单击“型腔铣”按钮，对“程序”选“B3-粗加工-D6R0”、“刀具”选择“D6R0（铣刀-5 参数）”选项、“几何体”选择“MCS_MILL”选项、“方法”选择“METHOD”选项。

（29）在【型腔铣】对话框中单击“指定部件”按钮，选择整个实体。

（30）单击“指定切削区域”按钮，用框选方式选择整个实体。

（31）对“切削模式”选择“跟随周边”选项、“步距”选择“刀具平直百分比”选项，把“平面直径百分比”值设为75%；对“公共每刀切削深度”选择“恒定”选项，把“最大距离”值设为0.3mm。

（32）单击“切削层”按钮，在弹出的【切削层】对话框中多次单击“移除”按钮，移除前面所选择的选项。在“范围1的顶部”栏中单击“选择对象”按钮，选择实体上表面；在“范围定义”栏中单击“选择对象”按钮，选择圆环的底面；在“范围定义”栏中显示的“范围深度”值为10.0000（单位：mm），如图10-56所示。

（33）单击“切削参数”按钮，在弹出的【切削参数】对话框中，单击“策略”选项卡，对“切削方向”选择“顺铣”选项。单击“空间范围”选项卡，对“参考刀具”选择“D12R0”选项，把“重叠距离”值设为 0。单击“余量”选项卡，取消“□使底面余量与侧面余量一致”复选框中的“√”，把“部件侧面余量”值设为0.3mm、“部件底面余量”值设为0.1mm，把“内公差”值和“外公差”值都设为0.01。

（34）单击“非切削移动”按钮，在弹出的【非切削移动】对话框中，单击“转移/快速”选项卡。在“区域之间”列表中，对“转移类型”选择“安全距离-刀轴”选项；在“区域内”列表中，对“转移方式”选择“进刀/退刀”选项、“转移类型”选择“直接”选项。单击“进刀”选项卡，在“封闭区域”列表中，对“进刀类型”选择“沿形状斜进刀”选项，把“斜坡角”值设为1°、“高度”值设为1mm；对“高度起点”选择“前一层”选项，把“最小安全距离”值设为0、“最小斜面长度”值设为10mm。

（35）单击“进给率和速度 ”按钮，把主轴速度值设为1000r/min、切削速度值设为1200mm/min。

（36）单击“生成”按钮，生成的型腔铣粗加工刀路如图10-57所示。

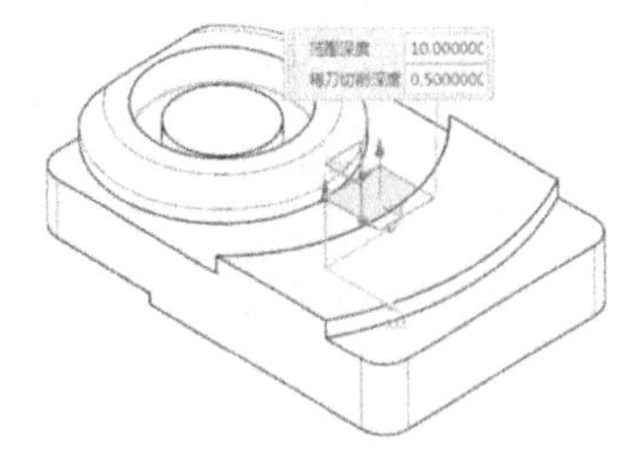

图10-56　显示的“范围深度”值

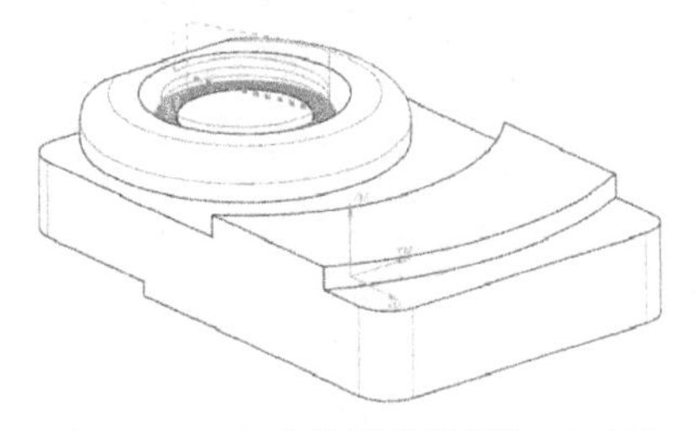
图10-57　生成的型腔铣粗加工刀路

（37）单击“菜单 | 插入 | 程序”命令，在【创建程序】对话框中对“类型”选择“mill_contour”选项、“程序”选择“B”选项，把“名称”设为“B4-精加工-D6R0”。单击“确定”按钮，创建B4程序组。此时，B4在B的下级目录中，B4、B1、B2和B3并列。

（38）在“工序导航器”中选择 FACE_MILLING_1_COPY 选项，单击鼠标右键，在快捷菜单中单击“复制”命令。选择B4程序组，单击鼠标右键，在快捷菜单中单击“内部粘贴”命令。

（39）双击 FACE_MILLING_1_COPY_COPY 选项，在【面铣】对话框中单击“指定面边界”按钮，在【毛坯边界】对话框的列表栏中单击“移除”按钮，移除前面所选择的选项，在【毛坯边界】对话框中，对“选择方法”选择“面”选项，选择实体2个平面，如图10-58所示。

（40）在【毛坯边界】对话框中，对“刀具侧”选择“内侧”选项、“平面”选择“自动”选项，单击“确定”按钮。

（41）在【面铣】对话框中对“刀具”选择“D6R0”立铣刀。

（42）单击“生成”按钮，生成的平面铣精加工刀路，如图10-59所示。

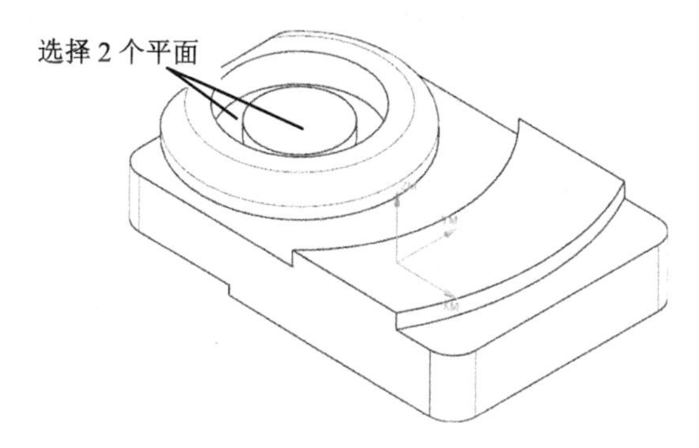

图10-58 选择2个平面

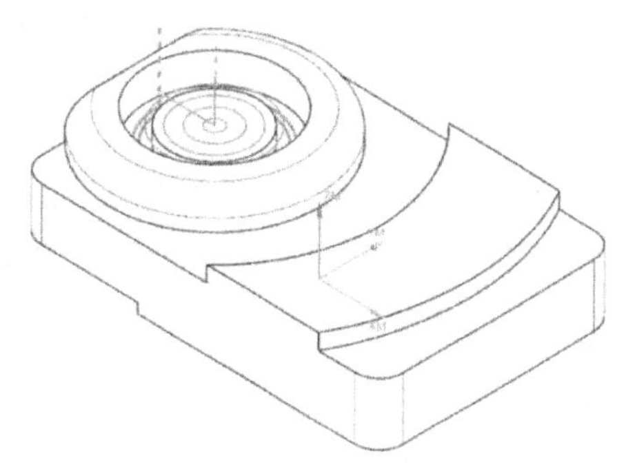

图10-59 生成的平面铣精加工刀路

（43）单击“菜单 | 插入 | 程序”命令，在【创建程序】对话框中对“类型”选择“mill_contour”选项，对“程序”选择B，把“名称”设为“B5-精加工-D6R3”。单击“确定”按钮，创建B5程序组。此时，B5在B的下级目录中，B5、B1、B2、B3和B4并列。

（44）单击“创建刀具”按钮，对“类型”选择“mill_contour”选项、“刀具子类型”选择“BALL-MILL”图标，把“名称”设为D6R3、“直径”值设为6mm、“下半径”值设为0。

（45）单击“菜单 | 插入 | 工序”命令，在【创建工序】对话框中对“类型”选择“mill_contour”选项。在“工序子类型”列表中单击“固定轮廓铣”按钮，对“程序”选择“B5-精加工-D6R3”选项、“刀具”选择“D6R3”选项、“几何体”选择“MCS_MILL”选项、“方法”选择“METHOD”选项。

（46）在【固定轮廓铣】对话框中，对“方法”选择“曲面区域”选项，如图10-60所示。

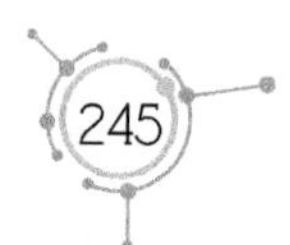

（47）在【曲面区域驱动方法】对话框中单击“指定驱动几何体”按钮，在实体上选择 *R*6mm 圆弧曲面。

（48）在【曲面区域驱动方法】对话框中，对“刀具位置”选择“相切”选项、“切削模式”选择“往复”选项、“对步距”选择“残余高度”选项，把“最大残余高度”值设为 0.1000（单位：mm），如图 10-61 所示。设置完毕，单击“切削方向”按钮。

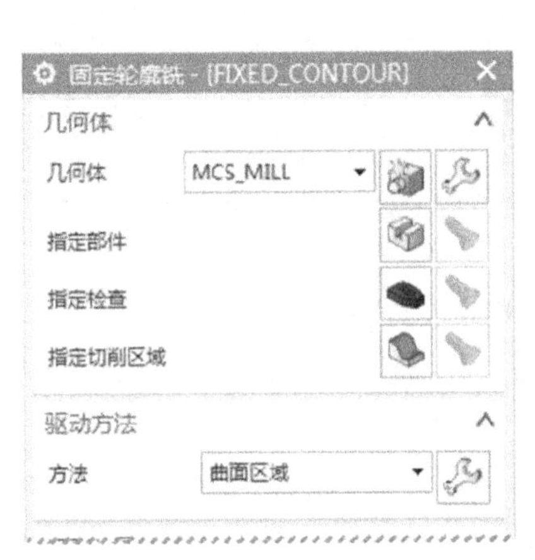

图 10-60　对“方法”选择“曲面区域”选项

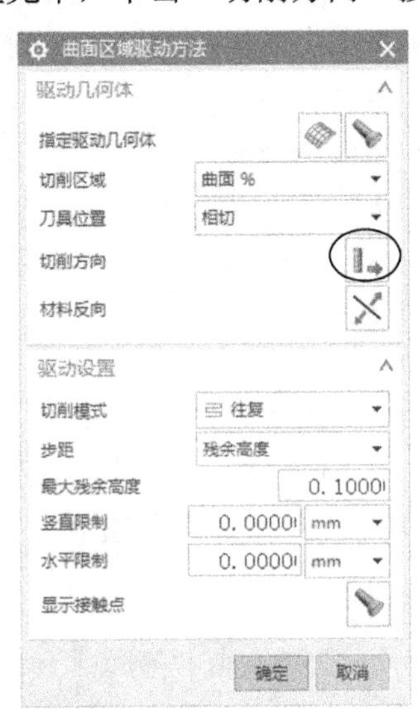

图 10-61　设置【曲面区域驱动方法】对话框参数

（49）在实体上显示 4 个箭头（箭头方向代表加工方向），选择其中 1 个箭头作为加工方向，如图 10-62 所示。

（50）单击“生成”按钮，生成的固定轮廓铣刀路如图 10-63 所示。

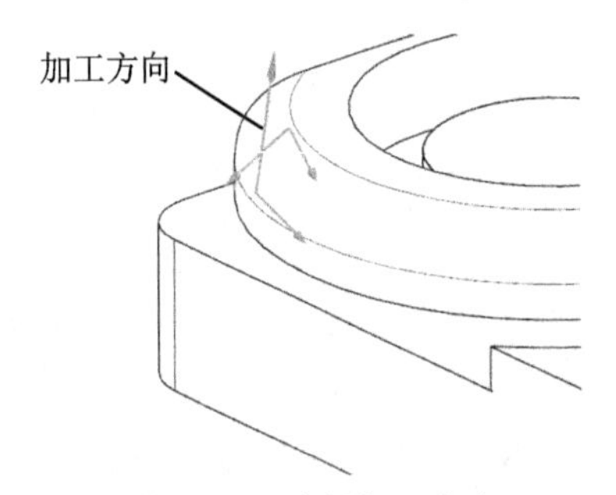

图 10-62　选择加工方向

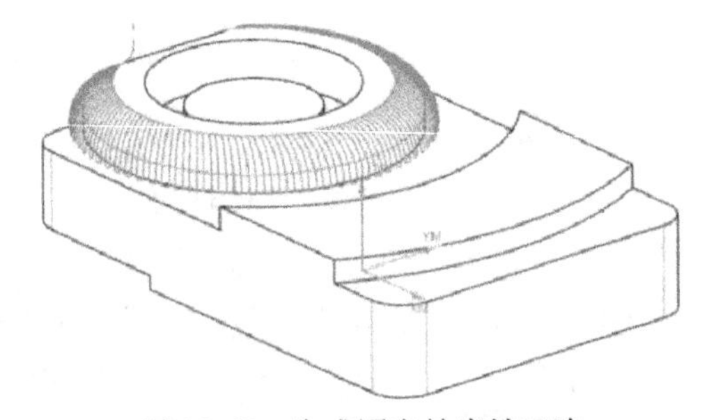

图 10-63　生成固定轮廓铣刀路

（51）如果在图 10-62 中，选择其他箭头作为加工方向，那么生成的固定轮廓铣刀路如图 10-64 所示。

（52）单击“保存”按钮，保存文档。

8. 工件 2 的建模过程

（1）启动 UG 12.0，单击“新建”按钮，在弹出的【新建】对话框中单击“模型”

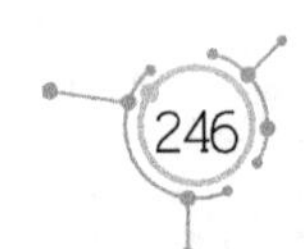

选项卡。在模板框中把“单位”设为“毫米”，选择“模型”模板，把“名称”设为 EX10B.prt、“文件夹”路径设为“E:\UG12.0 数控编程\项目 10”。

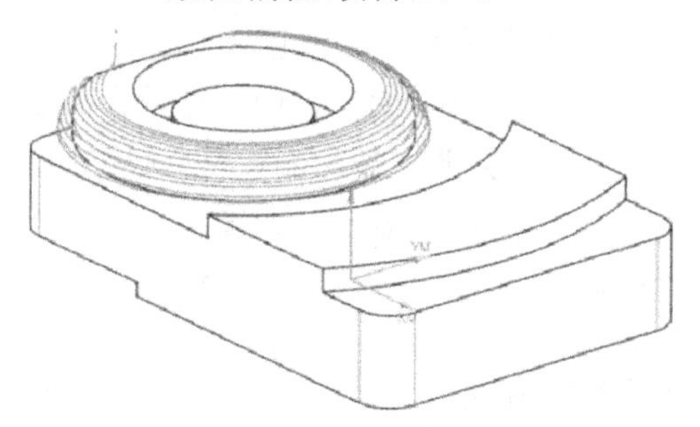

图 10-64　其他加工方向生成的固定轮廓铣刀路

（2）单击“拉伸”按钮，在弹出的【拉伸】对话框中单击“绘制截面”按钮。把 *XC-YC* 平面设为草绘平面、*X* 轴设为水平参考线，把草图原点坐标设为（0，0，0），以原点为中心绘制矩形截面（120mm×80mm），如图 10-3 所示。

（3）单击“完成”按钮，在弹出的【拉伸】对话框中，对“指定矢量”选择“ZC↑”选项。在“开始”栏中选择“值”选项，把“距离”值设为 0；在“结束”栏中选择“值”选项，把“距离”值设为 30mm，对“布尔”选择“无”选项。

（4）单击“确定”按钮，创建第 1 个拉伸特征。

（5）单击“拉伸”按钮，在弹出的【拉伸】对话框中单击“绘制截面”按钮。以上表面为草绘平面、*X* 轴为水平参考线，把草图原点坐标设为（0，0，0），绘制两个同心圆。要求两个同心圆的圆心在（−35，0，0），直径分别为 170mm 和 110mm，如图 10-65 所示。

（6）单击“完成”按钮，在弹出的【拉伸】对话框中，对“指定矢量”选择“-ZC↓”选项。在“开始”栏中选择“值”选项，把“距离”值设为 0；在“结束”栏中选择“值”选项，把“距离”值设为 5mm，对“布尔”选择“减去”选项。

（7）单击“确定”按钮，创建环形槽，如图 10-66 所示。

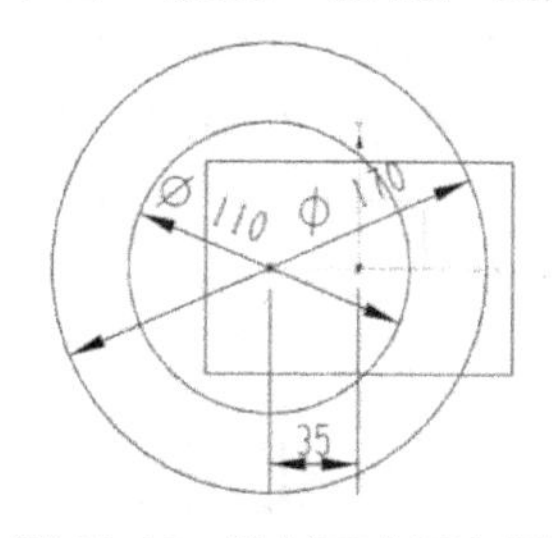

图 10-65　绘制两个同心圆

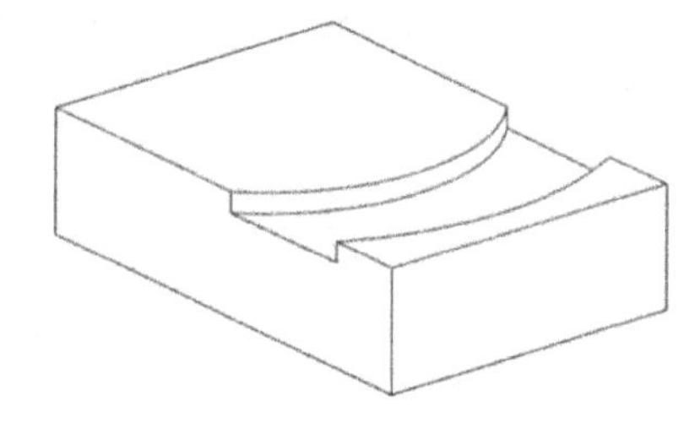

图 10-66　创建环形槽

（8）单击“拉伸”按钮，在弹出的【拉伸】对话框中单击“绘制截面”按钮。以上表面为草绘平面、*X* 轴为水平参考线，把草图原点坐标设为（0，0，0），绘制矩形截面，如图 10-67 所示。

（9）单击“完成”按钮，在弹出的【拉伸】对话框中，对“指定矢量”选择“-ZC↓”

选项。在“开始”栏中选择“值”选项，把“距离”值设为0；在“结束”栏中选择“值”选项，把“距离”值设为10mm，对“布尔”选择“减去”选项。

（10）单击“确定”按钮，创建台阶面，如图10-68所示。

（11）单击“拉伸”按钮，在弹出的【拉伸】对话框中单击“绘制截面”按钮。以上表面为草绘平面、*X*轴为水平参考线，把草图原点坐标设为（0，0，0），绘制圆形截面（ϕ70mm），圆心在（−35，0）处，如图10-69所示。

（12）单击“完成”按钮，在弹出的【拉伸】对话框中，对“指定矢量”选择“-ZC↓”选项。在“开始”栏中选择“值”选项，把“距离”值设为0；在“结束”栏中选择“值”选项，把“距离”值设为10mm，对“布尔”选择“减去”选项。

（13）单击“确定”按钮，创建弯形特征，如图10-70所示。

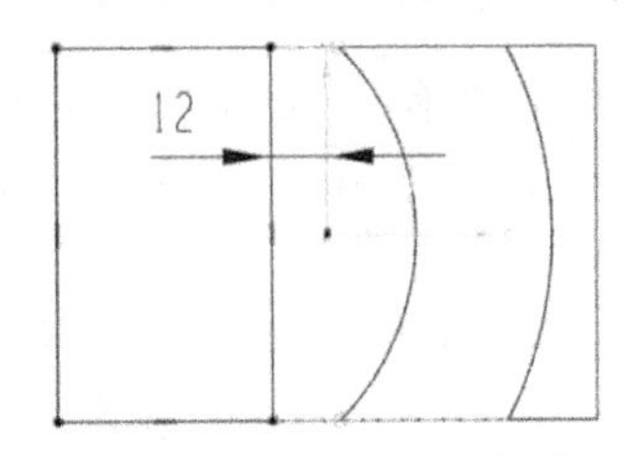

图10-67 绘制矩形截面

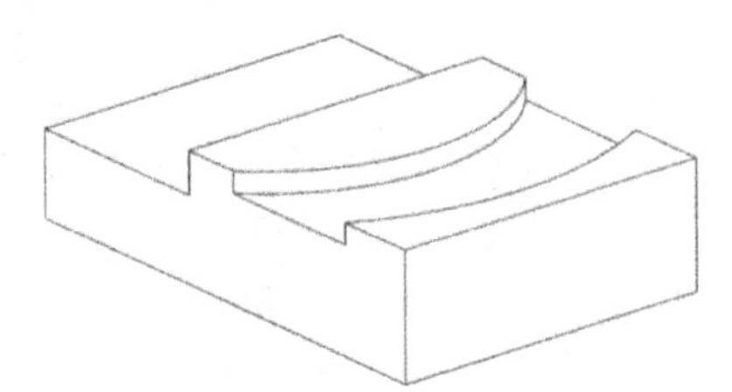

图10-68 创建台阶面

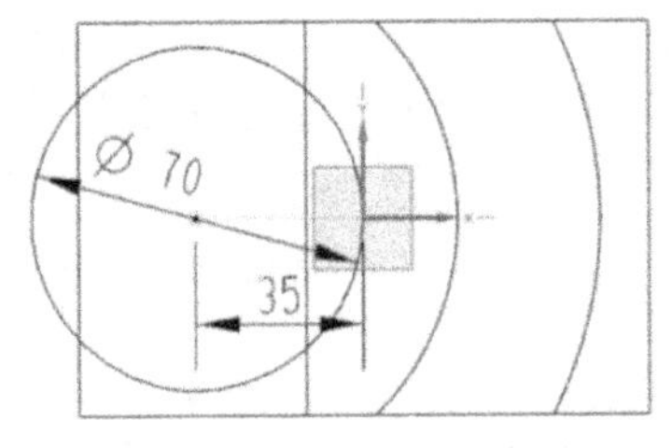

图10-69 绘制圆形截面

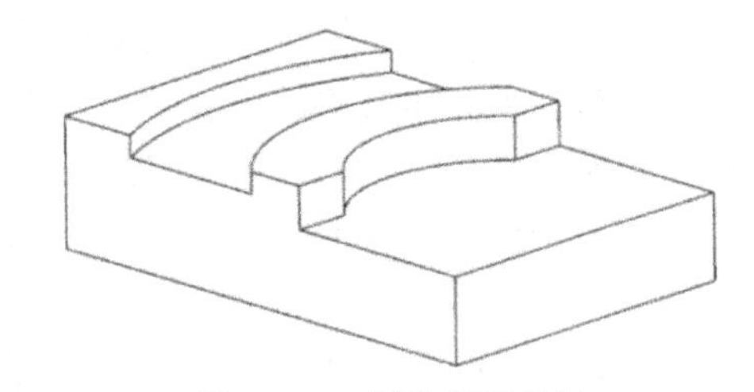

图10-70 创建弯形特征

（14）单击“边倒角”按钮，创建边倒角特征（6mm×6mm），如图10-71所示。

（15）单击“拉伸”按钮，在弹出的【拉伸】对话框中单击“绘制截面”按钮。把*XC-YC*平面设为草绘平面、*X*轴设为水平参考线，把草图原点坐标设为（0，0，0），绘制圆形截面（ϕ45mm），如图10-72所示。该圆的圆心与图10-69的圆弧同心。

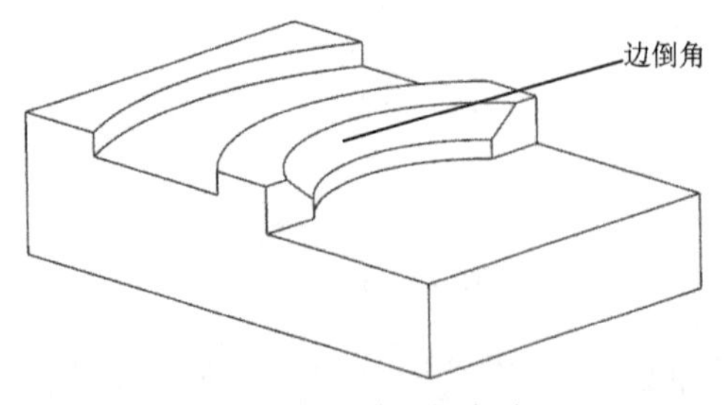

图10-71 创建边倒角特征

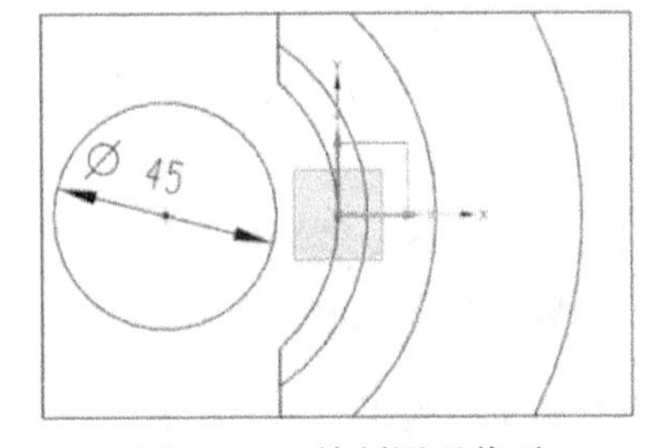

图10-72 绘制圆形截面

（16）单击“完成”按钮，在弹出的【拉伸】对话框中，对“指定矢量”选择“ZC↑”。在“开始”栏中选择“值”选项，把“距离”值设为0；在“结束”栏中选择

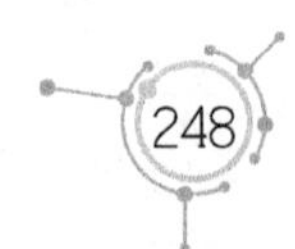

“值”选项，把“距离”值设为30mm，对“布尔”选择“合并”选项。

（17）单击“确定”按钮，创建圆柱特征，如图10-73所示。

（18）单击“菜单丨插入丨设计特征丨孔”命令，在弹出的【孔】对话框中单击“绘制截面”按钮。以上表面为草绘平面、X轴为水平参考线，把草图原点坐标设为（0，0，0），在圆柱圆心处绘制1个点。

（19）单击“完成”按钮，在【孔】对话框中，对“类型”选择“常规孔”选项、“孔方向”选择“垂直于面”选项、“成形”选择“沉头”选项，把“沉头直径”值设为29mm、“沉头深度”设为5mm、“直径”值设为18mm；对“深度限制”选择“贯通体”选项，对“布尔”选择“减去”选项。

（20）单击“确定”按钮，创建沉头孔特征，如图10-74所示。

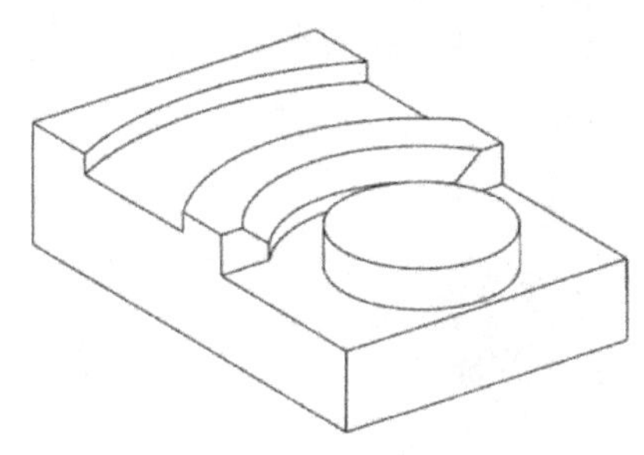

图10-73　创建圆柱特征

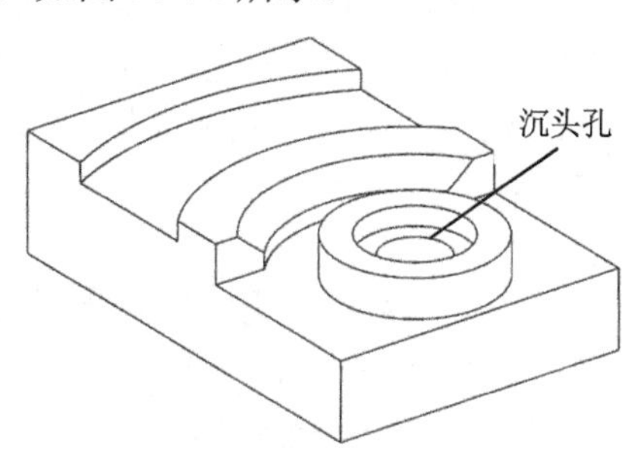

图10-74　创建沉头孔特征

（21）创建抛物线，步骤如下：

① 抛物线的方程为$y^2=2px$，其中，p是焦点到准线的距离。因此，$p/2=34$，即$p=68$。

② 分析图10-2可知，与$-X$轴相交的抛物线方程是$y^2=2\times68\times(x+24)$。

③ 假设$(y-y_0)$的取值范围为（−25～+25），则抛物线表达式如表10-1所示。

表10-1　抛物线表达式

名称	表达式	类型	表达式的含义
p	68	长度	焦点到准线的距离
t	1	恒定	系统变量，变化范围：0～1
d	25	恒定	$(y-y_0)$取值范围的绝对值
X0	-24	长度	顶点坐标
Y0	0		
y	2*d*t-d+y0	长度	曲线上任一点的y坐标
x	(y-y0)*(y-y0)/(2*p)+x0	长度	曲线上任一点的x坐标
z	0	长度	曲线上任一点的z坐标

④ 单击“菜单丨工具丨表达式”命令，在弹出的【表达式】对话框中，对“显示”选项“用户定义的表达式”选项，在“名称”栏中输入p、“公式”栏中输入68，在“单位”栏中选择“mm”选项，在“量纲”栏中选择“长度”选项，在“类型”栏中选择“数字”选项，如图10-75所示。

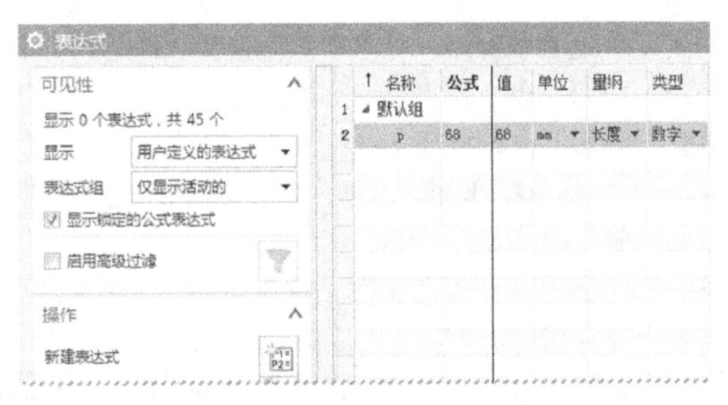

图 10-75　设置【表达式】对话框参数

⑤ 在【表达式】对话框中单击“新建表达式”按钮，然后输入表 10-1 中的参数。如果在输入时，系统发出警告，那么可重新选择适当的类型，输入参数后的【表达式】对话框如图 10-76 所示。设置完毕，单击“确定”按钮。

	↑ 名称	公式	值	单位	量纲	类型
1	◢ 默认组					
2	p	68	68	mm	长度	数字
3	t	1	1		无…	数字
4	d	25	25	mm	长度	数字
5	x0	-24	-24	mm	长度	数字
6	y0	0	0	mm	长度	数字
7	y	2*d*t-d+y0		mm	长度	数字
8	x	(y-y0)*(y-y…		mm	长度	数字
9	z	0	0	mm	长度	数字

图 10-76　输入参数后的【表达式】对话框

⑥ 单击“菜单｜插入｜曲线｜规律曲线”命令，在弹出的【规律曲线】对话框中，对“规律类型”选择“根据方程”选项，把“参数”设为 t，如图 10-77 所示。

⑦ 单击“确定”按钮，创建抛物线，如图 10-78 所示。

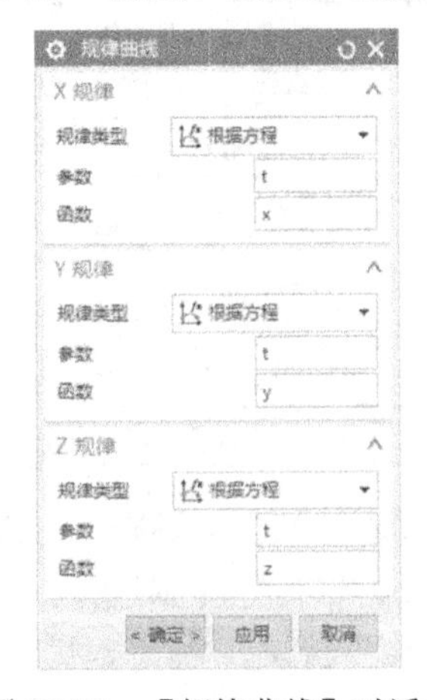

图 10-77　【规律曲线】对话框

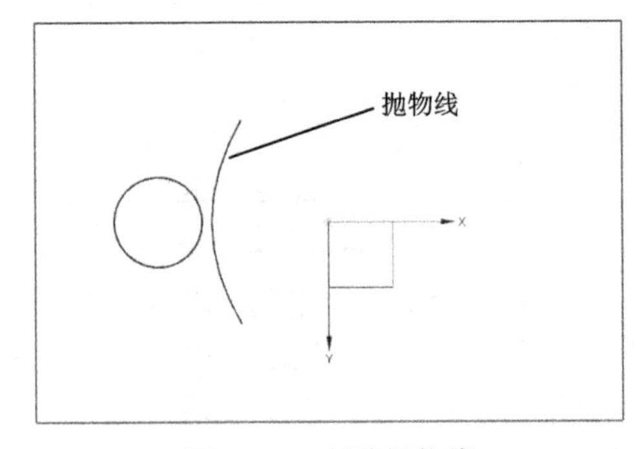

图 10-78　创建抛物线

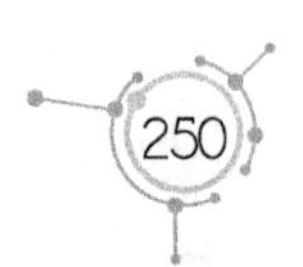

⑧ 单击“菜单｜插入｜关联复制｜阵列几何特征”命令，在【几何阵列】对话框中的“布局”一栏选择“圆形”选项，对“指定矢量”选择“ZC↑”选项，把“指定点”设为（0，0，0）；对“间距”选择“数量和间隔”选项，把“数量”值设为4、“节距角”值设为90°。

⑨ 单击“确定”按钮，创建阵列几何特征，如图10-79所示。

（22）单击“拉伸”按钮，在弹出的【拉伸】对话框中单击“曲线”按钮，如图10-80所示。

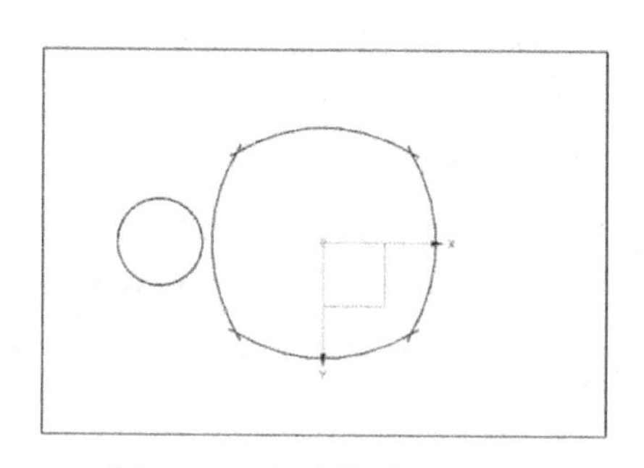

图10-79　创建阵列几何特征

图10-80　单击“曲线”按钮

（23）在工作区上方选择“单条曲线”选项，单击“在相交处停止”按钮，如图10-81所示。

图10-81　选择“单条曲线”选项，单击“在相交处停止”按钮

（24）选择阵列中的4条抛物线，单击“完成”按钮。在弹出的【拉伸】对话框中，对“指定矢量”选择“ZC↑”选项。在“开始”选择“值”选项，把“距离”值设为0；在“结束”栏中选择“值”选项，把“距离”值设为5mm，对“布尔”选择“减去”选项。

（25）单击“确定”按钮，创建拉伸特征，如图10-82所示。

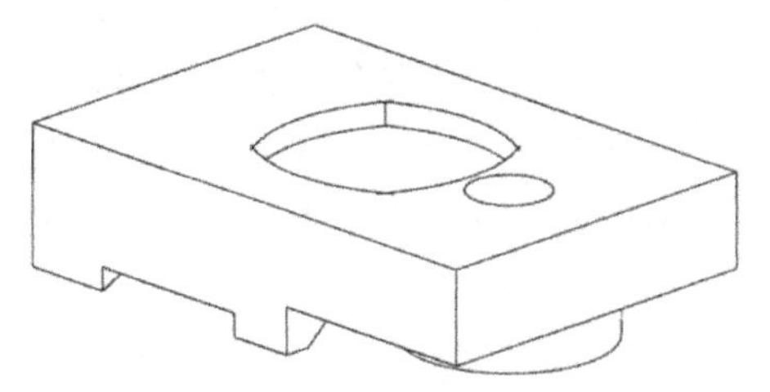

图10-82　创建拉伸特征

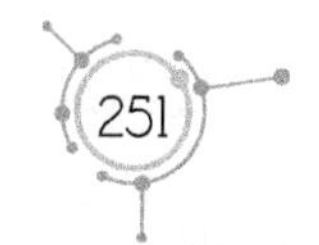

（26）单击“边倒圆”按钮，创建边倒圆角特征，如图 10-83 所示。

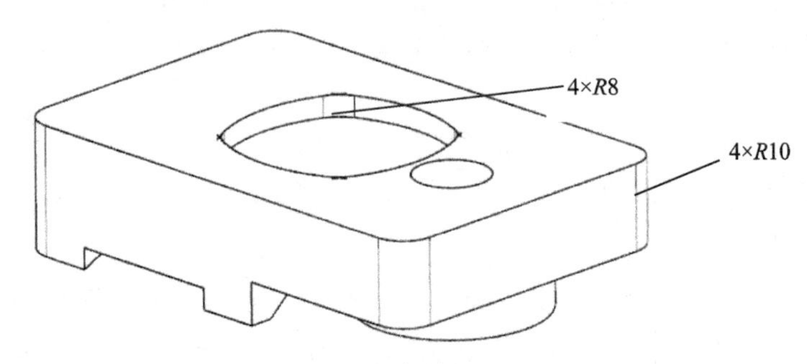

图 10-83　创建边倒圆角特征

（27）单击“菜单｜插入｜设计特征｜孔”命令，在弹出的【孔】对话框中单击“绘制截面”按钮。以底面为草绘平面、*X* 轴为水平参考线，把草图原点坐标设为（0，0，0），在 *X* 轴上绘制 1 个点，与原点的距离为 35mm，如图 10-84 所示。

（28）单击“完成”按钮。在【孔】对话框中，对“类型”选择“常规孔”选项、“孔方向”选择“垂直于面”选项、“成形”选择“沉头”选项，把“沉头直径”值设为 13mm、“沉头深度”值设为 5mm、“直径”值设为 10mm；对“深度限制”选择“贯通体”选项，对“布尔”选择“减去”选项。

（29）单击“确定”按钮，创建沉头孔特征，如图 10-85 所示。

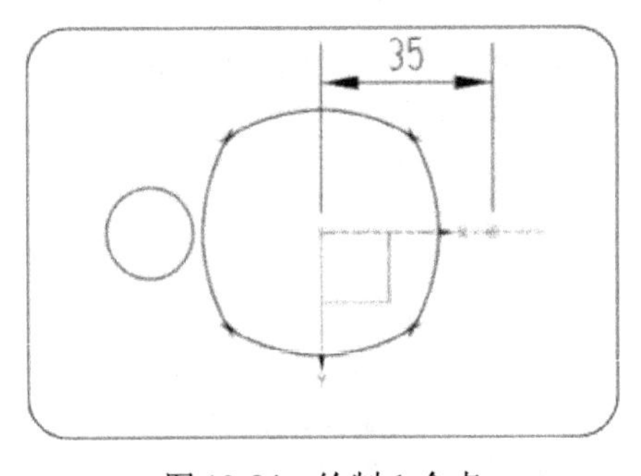

图 10-84　绘制 1 个点

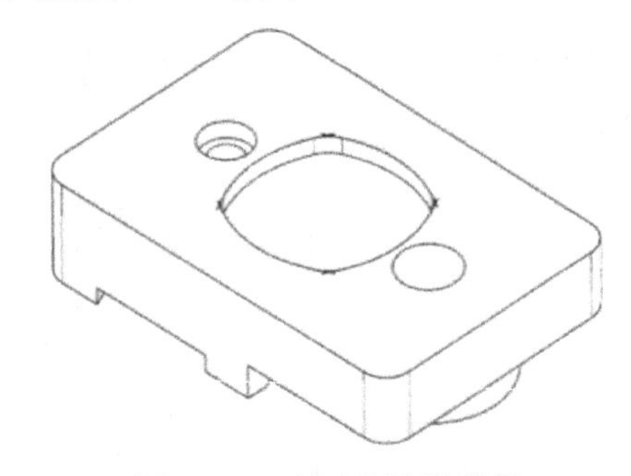

图 10-85　创建沉头孔特征

（30）单击“菜单｜插入｜关联复制｜阵列特征”命令，选择上一步骤创建的沉头孔作为需要阵列的对象。在【阵列特征】对话框中，对“布局”选择“圆形”选项、“指定矢量”选择“ZC↑”选项，把“指定点”坐标设为（-35，0，0），对“间距”选择“数量和跨距”选项，把“数量”值设为 2、“跨角”值设为 20°。

（31）单击“确定”按钮，创建第 1 个旋转阵列特征，如图 10-86 所示。

（32）采用相同的方法，对“指定矢量”选择“-ZC↓”选项，创建第 2 个旋转阵列特征，如图 10-87 所示。

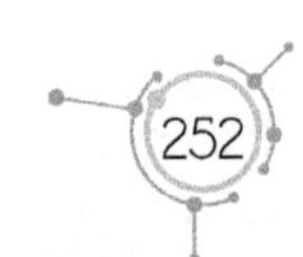

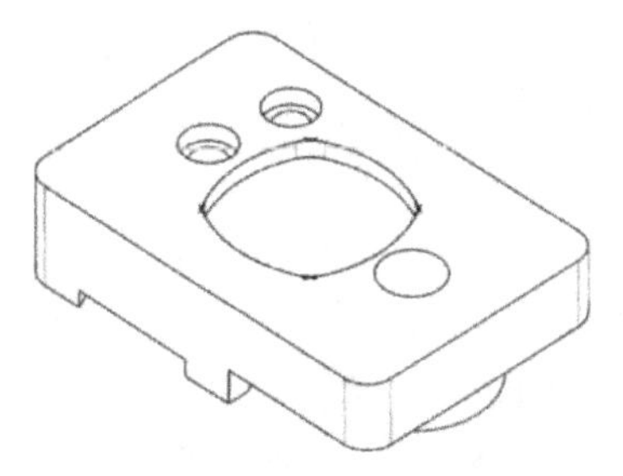

图 10-86 创建第 1 个旋转阵列特征

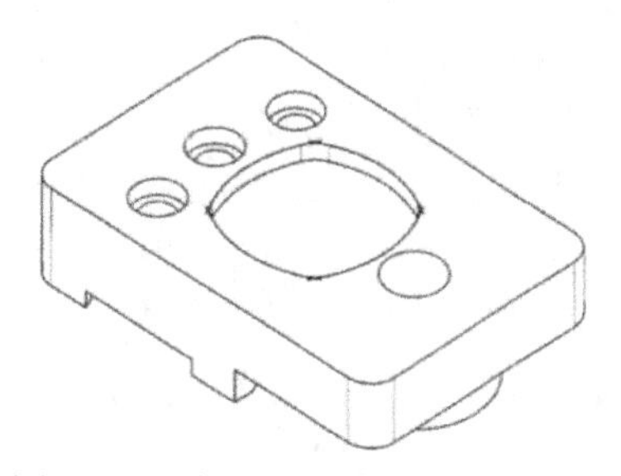

图 10-87 创建第 2 个旋转阵列特征

9. 工件 2 第 1 次装夹的数控编程过程

（1）单击“菜单｜格式｜移动至图层”命令，选择实体，单击“确定”按钮，在【图层复制】对话框中的“目标图层或类别”文本框输入“10”。

（2）单击“确定”按钮，把实体移动到第 10 个图层。

（3）单击“菜单｜格式｜复制至图层”命令，选择实体，单击“确定”按钮，在【图层复制】对话框中的“目标图层或类别”文本框输入“1”。

（4）单击“确定”按钮，把实体复制到第 1 个图层。

（5）单击“菜单｜格式｜图层设置”命令，在【图层设置】对话框中双击“□1”选项，把图层 1 设为工作层，取消图层“□10”前面的“√”，隐藏第 10 个图层。

提示：上述步骤的目的是把原图放在第 10 个图层，对原图不做任何改动。

（6）单击“菜单｜编辑｜移动对象”命令，在弹出的【移动对象】对话框中，对“运动”选择“角度”选项、“指定矢量”选择“YC↑”选项，把“角度”值设为 180°；对“结果”选择“◉移动原先的”单选框。单击“指定轴点”按钮，在【点】对话框中输入（0，0，0）。

（7）单击“确定”按钮，实体旋转 180°，如图 10-88 所示。

（8）在横向菜单中先单击“应用模块”选项卡，再单击“加工”命令。在【加工环境】对话框中选择“cam_general”选项和“mill_planar”选项。单击“确定”按钮，进入 UG 加工环境。此时，实体上出现两个坐标系：基准坐标系和工件坐标系。

（9）单击“创建刀具”按钮，对“类型”选择“mill_contour”选项、“刀具子类型”选择“MILL”图标、“名称”选择“D12R0（铣刀-5 参数）”选项，把“直径”值设为 12mm、“下半径”值设为 0。

（10）单击“创建刀具”按钮，对“类型”选择“mill_contour”选项、“刀具子类型”选择“MILL”图标，把“名称”设为 D8R0、“直径”值设为 8mm、“下半径”值设为 0。

（11）单击“创建刀具”按钮，对“类型”选择“drill”选项、“刀具子类型”选择“DRILLING_TOOL”图标，把“名称”设为 Dr10、“直径”值设为 10mm。

（12）单击“菜单｜插入｜工序”命令，在【创建工序】对话框中，对“类型”选

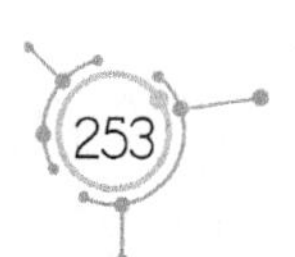

择“mill_planar”选项。在“工序子类型”列表中单击“带边界面铣”按钮，对“程序”选择“NC_PROGRAM”选项、“刀具”选择“D12R0（铣刀-5 参数）”选项、“几何体”选择“MCS_MILL”选项、“方法”选择“METHOD”选项。

（13）在【面铣】对话框中单击“指定部件”按钮，选择整个实体。

（14）在【面铣】对话框中单击“指定面边界”按钮，在【毛坯边界】对话框中，对“选择方法”选择“面”选项。然后，选择实体上表面。

（15）在【毛坯边界】对话框中，对“刀具侧”选择“内侧”选项、“平面”选择“指定”选项，选择凹坑的底面作为指定平面，把“距离”值设为 0mm，如图 10-89 所示。

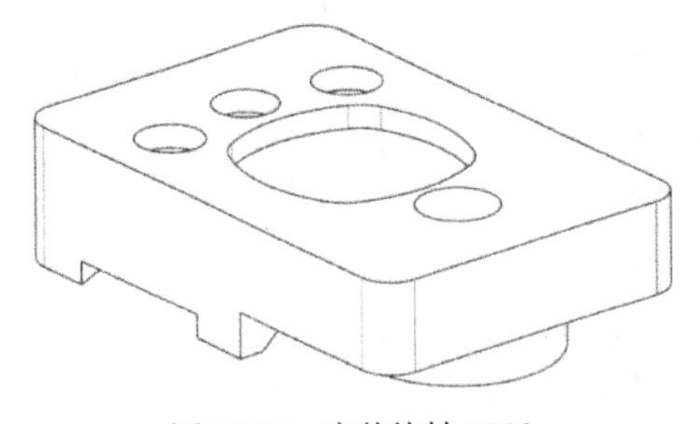

图 10-88　实体旋转 180°

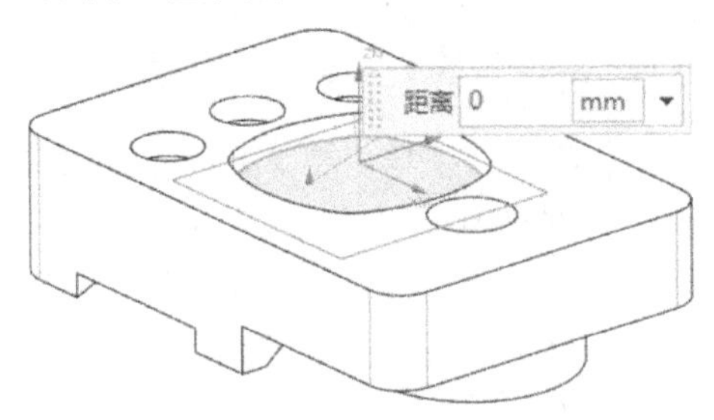

图 10-89　把“距离”值设为 0mm

（16）在【面铣】对话框中对“切削模式”选择“跟随周边”选项、“步距”选择“刀具平直百分比”选项，把“平面直径百分比”值设为 75%、“毛坯距离”值设为 6mm、“每刀切削深度”值设为 0.8mm、“最终底面余量”值设为 0.1mm。

（17）单击“切削参数”按钮，在弹出的【切削参数】对话框中，单击“策略”选项卡，对“切削方向”选择“顺铣”选项、“刀路方向”选择“向外”选项，把“刀具延展量”值设为 100%。单击“余量”选项卡，把“部件余量”值和“壁余量”值都设为 0.3mm，把“最终底面余量”值设为 0.1mm，把“内公差”值和“外公差”值都设为 0.01。

（18）单击“非切削移动”按钮，在弹出的【非切削移动】对话框中，单击“转移/快速”选项卡。在“区域之间”列表中，对“转移类型”选择“安全距离-刀轴”选项；在“区域内”栏中，对“转移方式”选择“进刀/退刀”选项、“转移类型”选择“安全距离-刀轴”选项。单击“进刀”选项卡，在“封闭区域”列表中，对“进刀类型”选择“螺旋”选项，把“直径”值设为 2mm、“斜坡角”值设为 1°、“高度”值设为 1mm；对“高度起点”选择“前一层”选项，把“最小安全距离”值设为 0、“最小斜面长度”值设为 2mm。在“开放区域”列表中，对“进刀类型”选择“线性”选项，把“长度”值设为 8mm，把“旋转角度”值和“斜坡角”值设为 0°，把“高度”值设为 1mm、“最小安全距离”值设为 8mm。

（19）单击“进给率和速度”按钮，把主轴速度值设为 1000r/min、切削速度值设为 1200mm/min。

（20）单击“生成”按钮，生成面铣粗加工刀路，如图 10-90 所示。该刀路会出现踩刀现象，也会出现空刀现象，需避免。

（21）单击“切削参数”按钮，在弹出的【切削参数】对话框中，单击“策略”选项卡，把“刀具延展量”值改为50%，重新生成的刀路在实体范围内，无空刀现象，如图10-91所示。

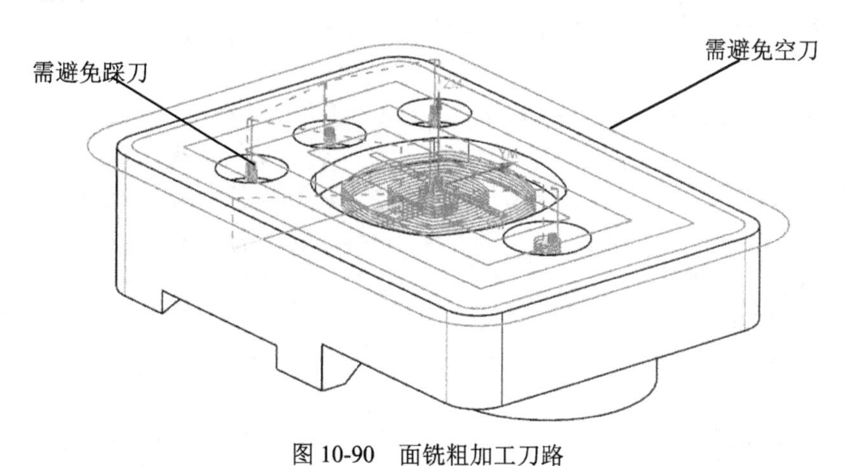

图10-90　面铣粗加工刀路

（22）单击“非切削移动”按钮，在弹出的【非切削移动】对话框中单击“进刀”选项卡，在“封闭区域”列表中，把“直径”值改为15mm、“最小斜面长度”值改为15mm。

（23）单击“生成”按钮，重新生成的刀路无踩刀现象，如图10-92所示。

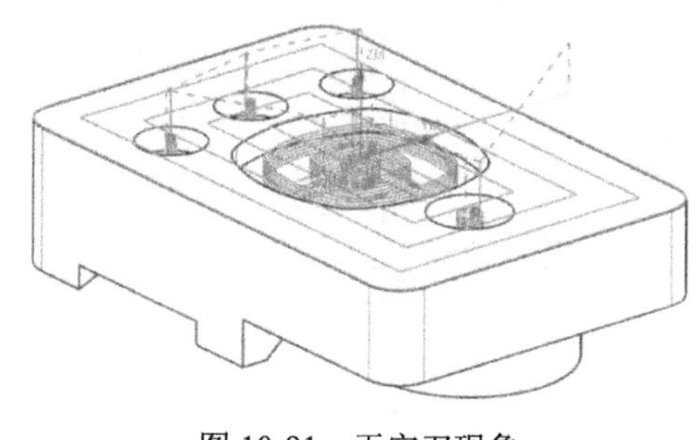

图10-91　无空刀现象

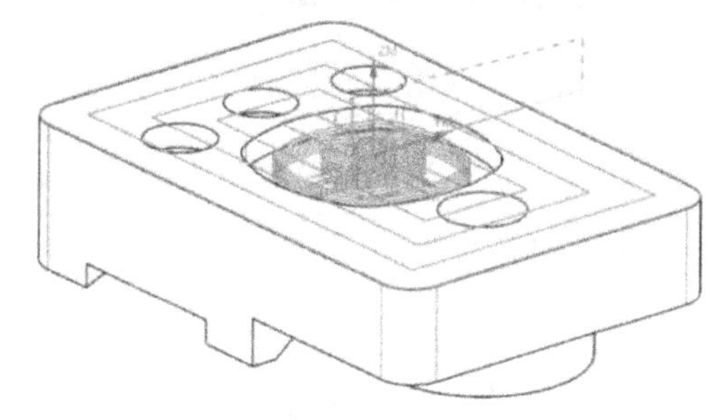

图10-92　无踩刀现象

（24）单击“菜单｜插入｜工序”命令，在【创建工序】对话框中，对“类型”选择“mill_planar”选项。在“工序子类型”列表中单击“平面铣”按钮，对“程序”选择“NC_PROGRAM”选项、“刀具”选择“D12R0（铣刀-5 参数）”选项、“几何体”选择“MCS_MILL”选项、“方法”选择“METHOD”选项。

（25）在【平面铣】对话框中单击“指定部件边界”按钮，在【部件边界】对话框中，对“选择方法”选择“面”选项，选择实体的上表面。对“刀具侧”选择“外侧”选项，在“列表”框中删除圆孔和凹坑的轮廓线，只保留实体的外轮廓。

（26）在【平面铣】对话框中单击“指定底面 ”按钮，选择实体底面，把“距离”值设为2mm，如图10-93所示。

（27）在【平面铣】对话框中对“切削模式”选择“轮廓”选项，把“附加刀路”值设为0。

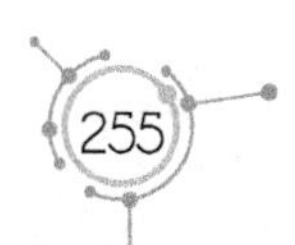

（28）单击“切削层”按钮，在弹出的【切削层】对话框中，对“类型”选择“恒定”选项，把“公共每刀切削深度”值设为 0.8mm。

（29）单击“切削参数”按钮，在弹出的【切削参数】对话框中，单击“策略”选项卡，对“切削方向”选择“顺铣”选项。单击“余量”选项卡，把“部件余量”值设为 0.3 mm。

（30）单击“非切削移动”按钮，在弹出的【非切削移动】对话框中，单击“转移/快速”选项卡。在“区域之间”列表中，对“转移类型”选择“安全距离-刀轴”选项，在“区域内”列表中，对“转移方式”选择“进刀/退刀”选项、“转移类型”选择“直接”选项。单击“进刀”选项卡，在“开放区域”列表中，对“进刀类型”选择“圆弧”选项，把“半径”值设为 2mm、“圆弧角度”值设为 90°、“高度”值设为 1mm、“最小安全距离”值设为 10mm。选择“起点/钻点”选项卡，把“重叠距离”值设为 1mm，单击“指定点”按钮，选择“控制点”选项，选择实体的右边线，把该直线的中点设为进刀起点。

（31）单击“进给率和速度 ”按钮，把主轴速度值设为 1000r/min、切削速度值设为 1200mm/min。

（32）单击“生成”按钮，生成平面铣加工轮廓的刀路，如图 10-94 所示。

（33）在工作区上方的工具条中单击“程序顺序视图”按钮。

（34）在“工序导航器”中把 PROGRAM 名称改为 C。

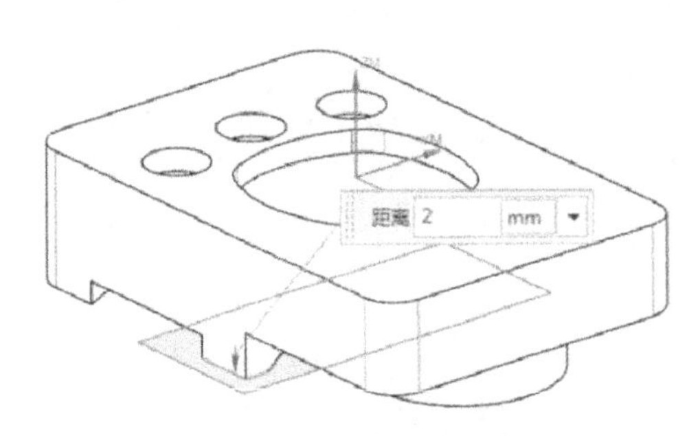

图 10-93　把“距离”值设为 2mm

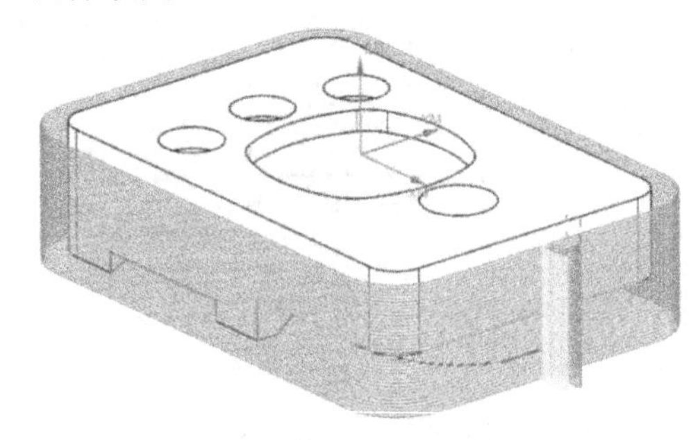
图 10-94　平面铣加工轮廓的刀路

（35）单击“菜单 | 插入 | 程序”命令，在【创建程序】对话框中对“类型”选择“mill_contour”选项、“程序”选择“C”选项，把“名称”设为“C1-开粗-D12R0”。单击“确定”按钮，创建 C1 程序组，如图 10-95 所示。此时，C1 在 C 的下级目录中，并把刚才创建 2 个刀路工序移到 C1 程序组中。

（36）单击“菜单 | 插入 | 程序”命令，在【创建程序】对话框中对“类型”选择“mill_contour”选项、“程序”选择“C”选项，把“名称”设为“C2-精加工-D12R0”。单击“确定”按钮，创建 C2 程序组，如图 10-95 所示。此时，C2 在 C 的下级目录中，C1 和 C2 并列。

（37）在“工序导航器”中选择 FACE_MILLING选项，单击鼠标右键，在快捷菜单中单击“复制”命令。选择 C2，单击鼠标右键，在快捷菜单中单击“内部粘贴”命令。

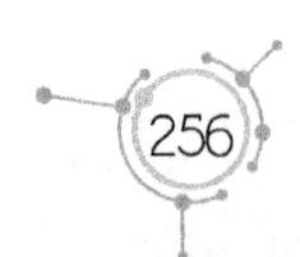

（38）在“工序导航器”中双击FACE_MILLING_COPY选项，在【面铣】对话框中单击“指定面边界”按钮，在【毛坯边界】对话框的列表栏中单击“移除”按钮，移除前面所选择的选项，在【毛坯边界】对话框中，对“选择方法”选择“面”选项、“刀具侧”选择“内侧”选项、“平面”选择“自动”选项，选择实体上表面。然后，在【毛坯边界】对话框中单击“添加新集”按钮，再选择凹坑的底面。

（39）在【面铣】对话框中，把“每刀切削深度”值设为0、“最终底面余量”值设为0。

（40）单击“切削参数”按钮，在弹出的【切削参数】对话框中，单击“策略”选项卡，勾选“添加精加工刀路”复选框，把“刀路数”值设为2、“精加工步距”值设为0.1mm。单击“余量”选项卡，把“部件余量”值和“壁余量”值都设为0。

（41）单击“进给率和速度 ”按钮，把主轴速度值设为1200r/min、切削速度值设为500mm/min。

（42）单击“生成”按钮，重新生成的面铣精加工刀路如图10-96所示。

（43）在“工序导航器”中选择PLANAR_MILL选项，单击鼠标右键，在快捷菜单中单击“复制”命令。选择PLANAR_MILL选项，单击鼠标右键，在快捷菜单中单击“内部粘贴”命令。

（44）双击PLANAR_MILL_COPY选项，在【平面铣】对话框中，对“步距”选择“恒定”选项，把“最大距离”值设为0.1mm、“附加刀路”值设为2。单击“切削层”按钮，在弹出的【切削层】对话框中，对“类型”选择“仅底面”选项。

（45）单击“切削参数”按钮，在弹出的【切削参数】对话框中，单击“余量”选项卡，把“部件余量”值设为0。

（46）单击“进给率和速度 ”按钮，把主轴速度值设为1200r/min、切削速度值设为500mm/min。

（47）单击“生成”按钮，生成平面铣精加工轮廓的刀路，如图10-96所示。

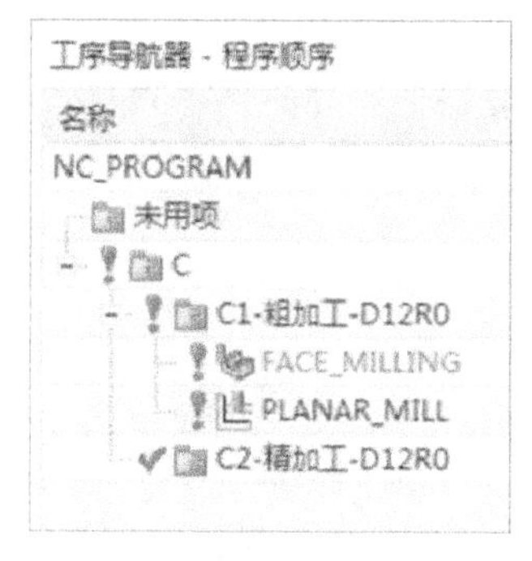

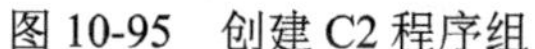
图10-95 创建C2程序组

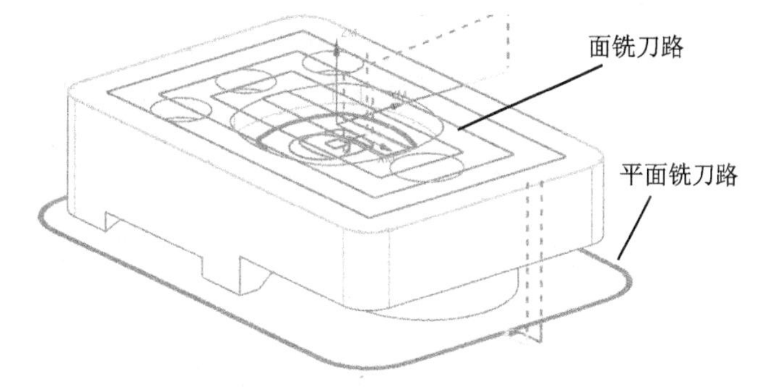

图10-96 重新生成的面铣和平面铣精加工刀路

（48）单击“菜单｜插入｜程序”命令，在【创建程序】对话框中对“类型”选择“mill_contour”选项、“程序”选择“C”选项，把“名称”设为“C3-钻孔-Dr10”。单击“确定”按钮，创建C3程序组。此时，C3在C的下级目录中，C3、C1和C2并列。

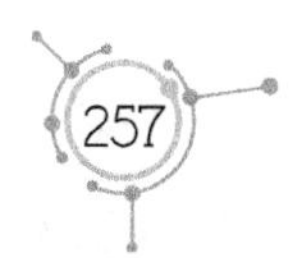

（49）单击“菜单｜插入｜工序”命令，在【创建工序】对话框中，对“类型”选择“drill”选项。在“工序子类型”列表中单击“啄钻”按钮，对“程序”选择“C3-钻孔-Dr10”选项、“刀具”选择“Dr10”（钻刀）选项、“几何体”选择“MCS-MILL”选项、“方法”选择“METHOD”选项。

（50）在【啄钻】对话框中单击“指定孔”按钮。

（51）在【点到点几何体】对话框中单击“选择”按钮。

（52）在对话框中单击“一般点”按钮。

（53）在【点】对话框中，对“类型”选择“圆弧中心/椭圆中心/球心”选项，在实体上选择4个孔的圆心。

（54）连续3次单击“确定”按钮，在【啄钻】对话框中单击“指定顶面”按钮，在【顶面】对话框中的“顶面选项”列表选择“平面”图标 平面，选择实体的顶面，在活动窗口中将“距离”值设为2mm。

（55）在【啄钻】对话框中单击“指定底面”按钮，在【底部曲面】对话框的“底面选项”列表中选择“平面”选项 平面，选择实体的底面，把“距离”值设为5mm。

（56）在【啄钻】对话框中，把“最小安全距离”值设为5mm，对“循环类型”设为“啄钻”选项，把“距离”值设为1.0mm。单击“确定”按钮，在【指定参数组】对话框中，把“Number of Sets”值设为1。

（57）单击“确定”按钮，在【Cycle 参数】对话框中单击“Depth－模型深度”按钮。

（58）在【Cycle 参数】对话框中单击“穿过底面”按钮。

（59）单击“确定”按钮，再单击“Increment－无”按钮，在【增量】对话框中单击“恒定”按钮。

（60）在“增量”文本框中输入1mm。

（61）单击“进给率和速度 ”按钮，把主轴速度值设为1000r/min、切削速度值设为250mm/min。

（62）单击“生成”按钮，生成钻孔刀路，如图10-97所示。

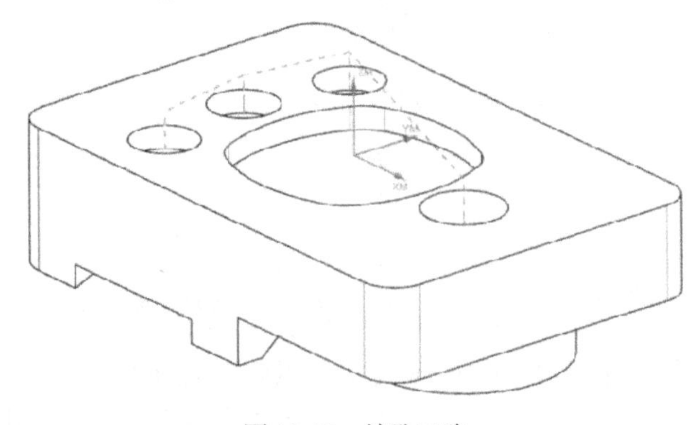

图10-97　钻孔刀路

（63）单击“菜单｜插入｜程序”命令，在【创建程序】对话框中对“类型”选择“mill_contour”选项、“程序”选择“C”选项，把“名称”设为“C4-粗加工-D8R0”。单击“确定”按钮，创建 C4 程序组。此时，C4 在 C 下级目录中，C1、C2、C3 和 C4 并列。

（64）单击“菜单｜插入｜工序”命令，在【创建工序】对话框中，对“类型”选择“mill_planar”选项。在“工序子类型”列表中单击“平面铣”按钮，对“程序”选择“C4-粗加工-D8R0”选项、“刀具”选择 D8R0（铣刀-5 参数）”选项、“几何体”选择“MCS_MILL”选项、“方法”选择“METHOD”选项。

（65）在【平面铣】对话框中单击“指定部件边界”按钮，在【部件边界】对话框中对“选择方法”选择“曲线”选项，在“边界类型”列表中选择“封闭”选项，对“平面”选择“自动”选项、“刀具侧”选择“内侧”选项。选择第 1 个沉头的边线，单击“添加新集”按钮。选择第 2 个沉头的边线，单击“添加新集”按钮。选择第 3 个沉头的边线。

（66）在【平面铣】对话框中单击“指定底面 ”按钮，选择沉头底面作为加工底面，把“距离”值设为 0mm，如图 10-98 所示。

（67）在【平面铣】对话框中，对“切削模式”选择“轮廓”选项，把“附加刀路”值设为 0。

（68）单击“切削层”按钮，在弹出的【切削层】对话框中，对“类型”选择“恒定”选项，把“公共每刀切削深度”值设为 0.3mm。

（69）单击“切削参数”按钮，在弹出的【切削参数】对话框中，单击“策略”选项卡，对“切削方向”选择“顺铣”选项。单击“余量”选项卡，把“部件余量”值设为 0.3mm、“最终底面余量”值设为 0.1mm。

（70）单击“非切削移动”按钮，在弹出的【非切削移动】对话框中，单击“转移/快速”选项卡。在“区域之间”列表中，对“转移类型”选择“安全距离-刀轴”选项；在“区域内”栏中，对“转移方式”选择“进刀/退刀”选项、“转移类型”选择“直接”选项。单击“进刀”选项卡，在“封闭区域”列表中，对“进刀类型”选择“无”选项；在“开放区域”列表中，对“进刀类型”选择“线性”选项，把“长度”值设为 2mm、“高度”值设为 1mm、“最小安全距离”值设为 4mm。

（71）单击“进给率和速度 ”按钮，把主轴速度值设为 1000r/min、切削速度值设为 1200mm/min。

（72）单击“生成”按钮，生成平面铣加工轮廓的刀路，如图 10-99 所示。

（73）在“工序导航器”中选择 PLANAR_MILL_1选项，单击鼠标右键，在快捷菜单中单击“复制”命令。选择 A4 程序组，单击鼠标右键，在快捷菜单中单击“内部粘贴”命令。

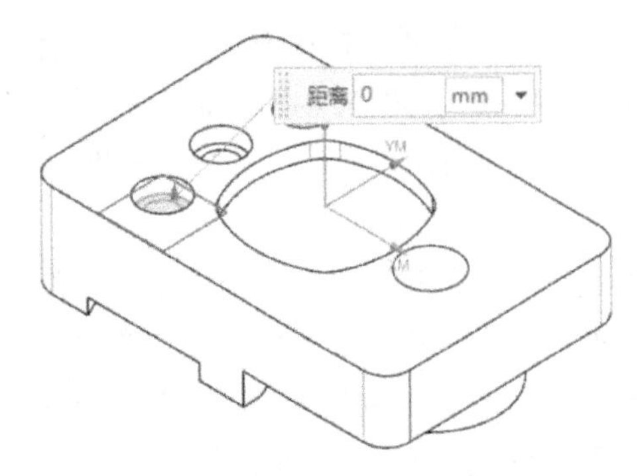

图 10-98　把“距离”值设为0mm

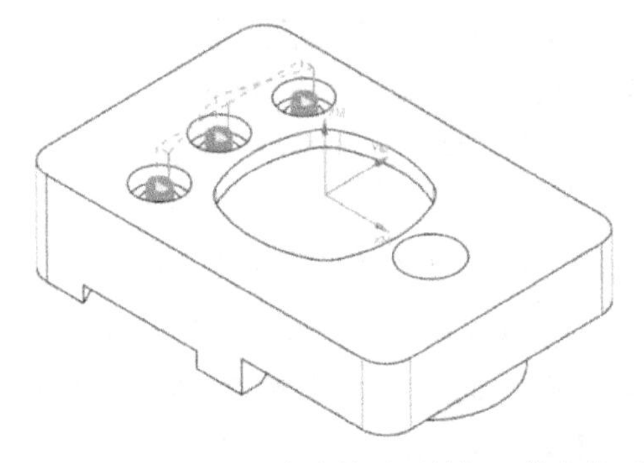

图 10-99　步骤（72）生成的平面铣加工轮廓的刀路

（74）双击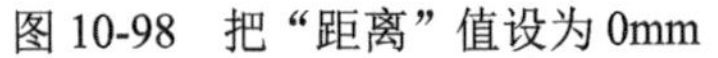选项，在【平面铣】对话框中单击“指定部件边界”按钮，在【部件边界】对话框中单击“移除”按钮，移除前面所选择的选择，在【部件边界】对话框中，对“选择方法”选择“曲线”选项、“边界类型”选择“封闭”选项、“平面”选择“自动”选项、“刀具侧”选择“内侧”选项，选择 ϕ18mm 通孔的边线。

（75）在【平面铣】对话框中单击“指定底面”按钮，选择 ϕ18mm 通孔的底面，把“距离”值设为2mm，如图 10-100 所示。

（76）单击“生成”按钮，生成平面铣加工轮廓的刀路，如图 10-101 所示。

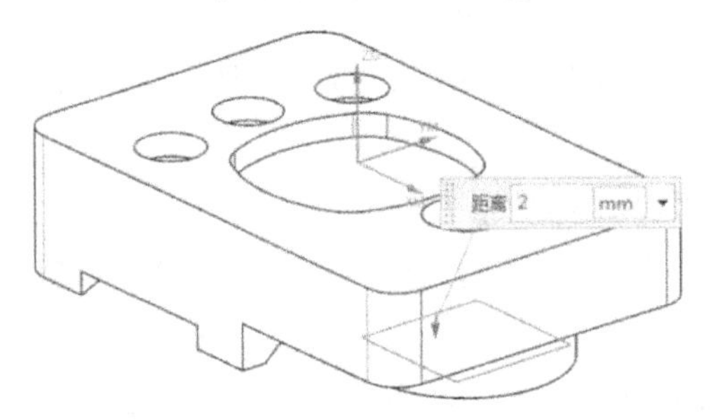

图 10-100　把“距离”值设为2mm

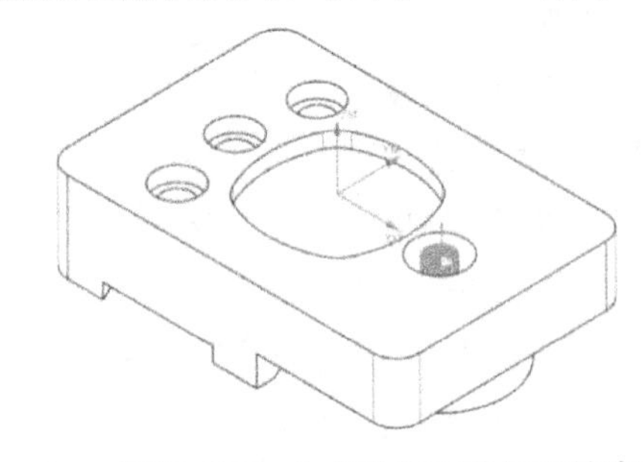

图 10-101　步骤（76）生成的平面铣加工轮廓的刀路

（77）单击“菜单｜插入｜程序”命令，在【创建程序】对话框中对“类型”选择“mill_contour”选项，对“程序”选择 C，把“名称”设为“C5-精加工-D8R0”，单击“确定”按钮，创建 C5 程序组。此时，C5 在 C 的下级目录中，C1、C2、C3、C4 和 C5 并列。

（78）在“工序导航器”中把 PLANAR_MILL_1选项和 PLANAR_MILL_1_COPY 刀路程序复制到 A5 程序组中。

（79）双击 PLANAR_MILL_1_COPY_1选项，在【平面铣】对话框中，对“步距”选择“恒定”选项，把“最大距离”值设为0.1mm、“附加刀路”值设为2。单击“切削层”按钮，在弹出的【切削层】对话框中，对“类型”选择“仅底面”选项。

（80）单击“切削参数”按钮，在弹出的【切削参数】对话框中，单击“余量”选项卡，把“部件余量”值和“最终底面余量”值都设为0。

（81）单击“进给率和速度 ”按钮，把主轴速度值设为 1200r/min、切削速度值设为 500mm/min。

（82）单击“生成”按钮，生成平面铣精加工轮廓刀路，如图 10-102 中左侧 3 个沉头的刀路所示。

（83）按上述方法修改 PLANAR_MILL_1_COPY_COPY 刀路程序，生成的刀路如图 10-103 右侧 ϕ18mm 通孔刀路所示。

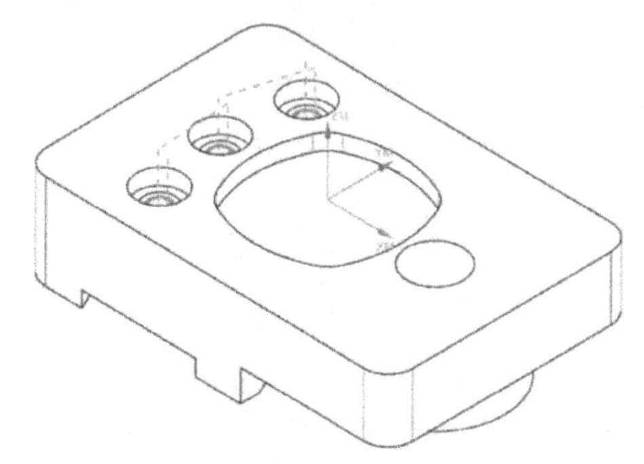

图 10-102 加工左侧 3 个沉头的刀路

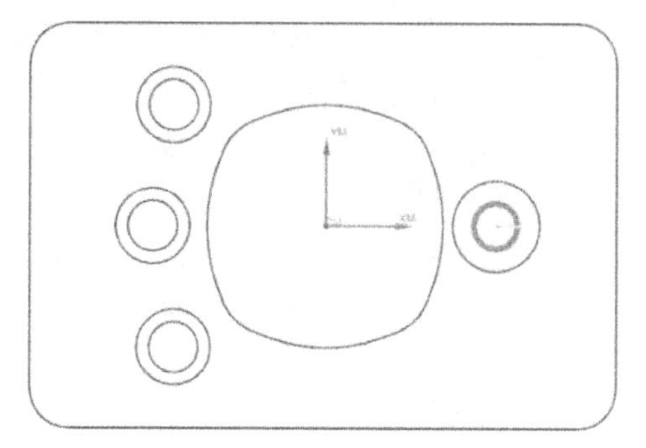

图 10-103 加工右侧 ϕ18mm 通孔的刀路

（84）单击“保存”按钮，保存文档。

10. 工件 2 第 2 次装夹的数控编程过程

（1）单击“菜单｜格式｜图层设置”命令，在弹出的【图层设置】对话框中双击“□10”选项，把图层 10 设为工作层。取消图层“□1”前面的“√”，隐藏第 1 个图层。

（2）单击“菜单｜格式｜复制至图层”命令，选择实体后，单击“确定”按钮，在【图层复制】对话框中的“目标图层或类别”文本框输入“2”。

（3）单击“确定”按钮，把实体复制到第 2 个图层。

（4）单击“菜单｜格式｜图层设置”命令，在【图层设置】对话框中双击“□2”选项，把图层 2 设为工作层。取消图层“□10”前面的“√”，隐藏第 10 个图层。

（提示：这样可以确保第 10 层的实体是没有修改的原始图）

（5）单击“菜单｜插入｜程序”命令，在【创建程序】对话框中对“类型”选择“mill_contour”选项、“程序”选择“NC-PROGRAM”选项，把“名称”设为“D”。单击“确定”按钮，创建 D 程序组。此时，D 与 C 并列。

（6）单击“菜单｜插入｜程序”命令，在【创建程序】对话框中对“类型”选择“mill_contour”选项、“程序”选择“D”选项，把“名称”设为“D1-粗加工-D12R0”。单击“确定”按钮，创建 D1 程序组。此时，D1 在 D 的下级目录中。

（7）在横向菜单中先单击“应用模块”选项卡，再单击“建模”按钮，进入 UG 建模环境。

（8）单击“菜单｜插入｜同步建模｜删除面”命令，删除 ϕ18mm 圆孔与 ϕ10mm 沉头孔，如图 10-104 所示。

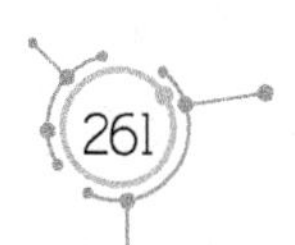

（9）在横向菜单中先单击“应用模块”选项卡，再单击“加工”按钮，进入UG加工环境。

（10）单击“菜单｜插入｜工序”命令，在【创建工序】对话框中，对“类型”选择“mill_planar”选项。在“工序子类型”列表中单击“带边界面铣”按钮，对“程序”选择“D1-粗加工-D12R0”选项、“刀具”选择“D12R0（铣刀-5 参数）”选项、“几何体”选择“MCS_MILL”选项、“方法”选择“METHOD”选项。

（11）在【面铣】对话框中单击“指定部件”按钮，选择整个实体。

（12）在【面铣】对话框中单击“指定面边界”按钮，在【毛坯边界】对话框中，对“选择方法”选择“曲线”选项，选择实体上表面的4条边线，如图10-105所示。

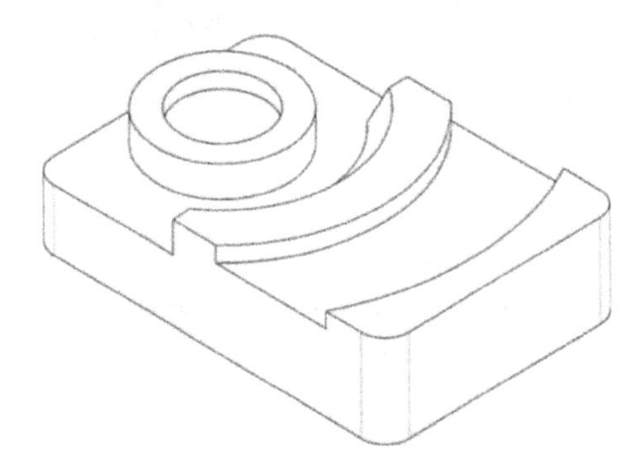

图10-104　删除ϕ18mm圆孔与ϕ10mm沉头孔

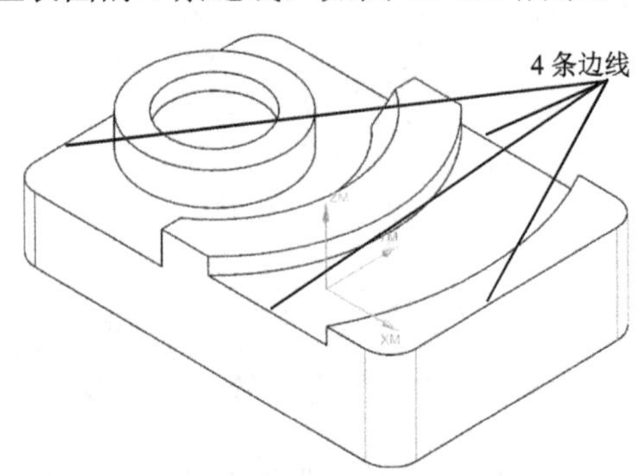

图10-105　选择4条边线

（13）在【毛坯边界】对话框中，对“刀具侧”选择“内侧”选项、“平面”选择“指定”选项，选择如图10-106所示的平面作为指定平面。设置完毕，单击“确定”按钮。

（14）在【面铣】对话框中，对“刀轴”选择“+ZM轴”选项、“切削模式”选择“跟随周边”选项、“步距”选择“刀具平直百分比”，把“平面直径百分比”值设为75%，把“毛坯距离”值设为11mm、“每刀切削深度”值设为0.8mm、“最终底面余量”值设为0.1mm。

（15）单击“切削参数”按钮，在弹出的【切削参数】对话框中，单击“策略”选项卡，对“切削方向”选择“顺铣”选项、“刀路方向”选择“向外”选项，“刀具延展量”值改为50%。单击“余量”选项卡，把“部件余量”值和“壁余量”值都设为0.3mm，把“最终底面余量”值设为0.1mm，把“内公差”值和“外公差”值都设为0.01。

（16）单击“非切削移动”按钮，在弹出的【非切削移动】对话框中，单击“转移/快速”选项卡。在“区域之间”列表中，对“转移类型”选择“安全距离-刀轴”选项；在“区域内”列表中，对“转移方式”选择“进刀/退刀”选项，“转移类型”选择“安全距离-刀轴”选项。单击“进刀”选项卡，在“封闭区域”列表中，对“进刀类型”选择“螺旋”选项，把“直径”值设为10mm、“斜坡角”值设为1°、“高度”值设为1mm；对“高度起点”选择“前一层”选项，把“最小安全距离”值设为0、“最小斜面长度”值设为10mm。在“开放区域”列表中，对“进刀类型”选择“线性”选项，把“长度”值设为8mm，把“旋转角度”值和“斜坡角”值都设为0°，把“高度”值设为 1mm、“最小安全距离”值设为 8mm。

（17）单击“进给率和速度 ”按钮，把主轴速度值设为 1000r/min、切削速度值设为 1200mm/min。

（18）单击“生成”按钮，生成面铣粗加工刀路，如图 10-107 所示。

（19）单击“菜单｜插入｜程序”命令，在【创建程序】对话框中对“类型”选择“mill_contour”选项，对“程序”选择 D，把“名称”设为“D2-粗加工-D8R0”，单击“确定”按钮，创建 D2 程序组。此时，D2 在 D 的下级目录中，D1 与 D2 并列。

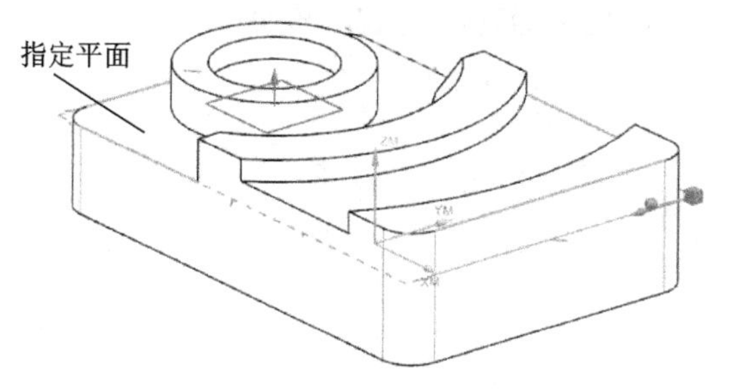

图 10-106 选择指定平面

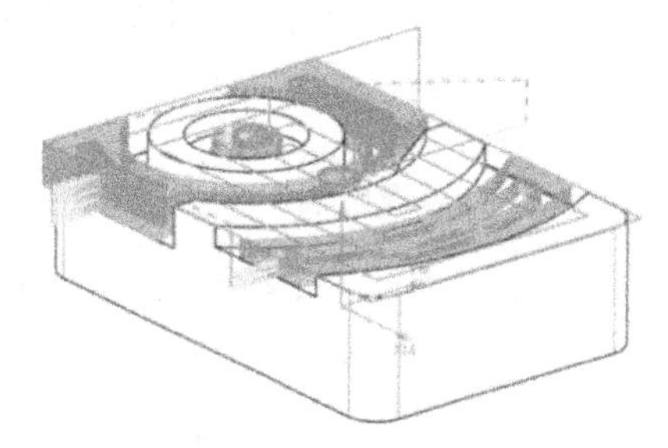

图 10-107 面铣粗加工刀路

（20）单击“菜单｜插入｜工序”命令，在【创建工序】对话框中对“类型”选择“mill_contour”选项。在“工序子类型”列表中单击“型腔铣”按钮，对“程序”选择“D2-粗加工-D8R0”选项、“刀具”选择 D8R0（铣刀-5 参数）”选项、“几何体”选择“MCS_MILL”、“方法”选择“METHOD”选项。

（21）在【型腔铣】对话框中单击“指定部件”按钮，选择整个实体。

（22）单击“指定切削区域”按钮，用框选方式选择整个实体。

（23）对“切削模式”选择“跟随周边”选项、“步距”选择“刀具平直百分比”选项，把“平面直径百分比”值设为 75%，“公共每刀切削深度”选择“恒定”选项，”最大距离”值设为 0.3mm。

（24）单击“切削层”按钮，在【切削层】对话框中多次单击“移除”按钮，移除前面所选择的选项。在“范围 1 的顶部”栏中单击“选择对象”按钮，选择实体上表面，显示的“ZC”值为 30mm；在“范围定义”栏中单击“选择对象”按钮，选择圆环的底面，在“范围定义”栏中显示的“范围深度”值为 10.0000（单位：mm），如图 10-108 所示。

（25）单击“切削参数”按钮，在弹出的【切削参数】对话框中，单击“策略”选项卡，对“切削方向”选择“顺铣”选项。单击“空间范围”选项卡，对“参考刀具”选择“D12R0（铣刀-5 参数）”选项（立铣刀），把“重叠距离”值设为 0。单击“余量”选项卡，取消“□使底面余量与侧面余量一致”复选框中的“√”，把“部件侧面余量”值设为 0.3mm、“部件底面余量”值设为 0.1mm，把“内公差”值和“外公差”值都设为 0.01。

（26）单击“非切削移动”按钮，在弹出的【非切削移动】对话框中，单击“转移/快速”选项卡。在“区域之间”列表中，对“转移类型”选择“安全距离-刀轴”选

项；在“区域内”列表中，对“转移方式”选择“进刀/退刀”选项、“转移类型”选择“安全距离-刀轴”。单击“进刀”选项卡，在“封闭区域”列表中，对“进刀类型”选择“与开放区域相同”。在“开放区域”列表中，对“进刀类型”选择“线性”选项，把“长度”值设为 80%，把“旋转角度”值和“斜坡角度”值都设为 0°，把“高度”值设为 1mm、“最小安全距离”值设为 80%。

（27）单击“进给率和速度 ”按钮，把主轴速度值设为 1000r/min、切削速度值设为 1200mm/min。

（28）单击“生成”按钮，生成的型腔铣粗加工刀路如图 10-109 所示。

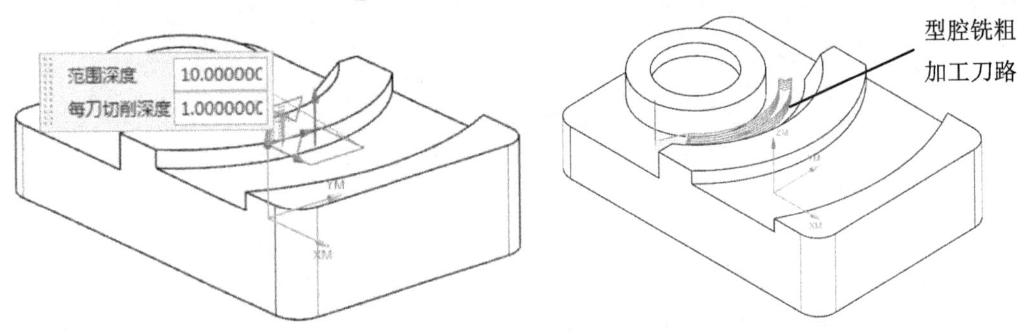

图 10-108　显示的“范围深度”值　　　　图 10-109　生成的型腔铣粗加工刀路

（29）实体的左端有一部分没有加工，按以下步骤加工未加工的部分：

① 单击“菜单 | 插入 | 曲线 | 圆/圆弧”命令，在弹出的【圆弧/圆】对话框中，对“类型”选择“从中心开始的圆弧/圆”选项。单击“中心点”按钮，选择左边圆环的圆心（-35，0，30），如图 10-110 所示。

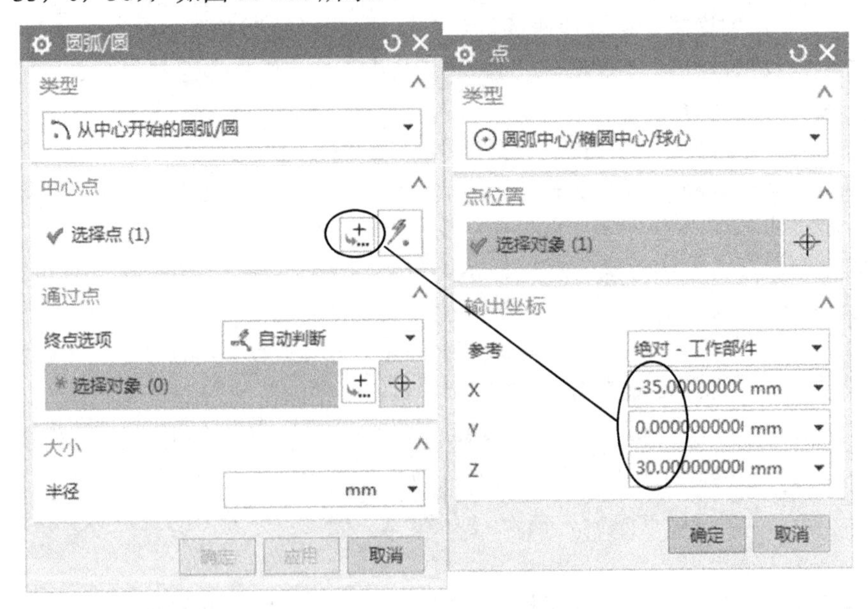

图 10-110　设置圆弧圆心

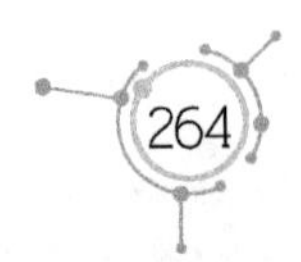

② 在【圆弧/圆】对话框中“终点选项”选择“自动判断”，在外圆环边线上选择 1 个点，显示圆弧的起点和箭头方向，如图 10-111 所示。

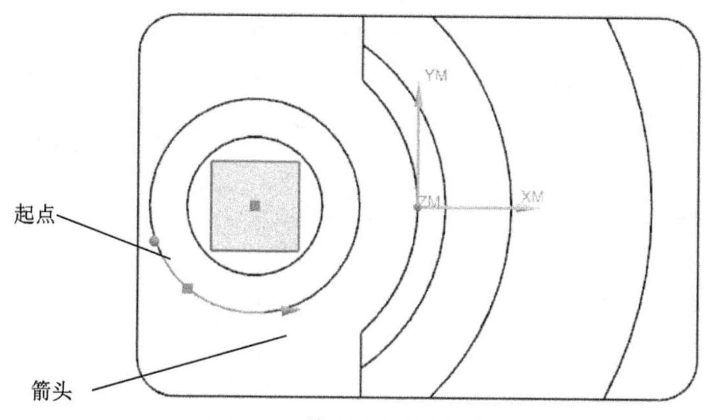

图 10-111　显示圆弧的起点和箭头方向

③ 拖动起点与箭头至合适的位置，创建合适的圆弧，如图 10-112 所示。

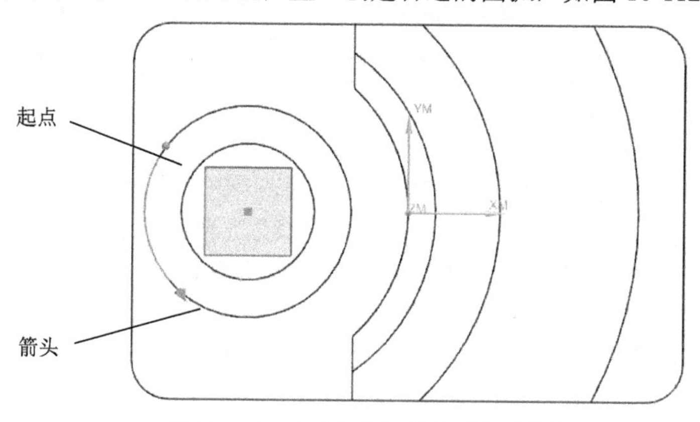

图 10-112　拖动起点与箭头至合适的位置

④ 单击“菜单｜插入｜工序”命令，在【创建工序】对话框中，对“类型”选择“mill_planar”选项。在“工序子类型”列表中单击“平面铣”按钮，对“程序”选择“D2-粗加工-D8R0”选项、“刀具”选择 D8R0（铣刀-5 参数）”选项、“几何体”选择“MCS_MILL”选项、“方法”选择“METHOD”选项。

⑤ 在【平面铣】对话框中单击“指定部件边界”按钮，在【部件边界】对话框中，对“选择方法”选择“曲线”选项，选择上一步骤创建的圆弧（直线所指位置为选择的位置），如图 10-113 所示。在【部件边界】对话框中，对“边界类型”选择“开放”选项、“刀具侧”选择“左”选项、“平面”选择“自动”选项。

⑥ 在【平面铣】对话框中单击“指定底面 ”按钮，选择圆柱所依附的平面，把“距离”值设为 0mm，如图 10-114 所示。

⑦ 在【平面铣】对话框中，对“切削模式”选择“轮廓”选项，把“附加刀路”值设为 0。

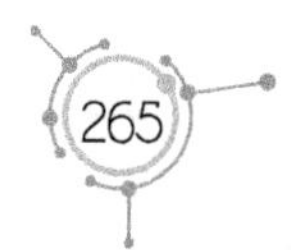

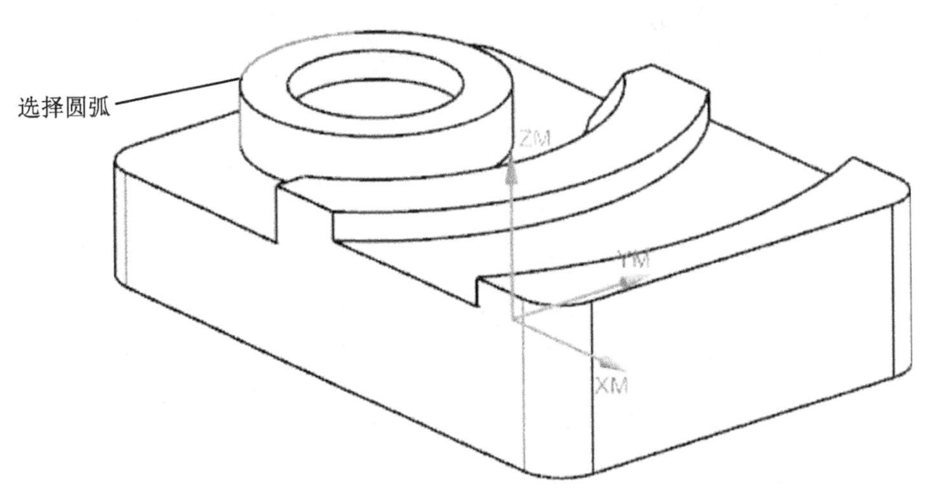

图 10-113　选择圆弧

⑧ 单击“切削层”按钮，在弹出的【切削层】对话框中，对“类型”选择“恒定”选项，把“公共每刀切削深度”值设为 0.3mm。

⑨ 单击“切削参数”按钮，在弹出的【切削参数】对话框中，单击“策略”选项卡，对“切削方向”选择“顺铣”选项。单击“余量”选项卡，把“部件余量”值设为 0.3 mm，“最终底面余量”值设为 0.1mm。

⑩ 单击“非切削移动”按钮，在弹出的【非切削移动】对话框中，单击“转移/快速”选项卡。在“区域之间”列表中，对“转移类型”选择“安全距离-刀轴”选项；在“区域内”列表中，对“转移方式”选择“进刀/退刀”选项、“转移类型”选择“安全距离-刀轴”选项。单击“进刀”选项卡，在“开放区域”列表中，对“进刀类型”选择“线性”选项，把“长度”值设为 10mm、“高度”值设为 1mm、“最小安全距离”值设为 10mm。

⑪ 单击“进给率和速度 ”按钮，把主轴速度值设为 1000r/min、切削速度值设为 1200mm/min。

⑫ 单击“生成”按钮，生成加工左端的刀路，如图 10-115 所示。

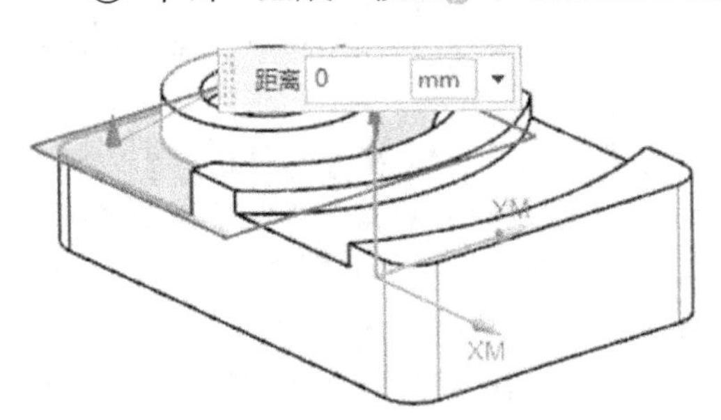

图 10-114　把“距离”值设为 0mm

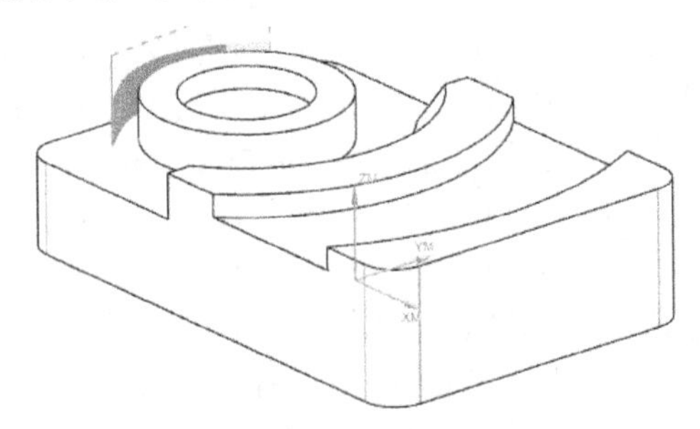

图 10-115　加工左端的刀路

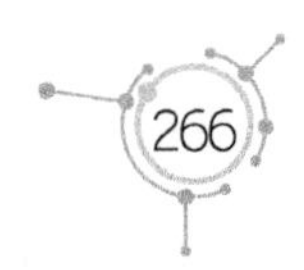

（30）单击“菜单｜插入｜程序”命令，在【创建程序】对话框中对“类型”选择“mill_contour”选项、“程序”选择“D”选项，把“名称”设为“D3-精加工-D8R0”。单击“确定”按钮，创建 D3 程序组。此时，D3 在 D 的下级目录中，D1、D2 和 D3 并列。

（31）单击“菜单｜插入｜工序”命令，在【创建工序】对话框中，对“类型”选择“mill_planar”选项。在“工序子类型”列表中单击“带边界面铣”按钮，对“程序”选择“D3-精加工-D8R0”选项、“刀具”选择 D8R0（铣刀-5 参数）”选项、“几何体”选择“MCS_MILL”选项、“方法”选择“METHOD”选项。

（32）在【面铣】对话框中单击“指定部件”按钮，选择整个实体。

（33）在【面铣】对话框中单击“指定面边界”按钮，在【毛坯边界】对话框中，对“选择方法”选择“面”选项、“刀具侧”选择“内侧”选项、“平面”选择“自动”选项，在实体上选择平面①。然后在【毛坯边界】对话框中单击“添加新集”按钮，选择平面②。以此类推，共选择 6 个平面，如图 10-116 所示。

（34）在【面铣】对话框中，对“切削模式”选择“往复”选项、“步距”选择“恒定”选项，把“最大距离”值设为 6mm、“每刀切削深度”值设为 0、“最终底面余量”值设为 0。

（35）单击“切削参数”按钮，在弹出的【切削参数】对话框中，单击“策略”选项卡，勾选“✓添加精加工刀路”复选框，把“刀路数”值设为 2、“精加工步距”值设为 0.1mm。单击“余量”选项卡，把“部件余量”值、“壁余量”值、“最终底面余量”值都设为 0。

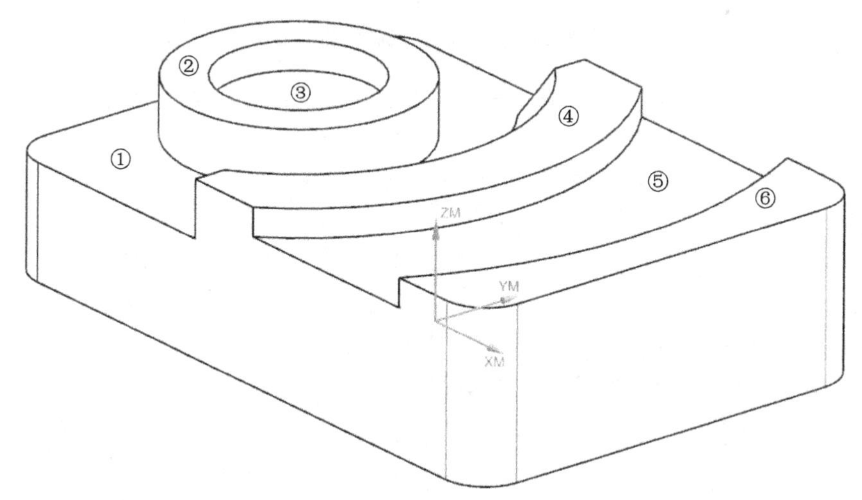

图 10-116　选择 6 个平面

（36）单击“非切削移动”按钮，在弹出的【非切削移动】对话框中，单击“转移/快速”选项卡。在“区域之间”列表中，对“转移类型”选择“安全距离-刀轴”选项；在“区域内”列表中，对“转移方式”选择“进刀/退刀”选项，“转移类型”选择

“安全距离-刀轴”选项。单击“进刀”选项卡，在“封闭区域”列表中，对“进刀类型”选择“螺旋”选项，把“直径”值设为10mm、“斜坡角”设为1°、“高度”值设为1mm；对“高度起点”选择“前一层”选项，把“最小安全距离”值设为0、“最小斜面长度”值设为10mm。在“开放区域”列表中，对“进刀类型”选择“线性”选项，把“长度”值设为8mm，把“旋转角度”值和“斜坡角”值都设为0°，把“高度”值设为1mm、“最小安全距离”值设为8mm。

（37）单击“进给率和速度”按钮，把主轴速度值设为 1200r/min、切削速度值设为 500mm/min。

（38）单击“生成”按钮，生成的面铣精加工刀路如图 10-117 所示。

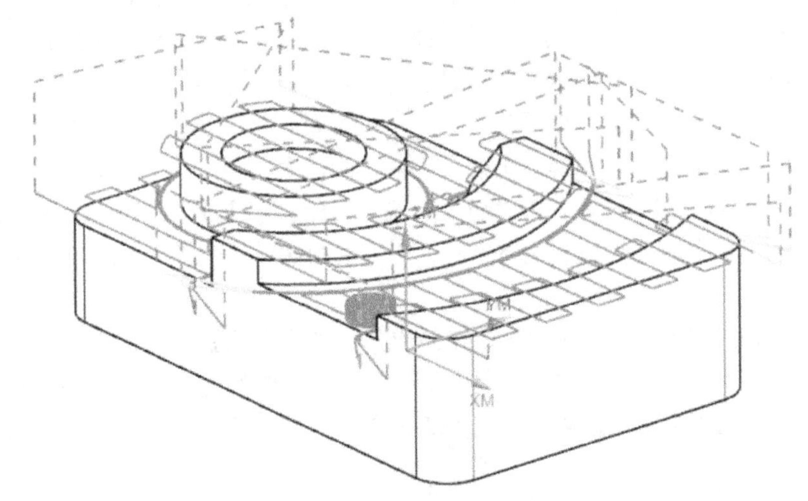

图 10-117　生成的面铣精加工刀路

（39）单击“创建工序”按钮，在【创建工序】对话框中对“类型”选择“mill_contour”选项。在“工序子类型”列表中单击“深度轮廓铣”按钮，对“程序”选择“D3-精加工-D8R0”选项、“刀具”选择 D8R0（铣刀-5 参数）”选项、“几何体”选择“MCS_MILL”选项、“方法”选择“MEHTOD”选项。

（40）单击“确定”按钮，在【深度轮廓铣】对话框中单击“指定部件”按钮，选择整个实体。

（41）单击“指定切削区域”按钮，选择实体的斜面，单击“确定”按钮。

（42）单击“切削层”按钮，在弹出的【切削层】对话框中，对“范围类型”选择“用户定义”选项、“公共每刀切削深度”选择“恒定”选项，把“最大距离”值设为0.25mm。

（43）单击“切削参数”按钮，在弹出的【切削参数】对话框单击“策略”选项卡，对“切削方向”选择“混合”选项。单击“余量”选项卡，取消“使底面余量与侧面余量一致”复选框中的√，把“部件侧面余量”值和“部件底面余量”值都设为 0，把“内公差”值和“外公差”值都设为0.01。

（44）单击“非切削移动”按钮，在弹出的【非切削移动】对话框中，单击“转移/快速”选项卡。在“区域内”列表中，对“转移类型”选择“直接”选项。单击“进刀”选项卡，在“开放区域”列表中，对“进刀类型”选择“线性”选项，把“长度”值设为8mm、“高度”值设为1mm。单击“退刀”选项卡，对“退刀类型”选择“与进刀相同”选项。

（45）单击“进给率和速度 ”按钮，把主轴速度值设为 1000 r/min、切削速度值设为 1200 mm/min。

（46）单击“生成”按钮，生成加工斜面的刀路，如图 10-118 所示。

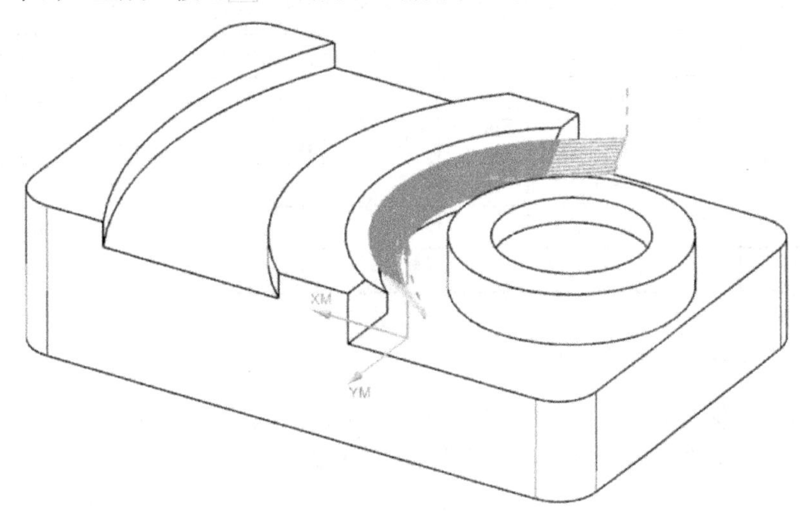

图 10-118　生成加工斜面的刀路

（47）单击“保存”按钮，保存文档。

11. 工件1第1次装夹方式

（1）用台钳装夹工件时，工件的上表面至少高出台钳平面 35mm。
（2）对工件采用四边分中，把工件的上表面设为 *Z*0。

12. 工件1第1次装夹的加工程序单

工件 1 第 1 次装夹的加工程序单如表 10-2 所示。

表 10-2　工件 1 第 1 次装夹的加工程序单

序号	刀具	加工深度	备注
A1	ϕ12 平底刀	31mm	粗加工
A2	ϕ12 平底刀	31mm	精加工
A3	ϕ10 钻刀	40mm	钻孔
A4	ϕ10 平底刀	27mm	粗加工
A5	ϕ10 平底刀	27mm	精加工

13. 工件 1 第 2 次装夹方式

（1）用台钳装夹工件时，工件的上表面至少高出台钳平面 15mm。
（2）对工件采用四边分中，设工件下表面为 *Z*0。

14. 工件 1 第 2 次装夹的加工程序单

工件 1 第 2 次装夹的加工程序单见表 10-3。

表 10-3 工件 1 第 2 次装夹的加工程序单

序号	刀具	加工深度	备注
B1	ϕ12 平底刀	10mm	粗加工
B2	ϕ12 平底刀	10mm	精加工
B3	ϕ6 平底刀	10mm	粗加工
B4	ϕ6 平底刀	10mm	精加工
B5	$\phi6R3$ 球头刀	10mm	精加工

15. 工件 2 第 1 次装夹方式

（1）用台钳装夹工件时，工件的上表面至少高出台钳平面 35mm。
（2）对工件采用四边分中，把工件的上表面设为 *Z*0。

16. 工件 2 第 1 次装夹的加工程序单

工件 2 第 1 次装夹的加工程序单见表 10-4。

表 10-4 工件 2 第 1 次装夹的加工程序单

序号	刀具	加工深度	备注
C1	ϕ12 平底刀	32mm	粗加工
C2	ϕ12 平底刀	32mm	精加工
C3	ϕ10 钻头	40mm	钻孔
C4	ϕ8 平底刀	27mm	粗加工
C5	ϕ8 平底刀	27mm	精加工

17. 工件 2 第 2 次装夹方式

（1）用台钳装夹工件时，工件的上表面至少高出台钳平面 12mm。
（2）对工件采用四边分中，设工件下表面为 *Z*0。

18. 工件2第2次装夹的加工程序单

工件2第2次装夹的加工程序单见表10-5。

表10-5 工件2第2次装夹的加工程序单

序号	刀具	加工深度	备注
D1	ϕ12平底刀	10mm	粗加工
D2	ϕ8平底刀	10mm	粗加工
D3	ϕ8平底刀	10mm	精加工